記録　ミッドウェー海戦

第一部　彼らかく生き　かく戦えり

彼らかく生き　かく戦えり

「彼らかく生き　かく戦えり」

一行で書いてしまえば、わたしのやろうとしたことはこの十余の文字につきる。

一九八〇年（昭和五十五年）の初夏、『サンデー毎日』編集部と「ミッドウェー海戦の生と死」を書く約束をした。当初のわたしの構想がきわめてささやかなものであったことは、わたしがいちばんよく知っている。ちょうど『文藝春秋』に「続昭和史のおんな」を連載中であった。書きたいテーマは残っていたが、年内に連載を終りたく、回数が限られてきていた。とくに書いておきたいテーマがあるなかで、何年越しもの『サンデー毎日』連載の約束と微妙にかさなる部分がある。

わたしは『サンデー毎日』への連載テーマをいくつか書き出し、それをもって毎日新聞社へ相談に行った。そのなかに「ミッドウェー海戦」があり、「夫の生還を信ず」もあった。『サンデー毎日』は「ミッドウェー海戦」を選び、その結果、わたしは「夫の生還を信ず」を五十枚の原稿にまとめて『文藝春秋』へわたすことになった。もし『サンデー毎日』が後者を選んでいたら、応召したまま未帰還の男たちと、その夫の生存を信じて戦後の三十五年を生きてきた妻たちの記録を、一冊の本になる分量だけ連載したはずである。「ミッドウェー海戦の生と死」を書く仕事は、「夫の生還を信ず」と同じ質と量の仕事としてわたしの頭のなかにあった。途方もない大仕事になるとは夢にも思わず、しかし知らずに踏みこんだ泥沼を抜け出すために、とにかく可能なかぎりの試みと努力をかさねる以外に道はなくなった。

八二年三月に連載の予告を書き、五月十九日に第一回の原稿を入稿。八四年十二月一日、最終原稿を入稿した。この間約二年六カ月、八四年の九月から八五年三月にかけて『滄海(うみ)よ眠れ』全六巻（毎日新聞社刊）が単行本としてまとまった。

八二年夏、調査の規模から考えてコンピューターの導入が不可欠であると知り、十一月十六日からコンピューターによるシステム化を開始。調査のプロジェクトチームの本隊は昨年一月末日をもって一応解散したが、現在もなお調査は続行、コンピューターはフルに使われている。

二千枚をこえる『滄海よ眠れ』で書き得たのは、日本側戦死者三百十一名、アメリカ側戦死者六十一名で、全戦死者三千四百十八名の一割強に過ぎない。アメリカ側は二割近くを書いているが、日本の場合は一割ほどである。いずれにしても、調査してわかったこと、遺族へのインタビュー、あるいは遺族からのアンケート回答や来信などの多くが、『滄海よ眠れ』

を支える背景となりながら埋もれたままになってしまった。

おそらく、この種の試みはかつてなされたことはなく、他の作戦は別としても「ミッドウェー海戦」に関しては、今後誰もとりくむ人はあらわれないであろうと思う。したがって、「資料」が万人のものとなるべく公刊されることは、いわば権利でもあり義務ともなった。

歴史観や思想の相違にかかわりなく、ここには、数的にとらえられた「戦争のひとつの顔」がある。この数字が示す姿をどのように受けとめ、どのように使われるかは、わたしの主観の及ぶところではない。

歴史を客観的に記録し、あるいは語ることはきわめて困難であり、「絶対的な事実」などは存在し得ないと思った方がいい。しかし、ここに収録した戦死者の全名簿、グラフその他で示した調査結果は、「客観的」といい得るものにもっとも近い内容を示している。

調査の過程でわたしがスタッフにくりかえして言ったことがある。

「まず全戦死者の確認。そして、最終的な区切り目は、生年月日の確認にしましょう。何歳で戦死したのかが判明したら、その戦死者についての調査はひとまず完了したと考えてください」

貪欲な追跡をかさねる一方で、調査の限度を「戦死者の生年月日確定」にしぼる。その程度の冷静さと諦めがなければ、この調査は果知らずの地獄のような性質をもつものであった。

まだ仕事はつづいている。しかし一九八六年三月三十一日をもって、コンピューターのデータ修正作業をひとまずとめた。

『滄海よ眠れ』の補巻の性質をもつこの本は、同時に独立した「第二次世界大戦資料」となるべきものと考える。

日本側は、戦争中の新聞による叙位叙勲名簿を基調として、靖国神社の合祀記録と照合をおこなうことから出発した。各戦友会のもっている戦死者名簿に助けられたところも多い。しかし調査の時点で戦友会のなかった艦もあり、全戦死者の掌握は、わたしたちの独自の仕事となった。だが、あけぼの丸には姓名階級ともに不詳の戦死者があと一名いるのは確実であるし、軍属がさらにふえる可能性もある。三千五十六名というのが現在の最終的戦死者数ではあるが、さらに若干名ふえる可能性のあること、現時点では調査がそこまで及び得なかったことを明らかにしておきたい。『毎日新聞』の全国支局が、遺族を探し出すネットワークの役割を果してくれた。

アメリカ側の戦死者については、すでに完成された戦死者リストがあると信じていた。しかし、米海軍大学校の「戦略及戦術的分析」("THE BATTLE OF MIDWAY INCLUDING THE ALEUTIAN PHASE, JUNE 3 TO JUNE 14, 1942. STRATEGICAL AND TACTICAL ANALYSIS" Richard W. Bates, Naval War College)によれば、日本側戦死者数二千五百、アメリカは三百七として(about)となっている。

わたしたちの調査結果ではこれより五十五名ふえて三百六十二名となった。このうち海軍は二百七十六名である。なぜ五十五名もの誤差があるのか推測もできない。どの時点からどの時点までの死者をミッドウェー海戦の戦死者とするか、その基準にズレがあり得ることは承知している。わたしは「パールハーバー出撃以後の全戦死者」と考え、日本軍と会敵以前、偵察飛行中に行方不明になったミリマン機の二名も、戦闘中にパイロットが負傷、機銃の安全装置をはずしたまま着艦、その衝撃で機銃が発射され、飛行甲板上の味方を死傷させたケースの死者もふくめてある。（アメリカ軍はベトナム戦争の戦死者数発表のときも、事故死の数はふくんでいない）

マイクロフィルム化された「アクションレポート」から、一人また一人とひろいだし、海軍および海兵隊と陸軍の三軍の戦死者三百六十二名となった。

さまざまに努力をしたが、アメリカ側戦死者のうち、八名の生年月日は不明のままである。認識番号も判明し、戦死者を記念する墓碑の所在地も公的機関が把握している八名であるのに、生年月日はわかっていない。（のちハワイのパンチボウル基地で全員判明）

日本側の三千五十六名については、「生年月日」「出身地」「所属」「階級」「直近の入隊年月日（入隊年齢、在隊年数）」「入隊の形態（志願、徴兵）」「死亡年月日（死亡年齢）」「戦死当時の遺族代表」「搭乗員区分」「養成コース」「機種」などのほとんどが一〇〇パーセント判明、一部が九六～七パーセントの判明率を示している。

遺族の現住所を確認し得た戦死者は二千二百七十五名で七四・四パーセントとなり、千百五十家族（戦死者の三七・六パーセント）以上と直接の接触をもった。

調査項目はきわめて多く、父および母の生年月日、死亡年月日（年齢）、兄弟姉妹の従軍生還者および戦死者の有無、人数、おなじく戦災死者の有無と人数、兄弟姉妹以外の親族の戦争関連死者の有無と人数、従軍生還者および戦死者、戦災死者の有無と人数を訊いた。

戦死者の生家の職業について、「農業（林業漁業をふくむ）」と回答があったもの七百五十名（二四・五パーセント）、その他二百七十三名（八・九パーセント）、不明二千三十三名（六六・五パーセント）となっている。昭和二年版の『日本国勢図会』によれば、日本の「有職業者中農業者（林業漁業共）」は、五割五分とある。

かつて農業国であった日本の社会状況の一端を、七百五十名の戦死者からうかがい知ることができる。

戦死者の最終学歴、海軍入隊以前の職業、兄弟姉妹の数、長男もしくはただ一人の子であることの特定、既婚者の妻および子供たちの資料は、返送されてきた千百五十通のアンケートその他から得られた。一度ならずアンケート用紙を送っても回答のもたらされなかった一千余の家族がある。

アメリカ側は、プライヴァシーアクトがあるため、調査はつねに壁に阻まれていた。戦死者名が判明すればその出身地、遺族の氏名（続柄）は、ワシントンの議会図書館の資料で確認することができた。わたしたちは全米各地の地方新聞に、戦死者と遺族代表の名前をあげ、情報の提供を求める記事の掲載を依頼した。この仕事には、当時全米新聞協会の会長であったチャールズ・M・メレディス氏（クェーカータウンの『フリープレス』社主）から紹介と推薦文をもらうことができ、多くの新聞に記事が掲載され、情報がもたらされることになった。たとえば、ニューヨークのスタテン島出身のフランク・ブソー（駆逐艦ハマン）の例がある。

島に住む甥、友人だったミッドウェー海戦参戦者が連絡をくれ、故人とその家族について知らせてくれた。フランクの兄ジョンはサウスカロライナ州のチャールストンに住んでいる。新聞に記事が出たあと、ジョンの家へは二週間のうちに七人から電話があって、日本のライターがフランクについて知りたがっていると伝えた。ジョン・ブソーはわたしあてに、「自分が生きているただ一人のきょうだいであり、あなたから弟についての情報を得たい」と書いてきた。

かつて近所に住んでいたという友人、あるいは高校時代のガールフレンドというように、肉親以外の人たちがアメリカ各地から声を届けてくれて、それがプライヴァシーアクトの壁を抜ける手引きとなった。各州にある州立公文書館によってもたらされた海戦当時の新聞切抜きも貴重であった。

いまは空軍が独立しているため、陸軍に属した航空隊員の記録はつかみにくい。また軍籍にあった全アメリカ軍人の個人記録をもつセントルイスの記録センターは、同所の火災によって資料の一部を焼失している。先方のスタッフが手薄ということもあって、アメリカの公式機関から回答を得ることは非常に時間がかかったが、「焼失」という回答くらい落胆させられるものはなかった。

それでも、戦死総数三百六十二名（海軍二百七十六、海兵隊四十九、陸軍三十七）、全員の所属と階級、死亡年月日、戦死の状況、搭乗員区分（搭乗の機種をふくむ）は一〇〇パーセント判明した。日米いずれとも、スタッフたちのたゆみない努力と、数知れない人々の協力の結果である。

アメリカ側の遺族に対する質問は、日本側に準じた。どこから移民した人々の血をひくのかという問、死後におくられた特別栄誉（メダル・オブ・オーナーなどの勲章や、新造の軍艦に戦死者の名前がつけられたことなど）を記入してもらった点が、日本とは異なるところである。三百六十二名中、遺族の現住所を確認できたのは九十八名（二七・一パーセント）、アンケートは七十九通返り、四十五家族に取材した。会いたいという手紙をくれた多くの遺族や関係者に会わないまま、調査をとじるのは心のこりではあるが、「いつの日か」という思いは、日米双方に対してもっている。

「かく生きた」という記録は、『滄海よ眠れ』とともに、ここにおさめる全戦死者名簿によって辿っていただきたい。さらに遺族（および友人）から寄せられた回答から選んで、戦死者がのこした手紙や、故人を語り、その家族を語っている声を活字にした。かけがえのない資料の多くを割愛せざるを得ないことは苦痛ではあったが、ここに語られているのは、日米ともに、戦死した男とその家族がいかに生き、いかに戦争に出会ったかの集約的な表現である。

敵味方としてたたかい、たがいにひとつの海域に沈んだ男たちについて、なにが共通し、なにが異質であるのか、かさねあわせてみたいという気持がわたしの出発点にあった。家族もふくめて、戦争とはいかなるものであるのか、具体的に知りたいと思っていた。日米の比較は、いまや風化しかけている第二次世界大戦における日本人の生活をくっきりさせてくれるであろうという期待もあった。

結論をさきに書けば、相違点よりも共通点の方が目につく。戦死者の思い出が鮮烈にのこり、死別の悲苦がいまも生ま生ましくのこっていることは、日本もアメリカも変りはなかった。よき息子あるいは夫、兄弟として追憶されていることも共通している。

さまざまな質問をおこなったが、最終的には階級や生年月日など、調査者の主観や誘導の入る余地がまったくない内容に重点をおいてまとめた。コンピューターを使ってまとめた資料であることに意味があるのではなく、確認し得た資料の質の高さと量の膨大さがコンピューターの使用を不可避にしたのである。

コンピューターを使ってまとめた数値は、ミッドウェー海戦という一会戦に限定された第二次世界大戦の小さな部分であるとはいえ、「戦争」について、敵味方の死者の状況が数的に把握される唯一の例であると考える。分布表（マトリックス）は各鑑別、科別など数多く作ったが、基調として最重要なものに限って収録した。グラフで表示した場合、今後資料として使われるときの確度を考え、すべて根拠となった数字をあわせてのせてある。

ミッドウェー海戦は一九四二年（昭和十七年）六月五日をひとつの頂点としてたたかわれた（ミッドウェー時間では六月四日。日本時間とは二十一時間のずれがある。本書では原則として日本時間に統一した）。海軍を主とするアメリカの三軍と「大日本帝国海軍」とのたたかいであり、日本は大敗を喫した。

日本がアメリカとたたかった海戦であると説明すると、びっくりする若い人々がいる。めずらしいことではなくなった。ミッドウェー海戦の六カ月前、一九四一年十二月八日未明、日本海軍の真珠湾奇襲によって日米が戦争状態に入ったこと、アメリカは一九三七年七月以来の交戦国であった中国をふくむ連合軍の主要な一員となり、日本側はナチス・ドイツおよびイタリアと同盟関係にあった事実も、説明を要する「歴史事項」となった。真珠湾が、有力観光地ハワイのオアフ島にあることも、説明にくわえるべきかも知れない。

海戦当時十一歳、無条件降伏によって戦争がおわったとき十四歳、わたしもまた、あの戦争について、十分に知っていたとは言いかねる。戦史の専門家を志したこともなく、その任ではないことを知りながら、なぜミッドウェー海戦にとりくんだのか。

答はわたしが無知だったからである。あまりにも高名な海戦であり、多くの著作や研究書もあり、戦闘経過についての資料は完成されていると考えていた。大局的な「かく戦えり」はあるものと考えていたから、あとは戦死者一人一人をその「戦闘経過」のなかに再現させ、「かく生きた」ことを書くのが仕事であると信じて疑わなかった。

それも、全戦死者の掌握が必要とはかならずしも考えていなかった（というより、たとえば厚生省への取材その他によって、戦死者数などはすぐにもわかるものと考えていた）。あの戦争の大きな分岐点となり、きわめてよく知られている海戦の彼我の戦死者とその家族の記録を書く。代表的なケースを選び出せばいいと考えていたから、「夫の生還を信ず」ほかのテーマとならべて『サンデー毎日』編集部に示し得たのである。

「運命の五分間」といわれてきた従来の「定説」、第一航空艦隊（第一機動部隊・南雲忠一司令長官）の兵装が、海（雷装）→陸（爆装）→海と二転三転した結果の敗北であるという「定説」に異議を申し立てることなど、当初の目的にはなかったことである。

中国大陸の内陸部で子供時代を送っているため、帝国海軍の軍艦を見る機会には恵まれなかった。現在にいたるまで、航空母艦を見たこともない。そういう人間として、戦闘経過を再現して書くことは、すでに書かれた資料の踏襲、孫引きに終始しかねない。どれだけ多数の生還者から話を聞き得たとしてもである。わたしは「すでに答の出ている戦闘」と考え、必要最小限度に、つまり戦死者の最期の状況を確かめ得、独自なものを書くことが可能な場合にのみ「戦闘」にふれるつもりでいた。

一九八一年の一月、厚生省と防衛庁戦史室をたずねた。これがわたしの具体的行動の第一歩である。戦史室で複写を許された資料のひとつが「『ミッドウェイ』作戦附録其の二」と冒頭に一行ある「機動部隊戦闘詳報」で、「第二復員省」と刷られた便箋百五十二枚に克明な文字で書かれている。

戦史室の資料は索引化されていない。なにが所蔵されているのか閲覧者自身が検索はできない資料である。ここは防衛庁の一機関であり、一般の閲覧を許すのは副次的な便宜をはかってのことで、「開かれた図書館」ではない。

わたしは長年、淵田美津雄・奥宮正武共著の『ミッドウェー』を、あの海戦についての「定本」というべきものと考えていた。昭和二十六年三月五日、日本出版協同株式会社より刊行の『ミッドウェー』には、淵田美津雄の前文がある。淵田は海戦後、戦傷のため横須賀海軍病院に入院、ついで戦訓調査委員会航空分科会の幹事をつとめた。

「(前略)ミッドウェー海戦に関する資料にしても凡て最高度の軍事機密として取扱われ、記録の作製は最小限に制限せられ、深く蔵され、降伏とともに焼かれてしまったのである。こうしてこの海戦の日本側の記録は戦時中はもとより世に出る機会がなかった。(中略)私は幹事として原稿の起案に当り、凡ゆる公式非公式の記録を調査し、資料入手の為会見したこの海戦の参加将校も数十人に及んでいた。そしてその研究成果は、僅かに六部限り謄写製本して報告した以外は絶版として了ったのであったが、今私は当時の原稿を筐底に発見したのである。しかし、私の資料と体験だけでは局部的にすぎ、尚この書を通じて正確な史実を伝え、正しい批判と反省の資料とするには不充分であると考えられた。

たまたま、私と志を同じうする奥宮正武元海軍中佐もまた豊富な体験と資料を有していた。(中略)同氏は主として第二部(註・本作戦決定の経過)及び南雲部隊以外の項を執筆した。これによって本書に収むるところの史実は日本側に関する限りミッドウェー海戦史として決定版的価値を自信し得るに至った。(以下略)」

連合艦隊、機動部隊など、海戦参加者による著作や証言の多いなかで、この『ミッドウェー』はきわめて比重が重い。ここに書かれた記述を踏襲したものがほとんどであるとさえ言える。淵田美津雄の軍歴とこの「前文」に負うところが大きいせいと思われる。

資料として重要な一冊は、昭和四十六年三月一日、朝雲新聞社刊、防衛庁防衛研修所戦史室による『戦史叢書ミッドウェー海戦』（執筆角田求士、以下『戦史叢書』と略記）である。兵装転換問題に疑問を感じてこの本を繰返し読むうちに、従来いわれてきたミッドウェー海戦とは異質の、「定説」をくつがえす記述に気づいた。同時に、角田氏が資料とされている「第一航空艦隊戦闘詳報」と、わたしがもっている「（第二復員省）機動部隊戦闘詳報」の記述（たとえば艦の所在表示など）が微妙にちがっていることに気づいた。それで、ミッドウェー海戦の戦闘経過の根本を疑った文章に「私が見ている『戦闘詳報』とは別のものがあるようである。（略）ともかく、戦後に生きのこった『戦闘詳報』原本があることをここでは推定しておく」（『サンデー毎日』'83・1・30号）と書いた。

わたしの疑義提出は、海軍関係者の一部の激怒を買ったが、思わぬことにこの文章がきっかけになって、戦史室に「原本」が保存されていることがわかった（以下『戦闘詳報』と略記）。その閲覧ができるだけでなく、コピーをとることも許され、戦史編纂関係者以外の研究者にも、自由に使える道がひらかれることになった。

「軍機」の判がおされ、「海軍省武功調査委員殿」と表紙の右肩に手書きの文字があり、7/20とある。表紙の記載は以下の通りである。

第一航空艦隊機密第六号の三八

昭和十七年六月十五日
機動部隊戦闘詳報　第六号
第一航空艦隊戦闘詳報　第六号
ミッドウェー作戦ニ於ケル　自昭和十七年五月二十七日
至昭和十七年六月九日
第一航空艦隊司令部

「二月一日送付」とあって、何年であるかはない。この海戦の戦死者に対する叙位叙勲発表は、昭和十八年二月二十二日に集中しているので、「十八年二月一日送付」であるかも知れない。

『戦史叢書』の記述は、基本的にこの『戦闘詳報』によっている。この資料は敗戦後アメリカの戦略爆撃調査団によって押収され、米公文書解禁の時期をまって日本側へ返還された。その経緯を証明する資料は、八四年二月に米国立公文書館で入手した記録のなかにあった。「証明書」の全文を後段に収録する。

これこそが「定本ミッドウェー海戦」といいたいが、刻々の「戦闘経過」が「抜粋」とあるように、省略がある（例えば第二航空戦隊司令官山口多聞少将の有名な意見具申電は記載されていない）。ことが終ったあと、関係者の功績についての事務処理上の資料として書かれた資料であって、おのずからの限界がある。その「戦闘経過（抜粋）」の全文をここに収録したのは、この資料のほかには公的な記録を発見できないからである。部分的引用や要約を避けたのは、この原文によってミッドウェー海戦が改めてひろく考えられることを願うからである。

淵田・奥宮共著の『ミッドウェー』から一部を引用して「経過概要」に挿入したのは、『ミッドウェー』と『戦闘詳報』（『戦史叢書』は『戦闘詳報』と資料的に同心円の関係にある）の時間経過にいちじるしい差が見られ、そこにミッドウェー海戦の事実をとく鍵があると考えられるからである。『ミッドウェー』は時刻や命令内容の多くを崩した形で書いていてとらえにくい。挿入する位置は明記されている時間、推移の内容によってきめたが、わたしの判断であり、異論があるかも知れないことは承知している。淵田氏の文章を要約しなかったのは、十全を期したかったからである。

淵田未亡人春子さんは八六年一月十六日に亡くなられ、御子息善弥氏がちょうど帰国された時点で引用の許可をいただくことができた。その御好意がなければ、このような形の「戦闘経過再現」資料を編むことは不可能であった。

『戦史叢書』は海戦から三十年近く経過したのちに、はじめて海↓陸↓海の兵装転換の根本にふれて書かれた。敵空母攻撃隊全機発進の「五分前」といわれてきた部分を否定している。

「〇二二〇　南雲長官は、情況に変化なければ第二次攻撃をミッドウェーに指向する予定と予令、各艦陸上攻撃用爆弾の準備を開始したものと思われる」（『戦史叢書』二八一頁）

「〔三空母の〕被弾当時はまだ攻撃準備中で、一航艦の兵装復旧（〇四四五発令、雷装へ）

も完成していなかった。各空母では、艦爆や艦攻はほとんど全部が燃料を満載しており、飛行機に搭載を終わり、あるいは搭載中の魚雷や爆弾、さらに取りはずした爆弾などが付近にあり、艦内は最も悪い状況にあった。

これより先〇七二二、南雲長官は上空警戒機を増強するため艦戦は準備でき次第発艦するよう命じた。この命により発進できたのは、被弾した三隻の空母のうち『赤城』の一機だけであった。この一機の発進は『赤城』が被弾する直前であった。

参考

被爆当時空母は攻撃準備を終わり、攻撃隊が発艦を開始し、最初の一機が発進したとき『赤城』は被弾したと回想するものが多いが、それはこの上空警戒機の出発を誤ったものである」（三二九〜三三〇頁）

『戦闘詳報』の「経過概要」を原典として、『戦史叢書』は、全空母艦船攻撃用で待機→〇二二〇・陸上攻撃の予令→〇四一五・兵装を爆弾（陸用）にかえるよう下令→〇四四五・「艦攻の雷装そのまま」（艦船攻撃）としている。

「〇二二〇」の予令に言及したのは『戦史叢書』が最初だが、海→陸→海の兵装転換は従来いわれた通りとし、下令時刻は『戦闘詳報』通りとした。「戦闘詳報」が軍の唯一の公的記録である以上、当然のことであろう。被弾の直前、飛行甲板上を敵空母攻撃のため発進直前の搭載機が埋めつくしていたという多くの資料や証言は、こうしてくつがえされた。

赤城の被弾時に発艦した零戦のパイロットは、真珠湾攻撃にも参加した木村惟雄一等飛行兵曹（甲飛1）で、〇七二五に発艦、〇八〇〇に飛龍に収容されている。

一九八四年九月に発行された『増刊歴史と人物』に「〝運命の五分間〟はなかった」と題された座談会がのっている。海戦にかかわりをもった海軍出身者を主とする座談会だが、わたしも末席につらなった。この日は全員に『戦闘詳報』のコピーが配られており、おそらくはじめて『戦闘詳報』にもとづいて討論がなされたことになる。席上、奥宮正武氏は重要な発言をされた。

「あのときのことは淵田美津雄さんと私の共著である『ミッドウェー』にしっかりと書いてあります。この海戦に関して彼の研究がいちばん早く貴重なものですよ。私は彼を信じますね」

「この『戦闘詳報』が正しいとは限らないと、私は確信しています」

六月五日〇二二〇の予令は『戦闘詳報』の「経過概要」にある。淵田美津雄はまさにこのとき、盲腸手術後の貧血を感じ、私室のベッドにもどっている。『ミッドウェー』では予令はいっさいふれられていない。

『戦史叢書』がこの予令によって「各艦陸上攻撃用爆弾の準備を開始したものと思われる」（二八二頁）と書いている点について、奥宮氏は第二次攻撃は艦船攻撃の用意をしておくのが常識であり、予令は陸用攻撃への「心の準備」であるとして、『戦史叢書』の「予令」のくだりを否定した。

奥宮　それは「思われる」と書いてあるように、書いた人の主観であって（笑）、「開始した」ではないでしょう。

澤地　これは公刊戦史なんです。

奥宮　公刊戦史といっても間違ったところ、正確でないところがいっぱいあるんですよ。これは資料だが、戦史じゃないと私は思っています。

さて、『戦闘詳報』「経過概要」をみていただきたい。

○二二〇　予令

○四〇〇　第二次攻撃隊ノ要アリ（註・ミッドウェー基地を攻撃した友永隊長機からの報告）

○四一五　第二次攻撃隊本日実施待機攻撃機爆装ニ換ヘ

○四二八　タナ三　敵ラシキモノ一〇隻見ユ「ミッドウェー」ヨリノ方位一〇度二四〇浬針路一五〇度速力二〇以上（註・利根四号機）

○四四五　敵艦隊攻撃準備　攻撃機雷装其ノ儘

『戦史叢書』には、「第一機動部隊の作戦指導で最も不可解に思ったことは、敵機動部隊に対し搭載機の半数は即時待機の態勢におくようにと、あれほどはっきり言っておいたのに、敵発見後二時間近くも攻撃隊が発進できなかったことである。（中略）（作戦中止後の「大和」艦上で）第一機動部隊の連中が艦に上ってくるや『即時待機にしていた半数の飛行機はどうした』と尋ねた。彼等はただ『済まなかった』『済みませんでした』と謝るばかりであった」

〔連合艦隊司令部の「黒島参謀回想」〕。一方、第一機動部隊（一航艦）の「草鹿参謀長回想」として、「『大和』に行ったところ、宇垣参謀長は『済まなかった』と言っていた。〔海戦直前〕敵情が多少判っていたようなことを言っていた」と両者を比較する形で引用されている（『戦史叢書』五三六〜五三七頁）。

友永機の意見具申電以前、索敵機の報告も揃わない〇二二〇の予令について、『戦史叢書』以前には言及した資料が皆無であることには理由があろう。錯誤の第一歩であったし、誤らせる背景としてこの作戦に対する連合艦隊の統率姿勢もしくは思想があった。海軍の一部関係者以外には知られたくない内容である。あるいは『戦闘詳報』のみにあって、存在しなかった予令であるのかも知れない。

兵装転換が深刻な意味をもったのは、第二次攻撃隊が艦攻機であった第一航空戦隊の赤城、加賀であり、第二航空戦隊の飛龍、蒼龍の艦爆機とは状況が異なる。四空母同列に論じることはできない。また、飛龍のみは被弾の時刻が大きくずれている。

『戦闘詳報』も『戦史叢書』も、兵装転換についての下令を午前四時台のこととしている。だが『ミッドウェー』では、午前五時以降なのである。

『戦闘詳報』には「経過概要（抜萃）」をはさむ形で前文とまとめの文章がある。その記述内容は一冊の『戦闘詳報』でありながら、「経過概要」と合致しない。まず前文中の「経過」から引く。

之〔三空母被爆火災〕ヨリ先〔ミッドウェー〕攻撃隊発進後艦隊ハ第四編制（艦攻雷撃）

ニテ水上艦艇ニ備へ居リシガ〇四一五飛龍指揮官〔友永大尉〕機ヨリ「第二次攻撃ノ要アリ〔〇四〇〇〕」ノ報告アリシヲ以テ第二次攻撃ヲ「ミッドウェー」ニ指向スルニ決シ艦攻雷装ヲ八〇番陸爆ニ変更ノコトニ下令ス　〇五〇〇頃利根第四番索敵線ヨリ「敵ラシキモノ十隻見ユ〔〇四二八〕」〔註・電文省略、『戦闘詳報』参照〕ノ報告アリ　爾後天候〔〇四四〇〕敵針敵速〔〇四五五〕ノ報告ニ回来リシモ艦型ニ関シテハ得ル処ナカリシヲ以テ〇五〇〇「艦種知ラセ」ヲ下令ス。〇五三〇ニ至リ利根飛行機ヨリ「敵ハ其ノ後方ニ母艦ラシキモノ一隻ヲ伴フ〔〇五二〇〕」其ニ引キ続キ〇五四〇頃「更ニ巡洋艦ラシキモノ二隻見ユ〔電文省略〕〔〇五三〇〕」ノ報告アリテ敵母艦行動スルコト確実トナリシヲ以テ〇六〇〇連合艦隊長官ニ左ノ報告ヲナセリ〔二艦隊長官通報〕「〇五〇〇敵ノ航空母艦一隻巡洋艦五隻駆逐艦五隻ヲ「ミッドウェイ」ノ一〇度二四〇浬ニ認ム之ニ向フ」〇四一五ノ発令ニヨリ艦攻ハ既ニ雷装ヲ八〇番陸ニ変更中ニシテ第四編制艦攻ハ直ニ発進不可能ナリシヲ以テ「ミッドウェー」攻撃隊収容後大挙空襲スルニ決シ艦隊ニ対シ〇六〇五「収容終ラバ一旦北ニ向ヒ敵機動部隊ヲ捕捉撃滅セントス」ト発令ス。

ここには、〇二二〇の予令は存在しない。利根四号機からの報告は〇五〇〇頃に到着、それ以前の「兵装転換」は、この文中では艦船用兵装による待機から陸用爆弾への変更だけである。

『戦闘詳報』のまとめの文中に「作戦ニ影響セシ事項」の「(ロ)通信」の項がある。

利根四号機の敵発見第一電ハ〇四二八発信ニテ〇五〇〇頃到達セリ。飛龍指揮官機ノ

「第二次攻撃ノ要アリ（〇四〇〇）」ハ費消時四、五分ニテ到達シ第二次攻撃本日実施、待機攻撃機爆装ニ換ヘハ〇四一五各艦共了解セリ。利根四号機ヨリノ通信遅達ハ爾後ノ攻撃準備ニ著シキ影響ヲ与ヘタルモノト認ム。

利根四号機の報告がおくれて五時頃に到達したのであれば、〇四四五の「敵艦隊攻撃準備攻撃機雷装其ノ儘」の命令は宙に浮く。あり得ない。この疑問はわたし以前の『戦闘詳報』閲覧者の「疑問」でもあった。原文に傍線が引かれ、「〇四四五f°雷装」の書きこみがのこされている（f°は艦攻）。

利根四号機の善戦ぶりは「経過概要」がつぶさに語っている。搭乗員三名はこの海戦では生還したが、その後戦死をとげた。

『戦闘詳報』は「経過概要」以外の文章では、利根機の報告到達を五時頃としており、『ミッドウェー』の記述と合致する。〇二二〇の予令の意味、〇四一五から〇四四五の下令までの時間枠には、従来伝えられてきた戦闘経過はおさまらず、謎というよりメイキングがあるとわたしが考える根拠があった。さらに『戦闘詳報』「経過概要」には、利根機の報告の〇五〇〇以前着信の「証明」がある。

〇四二八　無線Y4ネ/ト　タナ三（電文省略）

〇四四七（機動部隊長官より利根四号機へ）「タナ一　艦種確メ触接セヨ」（無線）

五時以前にタナ三の「敵ラシキモノ十隻見ユ」の電信を受けとり、艦種の確認と触接続行を命ずる発信がなされている。南雲中将の命令ではあっても、第一航空艦隊の航空参謀による対応である。光や手旗による信号は記録に残りにくい。しかし無線による交信は後方の艦船によっても傍受され得る。「無線」による部分は「経過概要」中の核である。

利根機の通信遅達に問題があるのではなく、着信されたあとの敵情に対する一航艦司令部の反応が鈍く〔もしくは判断にあやまりがあって〕、対応が致命的に遅れたのである。

『ミッドウェー』によれば、ミッドウェー再攻撃の前に敵機動部隊撃滅を南雲中将が決心するのは、午前五時四十分である。それから兵装転換下令〔赤城、加賀の艦攻は航空魚雷搭載〕となる。『戦闘詳報』「経過概要」の〇四四五とでは五十五分のズレがある。このとき、雷撃隊〔艦攻〕の大半が「八〇〇キロ陸用爆弾への搭載を終わっていた」という『ミッドウェー』の記述にはリアリティがある。敵襲下、対空砲火をうちあげ、零戦の応戦と離着艦、敵雷爆回避のための転舵がつづく状況下、ミッドウェー攻撃からの帰還機収容をおこないつつ、ひたすらミッドウェー攻撃の準備を推進していたのであるから。

『戦闘詳報』では、〇四四五に敵艦船攻撃を下令した。実際には〇五四〇以後であり、この約一時間がまず命とりになった。前文に「三、機動部隊指揮官ノ情況判断」がある。

(イ)敵ハ戦意ニ乏シキモ我ガ攻略作戦進捗セバ出動反撃ノ算アリ
(ロ)敵ノ飛行索敵ハ西方南方ヲ主トシ北西北及北方方面ニ対シテハ厳重ナラザルモノト認ム
(ハ)敵ノ哨戒圏ハ概ネ五〇〇浬ナルベシ
(ニ)敵ハ我ガ企図ヲ察知セズ少クトモ五日早朝迄ハ発見セラレ居ラザルモノト認ム
(ホ)敵空母ヲ基幹トスル有力部隊附近海面ニ大挙行動中ト推定セズ

(ヘ)我ハ「ミッドウェイ」ヲ空襲シ基地航空兵力ヲ潰滅シ上陸作戦ニ協力シタル後敵機動部隊若シ反撃セバ之ヲ撃滅スルコト可能ナリ

(ト)敵基地航空機ノ反撃ハ上空直衛戦闘機竝ニ防禦砲火ヲ以テ撃攘スルコトヲ得

大敗を喫したあとでまとめられた海戦当日の「情況判断」である。しかし六月五日未明、どの時点かは不明だが、「敵空母ノ算ナシ」の信令が下達されたという証言もある。

「米英は口を揃えて珊瑚海にて日本軍大敗を叫ぶ　余程苦しきためならむ　米が機動部隊を更に擁しあることは事実也　相当有力なるものならむ　然りとせば今回のミッドウェー作戦は敵の虚を窺いたることとなり　これにて米が布哇(ハワイ)方面に集中する時第三期作戦（ニューカレドニア方面）となりて又米の留守を衝くこととなり　切角の米艦隊との決戦時期もこれをミスすることとなるに非(あらざ)るやと恐る」（連合艦隊作戦参謀・三和義勇大佐の五月二十日の日記）

大本営海軍部の作戦課長が、作戦開始前の合同会議の席上、「この作戦で最も恐れることは、敵がわが艦隊を避けて出撃しないことである」と述べたと『ミッドウェー』にある（二六八頁）。

孫子の兵法をもちだすまでもない。三百浬後方に位置する「大和」以下の出陣目的はなんであったのか。

「三和日記」五月三十一日の項。連合艦隊は父島北方を通過。

「堂々東進す　海軍の未だ嘗て考えざりし大遠征なり　而して進ますものも進む者も必

勝を期して疑わず　戦わずして既に敵を呑むの概　何処に育成せられ何処より来りしものなるや　正に感慨無量の大行進なり（略）

ホノルルを中心として米太平洋岸の作戦電波異状を呈す　作戦緊急信多し　敵は我企図を察知したるか否か尚判断し得ざるも　戒を厳にしてひたに進む」

六月四日、攻略部隊、占領部隊はミッドウェー基地発進の敵機に発見され、タンカーあけぼの丸に魚雷命中、最初の戦死者が出た。「予期したる処なり　稀有の天変でもなき限り被発見〔発見され〕ずに進むことは不可能なり」

一航艦は四日の「被発見」を知らなかったというが、機動部隊上空にも敵機は出現していた（「経過概要」）。だが、追跡の零戦は確認をなし得ず、司令部スタッフはこれを重視しなかった。四日、濃霧中に変針のため無線封止を破っているにもかかわらずである。この対応姿勢は、五日の索敵線の不徹底や敵情判断の甘さに共通する。

すでに『滄海よ眠れ』で指摘した疑問はここでは繰返さない。定着しているはずのミッドウェー海戦の「定説」によっては、疑問はとけないのである。現場にはいなかった人間として、「事実」の再現はできないが、しかし消去法等によって起き得なかったことを判別することはできる。なにが、なぜ、いつ、どのように戦闘経過を形成していったのか。『戦闘詳報』、『ミッドウェー』のいずれによっても回答は得られない。『戦史叢書』の記述はなぜかきわめて入り組んでいてわかりにくい。公刊の同書によって喚起される疑問を提出した人がないのは、そのためであろうか。

『戦闘詳報』の「経過概要」は赤城が中心である。その〇五〇六に、「本艦ノ認メシ最初ノ艦載機ナリ」とある。その十四分後の〇五二〇に「敵ハ其ノ後方ニ空母ラシキモノ一隻伴フ」と利根機は報じた。諸般の状況から敵機動部隊の出現がたしかとなってからも、一航艦司令部はミッドウェーへの第二次攻撃を固持した。

ミッドウェー島占領と敵機動部隊撃滅という二正面作戦の前者に、一航艦の比重はかかっていた。上陸陸軍部隊は後続して航海中であり、上陸日は六月七日と決定されている。ミッドウェーの航空隊殲滅を果さなければ、上陸作戦は困難となるし、出現した敵機動部隊との戦闘に専念できない。友永隊の攻撃は事前に察知されており、ミッドウェーの敵機は全機発進していて所期の目的は達成できなかった。第二次攻撃は必須である。敵機動部隊はまだ遠い。時間は十分ある。もし敵襲を受けても、零戦によって撃退可能である——。

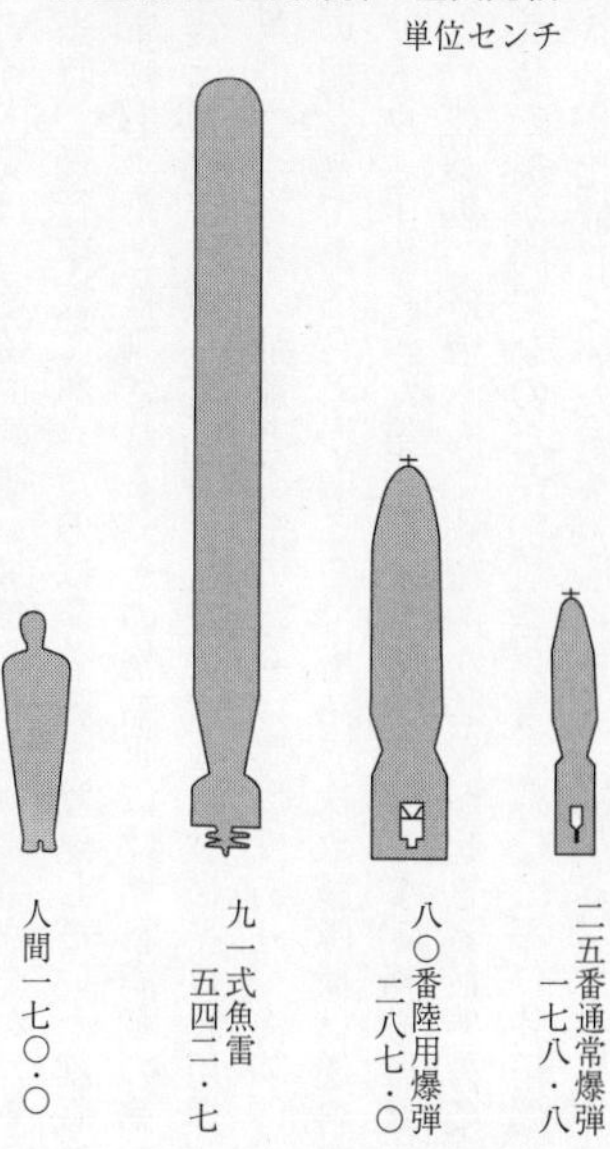

航空魚雷と陸用爆弾の全長比較

一航艦司令部の幕僚が、「慢心と敵の下算の結果」とのちにいう内実は、希望的観測を加算しつづけ、気がついたら三空母被弾という経過を辿った。

当時、飛行甲板にあったのは発着艦を繰返していた艦戦のみであり、雷撃機も爆撃機も格納庫にあったと推測される。その格納庫には燃料満載の第二次攻撃隊機があり、とくに赤城、加賀は艦攻が待機していて、航空魚雷と八〇〇キロ陸用爆弾の双方が弾庫から揚げられていた可能性がある。飛龍と蒼龍の場合は艦爆であり、海陸いずれを攻撃する場合も、兵装は双方の組合せである。しかしここでも第二次攻撃隊機は燃料搭載を終了している。さらには、ミッドウェーへ行った第一次攻撃隊を収容して、格納庫は異様なまでに混乱していたと思われる。被爆後、格納庫内で致命的な誘爆が起きる最悪の条件がそろっていた。

兵装転換が問題なのだが、航空魚雷→八〇〇キロ陸用爆弾→航空魚雷にかえたというその大きさを比較していただきたい。この海戦の航空魚雷（九一式改三魚雷）は全長五四二・七糎、重量八五二キロある（『戦史叢書』一五八頁）。陸用攻撃に使われる八〇〇キロ爆弾（九七式八〇番陸用爆弾）は全長二八七糎、七九九キロであり、航空魚雷は陸用爆弾の倍近く大きいのである。

「航空母艦（一万トン級）艤装方針」という資料がある。昭和八年九月、艦政本部が航空本部と協議して作成したという（福井静夫『海軍艦艇史』3）。その第三章「飛行機用昇降機」の「㈡力量」に、

「五噸ノ重量ヲ搭載シ最低飛行機格納庫ヨリ飛行甲板マデ三〇秒以内ニ揚ゲ又ハ卸シ得ルコト」

とある。昇降機は上下運動をして一機ずつを揚げ、またはおろす。一分以内に可能であるようにという方針である。第十七章「主要搭載航空関係兵器」には、「魚雷」の「運搬車」は「常用艦攻及偵ノ1/3」とある。兵装転換問題、あるいは飛行甲板に全攻撃機が揚げられて発進直前の被弾というタイミングが論じられるとき、より具体的に状況〔条件〕を確認する必要がある。相手が機械では、精神力は介入できない。

『戦史叢書』が指摘しているように、被弾時、敵空母攻撃隊につけてやるべき零戦の準備はととのっていない。空中にあって母艦に帰ることができず飛龍に着艦した零戦の機数は赤城八機、加賀十一機、蒼龍五機を数える。四空母それぞれに『ミッドウェー作戦（もしくは東太平洋方面作戦）戦闘詳報』が作成され、「第十戦隊戦時日誌」とともに海軍武功調査委員に提出されている〔戦史室資料〕。飛行隊の個々の編制や戦闘内容はこの資料によって得られる。

出撃した零戦の実数は赤城二十四機、加賀十七機、飛龍二十一機、蒼龍二十二機。搭載された常用機は各空母とも十八機（ほかに補用機三）、ミッドウェー占領用の第六航空隊の零戦各六機を搭載していた（六空所属の戦死者は二名）。その全機を投入してたたかっている。『東太平洋方面作戦軍艦蒼龍戦闘詳報』の「所見」の(4)として、「敵雷撃機ニ味方戦闘機過集中ノ疑問大ナリ」とある。

米側搭乗員の戦死二百八名。内訳は艦戦十九、艦爆五十九、艦攻八十七、飛行艇六、陸爆三十七で、雷撃機〔なかでもホーネット所属雷撃隊の四十四名、生還三名〕の犠牲は大きい。練度は低くとも、作戦上の計算外の効果ながら、切れ間なく執拗につづいた米機の攻撃は、予想外の零戦投入を余儀なくし、その弾薬補給のための離着艦は昇降機の利用を制限した。兵装転換をぬきに考えても、第二次攻撃隊（第一次敵空母攻撃隊）の発進が一、二航戦とも遅れる要因となり得た。あいつぐ敵襲下においてのミッドウェー攻撃隊収容もまた状況をきわめて困難にした。

敵機動部隊出現という事態に直面したとき、第一航空艦隊の作戦処理には陥穽（かんせい）のような重大ミスがあったようである。「経過概要」二九六、二九七頁の『ミッドウェー』からの引用を見ていただきたい。北上を開始した四空母の敵空母攻撃準備の内容が書かれている。

「総兵力は降下爆撃隊三十六機（飛龍、蒼龍から九七式艦上爆撃機各十八機）と、雷撃隊五十四機（九七式艦上攻撃機を赤城、加賀より各十八機、飛龍、蒼龍から各九機）である。」

加賀の搭載艦攻だけは二十七機あったと『戦史叢書』にあり、「各十八機」というのは不正確かも知れない。しかし、飛龍、蒼龍の艦攻は、ミッドウェー攻撃から帰艦したものである。第二次攻撃用に準備されていた艦攻以外も揃えて出す作戦企図であった。〇八二〇の飛龍からの発光信号は、この作戦構想を裏づけている。「経過概要」にはない第二航空戦隊司令官山口多聞少将の意見具申には、従来伝えられてきた以上の意味がありそうである。

三空母が機能しなくなって、連合艦隊司令部が作戦指導の前面に出てくる。その内容は、航空決戦に成否がかかっていることを無視したものである。「経過概要」を読み返すとき、痛々しいという思いがつきまとう。これではたたかいようがないと思われる局面で時間が過ぎてゆき、飛龍も被弾となるからである。

四空母喪失にいたる作戦経過の責任は機動部隊をひきいた南雲中将に帰す。しかし第七戦隊にミッドウェー攻撃を命じ、途中作戦企図を変更して反転させ、二隻の重巡、とくに三隈を犠牲にした責任は、連合艦隊司令長官である山本五十六海軍大将に帰せられる。三百浬後方とはいうが、戦闘正面へ出撃してきた連合艦隊司令長官として、その作戦指導（とくに空母被爆後）は、戦術家としての限界を示している。

この作戦全体の構想および主導権を一手にしてきた山本司令長官は、敗北の責任をおうべき筆頭者ということになろう。

しかし、ミッドウェー海戦の事後処理において、ことは連合艦隊司令部内部だけの問題ではなかったようである。

六月十日午後三時三十分、大本営海軍部は東太平洋海域作戦中の、ミッドウェー方面の戦果を報じた。「空母二隻撃沈」（六月十八日の大本営発表はその一隻を大破として事実上の修正。巡洋艦一隻、潜水艦一隻撃沈を追加）に対し、「我が方損害」は航空母艦一隻喪失、同一隻大破、巡洋艦一隻大破、未帰還飛行機三十五機となっている。（四空母は搭載全機二百六十三機と六空の零戦を亡失）

この日の午後三時、海軍次官（沢本頼雄中将）、軍令部次長（伊藤整一中将）の連名で発せられた「機密第五五番電」（無線）は、各艦隊、各鎮守府、各警備府、各司令長官あてであり、十一日午前九時に受領された。

今次作戦ニ関スル諸般ノ事項左ノ通処理セシメラルルニ付右御含ミノ上事後処理及部下

指導等実施アリ度

一、敵ト交戦中受ケタル被害ニ関シテハ其全部ヲ左ノ通公表

空母一隻喪失　空母一隻大破

巡洋艦一隻大破　飛行機三十五機未帰還

二、右以外ノ被害（敵ト離隔セル後行動不能トナリタルモノ等）ニ関シテハ　作戦上支障ナシト認メラルル時機迄一切公表セズ

三、損傷艦名ハ一切公表セズ

四、海軍部内一般及在外武官ニ対シテモ公表以外一切発表セズ　但シ第一号第二号ノ損傷艦名ハ部内所要ノ向ニ対シ通知セラルル予定

五、人員死傷ニ関シテハ中央当局ヨリ通知又ハ発表ヲ行フ迄ハ一切ノ通知説明等ヲ行ハズ　部外ヨリノ照会ニ対シテハ「事情不明、判明次第通知ス」ト応酬スルモノトス

六、陸軍部内ニ於テハ作戦ニ関シ必要ナル際ハ左ノ通説明スル方針ニテ流言ノ発生等厳重取締ツツアリ

「(イ)ＭＩ作戦ハ海上作戦ノ関係上之ヲ延期セリ

(ロ)所要ニ応ジ説明ノ基準

敵ノ大兵力進出セルニ依リ之ヲ撃破スル為攻略ヲ一時延期セルモノナリ　敵艦隊ニ相当ノ損害ヲ与ヘ我ニモ若干ノ損害アリ」

七、指揮又ハ従属系統若ハ連絡系統ニ従ヒ公表以外ノコトニ触ルル場合ハ　軍機事項ト

シテ之ヲ処理スルモノトス
近来談話又ハ信書等ニ於テ軍機事項ニ触ルルモノ多キニ付曩（サキ）ニ申達シタル通ナル処前記禁止事項ニ関シ職務上必要ナル範囲ヲ越ヘテ之ニ触レタルモノハ当然軍機保護法ニ抵触スルコトトナル次第ニ付　部下指導上特ニ留意セシメラレ度（「佐世保鎮守府戦時日誌」・戦史室資料）

帝国陸海軍の最高の統帥者であり大元帥の天皇に海戦の結果が報告されたのは、六月六日である。『木戸幸一日記』は六月八日のこととして、「天顔を拝するに神色自若として御挙措平日と少しも異らせ給わず。今回の損害は誠に残念であるが、軍令部総長には之により士気の沮喪（そそう）を来さざる様に注意せよ。尚、今後の作戦消極退嬰（たいえい）とならざる様にせよと命じて置いたとの御話あり」とある。

大本営陸軍部（参謀本部）戦争指導班の「大本営機密戦争日誌」には、六月六日、「一本一本ならんと」つまり五分五分という小野田捨次郎海軍大佐（海軍部戦争指導班）の言がある。九日の項には「航母数隻の損傷一時的には致命的打撃とは言え……」とあって、参謀本部に敗北の実態が伝えられていない〔『滄海よ眠れ』三巻一三頁以下［文庫版二巻一六頁以下］参照〕。

軍令部総長永野修身大将により奉勅の大海令第二十号が山本連合艦隊司令長官に下達されたのは、七月十一日である。ミッドウェー島攻略をふくむ要地攻略の任務を解くものであった。ミッドウェー攻略を起点とする作戦計画は正式に中止となった〔海軍大臣は嶋田繁太郎大将〕。

「昭和十七年七月十四日現在」の「軍極秘」「戦時編成表」〔財団法人史料調査会海軍文庫蔵〕がある。「外戦部隊編制表其ノ一　連合艦隊」の「第三艦隊付属」として「鳳翔、赤城、飛龍、夕風」が記載されている。編制もまた天皇の統帥事項であるが、沈んだ二空母が生きている。

ミッドウェー海戦について、連合艦隊の最終的見解というべき資料がある〔戦史室所蔵〕。

軍機　連合艦隊機密第八号ノ一七　$\frac{6}{7}$

　　昭和十九年三月十日　　三月十九日送付

連合艦隊戦闘詳報第一号

自昭和十七年五月下旬　AI作戦〔註・アリューシャン、ミッドウェー攻略作戦の略。他に使用例なし〕

至昭和十七年六月上旬

　　連合艦隊司令部

〔一、略〕

二、作戦経過

各部隊ハ五月下旬以降作戦計画ノ定ムル所ニ従ヒ行動ヲ起シ主力部隊ハ五月二十九日

柱島泊地ヲ出撃、豊後水道ヲ経テ予定ノ行動ニ移レリ　当時「ミッドウェー」方面ニ於ケル敵哨戒機ノ活動ハ活潑ニシテ警戒厳ナルヲ予察セラ〔レ〕シガ、六月四日午前攻略部隊輸送船団ハ敵飛行艇及潜水艦ノ触接ヲ受クルニ至レルヲ以テ、「ミッドウェー」ノ奇襲攻略ハ望薄ナルベク又敵海上部隊トノ会敵ノ算相当大ナルベキヲ予期シツツ接敵行動ヲ続行セリ

当時天候ハ「ミッドウェー」北西海面広域ニ亘リ雲霧断続シ行動不便ナル情況ナリシガ六月五日早朝第一機動部隊ハ予定ノ如ク北西方ヨリ「ミッドウェー」基地ヲ空襲セリ

右空襲行動中同隊索敵機ハ〇四三〇敵機動部隊ノ一群ヲ「ミッドウェー」ノ一〇度二四〇浬附近ニ発見セリ　機動部隊ハ兼テ如斯情況ニ即応スル為一半ノ航空兵力ヲ用意シアリシヲ以テ茲ニ所望ノ敵ヲ捕捉撃滅シ得ルノ好機ニ恵レタリト判断セラレシガ同時刻前後ヨリ同隊ハ屢々敵航空機群ノ空襲ヲ受クルニ至リ、〇七二〇ヨリ〇七三〇ノ間加賀、赤城、蒼龍相次デ被爆火災ヲ生ジテ戦闘力発揮不能トナリ飛龍単独奮戦攻撃ヲ続行セリ

此ノ時迄ニ戦場ニ出現セル敵ハ一乃至二隻ノ空母ヲ基幹トスル機動部隊二群ト判断セラレ且我第一機動部隊苦戦ノ状況トナリシヲ以テ全力ヲ挙ゲテ先ヅ当面ノ敵海上兵力撃滅ニ集注セントシ〇九二〇「ミッドウェー」及「アリューシャン」方面敵要地攻略ハ之ヲ一時延期スルト共ニ全軍所定ノ方針ニ基キ決戦行動ニ移ルベキヲ令シ翌日ノ戦

闘ヲ容易ナラシムル為攻略部隊ヲシテ一部兵力ヲ分派シ「ミッドウェー」航空基地ノ砲撃破壊ヲ命ゼリ
一四〇〇頃迄飛龍ハ敵空母ト激戦数合雷撃及爆撃ニ依リ二隻ノ敵空母ニ大損害ヲ与ヘ
一四二〇頃敵ハ漸ク戦場ヲ避退セントスル気配アリ我ニ於テモ亦第一機動部隊及攻略部隊ハ全力ヲ以テ敵方ニ急進中ナリシガ一四四〇飛龍又被爆火災ヲ生ジ北西方ニ避退ノ已ムナキ情況トナレリ　斯クシテ第一機動部隊ノ空母ハ全部損傷セシモ当時残余ノ同隊ハ尚敵ト至近ニ対峙シ之ガ触接ヲ確保シ得ルノ算大ナルベキ態勢ナリシヲ以テ愈(イヨイヨ)敵ヲ急追之ヲ捕捉撃滅シ且「ミッドウェー」攻略ヲモ再興セントシ一六一五其ノ企図ヲ示シテ全軍追撃ヲ下令シ引続キ一九五五攻略部隊指揮官ヲシテ第一機動部隊ヲ統一指揮セシメタリ
之ヨリ先「アリューシャン」方面作戦ハ之ヲ続行スルノ要ヲ認メ一四二〇北方部隊指揮官ヲシテ適宜攻略作戦ヲ続行セシメタリ
二一〇〇頃ニ至リ第一機動部隊ノ占位意外ニ敵ヨリ離隔シアリ　彼我ノ態勢ハ同隊及攻略部隊ヲ以テスル夜戦ノ実施及翌朝ノ敵捕捉極メテ困難ナル情況ナルコト明カトナリ　加フルニ一八四〇第一機動部隊指揮官ヨリ敵空母五隻西航中ナル報告モアリ諸情報ヲ綜合スルニ戦場ニハ敵空母少クトモ二乃至三隻残存行動中ナリト判断セラレ　此ノ状況ニ於テ我水上兵力ノミヲ提ゲ敵ヲ圧迫戦場ヲ東方ニ移シツツ敵空母群ト角逐シ又敵航空基地ヲ制圧シテ之ガ攻略ヲ強行センニハ相当大ナル兵力ノ犠牲ヲ生ズルコト

アルベク此ノ際寧ロ再挙ヲ図ルヲ適当ト認メ「ミッドウェー」攻略ヲ中止シ且各隊ヲ一応敵基地圏外ニ集結シ態勢ヲ整ヘテ爾後ノ対敵行動ニ備フルニ決シ二一一五各隊ヲシテ六日〇六〇〇「ミッドウェー」ノ北西三五〇浬附近ニ於テ主隊ニ合同スベキヲ令セリ（以下略）

「第七章　戦果概要」には、AI作戦により「敵ニ与ヘタル損害」として「撃沈確実　空母二隻　潜水艦二隻」「撃沈略確実『サンフランシスコ』型一隻」「撃墜約一五〇機（大型五〇小型一〇〇）」ほかが記載されている。「被害」として、「㈠被爆ニ因ルモノ　加賀・蒼龍大火災誘爆ヲ起シ沈没　赤城・飛龍　火災後沈没　三隈　爆発以後沈没」ほかが記述されている。

「搭乗員喪失約六十三組（戦二七、爆二二、攻一五）」

とあって、単純計算をすれば戦死百十四名となり、実際の戦死者数百二十一名に近い。この「戦闘詳報」にも表紙に「海軍功績調査部長殿」という手書きの文字がある。一連の「公式記録」がなぜ現在までのこったのかを証明する資料は、米国立公文書館で偶然発見した。

証　明　書

一、茲に添附した一〇頁から成る「機動部隊（第一航空艦隊）戦闘詳報第六号抜萃」と題する文書の本文は引揚援護庁復員局第二復員局残務処理部で保管している元日本海軍の公文書を撮影した「フイルム」の抜萃の真実且正確な写である
尚（註）は引揚援護庁復員局第二復員局残務処理部で附したものである

二、前項の「フイルム」は左の経緯に依って出来たものである
即ち終戦後元日本海軍に残っていた機動部隊（第一航空艦隊）戦闘詳報第六号は一冊のみで山梨県北巨摩郡小笠原村にあった海軍省韮崎分室で保管していたが昭和二十年十一月十日米爆撃調査団に接収せられた。同年十二月頃爆撃調査団が右書類を米本国に持帰る際第二復員省の要請に依り他の同種の書類と共に之を「フイルム」に写し第二復員省に渡された。

前項の「フイルム」であって現に第二復員局残務処理部で保管している
三、右「フイルム」に依れば機動部隊（第一航空艦隊）戦闘詳報第六号中少尉「フランク、ウッドロー、オフラハーテー」及び飛行機械手「ブルノピーターガイドー」の救助、尋問、処刑に関する記事と認められるものは本抜萃の通りであってそれ以外には全然見当らない
右各項は真実であることを証明する
昭和二十三年十月十二日　於東　京
引揚援護庁復員局第二復員局残務処理部長
川　井　巖
アメリカから返還された「公式記録」のほかに頼るべき資料がどれだけ存在するのか、わ

たしが入手し得た主要な資料は以上である。それがいかに矛盾をふくみ、整合されているかを辿ってゆくと、誰も責任をとらず、内部的に処理された戦史のある典型へゆきつく。こうなることは予期しなかった。現実にあった経過を復元することはわたしの仕事ではない。わたしの疑義提出は、かなり手ごわい反撃を受けた。あの海戦の基礎的資料をここにまとめることでわたしの答とする。

第二次世界大戦中の日本海軍の戦死者は約四十万人であるから、ミッドウェー海戦の戦死者三千五十六名の資料は、ほぼ百分の一の戦死者たちの実質を示す。

日米あわせて三千四百十八のいのち。少数の例外をのぞき、遺体は五千米以上の水深をもつ海底に沈み、敵味方ともに還る日はない。

日本側の戦死者の徴兵もしくは志願をしつこく問うたのは、わたしに「徴兵」に対する思いこみがあったからである。しかし徴兵で入隊しても、軍人生活を人生に選べばそこから志願に変る。たとえば昭和八年の徴兵〔八徴〕が十一年に志願にかわったという経歴などのすべてをつかみ得ず、最初の入隊形態を資料とした。志願と徴兵は相半ばしている。

米国側は全員志願だが、志願の背景として、一九二九年の大恐慌にはじまる世界的な経済不況、失業や就職難があることは、日米に共通していた。これほどとは予想できなかった。圧倒的に若い戦死者たちであり、アメリカが予備学生制度によって大学卒業者を多くふくんでいるのに対し、日本側は高等小学校卒業の戦死者が多い。

結婚していたのは、米国二三・二パーセント、日本一三・八パーセントであり、多くは男としての人生に出会わぬままであった。

日米でいちじるしく差があるのは、戦死者の階級別構成である。準士官（兵曹長）を士官ではなく下士官にふくめたのは、わたしの経験的な選択である。米国側は、士官三一・八パーセント、下士官三八・一パーセント、兵三〇・一パーセントとほぼ三分している。日本側は士官百二十二名　四パーセント、下士官八百八十五名　二九パーセント、兵二千四十九名六七パーセントである。下士官と兵が、ミッドウェー海戦の日本側戦死の九六パーセントを占めることを、ひとつの厳粛な事実として報告したい。

整備科七百四十名（二四・二パーセント）、機関科九百六十一名（三一・四パーセント）、兵科千三十二名（三三・八パーセント）その他の数字（付録参照）。この数字もまたミッドウェー海戦の実態を如実に示している。搭乗員の犠牲の大きさよりも、格納庫や飛行甲板にいた整備科の兵員たちの戦死が目立つ。機関科という艦底近くに閉じこめられた配置で死んだ人々の多さにも目をとめられたい。

戦争とは途方もなく大きくとらえがたい世界に見えるが、この資料が語っている男たちの人生は、戦争の具体的な一面である。これがすべてとはいわないが、こういう人間の記録と統計をぬきにした論議は不毛であるように思える。

グラフや数表は、わたしにとってきわめて苦手なものであったが、わたしの脳裡にはその人数を構成している人々が生きていて、単なる数字ではなくなった。いまではグラフも数表もよく理解できる。苦手と尻ごみなさらずに、どうぞ第五部の資料をじっくり見ていただきたい。

誰も歴史をその手につかんだ人はない。調査と取材によって、戦争という大きなジグソーパズルの一ピースをとりだし得たといってもいいだろうか。『滄海よ眠れ』と本書によって、わたしの「ミッドウェー海戦」はようやくおわる。

引用文は原則として現代仮名づかいに直してある。また引用文中に（　）が多く使われているのと区別するべく、澤地による註記や補記は〔　〕でくくった。

第二部　戦死者と家族の声

註・艦別に氏名のアイウエオ順に組んである。日本側の戦死はすべて海軍なので、「海軍」を略した。戦死者名の下欄にあるのは、科と階級　死亡年齢　出身県　最終学歴　入隊の年と形態（たとえば十志は昭和十年志願、十七徴は十七年の徴兵）きょうだいの中での位置　結婚（既婚者は結婚年月日、戦死時の妻子の年齢など）である。「農業」とあるのは生家が農家である例。「最上」「あけぼの丸」など、『滄海よ眠れ』で全戦死者を書いた艦はここにはない。

米国側は各所属別アルファベット順。戦死者名につづく事項は日本と同じだが、アメリカは三軍にわたっているので、階級にはすべて海軍、海兵隊、陸軍をつけた。

戦死者と家族の声・赤城

太田志加次

二等機関兵曹　29歳2カ月　静岡　高小卒　九志　二男一女の次男

「生後二年ほどで父親死亡。祖母と母とが百姓の日雇をして子供三人を養ったが、親なし子としていじめられた。昭和二年三月奥山高等小学校卒業後、浜名郡篠原村の鈴木建築所に奉公して大工修業。九年一月十日横須賀海兵団に徴集入団す。入団以来母たよが村の鎮守の森神社に往復六キロの道のりを、雨の日も嵐の日も厳寒の日も、一日も休むことなく、人家より離れた神社へ八年間、雨嵐の夜はこもをかぶって真夜中午前一時から二時の間に健康と武運を祈りつづけたけれども、ついに昭和十七年六月五日、東太平洋戦争ミッドウェー海にて戦死したので、母の祈願の綱が切れてしまった。この母は臨済宗方広寺派本山にてマカナイ婦として勤務、昭和二十七年五月十一日死亡」（兄・太田藤市）

川田要三

二等飛行兵曹　19歳6カ月　東京　十四志（甲飛4）　四男三女の三男、遠縁川田家のあとつぎとして養子になる

父坂元俊雄は要三が生れたとき高田商会に勤務、翌大正十一年には電気鉄道研究のため渡米、ミッドウェー海戦当時は坂元工業（電鉄）社主。

要三は東京府立青山師範附属小学校をへて麻布中学へ。昭和十四年四月、第四学年修了で霞ヶ浦海軍航空隊甲種予科練習部隊に入隊した。

「弟川田要三は兄弟の真中であるけれど、弟妹と年が離れているので、沼津時代や小学生時代いちばん可愛がられ、学校でも明るい朗らかな仲間として友達も多かった。小学校卒業当時、肋膜炎で一年間静養していたことは、精神的に友達におくれるような気持があったのではなかろうか。もっともアルバムにはヒットラー礼讃の言葉があり、それが予科練へかりたてたようにも思う。この予科練は両親にも兄姉にも内緒で受けていた。特に父母はショックをうけていたことを思い出す。

要三は十六年十二月八日のハワイ空襲の際は艦隊上空の護衛に当ったと、その年の暮、大橋の宅に帰って来て話してくれました。翌年五月初めに休暇で帰ってきたとき〝今度は生きて帰れないかも知れない〟と言っていました。そのあとミッドウェーの海戦となったのです。要三の遺骨を受取りに私だけが横須賀にゆきました。両親のなげきはたいへんなもので、

父には大きなショックのようでした。遺骨が入っているはずの木箱の中には、要三の小さな写真が入っていました。父は要三の死後あまり元気がなくなり、終戦のあと間もなく、医師の誤診もあって六十三歳で亡くなり、数年して母も亡くなりました。

終戦をむかえ、両親の一番いやがっていたのは、要三はじめ数多くの戦死者を犬死同様にした戦争批判の声でした。私自身も兵隊にとられて北支にいったとき、〝もう、ここで死ねば〟と考え、みな祖国を護るためにしていることと、自分に言いきかせました。要三も祖国のため死んでいったので、こういう人々の戦死、もろもろの不幸の上に今日の平和が築かれているのだと信じています」(兄・坂元正典)『翔魂・川田要三追悼録』昭和十八年六月五日発行がある。

関口加平　二等機関兵曹　22歳7カ月　群馬　高小卒　十一志　三男二女の次男

「演習航海中、部下があやまって海に落ちた時、そこがたまたま南方の海蛇などが棲息していた場所のため、誰もこわがって助けにいかないのに、一人で飛び込んでその人を助けあげたそうです。あとで隊から表彰されました。ミッドウェーへたつ直前、四月二十九日頃、最後の補給をしている横須賀へ妹たちをつれて面会に行きました。料理屋で食べきれないほどの御馳走をしてくれ、菓子をほしがる妹には、配給券もないのに交渉して袋一杯のゼリーを

買ってくれました。それが最後でした」（母・関口コト・明治三十年生れ）

武居忠夫　一等兵曹　27歳7カ月　茨城　八志　昭和15年に結婚　一男と妻24歳　のち独身

「主人は大工の子で長男です。最後に帰ってきたのは、昭和十七年の五月だったか、最後の一晩だけ。とくに変った話もしていないねえ。半月もたたないうちにああいうことになって……。横須賀に住んでいましたが、私はさいしょの子供が妊娠八カ月に入っているときで、翌朝の六時頃主人は赤城へ帰ってゆき、私は実家の父親がむかえにきたのでお産のために田舎へ帰りました。おなじ日です。

生れてくる子が男の子ならいいなあって言いましたが、こればかりはわかんないからと言いましたよ。それからしばらくたってから主人の手紙が届きました。中にお守りが入っていて、これはなくなさないよう肌身につけておいて、子供が生れたら見るようにと書いてあったのです。私は安産のお守りを送ってくれたものとばかり思い、封は切らずに腹帯の間へ入れていました。

七月四日に男の子を生んで、封を切ってみたら、男の子なら譲（ゆずる）、女の子なら純子（すみこ）と子供の名前が書いてあったのです。戦死の公報はおそくて、九月にきたとき、武居の父親が『俺は今度はダメかも知れない、あとは子供に譲（ゆず）るということだったのか』と言いました。息子の名前は譲です。その父親は二十年十月に六十八歳で亡くなり、母も二十三年七月に亡くなりました。七十二歳でした。主人の弟も昭和十九年二月四日に南太平洋で戦死しています。子供をかかえて鳩時計の工場の女工をやったりして生きてきて、いまはリューマチで膝が曲らなくなって不自由なからだです。息子夫婦と孫二人と暮してます。手も不自由なものだから、ちゃんとお返事も書けずにいました」〔六十一年二月一日、**妻・武居ふく**との電話。途中から茨城の土地言葉になり、四十年余の生活実感が一度に溢れたが書きとめ得ず、東京言葉に直した〕

衡田十二（ひらた とおじ）　三等機関兵曹　25歳11カ月　宮城　高小卒　十二徴　農業　五男三女の三男

「私はミッドウェー海戦で戦死した衡田十二の姉でございます。十二の町葬の際には参列しましたが、四十数年も前の事ですので弟のことながら書けない面も多くあります。私共の両親は早く亡くなり（十二が十四歳のとき）、十二が入隊したのも戦死したのも、兄軍一が戸主の時でございましたが、その兄も昭和五十二年に死亡して、現在は甥夫婦が家を守っております。東北農民の小作百姓の生活は悲惨なもので、兄弟（姉妹）が多かったので家を護る兄も大変なことでした。兄弟達はそれぞれ他家に奉公したり自立したり出来る限り努力しました。弟十二は生家が左官をかねたので農業に従事しながらそれを手伝い、また他家に奉公したりで、当時の東北農民の縮図のような生活でした。私たちの兄弟は男子五名のうち四名が戦争に行き、十二のみが戦死しました。十二はやさしいよい子でしたが、責任感の強い、何事も我慢してやり通す子でした。青年時代も海軍入隊後も相撲が好きで、また大変強かったと聞いて居ります」（姉・小埜寺きせの）

矢内浅雄　二等水兵　23歳1カ月　群馬　高小卒　十五徴　農業　四男一女の長男

「私も戦争中南洋のパラオ、ペリリュウ島の玉砕地の生き残りなので、昨年二月にペリリュウ島へ慰霊に行って来ました。もし、ミッドウェーまで慰霊に行く機会があれば行きたいと思っています。兄は真面目で、徴兵検査は模範甲種合格で海軍に入団しました。入隊前は村の青年団の役員や農事組合の役員等で活躍。海兵団卒業の際、分隊長（中尉）がお前は群馬の赤城山の麓の生れなので赤城艦に乗せてやる、赤城艦が沈む時には日本国はだめなのだ、赤城艦はぜったいに大丈夫だと言って乗せてくれたそうです」（弟・矢内信吉）

柳原健吾　二等機関兵　22歳10カ月　長野　高小卒　十一志　農業　五男三女の五男　末子

三つちがいの姉・石川ゆきの手紙——。

「昭和十七年十二月、健吾の遺骨は同郷の友人仲間八柱とともに、おおぜいの出迎えを受けて小学校の校庭へ帰ってきました。そして、母の待つ家へ帰ってきました。生前父が申しました言葉、〝健吾は大物だ。冠着山（郷里を象徴する山）が倒れてきてもびくともしない男だ〟がいまも心にのこっています。口数のすくないいい子でした。末っ子の健吾にかける夢の大きかった母は、そのとき六十六歳でした。悲しみのなか、あきらめきれず、決してあけてはいけないと言われた遺骨箱を夜中にこっそりあけて見たそうです。たった一片の紙きれだけだったとあきらめきれない思いを私に話してくれました。

その後、終戦になり、復員という形で帰られた方のどなたかの風の便りに、同じ赤城に乗っておられた方が、健吾に甲板へ押しあげられて助かったということを聞き、助かった人、死んだ者の運命を考えていたようです。

昭和十六年秋、めずらしく四日ほどの休暇を得て帰って参り、私の任地でも一泊、翌日の日曜に千曲川の川原で二人並んで写真をとっておりましたところ、心ない土手を歩く若者に姉弟とも知らずにひやかされましたことも忘れられません。あの二日間が、二人の最後になりました。なにかふくみのある言葉をのこしましたが、間もなく真珠湾攻撃を知りました。翌年三月、急な電報で母が横須賀まで最後の別れにゆき、母子の最後の写真をとって別れてきました。

横井さん、小野田さんのような方もあるんだ、アメリカ人に救われアメリカから……なんていまだに考えるときもあります。生きてれば六十三歳です。

いろいろな思いをのこして、母は二十八年に逝きました。健吾と同年配の女性が、〝健吾さんの姉さんですね、あの人はいい人でした、私の好きな人でした〟と言うのを聞いて、大人の生活を知らないで散ってしまったあの子をいっそう不憫に思います。昭和九年三月、長野師範を受験しましたが不合格でした。もし教師になっていたらまったく違った人生だったのに……。

今日、息子の車にて実家の墓地に参り、香をあげ、しみじみ弟の、そして父母、兄弟の墓前に涙してまいりました。あれから四十年たちました。二度と書くことのなかった柳原健吾と書く機会のありましたことを報告して参りました」

吉田貞治　三等整備兵曹　26歳8カ月　埼玉　十一徴　四男二女の次男

「笛を吹くのが上手で、宮内庁によく出入りして、笛を教えていた」（甥・吉田忠雄）

渡辺優雄　二等整備兵　19歳4カ月　静岡　十五志　六男一女の長男

「私は戦死した優雄の弟です。当時としましたら当然長男の優雄が家業の竹材業を継ぐはずでしたが、学校を卒業するとまもなく海軍を志願しました。私はその時畜産方面に進みたいと思い、岩手県盛岡高農畜産科を受験し、合格通知を受け取っていましたが、優雄兄が、自分は海軍を志願するからお前がかわりに家業を継いで欲しいと、くれぐれも言いおかれたため、入学を取り止めて、竹材業を継ぎました。父の反対を押し切っての志願でしたので、父母の心には死ぬまで優雄兄の面影は消せなかったようです。兄は温厚で他人の面倒見はとても良かったようです。唱歌が得意で学芸会でよく唄ったそうです。親の反対を押し切って海軍を志願する程ですから、意志は強かったと思います。たくさんのきょうだい中一番だとよく父母が言っておりました」(弟・渡辺包夫)

戦死者と家族の声・加賀

秋元義一　一等機関兵曹　33歳3カ月　愛媛　高小卒　農業　三人兄弟の長男。昭和3年6月、19歳で志願　昭和14年8月10日トシと佐世保で結婚　15年10月16日長女裕美が誕生。義一の戦死後、トシは再婚せず、現在は結婚した娘と同居

夫の義一は温厚で思いやりのある人だった。トシ（当時三十二歳）は義一の戦死後、婚家と相談の上、子供をつれて実家に帰った。恩給はなくなりその上病弱のため働けず、生活は困窮した。昭和二十四年、三十九歳で洋裁学校に入学、卒業後は洋裁学校教師として働き、四十一年十二月停年退職した。

「先年地元で行われた慰霊祭で、『皆さんは父母や妻子を残して犬死した』と弔辞を述べた市会議員がおりました。私共は決してそのようには思っておりません。人の命は地球より重いといわれます。その尊い命を捧げた多くの人の犠牲の上に今日の私達の平和な生活があるということを決して忘れてはならないと痛感しています」（妻・秋元トシ）

義一の末弟保も海軍航空兵としてミッドウェー海戦では赤城に乗っていた。その後、十八年三月、東シナ海で戦死。二十二歳。兄義一とは十一歳ちがい。甲種予科練出身。真珠湾攻撃には加賀に乗艦して参加している。一緒にいた戦友の話によると、台湾に赴任する保の乗艦高千穂丸は、航行中を撃沈された。戦友四人と陸地に向って泳ぐ途中、そのうちの一人を見失ったため、救助するべく、保は後戻りし、そのまま戻らなかった。保の階級は海軍航空兵曹長。

井出弘光（こうみつ）　三等整備兵曹　23歳1カ月　愛媛　高小卒　農業　十二志　三男二女の次男

「兄は温和で勝気で努力家でしたが、男三人兄弟のなかで、一番男前だったし、親孝行で兄弟思いでした。小学校をほとんど優等で通し、その後も早稲田の講義録をとって勉強していたようです。

海軍に入っても第五十期普通科整備術練習生卒業でも優等賞状をもらっていました。休暇で帰っても農繁期には芋ほり等を手伝ってくれました。私への手紙でも困った時は何時でも力になると言ってよこしました。最後の休暇となった十七年一月に三里の道を徒歩で国鉄八幡浜駅まで見送りましたが、汽車のデッキで姿が見えなくなるまで父と私に挙手の礼をしていた兄の姿が、四十年経った今も私の脳裏から消えません。私達にとって現在も祈りの生活

です」（末弟・井出一敏昭和十二年生れ）
一敏作詩作曲の鎮魂歌「忘れない言葉」には「戦いから／かえって来ない兄よ／我が子の帰りを／待ちこがれた母よ／悲しみを／じっとかみしめた父よ／今もそばで生きているような」とある。

十七年五月二十四日、真穴村真網代の父徳松あて最後の手紙

「五月に入って随分と水々（ママ）しい青葉の山々、故里の山々が恋しい。正月に帰省してから、度々の便りに家内一同の健康はうなずけるが、やはり多忙な農繁期を前に皆張り切ってる事と思われる。私も其後大元気に毎日訓練に精励して居る。南洋作戦終了後転々と基地を移動して今又其の次期作戦に出でんとしている。ただ今、鹿屋航空隊より汽車にて大分着、外出が許されて宿所にて認む。この宿の主人もやはり真穴にて懐かしく、国の事ども語りていた。過ぐる二十二日午後岩国空（岩国航空隊基地）に所要あり、帰途真網代の空を一周してはるかに下界の両親を拝した。時刻四時十五分頃、二機の爆撃機。

今丁度向い合った別府にいて帰れぬは残念ながら仕方ない。せめて時日が許せば父にでも面会でもと思えども其の時日なし。雨がぽつりぽつりと降っている。佐賀関の叔父をと思えどもそれさえも出来ぬ。数度の征途、何も残す事はなけれども、やはり、出で行く以上生還は期せん。唯今日ありて明日なきは之武人の常。朝鮮の兄よりもとんと便りなく、又しいて自分からもやらぬ。父よりもよろしく。銃後も前線も総て戦、いずくで死するも運命だ。唯その散り際の桜花の如く、其れのみ祈る。皆お元気で。当分、便り出来ぬ筈　御元気で　皆

の健康をはるかに祈る。

五月二十四日　　　　　　　　　　宇和島屋にて

父上始家内一同様　　　　　　　　　　　　弘光」

伊藤源治

一等水兵　21歳8カ月　長崎　師範卒　十六徴　四男二女の三男　長兄源一夫婦とその子（0歳）、ならびに弟博輝（17歳）昭和20年8月17日長崎で被爆し死亡

「やさしい兄で、他人からも可愛がられていました。教員だったので生徒を可愛がり、慕われていたようです。兄源一も長崎師範を出て教師になっていました。十七年一月十七日に父が亡くなり、ついで源治戦死の公報が入ったとき、〝夢見が悪かったとよー。猿の夢見たとよー〟と母は言いました。母の実家に疎開中、原爆が落ちたことを知り、母と私は源一兄たちと博輝を探しにゆき、わが家の焼跡から〝寺にいる〟という伝言をみつけました。兄一家は亡くなり、火傷をした博輝がいて、たいしたケガとは思われず、安心したのですが、連れ帰ったあと薬もなにもなくて、八月十七日に亡くなりました。母と私の二人、百姓をして辛い思いをしました」（妹・伊藤スミ子）

伊藤熈一（ひいち）　一等水兵　25歳8カ月　愛媛　十二徴　農業　四男四女の七番目（四男）母クラは熈一の15〜16歳頃に死亡。高小卒業後、昭和12年の徴兵まで坑夫として働いていた。長兄と三番目の兄は早く死に、次兄は従軍帰還後に病死。現在は末の妹松恵（大正12年生れ）のみ生存

「私は八人兄妹の末子に生れましたが、みんな若くして亡くなり、ひとりぼっちです。身体障害者なので、兄（熈一）が生きて帰ったら私をみてくれるようになっていました。人さまの力添えで十年ほど前に身体障害者二級をもらい、現在月二万五千円を支給され、生活していますが、とても苦しい生活です。兄が生きてさえいれば、こんな生活はしなくてすんだのにと思います。私にはとても優しい兄で、よくかばって可愛がってくれました。人にもよく好かれた兄でした」（妹・伊藤松恵）

今村喜市　一等整備兵曹　25歳11カ月　鹿児島　八志　八男一女の四番目

喜市は昭和十三年に一度結婚し、十五年に離婚した。十六年にFと同棲したが入籍はしていなかった。事情は明らかではない。十七年五月九日、鹿屋市の旅館で証人二人をたてて遺言を残した。

一、自分ガ戦死シテモFハ再嫁ハ絶対ナサヌコト

一、出生スル子供ハ男女ヲ問ワズ自分ト思イ育成スルコト
一、男子ナル時ハ軍人トナスコト
一、女子ナル時モ中等教育丈ハ卒エシメルコト
一、右子供ノ養育費ハ恩給賜金ヲ充テルコト

喜市戦死後の九月九日、長女が生れ、両家の間でその入籍と養育についての覚書がつくられた。

喜市の長兄誠治は昭和十八年に戦病死している。

岩野上時栄（いわのうえ）　二等整備兵曹　23歳3カ月　長崎　高小卒　農業　十一志　五男一女の次男

「弟は体が大きく人柄もよく、人によくなつかれていた。親兄弟に思いやりのある弟であった。戦時中は家庭が貧しく中学等にもいけず、悩んで役場に勤務後、志願した」（兄・岩野上浩）

上野盛　三等整備兵曹　24歳2カ月　鹿児島　高小卒　十一志　四男四女の長男　自動車の運転手
昭和16年3月1日結婚　戦死時、長女幸子生後5カ月、妻つや子21歳　のち独身

「主人は思いやりのある、りりしい人でした。

私は長野県の実家に帰り、二年ほどいましたが、十九年四月東京の軍人遺族東京職業補導所に入り、二年間いて職を身につけました。二十一年からは二年間長野県諏訪郡富士見村立青年学校に在職。二十三年子供の小学校入学のため家に入り、内職をしながら若い人に和裁を教え、夏の間は保育所に勤めました。昭和三十二年県立諏訪湖学園の養護施設に勤めましたが、三十六年施設をやめ、長野市に移住。娘が保母になったので、私は内職をしながら、今日に到りました」（**妻・上野つや子**）

上村義雄　三等水兵　20歳8カ月　鹿児島　高小卒　十七徴　五男一女の二番目　徴兵まで船員

「入隊後新兵教育三カ月で加賀に乗り組み、四十日目に戦死。男五人の次男として貧しい家に育ったが、温厚な青年であった。海戦時兄弟で同じ艦に乗っていただけに、母の悲しみは言い知れぬものがあった」（**兄・上村義彦**　海戦時二十五歳）

宇佐美昇　二等整備兵　19歳11ヵ月　愛媛　十五志　五男三女の次男

「幼年時代から大変飛行機が好きで、一度はぜひ飛行機に乗ってみたいといつも言っていました。中学頃から自分でひそかに飛行兵志願のための参考書を集め、それとなく勉強していました。航空兵の志願も両親に内緒でした。

口数の少ない反面親思いで、兄弟にも本当に優しい良い弟でした。

父は昭和三十七年五月六十八歳で、母は五十六年七月八十一歳でこの世を去りました。

父が昭和十九年勤めをやめ百姓を始めたこともあり、その上大家族だったので、毎日苦労の連続でした。しかし両親は何ごとも耐えしのび、口ぐせのように、戦死した昇のことを思うとどんな苦労も苦にならないと、いつも言っていました。

一日として昇のことが脳裡から離れず、他人様には判らない心の痛手を背負った、本当に淋しい人生でございました」（兄・宇佐美敏彦）

「兄が戦死したのは私が五歳の時でした。元気な頃の兄を覚えているのは一度きりあります。ある時、海軍のセーラー服で休暇がとれたと帰って来たことがありました。この時の姿だけなのです。

兄の戦死以来、我家はいっぺんに暗くなりました。父は勤務していた四国電力をやめてしまったのです。会社で人に会うのがいやになったといい、あまり好きでなかった農業をするようになりました。

母は気が狂わんばかりになり、正気でいられるのが不思議なくらいだと、よく言っていました。そして時々胸元やお腹が苦しくなる発作が起るようになったのです。数分間の苦しみなので往診の段取りをしているうちによくなるのです。医師は兄のことを思いつめた結果、自分で知らず知らずのうちに作った病気だといいました。

こんな両親ですから、私達大勢いる兄妹も大声を出したり、笑ったりしたことはあまりありません。小さかった私達にも自然のうちに両親の気持がしみ込んでいたのです。

母は兄の戦死から楽しみを持ったことはありません。楽しいことを見聞きしても心から面白かったり愉快であったりしたことがないというのです。自分の体を休めたり、楽をしていては兄に申し訳がたたないといって、いつも田畑に出て働いていました。又こうして忙しく働いていないと兄のことを考えてしまうので、暇がないように無理をしていたのです。

多数ある兄の手紙の中に、今度の作戦については話せないし、出航前に面会する時間もないという便りが届きました。母は感ずるものがあったのでしょうか。会えなくても是非行きたかったのですが、親戚の者にひきとめられて行けませんでした。ところが次に来た便りでは『時間がないと思っていたけれどもとれて、もしや来てくれているのではないかと思い待っていた』といった内容のものだったのです。母はどれほど後悔したでしょう。一生苦しむことになったのです。この時兄は十九歳です。

歌謡曲に『岸壁の母』がありますが、母は絶対に聞きませんでした。その立場にある者にとってあの歌はつらくて聞けるものではないというのです。

母の四十九日の法事の時、近所の人が話してくれたのですが、その人は兄に、なんで志願してまで戦争に行くのかと尋ねたら、兄は早く行かないと戦争は終ってしまうと言ったそうです。

兄は両親に内緒で志願したのです。一度は役場へ取り下げに行ったけれども、二度目に知った時には印鑑を持ち出していてすでに遅く、どうしようもなかったのです」(妹・白石キヨ子)

内海八郎 機関中佐　44歳10カ月　兵庫　大正5年海軍機関学校へ入校(28期)　大正12年4月結婚　戦死時、長男九州帝大二年、次男海兵三年、三男海兵一年、妻40歳　のち独身

「まじめな人で、お上手は言えない人でした。でも兵隊さんたちにはとてもやさしかったそうです。兵隊さんが判断に困るようなときには親切に教えていました。入院したようなときはやさしく慰めてもらったと聞きました。家庭内でもとても無口でしたが、子供にはきびしい中にもやさしい父上でした。近所の子供同士のけんかの時、正しいことと正しくないことの区別をはっきりと教えていました、情の厚い子になるようにと……。

長男は大学生でしたが召集され、次男、三男も父の仇討ちと勇みたっていましたが、敗戦

となって兵学校から帰宅し、すぐ仏壇の前に座し、お父様申しわけありませんと三人の子が拝礼しつつ泣きくずれたことを今も忘れることはできません。食糧はなく、なにもかも不自由な中で、『日本が負けるとは』と溜息をついている子供を見て、日本は今後どうなるかと案じました。しかし主人の出発の際『日本が起上った以上後へは引けない、この際こそ国家に捧げる命だ、子供等をたのむ』との言葉を思い出し、涙しつつもがんばらねばと思いました。気力では負けないが科学力で負けたのだと聞き驚きました。このことを子供と話し合いました。勇気づけられたり、教えられたりしました」（妻・内海春枝）

江尻新（あらた）　三等兵曹　26歳8カ月　大分　高小卒　十一徴　昭和9年11月5日結婚　6歳と4歳の息子と妻タマエ30歳　のち独身

「主人の戦死まで姑トメ（昭和三十年八十歳で没）と家庭内職をしていましたが、葬儀が終ると、母（姑）に子供と留守をみて頂いて、洋裁の道を学びました。食料難のため、商家の出でしたが近所の農家に手伝いに行ったりして頑張りました。昭和二十五年お腹の大手術を受け働けなくなり、二十七年に一時里（さと）に帰り、その時は未亡人三人で内職をして旭化成に軍手を納めたり、商いをしました。

子供達は成績が良かったけれど、二人共中学を出ると店員に住み込み、長男は夜間高校に通いましたが、一年半ほどで警備隊の一期生を受験して海上に入隊、五年ほど務めました。

現在二人とも、二児の親になり、何とか暮しています。お便りを受けて、仏前にお詣りし、主人と話しました。思い出多く四十年すぎました。あの戦いにいく途中、別府大分港に入港、四時間だけの上陸で、上官、戦友と共に八人で帰り、時間一杯呑んで、出港後、九日後の戦いで戦死致しました。お金はもう要らないといって私にくれました。持金の十円でした。後で考えればお金とも縁が切れていたのだと思いました。いまだに海の底と思うと、涙新たに、次々と思い出されてなりません」（妻・江尻タマエ）

大石照次　一等主計兵曹　30歳4カ月　佐賀　中学中退　八徴　一男四女の長男　昭和16年7月結婚　子供なし　妻21歳　のち再婚

「父を早く亡くして女ばかりの家族で、母は年をとっており、一人息子の兄一人が頼りだった。兄は柔道四段、家族思いの親孝行者で、海軍の乏しい給料から家に送金していた。結婚してたった一年そこらで戦死したのが残念です。もう少しでも長く添わしてやりたかった。恋女房でしたので……。

今のように年金貰うこともなくほんとに大変でした。兄嫁は子供もいなかったので再婚し、その後私が結婚して母といっしょに暮し、財産もなく年金もなかったので、口には出しませんけど母もずいぶん苦しかったと思います。幸い私の主人がよくしてくれて、老後は幸福でした。〔母フジ、四十七年、八十三歳で没〕

加賀は航空母艦だし、自分は主計科だし、戦死することなどない、やられる時は日本が駄目になる時と言って聞かしておりましたので、安心しておりました(その通りになったのですけど)。それなのに戦死の公報などかくれたみたいに知らされ、人には絶対もらすなと極秘にされ、悲しい思いだったのを今でも忘れられません」(妹・木下涼子)

大庭孝　機関少尉　22歳1カ月　静岡　昭和13年海軍機関学校へ入校(51期)　二男三女の次男

「母きくは昭和六年七月、孝の十一歳の時死亡。村役場に勤めていた父祐一は孝戦死の報にがっかりして、昭和十八年六月、後を追うように脳卒中で急死しました。残された兄妹は皆で力を合わせ農業で細々と暮して来ました。もう戦争はこりごりです。

孝は真面目で優しい親孝行な青年でした。昭和十三年十一月、機関学校に入ってからは、教育されて『国のためなら何時死すとも本望』と、それのみ申しておりました。女親には早く別れ、楽しいことは何一つ知らず、只々、国のために捧げた短い人生だった事が気の毒に思えてなりません。一度は甲板に出たけれど、また機関室にもどり、真っ赤な夕日と共に、艦と共に沈んでいったとの事です。一時金で七千円いただきましたが紙屑でした」(兄・大庭佐一)

上総文人　一等水兵　24歳2カ月　大分　師範卒　十六徴

専検で中学卒業の資格をとり、大分師範学校の二部に学ぶ。さらに文検を通って広島文理大学に入学し、歴史を専攻中退。

「自分は歴史学者になる。そのために一日も早く帰りたいといいつづけていた。佐世保海兵団入団の際、コンサイス辞典と大きな歴史書をもちこんでいて、暇があればかくれて頁をめくっていた。分隊長から『軍人勅諭』についての講義があったとき、『神武天皇は架空の人物である』と言ってのけた。そのあと、分隊長によばれて相当きびしい叱責を受けたらしい。学者肌で軍隊生活に向かず、運動神経も鈍かった。ボートを漕がしてもオールを水にとられ、剣術ではいつも負けていた。だが人間性よく、師範時代に教えた女学生から手紙が届いていた。『あと〇〇日』と口癖のように言って満期を心待ちにしていた」（戦友・門屋忠孝談）

片岡要　一等主計兵　23歳7カ月　宮崎　高小卒　十四徴　九男二女の次男　徴兵まで調理人

「私の家は貧乏人の子沢山でした。六名の軍人を出し、三名の戦死者（三男弘志・陸軍・ビルマ作戦、四男梅三郎・陸軍・中支作戦）を出しました。軍の公報とともにつぎつぎと帰還する三柱の箱の中はなにひとつ遺品もなくてカラッポという仕打ちは、敗戦という一語であきらめられるものであろうか。かつての軍国の母も悲嘆の涙はかくしきれなかった。

別れの言葉は満州で受けとった一枚の葉書に『忠兄あとのことをたのむ』とあった。『心配無用』と返事を出したが、もうそのときは八月、深海の鉄の一室で見てくれたであろう。父母の言葉によると、二日間の帰郷で一日中庭にいて、野菜類や堆肥の手入れをした。別れる後ろ姿に異常に淋しさを感じたそうです。

昭和二十年六月、延岡市空襲のため一家全焼、生命だけはとりとめ、一枚の罹災証明が生存のアカシであった」（長兄・片岡忠雄）

久松忠国（くまつただくに）　主計少尉　19歳11カ月　東京　昭和14年、東京府立四中四学年より海軍経理学校へ入校（31期）二男四女の次男　司令塔の下で直撃弾を受け戦死

「父母は恩給をもらっており、戦死してからまでも親孝行をしてくれるといつも泣いていました。兄は誠に純情一徹、〔家にいたとき〕たまに美味しいお菓子が手に入った時でも『戦地の兵隊さんに悪いから』と喰べようとはしませんでした。自分のコッペパンすら半分は妹に分けてくれました。勉強はよくできました。

生家は焼け残ったため知人、友人が家族連れで居候をし、よく面倒をみていました」

（妹・川久保信子）

斎藤政之助　軍医中尉　26歳10カ月　宮城　十六志　六男五女の六男

政之助は昭和十六年三月に東京帝国大学医学部を卒業し、四月から母校の産婦人科教室へ入局。甲種合格となって九月に海軍へ入隊。

長兄鉄太郎と十四歳違う。鉄太郎が結婚したとき政之助は小学六年生。母を亡くしたばかりで、義姉が母親がわりとなる。斎藤家は親代々呉服商をいとなんでいた。家をつぐ長男は進学を中途で断念したが、次男は海軍機関学校から海大へ、三男は東京帝大経済学部、四男東北帝大医学部、五男は東京帝大法学部へ進んだ。親がわりをつとめた長兄夫婦は、よく送金のカネがつづいたと今になって不思議に思うという。政之助は二高のピンポン部で活躍し、全国の学生ランキングの三、四位を占めた。兄たちからは「マッコ」という愛称でよばれた。弟がなぜ産婦人科を選んだのか兄たちは知らない。

「母艦へ私物をみんなもちこんでいたし、家に残したものは二十年七月十日の仙台空襲ですべて焼いてしまった。素直であくのない、憎めない弟だった。好きな女、思われていた女というのは多分ありませんね。すこし生臭いところがあればよかったかも知れないけれど、あまりに清すぎる生活で、可哀想だったと思う。手塩にかけた弟なので、戦死を知ってからは商売もなにもいやになった。

　次男孝吉も十九年にサイパンで戦死した。二人が生きていたら、うちの歴史もずいぶん変っていたのになあといつも言っている。生還者からはなんの話も聞いていない。真面目だったから一所懸命やっていて直撃を受けたのだろう。若い人生をはなやかに終った。われわれみたいに長生きして苦しみを味わっているより、はなやかな人生だったと思うよりない」

（昭和五十六年十月二十八日、**兄・斎藤鉄太郎談**）二高卓球部関係者による『二葉会報』第六号（昭和十八年）は、「斎藤政之助氏追悼」の副題。同年二月二十五日発行『東大産婦人科学教室業績月報』第七十八号は「故海軍軍医大尉斎藤政之助君追悼号」になっている。

佐伯義光　一等機関兵　19歳8ヵ月　佐賀　高小卒　十四志　農業　三男四女の次男

「兄の私から言うのもどうかと思いますが一言申上げます。弟義光は小学時代から頭が少し良いと思っていました。高等科二年を卒業するまで八年皆勤、スポーツも学校の運動会等にはいつも一位か二位で、学力も一、二位、級長をいつもしていたようです。それで私が師範学校にいって教員にならないかと言ったが、僕は軍人になりたいと言って満十七歳になって佐世保海兵団に入団。ハワイ攻撃に参加、その後南太平洋方面を一巡りして一泊私宅に帰り、帰る時に『また来いね』と私が言ったとき、『もう帰ることはないだろう、今度逢うときは

靖国神社で逢いましょう』と言った言葉が今も思い出され、涙が出て仕方がありません」（兄・佐伯道助）

佐藤融　一等水兵　23歳1カ月　鹿児島　師範卒　十六徴　七男一女の七男

祖父佐藤三二は西南の役で西郷隆盛と共に戦死、融の父は六歳で遺児となっている。佐藤一等水兵の兄繁は昭和十四年七月二十三日、ノモンハン事件に大阪毎日新聞特派員として従軍中、ソ連空軍の爆撃により死亡。

「融は末っ子だったので父母の愛情を一身に受けており、勤めも鹿児島県内だったので老後の頼りにしていた。父母の悲嘆は深く大きなもので、ことに母は死ぬまで『融が生きていたら』と言いつづけていました。〔師範徴兵は〕小学校教員中精神肉体ともに優れたものが選抜されたようです。昭和十六年、佐世保に入隊するとき、鎮守府長官が『教育召集だから絶対に第一線に出すことはありません』とつきそっていった母など保護者に演説したそうです。しかしそのまま帰郷させることなく、ミッドウェーにつれて行かれました。母は国家がだましたと言って死ぬまで軍隊をうらんでいました」（兄・佐藤剛）

神宮親　一等兵曹　32歳1カ月　鹿児島　高小卒　昭和11年4月25日結婚　妻綾子26歳　のち独身

「被爆後、リフトであげたたくさんの機銃弾に火がつき、花火のように炸裂して、弾庫にいた人たちにつきささった。下半身をやられて血まみれになり、助けにおりてきた戦友にしがみつきながら死んでいった。神宮一等兵曹はその弾庫長だった」（加賀会・故平島登志夫談）

妻あての遺書「生前開封ス可ラズ」

「綾子に遺す　常に今日在る事を教え残して武人の妻として覚悟は在る事と信ず。何等心に懸る事もなく御奉公の出来るを喜ぶ。次に二、三を記して君の生涯の道しるべとなさん。

一、君余に嫁して幾年、大小公私良く仕えて、夫たるの面倒も見ざるに妻として深愛をつくしたるを感謝し、茲に改めて礼を申す。

二、余の死は死にあらず、生なり。永遠に生るに在り。永遠に生きて君を守らん。

三、君は余り健康ならず（胃と歯）。常に意を健康に留め天寿を全うせよ。

四、幸福と自信あらば進んで再婚せよ。君の再婚に対して余には、何んの異存なし。（五―十一略）

十二、兄と父とに相談し軍人の妻と云う事を立前として暮せ。余も常に君の影と成り君の一生を守らん」

「遺書は戦闘に出かけるたびに書き、帰ってから自分で破いていました。戦死の公報が届いたあとのある朝、神棚に飾っておいた招き猫が落ちていて、その中に小さな紙包みがあり、髪の毛と爪が包んでありました。そして、招き猫を神棚に返そうとしたら、そこに遺書があったのです。

一人暮しで働きつづけてきて、今は建設会社の経理事務をやっています。私の人生、戦争のためにという気持はありますね。主人のことはいつも頭から離れないんです」（妻・神宮綾子）

竹内清一　機関兵曹長　34歳3カ月　香川　三志　農業　昭和10年8月結婚　戦死時長女1歳11カ月、長男生後11日目、妻29歳　のち独身

清一の兄佐市一家七人は、戦時中は開拓民として満州東安省密山県朝陽屯四国村にいた。終戦後、長春まで辿りつき小学校に収容されたが、栄養失調と寒さのため、長男和男一人を残し、佐市は二十年十一月十一日、妻子は十三日に相次いで死亡した。佐市四十一歳、妻シモ三十八歳、長女満代六歳、次男康博五歳、次女好子三歳、三男健治一歳十カ月。たった一人になった和男は生還し、伯父の援助で農業を営み、畳製造に従事している。

「夫は不言実行、根気強く、忍耐力のある、親孝行な人。やさしい心を持ち、よく気がつく人だった。マラソンの選手として青年団員の頃優勝した。海軍に入ってからも成績よく、選

ばれて海軍工機学校に入学し、その学校の教員を長くしていた。佐世保海兵団でも教育、訓練を担当することが多かった。趣味は書道で七段位になっていた。後輩に慕われていて、今でも訪問して下さる人がいる。

私が教職に専念するので実母が家事一切を受け持ってくれた（註・昭和十五年六月より教員）。主人は子の養育はまかすといって征ったので、一生懸命だった。子供は長女が大阪大学の英文科、長男は関西学院大学経済学部を卒業し、結婚して現在孫三人。小学校に十六年、中学校に十四年間勤め、四十六年に退職した。英霊に励まされて目覚め、感謝に眠る毎日、思案にくれる時には仏壇に参り、写真に問いかけると道が拓けてきたものでした。悲しいことは、子供らに父の言葉ときびしい躾をしてもらえなかったこと、父の生きた姿を刻みつけられなかったこと」（妻・竹内タカエ）

竹田繁雄　二等兵曹　25歳1カ月　愛媛　高小卒　十志　農業　一男一女の長男　戦死時祖母（80歳）、母、妹一人がいた

「昭和十六年二月に夫を病気で失い、翌年六月息子を亡くした母は、当時は他人様の前で泣くことすら許されず、夜になって星空を眺めて泣いていました。祖母と私を養い必死に母は生きて来ました。そして終戦、復員された方、御家族の方に御苦労様でしたと心から我がことのように喜んでいた母ですが、一方では帰ってくる事のない我が息子を思ってか、よく泣

く母に変っていました。それまで、こらえにこらえていた涙が一度に溢れたのかもしれません。失った息子の代償に支給される恩給も羨望の的になり、いろいろ苦しい思いをしていました。

昭和二十三年に私が結婚してから、主人が母と私の一本の柱となって支えてくれましたので、それまでの女だけで味わった苦しみは消えてしまいましたが、母は三十七年四月八日に亡くなるまで一日たりとも忘れることはなかったはずです。妹である私ですら、四十年経った今でも、忘れることはできません。

真面目で大変優しい兄でした。十歳の年の差のある私がみじめな思いをしないようにと、乏しいお給料から洋服とか学用品をよく送ってくれました。当時小学生も四年生にはお裁縫を習っていましたが、お裁縫箱からヘラにいたるまで揃えてくれ、そのお裁縫箱はボロになっていますが、持っています。

一年に二度休暇で帰省しても、私を自転車に乗せてよく遊んでくれるとても優しい兄を覚えています。よく母にも言っていました。苦しくても辛抱してね、そのうち佐世保で、みんないっしょに暮そうねと」（妹・竹田ミエ子）

田中清純

一等工作兵曹　31歳2カ月　鹿児島　七徴　五男一女の長男　昭和13年12月結婚　長女2歳、次女は清純の戦死後18年1月に誕生、妻タネは24歳で未亡人になり、のち再婚

「気性は勝気で、いかにも軍人らしい人でした。戦争が終ったら自動車会社を作りたいと言ってましたので、先見の明があったのに惜しいことをしたと思います。押しが強くて正月には臨時バスを要求して走らせたほどの人で、ぶっ殺されても死ぬような人じゃなかったのです。

戦死後、いっこうに年金が出ず、再婚の勧めがしきりで、昭和二十五年再婚しましたが、二度目の主人の商売失敗で家財を失い苦労しました。子供二人にもらった成人までの恩給がどんなに役立ちうるおったか知れませんでした。戦死さえしてくれなければと何度も国を恨みましたが、もう今となっては遠い過去になりました。

とにかく戦争はまっぴらです。平和の今が一番いいです。再婚したとはいえ、恩給を貰えなかったのですから、国に対しては、せめてミッドウェー島へ墓参りさせてくれる費用を望みたいです。国は戦死した数さえつかんでない無責任の下で、私達は立派な夫を失い、どん底の生活をして耐えて来た今、やっと戦死者への感謝とあわれみの感が湧いて来たところです。遠方の海で戦死した霊をなぐさめるため、ぜひ一度ミッドウェーへ行きたいです」

（妻・タネ）

筒井直誠

一等水兵　23歳6カ月　高知　高小卒　十四徴　農業　三男一女の次男

「高等科二年卒業後一年間農業の手伝いをし、しごく真面目で両親にもよく仕え、兄の言うことをよく聞き、兄のよい相談相手でありました。二年目に青年学校へ週一日通い、その三年間生徒長をやりました。徴兵検査で海軍へ入隊が決まりましたが、私の家は小さな山小屋で親族や村の人々が来ても泊ることが出来ないので、『僕が手伝うから』と家を建てることになり、兄弟が力を合わせて夜も十二時過ぎまで二人で木挽作業をやりました。十四年一月の入隊に間に合うように、梁三間、屋丈六間の家を建て、喜んで出発しました。休暇で帰宅した時は家内一同に手土産物をいつも欠かしたことはありませんでした。

終戦当時は食べる物に困る時代で、家族一同毎日食物作りに一生懸命でした。

昭和三十年頃、道路も出来、山にも電気、電話がつき、暮しも楽になりました。両親のために高知市へ家を買いました。両親は末の弟萬年が昭和十九年にビルマで戦病死してから急に老いが目立って来たのでした。

両親は、子供を二人も国に捧げた、こんな戦争を軍部がしたばかりに難儀をする、艦のなかで海のなかで遺骨も還らずにいると、いつも忘れずに話していました。昭和五十年山の家へ帰り、父は五十一年八十九歳で死亡しました。母（明治二十五年生れ）は元気で暮してい

ます」（兄・筒井永）

津々浦忠義　二等機関兵　22歳3カ月　熊本　高小卒　十六徴　農業　五男二女の長男

「入隊前は三池工場に働いていたが村の模範的な働き者で、とても親孝行であったと記憶しています。弟（次男）の正敏も同じ航空母艦に乗っていて、兄は機関兵であったので母艦と共に沈んだが、弟は飛行兵であり沈没前に飛び上って助かり、二十年四月二十四日に戦死した。三男は小倉工廠に軍属として勤務中、十九年九月三日チフスで死亡。三人の戦争の犠牲者を出し、その上私（四男）はシベリヤ捕虜として戦後四年目に復員しましたので、両親は力つき生活に気力をなくしていました。私が長男となってしまっていたので一生懸命三人の兄の分まで働き、大変苦労をしました。両親は子供三人も戦争でなくした精神的なものから病気になり、少し早く死んだような気がします」（弟・津々浦秀吉）

畑中春雄　一等機関兵曹　31歳7カ月　福岡　昭和8年結婚　5歳10カ月の長男を頭に三男と妻29歳　のち独身

戦死者の人柄その他「分らない」。

「戦後の生活は貧乏のどん底でした。衣食住すべてにおいて最低の生活を送りました。親父の死後、十分な保障もなく、母親はさぞ苦しい毎日で子供三人を育て、これから多少よくなろうかの矢先き病気で亡くなり（昭和三十二年四月）、今考えると母さんが可哀想で、目が熱くなります」（三男・畑中康則　父の戦死時生後八カ月）

林幸雄　三等兵曹　21歳9カ月　熊本　天草中学卒　十三志　農業　二男四女の長男　母キチ（明治26年生れ）健在

「測的兵であったため、艦橋が戦闘の部署で、米機の機銃掃射を腹部に受け、戦友の退艦を見送りながら、艦と運命を共にしたそうです」

「性格的には曲ったことの嫌いな人間でした。両親や伯父、伯母、兄弟思いで、貧乏のなかで、中学教育を受けたせいか、中学卒業の時も、専門学校、大学進学は諦め、海兵だけを受けましたが、合格することができず、海軍へ志願しました。ミッドウェー海戦に参戦する前の最後の上陸地宮崎からは土産物を両親へ送ったり、国から下賜金がでたり、給料がでたりすると、拾円、五円と送ってくれていました。

兄が戦死後、戦中、戦後の混乱期に、私を農学校へ、妹全員も女学校へ進学させ両親は苦労の連続でした。農村の事であり現金収入もなく、父は主として炭焼きをして、私たちを学校へやってくれました。戦後、軍人恩給や兄の扶助料が復活してからは造林地の下刈りなどによって生計をたてていましたが、余り豊かな生活ではございませんでした。

国からは当初内報あり、行方不明ということで、改めて戦死の公報が来るまで口外してはならないという文書で、公報が来たのは内報の六カ月後でした。

戦後も父は兄がどうして亡くなったのか、艦だから生存者はいるはずだと、兄の死を知りたいと言っておりましたが、戦後になっても情報一つないままでした。私もひょっとすると米艦に救助され捕虜となっていて戦後復員してくれると思っておりました。然し幸いなことに、父が亡くなる一年前の四十六年六月五日、兄の部下の人が岡山県から墓参と兄の戦死の状況を知らせに来て下さいました。体に火傷の個所も多く、生存した人達も本当に大変だったと思いました。

母はもともと文盲でしたが、兄が海軍へ入団したのを機会に字を習い、読み書きもするようになり、手紙を書くようになりました。母は、兄の海軍入団から最後の手紙まで保存し、大切にとっております」(弟・林時則)

深浦辰彦　一等兵曹　26歳4カ月　熊本　九志　六男二女の四男　次兄保喜、三兄大輔も戦死　昭和16年5月結婚　長女は生後5カ月、妻百合子20歳　のち再婚

「優しい人で体も大きく子煩悩でした。じっくり考えて物ごとを運ぶような人柄でした。『朝目がさめたら今日の日課を考えてから起きる。大勢の部下の命をあずかっているのだか

ら』と申しておりました。戦後、年老いた夫の父母、私の母、娘の四人暮しで、農業も養蚕も人さまに負けないくらい手広くしていましたが、辰彦のすぐ下の弟源介が復員して来て嫁を貰いました。父母のことは弟に依頼し、実家に帰り洋裁を習いましたが、子供の将来を考えたら、財産もない私には先が思いやられる毎日でした。そのうち実家でも弟が嫁をとることになり、再婚の道をとりました。十年間苦しみ抜いた末、子供を大事にしてくれる人にめぐり合いましたので、子供のために許してほしいと辰彦に念じつつ、再婚にふみきりました」（妻・大岩百合子）

古庫（ふるこ）弥平　三等整備兵　21歳　徳島　高小卒　十六志　農業　三男二女の三番目　兄二人も出征

「真面目な農村青年で、太平洋戦の開戦前、国民として軍隊に奉公すべく志願して入隊した生一本の青年でした。

戦争中は女ばかりの家族で色々苦労したようですが、勝つためにはと、苦労もいとわず頑張ったそうです。戦後は兄達も帰り、それぞれの生活に入ったのですが、昭和五十四年九十三歳で死んだ母ヒデノは一枚の公報と紙切れの入っていた白木の箱を受取っていたので、息子がいつかひょっこりと帰るように思っていたようです。東太平洋の海戦で戦死とあるのみなので、出来たらどの附近でどの様にして戦死したかくわしく知りたいものだと申していま

した」(兄・古庫正男)

姅田広人(ますだ) 一等水兵 22歳5カ月 福岡 師範卒 十六徴 二男一女の末子 入隊まで大牟田高等小学校教諭

「少年時代は家業(米屋)を手伝っていましたが、性格も明るく素直でした。一時陸軍幼年学校を志望したこともありましたが、福岡師範入学の際は受験者十人のうち合格は当人一人でした」(姉・原口春子)

「福岡師範卒業後、先生の教員生活は二年間、教え子は私たち同窓生四十数名のみです。先生は書道に熱心な人で、私達には習字学級の異名さえありました。同窓生徒中の十名余は特に書かされました。放課後から夕方にかけて米屋さんだった先生の自宅二階で、毎日毎夜書道の明け暮れでした。先生が戦没されて四十余年が経ちましたが、当時の書道練習の賜物で、大牟田市内で、当時の教え子の四人が書道塾を開き、それは夫々の生計となっています。

先生の墓所は市内龍湖瀬町にありますが、毎年六月五日は同窓生で墓参をし、夕食会を開くことを行事としています。(中略)何時のまにか吾人の間から時の流れの中で少しずつ風化してゆく太平洋戦争ですが、現今、私達にできることは書道を通して先生との距離を遠ざけないことだと信じています。私達は若くしてミッドウェーの海に散華された先生への報恩をいつまでも忘れることができません。あの海戦で亡くなられた数多くの尊い戦死者の方々の中に澤地様の記録の一部に先生の名前を付記して頂くよう伏して申し上げる次第です」
（教え子・堀正利、藤木秀男からの手紙）

松谷敏郎　二等整備兵　19歳4カ月　高知　中学中退　十五志　三男二女の長男

「母は七年前に兄の元へ旅立って参りましたが、生前は兄のことばかり言い言い涙しておりました。母が兄への思いを日々書きおいた日記を元に一冊の本を作りました。それは母の死を直前にしたときのことで、母は苦しい息の中で久しぶりの笑顔を見せて喜んでくれました。小学校六年しかゆけなかった母の拙い文章で読みにくうございましょうが、母の精一杯の気持を送ります故、足摺岬の近くの町の片隅で、ミッドウェーで戦死した子を思い暮して来た一人の母がいたことを知っていただきたく……」（末妹・はるきの手紙）

母・松谷里猪『若くしてお国に殉じた長男／敏郎の思い出の記』から。

「突然まだ子供と思っていた十七歳の長男敏郎から海軍志願、入隊の申出を聞いて、青天の霹靂のごとくびっくりいたしました。……家庭の事情でやむなく中村中学校を中退させて、大阪に出て勤務していた大丸デパートを中途で退職して急遽帰省して、（昭和十五年）六月一日には、もう入隊と云うあわただしさでございました」

〔海戦後、戦友から敏郎の守備位置に直撃弾が落ち、跡形もなく飛び散ったと聞く〕

「老母の愚痴は年と共に高ずるもののようで、考えれば考えるほど、御国に捧げた子供がいとおしく、あの時、僅かに十七歳であった若者を、わざわざ志願をさしてまで兵隊にやらなければ、あたら十九歳の春にお国のためとは云え、むざむざ殺すことはなかったものをと、老いの繰り言のみが出て今にして悔いられてなりません」

松本加蔵

一等整備兵曹　30歳6ヵ月　長崎　小樽中学四年中退　七徴　昭和14年5月27日結婚（婿養子）　長男16年4月1日生れ、妻21歳　のち再婚　養母フイ（明治31年生れ）健在

「主人は母フイのいとこになり、私が女学校一年生の折に養子として家に入りました。卒業と同時に結婚のため横浜に連れてゆかれました。十歳も年齢がちがうものですから、私の自由は許されませんでした。主人は信じられ、頼りになるような人だったと思います。一緒に過したのが一年半で、私があまりにも世間の事を知らず、二人でいろいろ話し合ったこともなかったようです。

昭和十七年三月二十二日、家を出ます折に、横浜にいた時がよかったねと申しました。今まで振り返ったりしたことのない人が、この時だけは振り返って行きました。今もまぶたに焼きついています。戦死いたしました折、私は二十歳、子供が一歳、父は市役所に務めておりました。どなたも同じだと思いますが、悲しんでいる暇はありませんでした。

終戦後は父も退職いたしましたので、母が生花など教えたり呉服物を扱いましたので、お

金には不自由致しませんでした。一人の孫可愛さに両親に大事にされたことを感謝しています。父が亡くなりますまでは、何事もなく生活しましたが、再婚いたしまして、私が四十歳になるまでは苦労の連続でした。これも良き人生勉強をしたと今は思っています」（妻・佐保子）

三浦進　機関特務中尉　33歳6カ月　福岡　大正14年志願　農業　四男二女の長男　機関学校選修学生16期生　昭和5年12月結婚　戦死時長女富江10歳、長男広6歳、次女はるか4歳、17年8月14日に次男紀弘が生れ、翌年1月死亡　妻静江30歳　のち独身

「夫は『皆んな元気で、そして大変明るい良い子になっておることを知ってお父さんは喜んでいる』と書きそえて、十歳の長女、六歳の長男が父に送った手紙に字の訂正批評などをして返信して来ました。私には八月末の出産を案じて、『なお早いと思えども良き名を思いつきたるにより同封する』と、男女別の名を同封して来ました。十七年五月二十五日の日付です。思えば、これが最後の便りになるとは神ならぬ身の知る由もありませんでした。その後、幾度かみる夢が、しきりに気にかかりながらも、ちょうど麦の穫り入れ最中で、ついそのことを忘れていた七月十日、佐世保海軍人事部より封書が届きました。（略）私はそっと里の母へ報せました。

すぐ来てくれた老いた母と顔を合わせた時、母娘は声にもならず、……二、三度うなずいてハンカチを出した母に私は背を向けて、すすり上げました。

ああ、今もはっきり思い出せます。思い出し、思い出し涙が止りません。此の悲惨な内報を胸に秘めて、どうぞ助かっておりますようにと、朝夕神様に祈って人目をさけて過した幾十日、気も狂わんばかりでした。

その頃、主人の実家へ引き揚げて来ていたのですが、産後も日を経た十月中頃、赤ん坊を背負って加賀の消息を少しでも知りたいと、藁にもすがる思いで佐世保に知人を尋ねてみましたが、噂だけで何の手がかりもなく、うろうろしている夕方、弟が迎えに来てくれました。公報が役場へ来たというのです。内報は事実として公表されたのです。私はどうして家に帰り着いたやら、ただただ、心もうつろに涙も枯れ果てて、恥しながら『かねての覚悟』など、私には何の役にも立たなかったようです。

ボウゼンと暮した一年後、涙の中で父の顔も知らずに育っていた赤ん坊は肺炎のため病院で亡くなりました。百姓をしていながら、十分口にも出来なかった米、麦、粉などを病院に送って養生しましたのに……。

しかし、泣いてばかりはおられませんでした。老い先短い主人の父と子供を抱えての無我夢中の生活が続きました。ただ今、私は当時の手紙など取り出してふり返りふり返りペンをとっておりますが、心も又あらたになって声をしのばせて泣きました」（妻・三浦静江　加賀会編『われらかく戦えり』昭和四十三年発行より）

「温厚実直で国を愛すると同じに両親を家族を愛してくれました。もし戦死することがあっても国家は決して遺族を泣かすようなことはないから、安心して子供を養育するようにというのが常でした。子供達にはやさしい父親で、自分が学校出てないから学校へやりたいという気持でいっぱいでした。よく子供を公園に連れて遊びに行き、子供と遊んでいるときはとても楽しそうでした。

戦火がはげしくなり、長男である主人の実家へ、小さな子供たちを抱えて帰りました。老父についていてなれない農業に毎日追われて床につく日が多く、親子ともども泣くことの多い日々でした。現金収入はなく、着物を売っての生活でした。

もう十年でも良い、せめて主人が生きていてくれたならば、子供も少しは大きくなっていようものをと、死を求めたことも幾度かでした。でもしっかりと生き抜いてきました」

（妻・静江からの手紙）

村上利行　一等機関兵　23歳5カ月　熊本　高小卒　十五徴　農業　一人息子　妻23歳　子供なし

「〔妻は〕戦死の知らせにより頭が変になり、その後なにも分らず、今では西も東も分らない人になっています。利行の父母は早くなくなり、実弟といっしょにいたのですが弟も死亡しました。今では実家にひきとっています。自分の物も人の物も分らない人になっています。本当に可哀想な人です。子供でもいたらこんなにはならなかったのではないかと思います。結婚の年月日も分りません。結婚後二十日位で入隊されたとか聞いています。利行さんは一

人息子でした」（義妹からの手紙）

山門米作　三等水兵　21歳5カ月　熊本　高小卒　十七徴　農業　四男二女の次男　徴兵まで三菱造船所勤務

「小学校高等科を卒業して働きに出ました。力持ちでおとなしい良い人でした。木の葉を口にくわえてピューピューと鳴らすのが得意だったと思います。小学校の運動会では走って早かったようです。長兄耕作も昭和十四年八月二十日、ノモンハンで戦死しました」（弟・山門良作）

山口弘行　飛行特務少尉　27歳5カ月　鹿児島　中学卒　五志　昭和13年結婚　長女15年5月18日、次女17年2月4日生れ　妻23歳　のち独身

夫より妻へ、戦死する約一カ月前に書かれた手紙二通（読み終ったら焼き捨てるよう指示があったが、妻の栄久が大事に保管していた）。

「前略
本日（二十七日）電報為替で八拾円送って置いた。元気で任務に服して居る。
御身も紀子も節子も、父上、母上、皆御達者の事と推察する。

五月の三日に鹿屋に行く。ゆっくり出来ぬかも知れんから三日の日に敷根から鹿屋に行って居れ。三日の昼頃鹿屋に行って、旅館を見つけておけ。あんまり町中の目立つ旅館でない方が良いだろう。午後の三時か四時頃から、夜の七時頃迄、鹿屋の駅に行って待って居れ。そしたらお父さん〔弘行自身のこと〕が外出出来たら駅に行くから待ち合せれば良い。夜の七時か八時頃迄駅にお父さんが来ない時は隊に当直の時だから旅館に帰って休め。翌日夕方駅に行くから待って居れ(駅より一寸離れた所にハッキリオボエテオラヌニコニコ旅館とか言う旅屋を覚えて居るがあの辺が良いかと思う)

三日に雨が降ったり、天候が悪くて飛行が出来なければ一日か二日遅れるから、其の心算でおれ。

鹿屋にお父さんが行くと言う事は一切他の人に言ってはならぬ(御身以外誰にも言うな、父母、姉にも言うな)。一切、○○だから○○や鹿屋の方に父宛電報を打ったり手紙を出したり人に言ったり頼んだりしてはいけない。鹿屋の隊に来ずに、駅で待って居れ。手紙を読み取ったら焼いておけ。父上、母上に宜しく。

父より

栄久殿

都合が悪くて鹿屋に行けぬ時は、行かなくて宜しい。特に電報なんか打たぬ様にせよ。こちらに手紙を出すな。」(昭和十七年五月一日消印　速達)

「此の前、館山にわざわざ来た時は一人で子供二人連れて大変御苦労だったね。御身が節子を背負ってトランクを側に置いて紀子を腰掛けさせて弁当を食わせて居る情景を見て、お父さんは心の中で泣いたよ。よくやってくれる。女手一つで乳飲み子を二人連れるのは辛い事だ。一人で苦しい思いをするだろうが、身体に充分気を付けて、父なき後、二人の子供を立派に育てて呉れ。御身は病気にならぬ様に、子供は怪我をせぬ様に、充分注意してくれ。債券は百、金は鹿屋に行ってから渡す。

里空（註・百里原海軍航空隊）から敷根に送る様に手紙を出して置いた。一緒に写した写真は石岡から送って来たか。

お父さんも近い内に鹿児島の方に行く。すぐ会える事と思う。三人と会うのを楽しみにして居る。館山の方へは、もう手紙はやるな、そちらの方に行く筈だから。行ったらすぐ電報をうって知らせる。

父上、母上様、恵美子姉上に宜しく申上げてくれ。今月は俸給が半月分しかなかったから少しばかりだが送っておく。金もなくなった事と思う。足らん時は貯金を下せ。一筆近況御知らせ迄

父より

栄久、紀子、節子殿」

「この手紙を読んで頂けましたら、父がどんなに心暖かく優しい人柄であったか、お分りいただけると思います。母は二十三歳で未亡人になり、私と姉を女手ひとつで立派に育ててくれました。小さい時に母が『お母さんと一緒に死ぬね?』と問いかけたところ、二人揃って『ハイ』と答えたそうです。その時は死という意味も分らず素直にただ返事したと思います。母はその言葉を聞いて、思いとどまったと大きくなって話されました。経済的にも多少の不自由があったと思いますが、本当に良く頑張ってくれました。残念ながら母は一年三カ月の闘病生活の末、脳腫瘍で昭和五十七年六月二日、四十年振りに亡き父のもとに行きました。六十三歳でしたが少くとも十年は生きてほしかった。この病気にかかる人は、未婚、既婚、離婚、未亡人で一番に高い率は未亡人だと本で読み、戦争のお陰で母は人に言えない苦労がたくさんあったのが、原因したのではないかと、戦争さえなかったらと口惜しく思います。私は生後四カ月で父と別れました。世界で一番おもいやりがあり、素晴しい男性だったと、そして二人の素晴しい宝物を残してくれたと母は話していました。父は字が下手で子供達がどんな字を書くか楽しみにしていたようですが、立派に父のようになりました!!」(次女・山口節子)

吉森正己

一等整備兵曹　28歳1カ月　鹿児島　八志　農業　五男一女の二番目　昭和14年3月結婚　長男一己1歳、長女洋子は18年1月11日出生　妻ツヤは20歳　正己の兄長治は昭和19年7月召集、1月22日戦病死、弟実は榛名に乗り組み、19年11月5日戦死　ツヤは昭和20年1月31日、正己の弟真と再婚

「兄は兄弟姉妹の多い家庭のなかで自らの職を求めて志願したと思います。今日の航空機の発達と交通機関への利用を予測して勉強したようです。渡洋爆撃作戦、上海、南京基地進出、ハワイ出撃など殆ど参加していますなかで、仏門に帰依して、何かを願っていました。

私の家は農家だったので生産物の強制供出など余儀なくされ、子供の服装も欠く許りの生活でしたが生きることだけは何とか出来ました。

私は満州へ開拓青少年義勇軍でゆき、開拓団へ家族招致のため一時帰国した折、兄達三名戦死という状況下の家庭事情に直面して再度の渡満を断念。兄の遺子二名の将来を思い、兄嫁と結婚しました。再婚後三児が生れましたが、合計五児はいまは結婚し家庭を営んでいます。

子供たちは戦死した兄の写真をみて、如何に考えているか多くを語りません。死亡した父親、生きている父親、話しようがないのかもわかりません。学校参観日の時、両親の出席を余り喜んでいなかったように思います」（弟・吉森真）

戦死者と家族の声・飛龍

青木房市　一等整備兵曹　32歳1カ月　香川　高小卒　六徴　農業　三男三女の長男　昭和11年1月結婚　4歳の長女と32歳の妻　のち独身　徴兵まで農業及び製塩業　房市の従兄二人、従弟二人、妹婿一人がビルマ、中支で戦死

「軍人になるために生れて来たかと思うような、曲ったことのできない堅い人でした。常々日米開戦になれば命はないと申していました。習字と尺八が趣味でした。隊から帰ると机の前に正座して何時間も筆を持っていました。尺八は『黒髪』ばかり吹いていたのを覚えています。

当時は子供と二人実家で世話になっていました。子供を母に頼んで村の診療所で看護婦として働いていましたが、主人が帰還するまでの腰掛けのつもりでした。戦死の公報が入り、長期の計画をたてなくてはと思って、保健婦の資格をとり、昭和四十四年まで県の国保組合、のち開拓課に勤務しました。退職してからは資格をとってあったので助産婦をいたしました。

当時は、住む家もなかったので古い倉庫を買い、改築して母子二人どうやら住むことができました。職業をもっていましたので、何とかやって来られたと思います。

その間、それはもう色々なことがありました。終戦後、地区の戦争未亡人の方々に呼びかけて昭和二十一年四月、『戦争未亡人の会』(野菊会)をつくり、精神的にでも力になりましょうとやって来ました。当時四十人余の会員も再婚したり、亡くなられたりで、現在は三十人ほどになりました。時々グループ旅行をしたり、一年に一回は必ず集まってぐちのこぼし合いも致します」(妻・青木ハルエ)

芋ヶ迫隆實　一等兵曹　28歳3カ月　鹿児島　昭和6年高等科二年在学中に志願　二男二女の長男　昭和13年結婚　妻は戦死当時、佐世保海軍工廠航空機部で事務をとっておりのち再婚　妹ミヱの夫内村正則も飛龍に乗っていたが、銃弾が足首を貫通、佐世保の病院に一年間入院

「夜明けと共に空母を目指して大空いっぱいの敵飛行機の来襲で、まるでハチの巣を破った様子で、何と話していいかわからないくらいだった。高角砲の前部、後部共に焼け、前後部共、通信も途絶えた……主人は時々、当時のことを詳しく話してくれますけれど、私は余りききたくなくなり、途中で他の話に変えます。

兄さん(隆實)は志願でしたので、昭和十六年十二月佐世保港を出港する時、『こんど飛龍が佐世保に入港できた時は日本が勝ちで、入港できなくなった時は日本の負けだよ。今度帰ったら満期の予定だから鹿児島へ帰り、町役場で働くから』となんとなく楽しそうに話し

ながら出港しました。明けて十七年八月戦死の通知が届きました」(妹・内村ミヱ)

川畑中納(ちゅうのう)

一等機関兵曹　29歳5カ月　鹿児島(与論島)　高小卒　六志　農業　四男三女の長男
昭和13年結婚　子供なし　妻はのち再婚　小樽に入港の際、知り合った女性の父親が中納を見込んで結婚させ、佐世保で所帯を持った。妻は遺骨が戻った時、中納の実家に1カ月程滞在した後、小樽へ帰り、以後消息はない

「小さい時から病気をしたことがない、大変元気な子でした。小学校時代は勉強好きで、色々な本を集めて夜通し勉強していた。走ることも相撲も勉強も一番で通し、父の農業の手伝いもよくやっていた。なんとか上の学校へ入りたいと願ったが、農家の粗収入では学費が出ず、父が反対したため、やむなく海軍を志願したとのことです。

本土から五六三キロも離れた与論島に悲報が届いたのは兄が戦死してから二カ月後のことでした。当時の私たち遺族の悲しみは、未だに忘れることが出来ません。母は今年九十四歳になりますが、今でもハニ(中納の幼名)はまだ帰らないかと、名を呼びながら、三度の食事の度に涙をおとしています。この頃はすっかりボケ、話も出来なくなり、ただ中納の名を呼び続けるだけです。

私は二十一年に帰郷(終戦まで蒙古派遣警察官)して、兄の霊を慰めるため、遺骨を改葬しましたが、遺骨箱のなかは灰色の砂と小指程の石だけでした。艦と運命を共にされた艦長、指揮官、多くの部下と一緒に、兄はいつまでも帰ることなくミッドウェーの暗い海の底に眠っていることでしょう。私共生きているものは、どのようにすれば、兄の霊をお慰めできる

か、また母をいたわることができるか当てもないのですが、中納の三十三回忌には石碑をたて、次のような碑文を書きいれ、六月五日には弟妹揃って英霊を慰めています。『飛龍は沈まず　兄は還らず　声もとどかず　千ひろの海は』」（弟・川畑中吉）

工藤虎男　一等機関兵　23歳8ヵ月　大分　十三志　戦死時点の遺族代表は母

「君は飛龍機関科ボートクリュー（特別短艇員）の中堅であった。筋肉たくましく精神力旺盛で、平常の勤務も黙々としてよく働いてくれた。特に、飛龍が被爆してからは君の活躍めざましく、常人にできない困難な作業は君が次々に果してくれた。中でも、われわれの脱出路を切開く格納庫への隔壁切断作業において、君は渾身の力を振って大ハンマーを振り上げ、そのお陰で厚い鉄板もみるみるうちに切れ、きわどいところで脱出口ができあがったのであった。

然るに、君は飛龍の沈没に際し、したたか重油を呑み込んでしまい、一片の固パンも一滴の水も喉を通らないという苦痛を嘗めることになった。（略）それでも君は一言もその苦痛を表に出さず、得意のオールを力一杯漕ぎ、また深夜の見張にも立った。しかし乍ら、流石の君も体力気力も遂に限界に達し、漂流十一日目、始めて水平線の彼方に飛行艇の姿（それは敵機であることが後でわかったが、その時は味方機であると判断した）を発見し、お互いに励まし合う中に、君は遂に息を引取ったのであった」(機関長付萬代久男の追憶『空母飛龍の追憶』より)遺族の連絡先不明。

小島正志(せいし)

三等整備兵曹　25歳　熊本　高小卒　十二志　農業　九男一女の五男　兄弟の八名出征(陸軍六名、海軍二名)、うち四名戦死または戦病死

「正志はミッドウェー出撃直前、八幡市にいた長兄宅を訪ね、最後の面談をしていった。このとき、トランクの中にまだ乾いていない洗濯物を詰めていたという。突然の外出許可だったのだろうか。すぐ下の弟時男は二歳違いで仲良しだった。満州白城子の落下傘部隊にいたが、南方戦線へ送られる際、輸送船が小笠原諸島付近で撃沈され戦死した。七男梅男はブーゲンビル島で終戦をむかえ、騎兵第六連隊の軍旗奉焼のとき、ラッパ手として『あしびき』を吹奏した。栄養失調のため病院船で帰国したが、二十一年三月十日、一人の肉親に会うこともなく、東京の陸軍病院で死去。家族一人々々の名前を書いた一枚の葉書が死後に届く。二十五歳だった。八男之朝は海軍へ志願したが、館山海軍病院で死去、クループ性肺炎という。

八人の男の子を軍隊へ送った母親は、息子が家を出るとき、木の手洗い桶を玄関さきへおき、それをまたいで振り返らずにゆくようにと言った。そうすれば生きて帰るという言い伝えを信じた母親の祈りは、四人の息子のあいつぐ死によってうちくだかれた。

兄たちはみんな、明るくて優しい人間だった。思い出すと可哀想でならない。できることなら、ミッドウェーの海に故郷の美味い水ときれいな花を捧げたい」（末弟・小島宗志男）

阪本憲司　一等飛行兵曹　21歳6カ月　宮崎　宮崎中学卒　十三志（甲飛2）　二男二女の長男

「昭和十七年五月七日に次兄が病死、六月五日に兄の戦死です。一カ月の間に二人の子供を失った両親はどんな思いだったかを考えますと、今、母親になっている私は涙がとまりません。公務員だった父はつとめさきの女性に子供を生ませ、そのため仕事をやめ、二回三回と職を変えたようです。父もさびしかったのでしょう。パチンコ、競馬と賭け事をするようになり、母は除夜の鐘が鳴っても、まだ頼まれものの正月の晴れ着を縫っているような明け暮れでした。

父母には一人残った私だけが生き甲斐だったのでしょう。一生懸命和裁をしながら、附属小学校、中学校、高校と出してくれました。

大学に進学したかったのですが、『御両親がもう年だから勤めて楽をさせてあげなさい』と担任の先生に言われ、就職しました。初任給九千五百円で毎月五千円ずつ母に渡しました。ボーナスで扇風機とテレビを買った時は大喜びで、父の日課はテレビを見ることだったように思います。父は母の縫った着物を届けにいっては縫い賃でパチンコをして帰り、母は大変苦労したようで、兄の恩給があったおかげで生きのびられた思いです。

母は『死んでからまでも親に孝行をしてくれる』と恩給をもらう度に申しておりました。母は余り多くを語ろうとしませんでした。思い出したくなかったのでしょう。

父は昭和三十九年に七十二歳で亡くなり、その後、母は一生の内で最初で最後の旅行をしました。靖国神社へ遺族の方々と一緒に参拝したのです。きっと天にものぼる思いだったでしょう。

母はその後三年間寝たきりになり、静かに他界いたしました。七十六歳でした。

母からの聴き伝えですが、私が生れた時（昭和十五年十月）兄は戦地から名前を十も書いて送ってきて特に紀子に赤丸をつけ、紀元二千六百年の紀だからこの名前をつけるようにと、あったそうです。そして一歳の誕生日には（今でもありますが）ガラスケースに入ったフランス人形（当時二十円）を送って来ました。

また、おばから聞いたことですが、ボタンがとれれば自分でつけ、洗濯も自分でした、大変親思いの優しい兄だったそうです」（妹・大塚紀子）

関正季

一等機関兵　19歳7カ月　福岡　高小卒　十四志　農業　二男一女の末子　兄は昭和20年3月2日ビルマで戦死、姉の夫末松正吾は20年5月5日済州島西方海上で戦死。姉と兄嫁、甥の女子供だけになった

「父は弟（正季）が三歳、母は十七歳の時に亡くなっています。

弟はみんなに好かれる子供でした。小学校四、五年の頃から、その頃は薪で御飯を炊いていましたので、毎日必ず、夜寝る前に、かまどの前の掃除と、脱ぎすてになっている下駄をきちんと揃えていました。

私は朝鮮で終戦を迎えましたが、その時は主人も戦死していまして、生れたばかりの子供が一人おりました。幸いに早く引き揚げることが出来、引き揚げ後は主人の家にしばらく厄介になっておりました。けれども主人も長男ではなかったので、長くいることも出来ず、実家へ帰りました。

でも実家の兄も戦死していて、兄嫁が女手一つで農業をしていたので、しばらく手伝っていました。そのうち近くの製材工場で事務員の勤め口があり、そちらへ子供と二人家を借りて住み、二十年以上勤めました。八年ほど前から町立長原公民館の用務員をしています。正季の生家では兄嫁が農業をしながらすごしています」(姉・関サキ)

砥板岩蔵　一等機関兵　19歳6カ月　福岡　高小卒　十五志　兄弟四人

「村役場に勤めていましたので、召集令状が来る度に各家庭に届けていて、令状を受けた人の家族の身となり、発奮して海軍を志願した。両親は合格通知が来て初めて知った。そんな人柄なので村民からの信頼は厚く、可愛がられていた」(兄・砥板啓三)

楢崎広典

一等飛行兵曹　23歳1カ月　佐賀　高小卒　十志（乙飛6）　農業　一人息子で妹三人
二番目の妹エミはハルビンで結婚し、引き揚げ時、これから乗船というときに死亡（23歳）、夫と1歳の子だけ帰国している

七年間リュウマチで寝たきりだった母のナワは、広典の戦死の公報が入ると、気力が落ちて、十七年十一月に死去した。広典の遺骨が帰ってきたとき、「広典の葬式と一緒にしてくれ」という母の遺言を守り、一緒に葬式を出した。

楢崎家の後継ぎがいなくなったので、長女ツギ子が遠縁の寺の次男を養子に迎えた。しかしその後、寺の長男がビルマで戦死していることが判明、ツギ子は寺を継ぐ夫と共に寺へ。楢崎家は三女フミが養子を迎えて継いだ。フミの夫は広典の同級生だった。フミは偶然の大きさを感じたという。

「兄は気のやさしい笑顔のいい人だった。親孝行で、寝たきりの母親想いだった」（妹・楢崎フミ）

西方誠蔵

三等機関兵曹　24歳10カ月　鹿児島　高小卒　十一志　農業　伯母（父の姉）夫婦の養子

「誠蔵の生れたところは佐多岬へ四里、前は太平洋、後は緑の山にかこまれた景勝の地で竹

之浦といい、村民は浄土真宗の信仰厚くおだやか。暮しは貧しく半農半漁が大半、誠蔵の生家はその一軒。六歳のとき養子に出たのは貧しさからであり、伯父夫婦には子供が二人あったが網元として人手を必要としていた。実姉のノブはその養家の長男（いとこ）と結婚し、弟の苦労をまのあたりに見る。愚痴をいわない子だった。高等科を卒業するとき、表彰状と机一脚を授与され、かついで帰ってきた。成績も品行もよく、教師になる希望をもっていた。母校竹之浦尋常小学校の『使丁』となり、十円の月給をもらうようになるが、二年後に海軍へ志願した。

身長も百七十センチある立派な青年だった。佐世保海兵団へ入る日、村中総出で三味線や太鼓ではやしたてて入隊者を送る習慣がある。次姉ミツエは三味線をひき『小原節』をうたった。『江戸にのぼりて帰らぬものか／すだれ柳も元に帰る／いたて（行って）来るから身を大切に／たった二年の小原ハァ都の兵に』

戦死の公報が来たとき、実母は「可哀想な子だ。今死ぬんなら養子にやらなければよかった」とひどく悲しむ。誠蔵には親同士がきめた婚約者がいた。その女性はいまも独身でいる。

「誠蔵は耐えに耐えてまあ……。思い出す、思い出す、思い出す……」（姉・西方ノブ・ミツエの手紙と五十六年十二月五日の話から）

萩原義昭　二等飛行兵曹　22歳　香川　中学卒　十四志　三男三女の次男　83歳の母健在

同じ村出身の上里(こうざと)氏が飛龍の乗組員だったので、義昭の家族に当時の模様が伝えられた。義昭が出撃中、飛龍は爆撃を受けて沈んだので、空母攻撃にいった艦爆機は、帰るべき場所を失い、そのままになってしまったという。

「村でも大変優秀で、子供の頃腕白ではあったけれど、勇気があって優しい息子でした。休暇で帰って来た時、皆で話していても、折りにふれ『帰る時は靖国神社に帰る』といっていました。戦死した息子をあてにしていたわけではありませんが、あまりにも若過ぎたと存じます」（母・萩原タマエ）

浜田正男　二等整備兵　21歳7カ月　鹿児島　高小卒　十六徴　農業　入団まで漁師　4歳ちがいの姉一人

母ヤエギクは正男が三歳の時三十三歳で病死し、父は再婚せず。正男の面倒は母方の祖母がみた。大人が食べる硬いごはんを与えられ、正男はよく腹をこわした。幼い正男は毎晩、父に抱かれて寝て、父の鼻や耳をしゃぶりながら眠った。姉のヒデは十五歳で紡績女工になった。寮に住み込んだので、家事は父がやっていた。

ヒデは昭和十二年に漁師の宮崎勇と結婚し、三男一女を生んだ。二十年、夫は持船ごと徴用され、五月十二日アガワで戦死した。

入隊するまで、正男は時々ヒデの婚家先に「魚がたくさんとれた」とやってきて、「たくさん食べよ」と魚をおいていってくれた。

昭和十六年夏、飛龍が桜島へ入港。その外出時間を利用して正男は家に帰ってきて、在宅していた父だけが会った。お茶を一杯だけ飲み、たいした話もしないまま「友達の家へ行く」と出かけた。家には結局十分もいなかった。これが軍隊に入って最初で最後の帰宅だった。

正男の無事を祈って毎日陰膳を供えた。鹿児島地方では、毎日蓋つきの茶碗に盛ったごはんとお茶を供える習慣がある。その蓋につゆがたくさんついて流れるようだったら、戦地の人は元気な証拠とされていた。ミッドウェー海戦での戦死の噂が流れる頃、蓋につゆはつかなくなった。大分たってから戦死公報が来たとき、父は「やはり戦死じゃったなあ」と言って嘆き、ヒデはいうにいわれぬ気持だった。

公報が届く前にヒデは正男の夢をみた。ドッドッと力のある靴音が家に近づく。「あら、誰だろう」と思うと弟。「今だったよ（今帰ったよ）」「あら、今ね！」と戸を開けたらすっと消えた。軍服姿の正男であった。その夢は忘れられない。

父は毎晩毎晩泣いた。「どこの海にころがっているのか」とかきくどいた。仕事もあまりしなくなり、体も弱くなった。

終戦後、父の体はますます悪くなり、よく歩けないので、ヒデの婚家につれて来た。未亡人のヒデは、四人の小さな子供たち、姑、実父の生活をみなければならなかった。

父はその後寝たきりになり、数年後に五十九歳で亡くなる。神経痛に悩み、腹膜炎が命とりになった。正男のことは何も言わず、「おまえだけ苦労するね」とヒデに言ったが、淋しい人生で、かわいそうだったと思う。

ヒデは戦後すぐに魚の行商を始めたが、生活は苦しく、あちこちから借金をしてしのいだ。昭和三十年頃は、長男が足を骨折したが、入院費がなくて生活保護を受けた。行商を十五、六年やって、この時の苦労がもとで体をこわしたが、いまは息子たちの仕送りでなんとかやっている。

「正男がおったら、話し合ってみたいことがいっぱいあります。この子のことだけはやっぱり思います。行商やってつらい時、正男がそばにいたらなあ、苦しい時、正男がそばにいたらなあ、そう思うのが何よりつらいですわ」(姉・宮崎ヒデ)

本田覚　二等整備兵曹　28歳2カ月　熊本　高小卒　九志　農業　三男二女の長男　昭和16年9月18日結婚　戦死時妻ミチヨ20歳　子供なし　戦死の2年後ミチヨは覚の弟繁と再婚

繁はミチヨと結婚後間もない昭和十九年に三度目の召集を受け、ブーゲンビルで終戦。抑留生活中病気となり、二十一年に帰国して入院生活を送り、二十七年九月、脾臓の手術中に死亡（三十五歳）。ミチヨは三児を生んでおり、その後、熊本の美容学校に通い、美容室を開業し現在に至る。

「長兄は私達にとっては非常に良い兄で、他人からも親しくされていた。勉強家だった。十七年五月、飛龍が佐世保に入港、飛行機が大村航空隊に着陸し、それに乗って来て、『しっかり勉強せよ、死ぬまで勉強だ。人に遅れをとるな。軍人として恥かしくない行動をとれ。俺達のいくところは靖国神社だ』といったことは、未だに忘れません。

私も海軍で兄と同じ科でしたので、勤務先に兄と同年兵の方がおられて、兄に負けないように頑張るのだ、本田兵曹は優秀だったといわれていました。私は後で編制された第二航空戦隊、空母隼鷹に乗り組み、南方作戦に参加し、飛龍と同じ様な運命にあいました」（弟・本田真徳　大正十二年生れ）

前田一　一等主計兵　23歳　長崎　高小卒　十二志　農業

「父親がなくて成長したので、どことなく淋しい子供でした。一は叔父である私の主人（横塚好次）と兄弟同様に横塚家で成長し、近所の酒屋に店員として就職して一年ぐらいして海軍に志願しました。

当時は日本男子と生れた以上軍人でなければ男に生れた甲斐がないといわれ、特に海軍は憧れの的になっている時代でした。私共も悦んで見送りました。若かりし一の姿が、只今、ペンを走らせながらも近くに来ているような感がいたします。

私の主人も、昭和十九年に出征し、二十年八月十七日戦死（山西省）しました。四人の子供との淋しい苦しい生活は、筆舌に表すことは出来ません」（義叔母・横塚タヨ）

益本正行　一等主計兵　23歳2カ月　熊本　商業簿記学校卒業　農業　昭和15年徴兵まで陶器職　七人きょうだい中の一人息子　母ムナ健在、90歳

「小説なども書き、兄妹中一番の出来のよい兄で、父が『女六人と替えられた』というくらいの親想いの優しい兄でした。戦地からの手紙もそのままにしてあります。

唯一人の跡継ぎに死なれ、途方にくれましたが、親の希望もあり、一度は嫁にいったものの結局三女の私が主人ともども戻り、跡を継ぐことになりました」（妹・安子）

正行は母親や家族に度々手紙を書いている。十七年五月二十六日に書かれた母宛ての手紙が最後になった。

「毎日見られるものは、海と空ばかりで、青々とした木も草も見る事が出来ず、たった一本の地に生えた草が恋しくてなりません。（中略）お母様方、今頃どうして居られるだろうかと時には泣き出したい様な時もあります。（中略）もしも家に錦を飾ることが出来たら、そ

の時は貴女方にけっして苦労はかけませんから、私が帰るまでは無理な願いですが、お体に気をつけてぼつぼつ働いて下さいませ。（中略）それから、先日どうした訳か不動様の御守が真二つに割れたので、家に何事か変った事があったのではないかと心配して居ます。それでなければ私の身代りになってくだされたのではないかと思います」

松本義男　一等整備兵　22歳11ヵ月　愛媛　中学中退　十五徴　農業　六男三女（男二人は夭折）

義男のすぐ下の弟、海軍上等兵曹の肇は、昭和十九年六月三十日南洋方面で戦死。父荒五郎は十九年二月、四十九歳で死去した。

「三本柱の父と兄二人を亡くし、母は小さい子供たちを抱え、人に迷惑をかけまいと、時には男になり、女になりし、皆も助け合い、戦後の苦しい生活を精一杯生き抜いて来ました。母は、戦死した兄たちが、どこでどうして亡くなったか、その時の状況を夢でいいから一度だけみせておくれと、毎日合掌をしてお祈りしていました。

兄は温厚で賢く、剣道が好きでした（二段）。小学校を優等で卒業しましたが、家庭の都合で、好きな勉強も出来ず、北中を二年で中退しました。この時は、おくどの前に、しゃがんで、泣いていました。これが親には非常に心残りとなり、かわいそうなことをしたと残念がっていました」（弟・松本稔）

森若義孝

三等機関兵曹　22歳9カ月　大分　十三志　農業　三人兄弟の末子

「しごく真面目で孝養心の厚い子であった。父母は本人生存中、一度面会を、ということで佐世保海軍部に参りました。帰宅後、義孝は元気で軍務に精励していたと言ったが、戦死の公報を受取った時父が、『実はあのときすでに戦地へ向っていた。一目だけでも会いたかった。皆の者にうそを言ってすまなかった』と詫びたことが今でも思い出され、当時の親心というか、国を思う心というか、不測のものを感じます。父は村長をつとめました。機関兵であり、甲板へ上ることを禁じられて機関部内戦死と思う」(兄・森若静夫)

戦死者と家族の声・蒼龍

天野隆平　三等整備兵　21歳2カ月　静岡　高小卒　十七徴　三男二女の長男

「兄隆平は五人兄弟の長兄でございました。家業は父豊作の先代からの左官職で、職人も多勢おりまして、清水の会社関係へもあちこち出入りしておりました。家業を継ぐべく高等小学校卒業後は左官を職業としておりましたが、勉強が好きで準教員養成所というところへ通い、先生になる勉強をして、資格もとっておりました。両親にとっても、小学校当時から級長をしたりして、いわゆるデキの良い息子で期待していたことと思います。

戦死の公報が入ったときは、私は小学校の四年生でございました。母親は毎日毎日祭壇の前で泣いてばかりいて、子供ごころにも気が狂ってしまうのではないか、と非常に心配したことを覚えておりますが、結局その心労と申しますか、心痛が災いして六十四歳で亡くなりました。

隆平の親友に大杉さんという方がございまして、この方も十八年か十九年にシナで戦死されたのですが、長文の手紙を弟さんあてに送って参りまして、弟さんが祭壇の前で代読されました。その席には、父も母も私共兄妹も揃っていたのですが、『天野、お前はなぜ死んだ、生れる時は違っても死ぬときは一緒にと、あれ程誓ったではないか』という調子の手紙を読み上げていますと、祭壇に飾ってあった花輪とか調度品が、ガタガタと今にも倒れんばかりに揺れ動きました。子供心にも私はああ兄さんの霊がここにいるな、と思い、霊魂不滅を信じたのであります。地震でもないし、風もないのにあれだけ揺れるとは、今でも理屈では説明できないことでございました。母もその後で、『祭壇が揺れたね』としみじみ話しておりました。

優秀な兄貴でございました。仕事から自転車で帰ってきますと、必ず『ノブ！　勉強やったか』とききます。私が国語の書取りなど見せますと、『なんだ、こればっかか、もっとやらなければ駄目じゃないか』と頭を軽くコツンとたたきました。今、懐しく思い出します。威勢の良い職人でもありましたので、どうして知り合ったか、入隊前の送別会を家の広間で催したときは、清水の芸者衆が多勢きておりまして、私は芸者とは知らなかったものですから、この綺麗な女の人たちはこんな着物きて、お酒をグイグイ飲んで、一体どんな人達だろうと、不思議に思って眺めておりました。

幕末、明治維新のときも、太平洋戦争のときも、優秀な人間ほど早く死んでしまったと思っています。今生きていたらどんなになっていただろうと思いながら、父も母も年をとっていったことと思います。父親は男でした。涙一つこぼさず、愚痴一つ聞いたこともありません。ただ一度、一人で駿河湾へ注ぐ巴川のほとりに立って、じっと水面をみつめていた姿が非常に印象的でした」(弟・天野信夫)

伊藤茂　三等機関兵　21歳11カ月　千葉　十六徴　六男一女の長男

「兄は現役にて出征し、半年後水雷学校から空母蒼龍の機関兵として乗り組み、轟沈の大敗を喫し、艦底で艦と運命を共にす。白木の遺骨箱には写真一枚が入っていた。

兄は七人兄弟の長男で、家は農家、生活は楽ではなかった。入隊まで姉崎駅の駅手。弟妹達は皆師範学校(三人)、中等学校(三人)に進学したので借金があった。母は戦死の報により気が狂ったように弟達は学校の休みには農家の手伝いをして生計を支えた。母は戦死の報により気が狂ったようになり、外へ出て他人と会うことをきらい、五年間くらいは精神的におかしくなってしまった。雨戸が風でゆれて音がすると、茂が帰ってきたのではないか、と出て行って見ていた。

父は電灯会社の集金係りを時々やったりしたが、『茂が冷たい海の中で死んだことを思えば』といって、雨の中、嵐の中も働いた。その父も昭和三十二年十二月十四日に六十三歳で兄を待ちつつ亡くなってしまった。母は次第に精神的に回復して外出するようになり、忘れようとしたらしいが、常にさみしく帰りを待つ心には変りがなかった。ずっと仏壇に朝夕供物をして祈っていた。その母も再会できずに、昭和五十六年三月九日ついに八十二歳でなくなりました。現役で出征したので婚約者はいません」(弟・伊藤栄)

大木竹雄　三等水兵　18歳7カ月　千葉　小卒　十六志　六男四女の長男　82歳の母健在

「兄の思い出と言いますと、たしか戦地に出る少し前の四月頃、上野駅から出したとみられる小包一個が届きました。中にはキャラメルや何かいろいろ入っていたそうです。話によりますと、兄は香取、鹿島へ参拝、戦地に向うので、そこで家族と面会をする予定だったそうです。兄より来るようにと便りがあったのですが、当時家は貧乏のさかりで、父も行かず、姉も突然のことで、どう行ってよいかわからず、私も大森の方へ家事手伝いで出ており、とうとう誰も行かなかったので、兄は途中上野駅から荷物を小包にして出したらしいのです。と私はこの話を後で聞いて、非常に残念で、可哀想なことをしたと思い、いまだに思い出すと涙が出て来ます。

兄は小僧をしている頃から映画が大好きで私にもよくブロマイドを送ってくれました。また、お盆休みに帰って来ると、よく長谷川一夫さんや大河内伝次郎さんの真似をし、歌が大好きでよく聞かせてくれました。その影響で私も映画、歌が大好きです。また兄には滑稽なところもあり、やさしいところもありました。素直な、大人しい、芯の強い、やさしい兄でした。いろいろ一杯思い出話がありますが書きつくせません」(妹・大木光登)

大河茂　一等機関兵曹　29歳10カ月　千葉　小卒　五志　昭和12年4月に結婚　16年5月6日生れの長女と妻26歳　のち独身

「夫はただまじめ一徹の人でした。几帳面な性格で、ルーズな私には大変だったと記憶します。親孝行だったので親のことを常に思い手紙はよく書いていました。短い結婚年数ですので細かい面がわかりません。

長女のはじめての誕生日(五月六日)に偶然横須賀に入港して、祝ってやった五月の若葉が何時も思い出されることです。二、三日してすぐ出港したまま、八月の末には公報を手にしましたから、出港して一カ月たった時には戦死していたようでした。海軍の基地だけに鎮守府での合同葬も丁重に、また、出身地の村葬にまで丁寧に送り届けていただけました。紙一枚で戦死したとは何としてもピンとこないものがあり、あまり悲しい思いはしませんでした。むしろ二、三年たってから子供をみるにつけ淋しい気がしました。私も主人の両親も健在でしたので、おかげで私も子供を母にたのんで代用教員として或る小学校に務めることが決定した矢先のこと、聾学校に是非というお使いをいただきました。近くとはいえ、このような障害のある学校は行ったこともないので再三お断りいたしましたが、どうしてもと申され て意を決して私は飛び込みました。普通児では誰でも指導はできるだろう、この様な障害の子供たちのお世話をできるのも少しは世の為になれるかもしれないとお手伝いさせていただくことになりました。昭和十九年より昭和五十四年三月で無事退職いたしましたが、考えてみて三十年無駄には過さなかったとつくづく思います。娘夫婦や孫たちと今は余生をたのしく健康に過させていただいています。好きな手芸や編物、クラフトなど、楽しい中にいそがしく張り合いのある生活を続けております。折を見ては旅行などもたのしみの一つでございます」（妻・大河シヅ）

大谷銈二　一等機関兵曹　30歳2カ月　埼玉　昭和5年中学四年で中退して志願　農業　二男四女の次男　昭和16年10月6日結婚　妻20歳　戦死後長男出生　のち独身

夫銈二は農家の生れで、不景気のあおりを受け、昭和五年六月、十八歳で志願したものと思う。十七年四月、四十八時間の休暇で行田市の実家へ帰ってきたのが最後。いっしょに暮した日は百日にみたない。長男は七月十五日に生れた。せめてあと半年生かして子供の顔を見せてやりたかったと思う。夫の死後の生計は仕立て物をしてささえてきた。「この戦争がくやしゅうございます」（昭和六十年十月十八日、**妻・大谷はつ**の電話）

尾加名新吉

一等機関兵曹　33歳3ヵ月　千葉　高小卒　婿養子　昭和7年6月14日結婚　昭和7年12月生れの長女、14年5月生れの長男、16年4月生れの次女の三人の子と妻28歳

のち独身

「父は早く両親をなくしました。尋常高等小学校を卒業、成績は大変よかったとのことでして、他に志があったと思いますが大正十五年六月、海軍の志願兵になりました。あと二年で除隊になると大変楽しみに致しておりました。除隊後は秋田で材木屋を開きたいというのが夢でした。大変几帳面な人だったと思います。

昭和十七年四月家族を横須賀に呼び寄せ、鎌倉に遊びました。浦賀の旅館に泊まり、次の朝、弟が二階の窓から落ちてしまいまして、その大騒ぎで永久の別れの悲しみも吹き飛んだのではないかと大人になってから思いました。その後すぐ、館山沖を連合艦隊が通ったとのことでした。

母は二十八歳で未亡人となり五十六歳で亡くなるまで、亡くなる二年前に病（脳腫瘍）を得、療養したのが人生の休息であったのではないかと思う程働きづめで、これから少しは人並みな安穏な日を送れるかと願っている矢先、父の許へ参りました。

〔母には〕父の戦死後、子供三人と自分の母親が残されました（父は婿です）。少々の田畑がありましたので人に作らせていたのを返して貰い、自分で作る様にいたしましたので、辛うじて食べる最低のものはありました。お金は祖父がかなりのものを残してくれておいたそう

ですが、祖母の病弱のため母は看病で居食いの生活でした。戦後の新円切換、預金の封鎖、国債は紙切れとなり、遺族扶助料の打切り等々で、お金というものは自分の家にはないものという気がいたしました。そのうちに祖母が昭和二十二年脳卒中で一晩で急死いたしました。着物だの何だのとお金や食料に換えられるものは段々となくなってゆき、私も女学校へ入れて貰えましたので尚のこと大変だったと思います。和裁ができましたので昼はお手伝いさんとか農家の日雇、夜は人の縫物で、母の眠る姿を見たという記憶がない程です。母は家は私に任せ、泊り込みのお手伝いさんに行ったり、人に頼まれることをしておりました。母はいつも苛立っていましたし、これが優しい母親という思いはありませんでした。

昭和二十六年私も働く様になり、弟妹の学資も出せる様になりましたので私も少しは精神が楽になりました。戦後というのがいつまでのことを言うのか、私にとっては一生終らないものの様に思います。母は私が連れて行くことになっておりました父の郷里秋田にも行けずに終ってしまいました」(長女・池田紀子)

奥村義美　機関特務少尉　38歳5カ月　栃木　高小卒　農業　五男三女の長男　昭和6年4月10日結婚　長男10歳、長女7歳、次男5歳、次女2歳、妻はぎ33歳　のち独身

「義美は海軍志願兵として大正十二年に横須賀海兵団へ。年月を重ねて第二次世界大戦に参加。ミッドウェー海戦では蒼龍機関部に乗り組む。轟沈を前に夫は『助かれる者は皆甲板に

出るように』と叫びつづけたという。幾人か駆逐艦に助けられ、その一人から『自分は奥村缶長に助けられたようなものだ』と聞いたが、名前もわからなくなった。私（はぎ）は夫と同郷、結婚前に助産婦の資格をもち、見合結婚した。夫はまじめできれい好き、子煩悩だった。満期になったら中学の数学教師になりたいといって、毎日勉強していた。

最後の面会となった夜、子供だけは頼むという。お前が一人で育てるのが大変だったら、自分のいちばんいい立場で再婚するようにともいわれたが、いっそう一人でもがんばらなければと思った。公報は八月の暑い日に届き、なにも言えず、涙も出ず、貧血をおこした。敗戦までは月給の半額ほどの恩給があり、経済的には余裕があった。しかし夫はどんな思いをして死んだのだろうかと、風呂場で洗面器に水をはって顔をつっこんでみたりしたこともある。苦しまずに死んだのであってほしいと思った。

戦後は行商その他をしてどん底生活を子供たちと生きぬいてきた。なんとか海兵へ入れたいと思った日もある長男は、昭和三十年頃、母親に相談せずに日本共産党へ入党した。いまは茨城県委員会で活躍している。私はいつどこででも戦争反対を叫びたい。夫の供養のため、これからの若者たちのいのちのために。いまでも『赤旗』日曜版の配布をやっている。夫の夢を昔はよく見たのに、ここのところ見ない。義美は長男だが、弟で三男の奥村四郎も徴兵で陸軍にとられて戦死した」（五十八年七月二十一日、妻・奥村はぎの話）

河村多三郎

三等機関兵曹　27歳1カ月　秋田　十一徴　農業　昭和15年4月25日結婚　長女1歳、妻24歳　のち独身

「夫が戦死したときは、まだ結婚して間もなくだったので、自分の実家の家業である荷馬運搬業の手伝いをしていました。若者達も五、六人使っており、家族も全部で十三人、炊事から馬草(まぐさ)切りまでやらなければならない毎日でした。そして子供と二人で夫の帰りを待っていたものでした。

戦死の知らせが届いた時はもう何がなんだかわかりませんでした。夫の実家からは子供を置いて再婚しろと言ってきますし、私は、自分一人で出来る仕事がよい、と思って秋田母子寮に入り、ミシンに触ったこともないのに洋裁を習いに行き、二年で卒業しました。しかし、毎日奉仕々々で田圃の草取り、また豆を植えたりの後の勉強でしたので、あまり覚えませんでした。当時は生地がなかったので着物をといて、学生服、足袋、ズロースまで造り、何とかお金になりましたが、そのうち造るものがなくなりました。家を手伝いながらのことでしたので、ある日突然、馬草切りで手の指三本を切ってしまい、大変に悩みました。洋裁も出来なくなり、その当時能代で大火事があったあと、ある店屋が小さなスーパーを建てたので、私はそこで惣菜を作って働かせてもらいました。珍しかったので売れて売れて、あまり働いたので体を悪くしてしまい、やめなくてはなりませんでした。本当に戦争のためにどんなに

苦労をしましたか、いろいろありすぎて書けません。戦争は絶対にあってはなりません」（妻・河村ミツ）

菊地勇　一等機関兵　24歳11ヵ月　東京　十三徴　二男三女の長男

「十七年五月末の夕刻、弟は明日の朝まで休暇がとれたとのことで、ひょっこりと僅かの時間を惜しんで上陸して来ました。諸々駆け廻ってやっと買うことのできたお鮨をつまんで、すぐ眠ってしまいました。その後すぐに警戒警報が出て、帰艦のため横須賀に闇の中を帰って行く後姿をいつまでも見送りました。それが家族との永遠の別れでした。

空母が全滅の打撃を受けたミッドウェー海戦で、弟は機関兵でしたから、ハッチで閉ざされた狭い船室で魚雷を受けて沈没するまで、苦しい最期であったことを、当時の美文化された新聞記事で知るだけです。胸に秘めて私の生ある限り弔って行きます。陸に海に散華した非常に多くの若者、そして一家の主、悲惨な戦争を食い止める力をすべての人が持たなければなりません。いろいろ取沙汰されている世界の強国、そしてその力に支配されようとしている現在の政治家に憤懣を以って立ち向わなければならぬと感じる昨今です」（姉・菊地菊枝）

西城輝雄　二等整備兵　21歳11カ月　宮城　中学卒　十六徴　農業　二男三女の長男

「私は八十九歳になります。倅の輝雄は五、六歳の頃から馬に乗り、山道を十五～二十キロ位お使いをしました。弟妹の面倒も見ました。学校では勉強が良く出来、いつも一番でした。倅は人と争う事をしらない人です。家庭を思い近所の人にも好かれる人です。私の部落では十四人も戦争で死んでいて、親たちも二人しか残っていません。だんだん淋しくなりますが、倅たちが帰って来る日をいまでも待っているのです。近所の人には『国から金を貰えていい、何時までも長生きしなさい』と今日まで数えきれないほど言われたが、金はいらないから息子がほしい、と酒を呑んで気をまぎらせ、田や畑をやって過して居ります」（父・西城五一郎）

佐々木金四郎　三等看護兵曹　28歳3カ月　岩手　高小卒　十徴　農業　二男の次男

「金四郎叔父は戦死当時二十八歳、再役の意志はなかったが、シナ事変で再役となったようです。ハワイ作戦以来の連戦連勝を経て昭和十七年四月末、九州鹿屋より休暇を得て帰郷。

四日程の滞在でしたがすぐにお嫁さんの仲人口があり、周囲は見合い迄運びたかったのですが、本人の希望で次回休暇帰省の時となり帰艦。六月五日ミッドウェー戦で戦死。その内報を同七月初旬、横鎮人事部長様より受領した時、嫁話は本人のこういう覚悟の為と想像され、家族一同哀れを話し合った事を覚えて居ります。

休暇帰省する度に親・兄姉・甥・姪にまでかならずみやげを買って帰り、私達を町の食堂に連れて行き、うどん等をおごってくれました。年齢もあまり違ってないので私達はあんやん（兄やん）と呼び、町に一緒に行くのを得意がったものでした。当時の貧しい生活の中では贅沢なことで、叔父の帰省を待ちわびたものです」（兄・一の長男＝甥・佐々木邦男）

斎藤幸二　一等水兵　24歳6カ月　福島　高小卒　十三徴　二男一女の次男

「斎藤幸二君は父幸七、母サンの間に、姉ハツ、兄幸一の弟として生れました。大正六年のことです。幸七は明治の末に福島市大森字並柳に転住して日雇業などを生計としておりましたが、昭和二年一月二十一日に五十一歳で死亡しました。母のサンという人は気丈な人で、養蚕や賃仕事などをして、三人の子供を養育しました。姉のハツは工場などにいって働き、後にフィリピンのミンダナオ島に渡りました。

兄の幸一と幸二君は小学校の成績もよいところから、母は家計が大変でしたが、尋常科を終えると、幸二君を高等科にあげました。幸二君は高等科を卒業するときは、成績極めて優秀なところから、学校で只一人いただく信夫郡役所の郡賞をいただき、褒美には硯を頂戴し、母のサンはこれを自慢にしていました。だが、彼が小学校を卒業した昭和六、七年頃は不景気のひどいときで、あまりよい職もなく、福島市郷ノ目にあった日本紡績福島工場に同級生だった加藤忠次君と一緒につとめていました。その頃福島市の郊外にある大森に、白銀社という短歌をつくる文化サークルが生れ、まだ二十歳にも満たない若さで、天下国家を論じたり、文学を論じたりして連日のように円通寺の一室に集っていましたが、そのサークルの中の一人が幸二君でした。彼は真黒い顔、大きな頭、ひきしまった筋肉など独自の風格をしていたので、象などという仇名がありました。家は貧乏でしたが、母のサンという人はしっかり者で、幸二君はかすりの着物をいつもキチンと着ていました。

彼が短歌を始めて発表したのは、『白銀』の創刊号で昭和七年のことであるから、彼がまだ十六歳の頃である。

開墾地麦踏む人の足もとに陽炎もゆる初春のひる
陽の残る岡の林に小鳥また鳴きをるもあり小春日和に

彼の優秀な才能も当時の社会では容易に受容されず、その欲求不満を短歌に志向して熱心に作歌し、当時東京で発行されていた藤川忠治主宰の『歌と評論』に入社して作品を発表した。その後、白銀社の中心だった宗像喜代次は応召し、吉岡棟一も教員となって郡山市に在住するようになり解散したが、幸二君は日東紡の室内作業をいやがって退職し、逓信省の事務官の試験をうけたが失敗した。仕事がなくて奥羽線の除雪人夫、更に上越線の奥の除雪人夫などをして、タコ部屋の苦労をする。その時の歌にこんなのがある。

救援列車の汽笛に涙あふれ来ぬ若き工夫の雪崩れ死にし夜

シグナルの真赤なる灯の親しかりテントより見つつ飯喰ひて居り

彼が私達の前に最後に姿をみせたのは、昭和十七年の四月頃だったと思うが、円通寺の本堂の一室で一晩中しゃべり明かした。それはハワイ海戦で大奮闘したあとだったが、この戦いのことは箝口令をしかれていたらしく、話したがらなかった。鹿児島の鹿屋で特殊訓練を受けたことや、フィリピンのミンダナオ島のダバオで、偶然にも姉のハツの家で、応召中の兄の幸一にも会って、兄弟三人水入らずで歓談したことなどを話していた。

幸二君は頭はよかったが、軍人らしく威張るところもなく淡々として話に興じた。近くまた出動するらしいことをにおわせて寺を出たのが朝の五時頃だった。誰も見送りもせずに一日ぐらい家に泊って、原隊に戻った。それが最後の別れだった。あれからもう四十数年もすぎたが、カラッカラッと笑う声がきこえるようだ。もし生きていたら彼の才能はまだまだ生かせたものをと思う」(義兄・斎藤四郎)

佐藤完一

機関特務大尉　45歳4カ月　神奈川　大正3年6月1日、17歳で志願入隊　農業　大正8年12月25日結婚　戦死当時8歳から16歳までの二男二女と妻美代子43歳のち独身　完一の母と美代子の母がいた　長男は『コロボックル物語』の著者・佐藤さとる

「戦後約十年間は無収入になりました。ちょうど子供の教育費のかかる頃でしたので、非常に困窮しました。主人の母は主人の一周忌が済むと親戚へ行きました。私の母と協力して近所の荒地を借り受けてじゃがいもを作ったり、スカーフの縁かがりをしたり、お花を教えたりしてなんとかしのぎました。長男が専門学校に進みながら苦学して身体をこわし、肺浸潤になってしまった時は、本当に暗澹としました。長女は知人の家に行儀見習という名の女中奉公に出ましたし、下の子たちも人並みな生活はいっさい我慢して大人になったと思います。

主人は多趣味な人で、短歌、油絵、鎌倉彫など独学でいろいろ手掛けました。『昭和万葉集』に十二首載っております。非常に真面目で、努力型の人であったと思います。家庭にあっては温厚な優しい父親でした。はじめの子が女の双生児であったためか、長男が生れた時はとても嬉しそうでした。主人の戦死前に二女と四女を病気で亡くしました。戦後の苦労は今思えば悪夢のようでございますが、夫を亡くさなかった方でもひどい生活を強いられていた時代でございますから、致し方ないとも申せましょう。もうじきあの世で夫に会うことができた時、どの子も曲らずに普通に育ってくれた、と報告できるのが何より嬉しゅうございます。夫の好きだった絵や文学や作りものなどが、子供や孫に伝わって、絵や文学の道へ進む者があるのも心強いことでございます」（妻・佐藤美代子）

鈴木市郎

三等機関兵曹　22歳7カ月　長野　十一志　三男一女の長男

「無口でしたが家族思いのやさしい兄でした。大きな船に乗っているから心配するな、船の沈む時は日本の負ける時だ、絶対死なないから安心するようにが口ぐせでした」（弟・鈴木博）

鈴木正治

一等整備兵曹　29歳7カ月　長野　八徴　四男三女の三男　昭和14年1月16日結婚　15年3月生れの長男、17年3月4日生れの長女と妻26歳　のち独身

「父が戦死したときは私も生れたばかり、兄も二歳、父の顔も知らずに育ちました。母も私達のため、夢中で働いてきました。そんな母から父の話は聞いたこともないし、また聞いてはいけないと思っていました。ずっと一緒に生活してましたので、母も退職しやっとのんびりできると思った矢先に病にたおれ、九カ月もガンとの苦しく長い戦いでした。その後、母の遺品の中から、昭和十七年五月二十二日、消印軍艦蒼龍検閲済印の押された一通の手紙に『何も言うことはないが、子供はこれからの教育が大切だ。良き父となり母となって軍人の妻として、又銃後の女性としてしっかりやれ。子供の事が唯一心配だ。立派に育ててくれ

……』とありました。初めて見た手紙です。ショックでした。その言を守って戦いつづけ、あげくにガンとの戦い、唯々苦しく、長い長い戦いだったと思います。本当の終戦だったと思います」（長女・田中明子）

須田政一　二等整備兵曹　28歳9カ月　東京　高小卒　九徴　五男九女の長男

「八歳年下の妹ですが、徴兵前の兄の面影を僅かでも語れる、最後の一人ではないかと思っております。兄を語る時、それはまた母を想い浮かべる時でもあります。それほど兄にとって母は最愛の人であり、母あっての兄の十代があった、そんな気がいたしてなりません。姉二人、妹四人、末弟二人、昭和初期の不況時代の最中、職人気質で一徹なところのある父と一緒に、唯黙々と働きながら、常に心の中にあった事は、育児、家計、職人達の世話と身を粉にして尽す母を守る事であり、無口で優しい兄の悲願にも似た思いであったようです。子供には誠に優しい父でしたが、面白くない事のある日、不満の矛先は必ずと言って良いほど母に向うのです。そんな時、私達弟妹が大声で泣き出すほど激しい勢いで母を庇い、父に向って行く兄の姿は、本当に恐しいほどでした。今と違い両親に口答えなど、思いも寄らぬ時代に育った私共ですが、振り返って私自身一度も母に叱られた記憶がありません。何を言わずとも子供の気持を分ってくれた母、苦しい時も笑顔を絶やす事のなかった母、大きな愛で子供達を暖かく包んでいてくれた母、兄は勿論の事、私にとっても最高の母であったと心から幸せに思っております。

工作と画が大変上手だった兄、そして子供好きでもあった兄は、小学生の私や幼い弟妹にとって、良き師でありまた良き遊び友達でもありました。雨で兄が在宅の日は、近所中の子供達を集め一日中が楽しい運動会のようでした。次々と考え出される遊びは八帖ほどの子供部屋が嵐の様な騒ぎで喚声に包まれ、果ては疲れ切って芋虫のようにゴロゴロと倒れた子供達は、目ばかりギラギラさせ荒い息を吐きながら、声もなく笑っておりました。

町内での愛称『ノッポのマーちゃん』は草野球の三振王でもありました。一試合に一本でも打てば、それは必ず特大ホームランで、三振かホームランか、それしかありませんでした。野球場の原を越え、鉄道線路も飛び越えて遥か向うの町工場に、ボールは消えて行きました。ボール探しは子供の役目、出るか出ないか分らないホームランを、朝から茣蓙と水筒持参で試合終了まで、祈るような気持で見つめていました。

甲種合格で横須賀海兵団に入団と決った或る日、兄は可愛がって育てていた鳩を一羽残らず空に放してしまったとか。からの鳩小屋を見つけた時、兄の気持を思いやる前に別れが近づいた事を改めて思い知らされ、悲しくて言葉も出ませんでした。

昭和九年一月入団の朝、紋服姿の兄を母は玄関口で見送りました。最愛の息子を母が見た最後の日です。病を隠し家事に追われていた母は気付いた時すでに遅く、『政一に逢いたい』と言いつつ、五月、四十六歳の一生を終りました。葬儀の為特別外出を許され、セーラー姿の兄が亡母の枕頭に坐した時、死顔に烈しい変化が起りました。周りの者は皆泣き出しましたが、私は一瞬亡母が生き還ったのではないかと大声を上げました。……燃えさかる焰の音を聞きながら、睨むような目で立ちつくす兄の横で、生きていたらどうしようとただただ心配で震えていました。

学歴のなかった兄にとって、軍隊生活はつらい毎日であったようです。夜も眠れずにベッドの中で毛布を被り勉強していると申しておりましたから。以来兵役八年を通じ、休暇で戻って来た日数は数える程しかありませんでしたが、変らぬ優しい兄であり細やかな心遣いの土産を手に、又出かける時は必ずと言ってよいほど、私を誘ってくれました。

昭和十六年初冬であったと思います。兄は一人の女性を伴って帰って参りました。もし除隊する日が来たら結婚したい人と家族に引合せたのです。下宿先の御主人の姪娘さんとか、是非にと望まれたそうで、十歳以上も歳下の可愛いお嬢さんでしたが、兄が我が家に伴って見えた唯一人の方となりました。

昭和十七年四月奇しくも同じ五日、風の激しい日曜日でした。父が仕事中、現場で死傷いたしました。我が家の支柱ともいえる息子を軍隊に送り、年老いて逝くその日まで働き続けた父は、白日夢となって蒼龍の艦上に兄を訪れたそうです。初七日の夜、訃報を知らせなかった我が家に突然兄が帰ってきました。驚く家族の中を無言のまま通り抜け、仏前に坐った兄は長い間じっと遺骨を見つめたままでした。後で皆に『わかっていたよ』とポンと一言申しました。この帰宅が私達家族にとって兄に逢えた最後となりました。

海兵団・特務艦神威・館山航空隊・空母赤城そして蒼龍と、八年間を一筋に一兵士として死んでいった亡兄の一生とはなんであったのでしょう。今六十の坂を越えた私が命終る日まで、貧しかった故に二十四歳の若さで病死させてしまった妹への負い目と共に考え続け、想いゆかねばならない事のようでございます」(妹・須田貞子)

高橋公(まさし)　三等整備兵　18歳1カ月　埼玉　高小卒　十六志　六男四女の長男

「兄は読書好きで、何時も一人でいる時は本を読んでいた。身長が高く体格が良く大男であった。無口で何時もニコニコしていたが、半面頑固で私達は良く拳骨をもらった。柔道着を後輩のために寄付したときは、下に弟がいて、高価なのにと後々まで母親はもったいながった。特別休暇の時シンガポールで買った鹿の角を小学校へ寄贈した。兄は上三番目までが生後間もなく死亡していて、長男として初めて成長したので、父としてはいとおしさは人一倍強かったと思う。

ミッドウェー作戦が軍上層部で計画され、本決りとなった後、兄は特別休暇で帰ってきた。その特別休暇が出た理由については軍の機密保持ということで家族には話さなかった。ただいよいよ本番だ、どこに行くかは不明ということだった。友人には、今度は生きて帰って来られないといっていたそうだ。家に帰って間もなく友人のところへ挨拶に行くといって出掛け、夜中の一時過ぎに酔っぱらって帰って来た。母はドブ泥で汚れた制服をその晩に洗濯し、兄は生乾きの制服のまま横須賀へ帰って行った。後姿が何となく淋しく感じられたそうだ。よりによって大事な休暇最後にドブに落ちるなんて、両親も不吉な予感に襲われたそうだ。それから何週間かが過ぎた日、海軍省から一通の手紙が届いた。父母は何かの間違いではないかと横須賀の海軍司令部へ出掛けて問い合せたが、何度行っても答は同じだったそうだ。通知は『東太平洋方面の戦闘に於いて昭和十七年六月五日戦死せることを証明す』のみであった」(弟・高橋貞夫)

千葉庄右衛門　整備特務少尉　40歳3カ月　宮城　高小卒　大正10年志願　農業　昭和3年12月結婚　11歳と2歳の二女　妻31歳　のち独身

「農家の末子であったため、志願兵でありましたので、軍人精神がしっかりと身について、お国のためという気持で一貫していたようです。実母には三歳の時に死別したため、家庭はことの外に大切にしていたようで、思いやりがあり、特に子煩悩な点は格別でした。

三重県鈴鹿市において戦死の公報に接し、実家のある岩沼市へ引きあげました。物資のない時代であったため、日々手持ちの衣類等の売り食いの状態でした。生花の師匠をしたり、洋裁などをしたが長続きせず、そして終戦。子どもはまだ小さく、生活のために行商人となり、子どもの成長するのを待ちました。子供の就職後は行商を止めましたが、実家や兄、姉の世話になり、心せまい日々の連続でした。ほんとうに食べるだけで、精一杯の生活が続きました。今でもつい昨日のことのように思われます」（妻・千葉はなよ）

照井伝治郎　一等整備兵　22歳11カ月　秋田　高小卒　十五徴　農業　二男二女の長男

「少し見栄っ張りのところもあったが、物事に積極的で頭のきれる将来を嘱望された人だったそうです。パイロット志願だったが、視力の関係でそれはかなわなかったが、それでも海軍に配属されて非常に喜んでいたそうです。伝治郎が生れて九カ月後に母は亡くなり、乳飲み子をかかえた父親の専蔵はリサを後妻に迎えた。専蔵は若い頃大工をしていたが、病気にかかり、仕事ができる状態ではなく、リサと伝治郎の働きに、一家の生活のすべてがかかることになった。生れながらの身障者の妹もおり、それだけに伝治郎にかける一家の期待は大きかった。そんな状況の中で、不幸にして伝治郎は亡くなった。男手を失った母のリサと妹のヤエノは、田畑を耕しながら、かろうじて一家の生活を支えた。

戦後、昭和五十二年に、ミッドウェー海戦に参加し、生きて帰った当時の同僚の方々が訪れ、彼の死亡時の詳細を知った。国家のため戦争に行かなければならない。しかし留守宅の父母・弟妹の生活の不安を考え、彼の心の中は複雑であったに違いない。どんなことがあっても生きて帰らなければならないと彼は決心していたと思われる。重度の火傷を負ったため喉が渇き、『サイダーを飲みたい』と何回も要求し、おいしそうに飲んだが、あまり飲ませると死期が早まるため、多くは与えられなかったそうです。意識が朦朧とした状態でも、彼の脳裏には自分の生い立ち、一家の今後の生活等々が駆けめぐったと思われる。彼は『可愛い妹（ヤエノのこと）が迎えにくる。一緒に家に帰る。妹の足音が聞こえる。そこまで来た』と言って息を引きとったそうです。彼の命日には、彼がもっともっと飲みたかったであろうサイダーを彼のお墓にかけ、旅半ばにして夭折した無念の気持を慰め、今後二度とこのようなことが起こらないよう平和への決意を新たにしている」（妹・ヤエノの長男・照井薫）

長塚正美　一等整備兵　24歳3カ月　神奈川　高小卒　十四徴　二男の次男

「人柄は皆に好かれ親しまれ、信頼される美男子でした。頭の切れも良く何をしてもテキパキと気持よく処理した。正美のような男になれと、親類に二名、正美を名乗っているほど親しまれていた」（兄・長塚傳次）

永峰三郎　二等飛行兵　19歳11カ月　神奈川　高小卒　十五志　六男五女の三男

「弟三郎は私と年子でしたのでよく喧嘩もしました。なかなか兄弟思いの良い男でした。私は昭和十四年に志願で海軍へ入りましたが、そのあと一年たらずで弟も同じ海軍の飛行兵に志願し、昭和十七年の五月二十五日頃、故郷上空へお別れ飛行に来たそうです。私は当時ミッドウェー海戦に参加、艦の故障の為ウエーキ島にて修理中でした。まさか同じ海域にて弟が戦死したとは思いもしませんでした」（兄・永峰金次）

仁村直造　一等整備兵曹　25歳7カ月　神奈川　高小卒　八志　二男四女の次男　昭和15年2月17日結婚　16年1月生れの長女と妻26歳　のち独身

「志願して入隊するまでは本当にいたずらで腕白だったと亡き義父にききましたが、入隊してからは人が変ったと兄姉妹はいっております。義理に厚く兄姉妹や私にもとても優しい人でした。十五年二月に結婚、十六年一月に娘が生れ、十七年六月戦死と、戦死まで二年四カ月、横須賀でともに過したのは三カ月ぐらいだったと思います。五月二十日、最後に家を出るとき、頭髪を切って形見にわたしてくれました。今でも私の大事なお守りです。あのとき何もいいませんでしたが覚悟の門出であったように思われます。戦時中、本音がいえず建前のみでつっぱっていた主人が可哀想でなりません。昭和十七年当時、私は横須賀市田浦の借家に子どもと二人で住んでいました。七月十日に突然、戦死の公報が郵送されてきました。『東太平洋方面にて名誉の戦死』という簡単なものでした。どうしても信じられず、一歳五カ月の娘を背負って横須賀鎮守府の坂道を泣きながら登ったのは切ない思い出です」（妻・仁村文子）

堀内茂夫　二等整備兵　21歳11カ月　長野　高小卒　十六徴　農業　二男一女の長男

「あの頃の青年の中ではほんとうに立派な体（身長一七五センチ）に育った青年でした。スポーツマンで高跳　棒高跳、剣道の選手でした。小学校の健康優良児で湖東小学校の代表でした。徴兵検査は甲種合格で希望して海軍航空隊へ。入団は横須賀海兵団でした。長男だからと整備にまわったと申していました。真面目な青年と、どなたに聞いても言って下さる弟でした。私から言うのはおかしいかも知れませんが素直な子でした。私たちきょうだいは三人で育ちましたが、弟たち二人は亡くなりましたので私がこの家を継ぎ、現在の夫を迎えて父母をみとりました」（姉・堀内いさ江）

松島博

工作特務中尉　43歳7カ月　静岡　大正6年6月、18歳で志願　大正15年5月結婚　二男二女（長男16歳・末子の次女7歳）と妻37歳　のち独身

「戦前父は上海の陸戦隊に居り、それ以前もほとんど航海などで家に居る時期が少なかった。家に居る時は常に植木を楽しんで居りました。また、子供達を海へつれて行ってくれました。ハワイ海戦以後一度家に帰り、色々と戦果の話を聞かせてくれました。ミッドウェーに往く時は行先を言いませんでした。覚悟はしていたように記憶して居ります。父戦死の公報が来た時、私は中学二年、下に弟一人、妹二人。終戦後の数年、全員学校を出て働くようになるまで、母親が一番苦労しました。食べ物が無い時代、少ない恩給だけの生活で食いざかりの子供達の為、タンスから一枚ずつ着物などを持って、イモ類などを求めて農家を訪ねて行く母親が記憶に残って居ります。戦死した父は志願で次男でしたので、母親の夢は父の墓を立てることとマイホームを持つ事でした。戦後三十年余、その母が死んで以後やっと実現しました。海が見える丘の墓で今、父母は眠って居ります」（長男・松島直人）

宮坂助次

一等機関兵　26歳9カ月　長野　十一徴　二男の次男

「私は故宮坂助次の甥〔兄の子　昭和二十三年生れ〕です。以前父母から聞いた話によれば叔父は非常に礼儀正しく温厚な人で、たまに帰って来る時は姪である私の姉達に玩具、着物等を土産に持ってきてくれたそうです。軍の話はほとんどしなかったそうです。最後に家に帰ったのは昭和十七年春で、私の二番目の姉が生れたばかりで、母に『姉さんこれで着物でもつくってやって』と上等な反物を持ってきてくれたそうで、その時も戦争の話はしなかったが最後のお別れにきたようです。なお、故宮坂助次の母は彼が二歳の時に亡くなって、私の父と叔父の二人は祖母にそだてられたということです。戦死の通知がきて父が下宿を片付けに行ったが、アルバムその他ほんとうにきちんと整理してあったそうです。

私の母の実家の近所の人が叔父と同じ蒼龍に乗り組んでいました。蒼龍沈没の時助かった一人で、その後家（伊那）に帰ってきて『俺達は上にいたから逃げ出せたが、諏訪の助次さん達は機関だから船を捨てられず、〝君が代〟を歌いながら沈んで行った。あの声が忘れられない』と話してくれたそうです。この人もまた次の作戦で戦死したそうです。

叔父助次は空母蒼龍を造る一員として働き、自分達で造った船に乗り戦い、そして船と運命を共にしたと聞いています」（甥・宮坂彰）

森上貢　一等整備兵　22歳4カ月　北海道　小卒　十四志　農業　三男の末子

「年老いた両親には弟・貢の死亡は堪えがたい痛恨のようであった。吹雪の夜の底に隣室の両親が亡き弟のことをあれこれ小声で話し合ってはむせび泣いているのを折々聞いている。私達にも語ったところによると、昭和十七年六月五日の夜半、父は夢をみたそうである。風の強い日、父が麦に追肥をやっていると、五、六歳の貢が出て来たので、〝みっちゃん寒いから父さんのところに来い〟と言って、綿入れのねんねこの中に包んでおんぶした途端、目が醒めたそうである。それで母に〝母さん、みっちゃんは戦死したかもしれんぞ〟と話した。しばらくしてから村長や在郷軍人の方々が公報を持ってきてくれたそうである。両親にすれば末子で最も可愛がっていた貢の死は、心の杖を折られたようなものであったらしい。弟は素直で誰からも可愛がられていた。私はそれが憎らしくてよく喧嘩をした。まだ私達が小学生だった頃、逃亡して来たと思える土工夫が食物を乞いに来た時、私は恐しくて早く追い返せばいいと思っていたが、弟が〝母さん困っている時はお互いだ。ご飯を上げな〟と言っていたのを覚えている。また父の大切にしているスキーを私が折った時も〝父さん、僕が折ったよ〟と言って謝ってくれた。やっぱり弟の方が出来が私より上等だったらしい。良い者は早く死ぬのが世の常でもあるのか」（兄・森上義秋）

吉川良次郎　一等整備兵曹　30歳3カ月　栃木　五志　昭和10年11月結婚　三男と妻28歳　のち独身

「私が六歳、弟が二歳と一歳のとき、父は戦死したので、父のことはよくわかりません。ミッドウェー海戦に行く時、こどもたちに書き残した手紙を見るかぎり立派な父だったと思います。さぞ三十歳の若さで死んでいくのは心残りだったと思いますが、真珠湾もミッドウェーも父なりに頑張ったと思います。蒼龍の慰霊祭に行った時、父と同年兵の数名の方に逢いましたが、ミッドウェー海戦の時には船を降りた人たちがほとんどです。私の父もそのように船を降りられたものを、といま思うと残念でなりません。二度と蒼龍の慰霊祭には行きたくありません。戦後の生活については何も話したくありません。生きられたのが不思議なくらいです。母は父の死後も再婚せず、私たち三人のこどもを育て、兄弟三人を昭和三十八年同じ年に結婚させましたが、安心したのか、二年後に死んでしまいました」（長男・吉川整）

依田正雄　海軍三等整備兵　18歳10カ月　山梨　小卒　十五志　三男一女の三男

「弟は非常に真面目で生一本、兄弟思いでした。私が本人より航空兵になりたいとの意志を

聞き入れ、家族の言葉も聞かず判を押したのです。可哀想な事をしました」（兄・依田正治）

戦死者と家族の声・三隈

有岡一良　三等機関兵曹　26歳7カ月　韓国京城　十志　六男六女の長男

「朝鮮総督府鉄道局勤務中に海軍へ入隊。人情深く人に親しまれ愛されていた。戦死当時機関室は煙に包まれていた。戦友が救助にきて逃げることをすすめたが、責任上持場を離れることができず断った。二度目に戦友が行ったときには煙で一杯で救出がむつかしく、断念して引き揚げたが、そのとき『海の民なら男ならみんな一度はあこがれる』の歌が聞えてきたと戦友が話してくれた。

一良の弟二人も戦死した。(次男桂次・十九年六月二十九日・東部ニューギニア。三男隆明・二十年七月二十日・ビルマ・ペグー山系)

一家は終戦により京城より引き揚げる。家も財産もなく、父の郷里において家と畠を少々

借り、細々と戦後の生活をはじめた」（弟・有岡龍一）

五十嵐政雄　二等機関兵曹　25歳3カ月　兵庫　高小卒　十一志　農業　三男四女の次男

「無口な面があるが親孝行で、なにごとにも熱心で兄弟思いであった。いつか休暇で帰ったとき、父母の入歯の費用として五十円出した。最後の面会は呉で十七年五月におこなった。本人は感ずるものがあったのか一大決心をしていたようで、自分の荷物は全部、預金通帳なども親に渡した。列車のホームでも手を振りながら見えなくなるまで見送ってくれた。それが最後であった」（弟・中谷秀雄）

板野四郎　三等兵曹　21歳5カ月　広島　十三志　四男三女の末子

「真面目で誠実、俳優のようにハンサムだったといいます。昭和十七年、四郎の次兄が陸軍にとられて戦死。二十年八月六日には、長兄博勝応召中の留守宅で、妻、長男、長女、三男と四郎の次姉富士子原爆死（四郎にとっては姉と嫂、甥二人、姪一人）。春久は天涯の孤独となったが、多くの親戚知人に助けられ、父（博勝）復員後は恵

まれた生活、だが原爆症で苦しむ」（四郎の長兄博勝の次男・板野春久の回答）

岩名喜吉　一等機関兵　24歳1カ月　三重　高小卒　十四徴　農業　四人兄弟の三男

「大阪の洋服のラシャ問屋の店員として働き、優秀にて将来も期待されていた。小学校在学中でも成績はいちばんよかった。昭和十四年一月の徴兵。兄弟のうちでいちばんえらかったので父母は大変落胆した。婚約者も泣いて泣いて未だに私の目にうつる」（弟・岩名行夫）

面野薫　機関少尉　27歳　島根　商船学校卒　十七志　農業　二男三女の次男

「艦が出港直前（昭和十七年四月頃と思う）に父に逢いに来てほしいとの連絡がありましたが、当時隠岐島から広島までの旅は大変なときで（二日は十分にかかる）、行っても逢えるかどうか判らないとのことで行くことを断念しました。このことは兄が戦死した後、父母は随分後悔したことでした」（妹・面野つる子）

柿野正義　三等水兵　20歳8ヵ月　愛知　高小卒　十七徴　三人兄弟の次男

「気分のさっぱりした竹を割ったような気性だった。兄の私は陸軍を除隊し、勤務のかたわら航空監視所にて哨長として勤務、夜中二時頃仮眠中、弟正義枕辺に立って『兄貴々々』と呼び、『靖国神社に行くから頼む』と言い消える。後で哨兵になにか言ったかと聞きし所、大変うなされていたようだったと聞かされました」（兄・柿野幸一）

金崎愛之助　二等機関兵　21歳7ヵ月　広島　小卒　十六徴　四男五女の末子

「弟は私同様小学校しか行っておりませんが、自転車屋の店員をしており、実によく働いておりました。今思っても替えられるものなら替ってやりたい思いです」（次兄・金崎光俊）

甥一人、義兄二人、二十年八月六日広島において原爆死。

川内得一　三等機関兵　22歳5カ月　兵庫　高小卒　十六徴　三男三女の長男

「母思いで兄弟（姉妹）愛のつよい人でした。意志強く忍耐力のある立派な兄でした。一家の柱を奪われ（父なし）、戦後の生活はただただ惨めなものでした」（弟・川内正夫）

川浦幸雄　二等水兵　22歳4カ月　兵庫　高小卒　十六徴　三男一女の次男　兄義一は20年7月20日フィリピンで戦死

「母親に早く別れ父によくつくしてくれる子供でした」（父・川浦永太郎）

川添郷司　一等水兵　25歳5カ月　岐阜　高小卒　十三徴　農業　二男一女の次男

「郷司は徴兵まで東京で縫製業に従事し、無口、温厚な兄でした。三隈で出航前、季節は春だったように思いますが、最後の別れということで帰郷が許され、その時私も呼ばれて東京から（当時、東大の看護学生でした）特別休暇をいただいて大急ぎ帰郷したのですが、当時のこととて時間的に間に合わず、すでに休暇を終え、父に見送られて帰隊の途につく兄と、母に迎えられて帰る私とは、途中ですれ違って別れたのでした。兄はどんな思いだったか、私は意外にあっさりと〝さようなら〟を言ったこと、はっきり今も憶えています。勿論すれ違った場所も。筆まめな兄でしたのでよく便りももらいましたが、いつもいつも自分は絶対に死なない！　と書いてありましたので、なんとなくそんなことを信じていたようにも思います。兄はとても心の優しい人で、私の面倒をよく見てくれ、可愛がってもらいましたので、今これを書きながら涙が出てしまいます」（妹・各務千代）

河本平八郎　二等整備兵　23歳3カ月　岡山　小卒　十五徴　農業　二男二女の長男

平八郎の弟も二十年四月十九日フィリピン方面で戦死（二十四歳）。

「兄平八郎は学校は小学校卒ですけどなにごとにもよく出来た人でした。公報では南太平洋で戦死、あの頃のこと思うとかなしいです。母は二人のわが子を戦地に送り戦死され、いかにも名誉とはその頃の言葉。こんな小さい島（飛島）で男の子二人もなくしてさみしい毎日であったと思います。戦後三十年余り、少しでもいただく金はどれほどの喜びであるよう人々の話のタネにされて、何度となく『金よりも子供が生きていることの方が』と泣いたものでした。その母もなくなり、長いさみしい母の一生を思うとくやまれます」（妹・河本カツ

エ）

木村恵　三等水兵　20歳6カ月　山口　高小卒　十六志　農業　五人兄弟の四男

「温厚な性質であり、仕事は勤勉な男で専売公社でも上司のお気に入りのようでした。当地区は武道の盛んな所で剣道も初段、青年団活動には力を入れていたようです。

小学校は首席で卒業しまして校長からすすめもありましたが、家庭が貧困のため進学できずに就職をしました。十六年の徴兵検査で合格、十七年一月初旬呉海兵団に入団して、教育が終って巡洋艦三隈に乗艦、その後の消息は㊙でまったく分らず、二、三回、元気でお国のため懸命に奉公していると葉書が来たくらいのことでした。戦死をしただいぶんあとに戦死の公報がはいって、遺骨もなにもない一つの箱が届いただけ。国のおためとはいえあまりにも悲しい淋しい若い最期の弟の一生でした。四人の子供を戦場に送り人一倍苦労した両親は父が昭和二十九年七十三歳で、母は四十五年八十三歳で亡くなりました」（兄・木村直）〔公式資料では十六年五月志願〕

畔柳国治　二等水兵　21歳8カ月　愛知　高小卒　十六徴　入隊まで清涼飲料水製造販売　五男一女の次男

「好男子で誰にもよく好かれ、兄弟が多かったが一番親孝行だったと亡き両親の口ぐせでした。戦争へ行く前の職柄を生かして、三隈に乗船しているときに、暇をみてラムネを製造していたと、便りに書いて来たときがあります。もちろん戦闘中ではないと思います。生存者の方で死亡状況を御存じの方がありましたらぜひお知らせ下さい」（次弟・畔柳昭治）

小林要　三等水兵　17歳3カ月　岡山　高小卒　十六志　一男一女の長男

「要は長男として生れ相続人でした。生家は豆腐の製造とおろしをしていました。本人としては一生の思いで海軍に志願して皆様のためにつくすつもりでしたが、不幸にして戦没の身になりました」（家をついだ姉ツル子の夫・小林頼雄）明治三十一年生れの母健在。

榊原真一　一等機関兵　22歳9カ月　愛知　高小卒　十四志　二男一女の次男

「一口に言って曲った事の大嫌いな兄でした。十八歳にて志願、二十二歳にて戦死したあまりにも短い亡兄の生涯でした。父母はもとより長兄も亡く、今生家に兄を知る者は一人もいません。母が掲げた写真と三隈の額がわずかに今もそのままにあります」（妹・都築しづえ）

坂槙五郎　特務少尉　32歳5カ月　三重　二志　海軍兵学校専修科卒　昭和9年4月29日結婚　15年1月5日生れの長女と妻敏子27歳　のち独身

「軍人精神の権化のような人でした。身体強健、真面目一途、日米戦で太平洋に散ることを本懐としていました。部下の中村兵曹長から最期の模様をくわしくききました。鬼神も哭いただろうと思われるその場の状況に私はすべてを納得して、今日まで我が胸一つに収めて生きてきたのです。今更当時の苦衷をえぐり出す気持はありませんでしたが、私はそれでいいとして、やっぱり後世のためにこんな人生もあったことを話すべきかと思い直して、ご返事いたしました。

当時の純朴な農村青年が、軍国主義教育によって心髄まで造り替えられた時代をつくづく恐ろしく思います。私とて同じことです。夫の死を誇りとしたのですから。

大君の醜の御楯と散りにしよ涙はらいていさをたたえん

誰がために命すてしぞますらをは征きて還らず永久に帰らじ

念願の太平洋に散りましし本懐おもい心なぐさむ

幸か不幸か生きながらえて私は戦前の思想からまったく脱皮してしまいました。それでもあの夫を思うと、決して犬死ではなかった、本懐を遂げたのだと信じたいのです。そして静かにミッドウェーの海底深く眠らせてあげたいのです。これはただ安易な感傷からだけではありません。軍人坂槙五郎には、それより外に道はなかったのですから」（妻・坂槙敏子）

桜井朝三　三等機関兵曹　25歳　奈良　高小卒　十志　農業　五人兄弟の三男

「生家は一町百姓。農業の手伝いをしながら近くの小学校の先生のところへ算数を中心として特別授業を受けにゆき、近くの溜池へ水泳の練習に出かけ長時間訓練をしておった。無事志願兵として入隊を許可されたのが昭和十年六月一日であった。父母は大阪まで見送り、そこから単身呉海兵団へ行き入団した。戦闘訓練が終り外泊許可で帰郷した時、海軍服に身をかためベロベロのついたてんびなしの帽子、女学生を思い出す上着をきて、ひきしまった顔立ちになり贅肉など微塵もみられない風貌をして帰ってきた。『わが海軍は無敵だ』と豪語していたことが昨日今日のことのように思われる。また上官が『家へ帰ったら親に尻を見せるな』と語ったようである〔体罰のあと〕。

兄の戦死により父は言葉にはあまり悲しみを出さなかったが、内心かなり憂いを秘めて心身共に疲れたのか、その年の十月十五日に病死した」（末弟・桜井利憲）

高上清義　一等水兵　22歳3カ月　広島　師範卒　十六徴　農業　二男二女の長男

「亡兄清義は将来教育者になろうと決意し、昭和十五年広島師範学校を卒業、広島文理大学に入学したいと父母に懇願したが、家庭の家計状況により父の許しが出ず、兄が一人部屋で号泣していたのを思い浮べます。入隊まで教員で、きわめて温厚で熱心な努力家でありました。昭和十五年全国学徒代表天皇陛下御親閲に、東京において広島師範代表として光栄に浴し、この上ない栄光とよろこび『ありがたいことだった。天皇陛下様はちょうど湯がいた卵の白身のようなつやつやしたお顔で拝顔によくし、誠に神々しいお方だった』と私に教えてくれました。良き兄であり本当に惜しい兄でした」（弟・高上碩男）

高橋庄三

兵曹長　34歳11カ月　岐阜　高小卒　大正14年6月1日志願　昭和7年11月21日結婚
長女7歳と妻27歳　のち独身

「父は厳格で躾はきびしく、わがままは許されずお仕置に押入れに入れられたりしましたが、五歳くらいのときか『ゑり』という文字を読んだときはとても喜んで『文字が読めるようになったか』とお人形さんをお土産に買ってきてくれた思い出があります。勤勉で家にいるときは机に向って本を読んだり習字をよくしていました。

父は大砲の係だったらしいですが、戦闘時に上司からその持場の機関銃と代ってくれといわれて代ったのです。艦が沈む前に、その方は父の方へ馳けつけたが、父はすでにこと切れてうつ伏せになっていたそうです。足にケガをなさって助かり、父の霊前に参りに来てくれ、母に当時の様子を話しているのを障子のかげで聞いていました。『すまなかった』と何度も母に詫びを言っていました。

二十年六月、呉市は空襲を受け、命からがら母方の親戚をたよって四国に渡った私たちは馴れぬ農作業を手伝い、食べさせてもらいました。農閑期には四キロ程離れた所の商家に一日百円という賃金で母は女中として働きました。私の修学旅行も前借りで行かせてくれました。恩給も支給停止となり生活が苦しいのに高校どころではありません。勉強はきらいだと嘘を言って勤めに出ました。一カ月千円でした。一年半ほどして村役場へ勤められるようになりました。母は呉服屋の仕立物をするようになって、恩給も支給されるようになって少し安定した生活ができるようになりましたが、三十三年十二月二十一日、母は脳血栓であえなくこの世を去りました。それも私の結婚式を一週間あとに控えてです。

四十年間心の中にあったものを誰かに聞いてほしかったのです。文章にすれば簡単ですが、それはそれは口では言い表わせないほど苦労しました。戦争を憎みました」（長女・高橋登美子）

田代昇

大尉　31歳1カ月　熊本　十四志（海兵60期）　農業　一男一女の長男　昭和14年4月7日結婚　長女1歳7カ月、妻徳子24歳　のち独身

「夫の生家は浄土真宗で座敷に大きな仏壇があり、朝夕家内中でお詣りする。そういう中でおだやかな両親に愛されて育った人で、素直な心の温い人だったと思います。海軍兵学校のクラスの方々のお話からも、いつもニコニコしてあまり目立たないほうだったようです。上海陸戦隊の頃お酒も練習したそうですが、あまり呑めませんでした。

開戦間近い頃帰って来たとき、もし自分が戦死したらどうするかと問われました。あまり突然だったので、その時になってみなければ分らないと答えたことを思い出します。その時彼は二人の子供を苦労して育て再婚しなかった伯母のことを話し、自分の幸福を大切に生きてほしいと言ってくれました。そのときはなんとなく不満に思ったのですが、おかげでその

後の人生を自由な気持で生きて来られたことに感謝しています。残念ながら相手はみつかりませんでしたが……。

熊本市近郊の夫の生家で終戦を迎えましたが、以前から姉夫婦が両親と同居してくれていましたので、無収入となったことですし、私は熊本市に出て娘と二人の生活に踏みきり、知人の世話で薬品会社に就職、注射薬の工場で女工員の監督のような仕事を約五年間、その間、夜間の簿記学校に通いました。やがて会社倒産となりましたが幸い交通会社に入社でき、昭和四十五年静岡の娘の家にまいるまで勤続しました。二十八年の熊本市の大水害にも罹災し、終戦直前に東京空襲で持物はそっくり焼きましたので、二回も無一物からやり直しで辛かったことを思い出します。周囲の人たちにも恵まれ、また海兵の同期の方々のお情も心の支えとなって無事に過して参りました。戦死の一時金は戦死後特別国債で受領しましたが、換金できず紙切れとなりました。現在公務扶助料年額百二十三万六千円を受給しています」

（妻・田代徳子）

所芳哉　一等水兵　22歳6カ月　岐阜　師範卒　十六徴　農業　二男三女の長男　徴兵まで馬瀬小学校訓導

「昭和十六年四月一日入隊、十一月二日父死亡の時は志布志湾に艦が入っていたので特別許可をもらって帰宅。父親は芳哉が長男なので、兵役が短期ですむように考え、芳哉を師範へすませた。無口ではありましたが頭のよい兄でありました。戦死の一カ月程前、呉へ面会に母親とともに行きました。その時が最後になりました。終戦後、病弱な母親と妹三人が細々と生活しておりましたが、小生が南支より無事復員しました。しかし約一カ年程マラリヤに悩まされました。母親は戦死の状況のくわしいことが聞きたくて他界（昭和四十年十月）いたしましたので、ぜひとも知らして下さい」（弟・所谷雄）

富永末広　二等工作兵　22歳　兵庫　高小卒　十六徴　農業

「しっかり者でまじめによく働き、地元の鉄工所から播磨造船へと移り、将来に大きな夢をもって、戦争から帰ってからの期待を抱いて、必ず帰って来るからと両親兄姉に告げていった弟です。面会にすしをもっていった姉に、なんで好物の餅をもってきてくれなかったのかと言った言葉が胸によみがえってくるばかり。命日にお供えするたびにかなしみが広がります。いい奴でした。死亡状況は、昭和十七年五月下旬東太平洋に呉より出港とあるのみ。父は二十三年に死亡、母は二十七年九月から恩給がもらえるという通知を受け取りながら、その九月三日急逝いたしました」（次兄・富永林之助）

流田和夫　三等兵曹　20歳6カ月　岡山　高小卒　十三志　農業　三人兄弟の次男

「正直で真面目で、いつもにこにこと朗かな子でした。海軍に入隊してからも両親に手紙をたびたびよこしています」(兄・流田泰男)

昭和十七年一月二十三日付の手紙

「お慶び下さい。わが七戦隊に出動命令が下りました。(略)本日夜間出港の予定です。行先等絶対分りませんが、兄さんのいる所より南に行く事だろうと思います。

この手紙も陸上にて書いたのです。艦内にては分隊長の点検を受けねばならず、また陸上にては絶対手紙を書かぬよう止められているのですが、郷里へだけはと思って書いた次第です。決して口外せられぬようくれぐれもお願いいたします。もしわかったならばとんでもないことになります。またそちらからの手紙に決して自分が向うに行っている事を知っている如く書かれぬ様。そちらからの手紙も一々点検されます。

本日出港すれば今度は半年位は帰って来ぬか或は一年となるかも知れません。多年の希望が酬いられてこんな嬉しい事はありません。一意精励する覚悟です。この手紙の後、二月位は手紙も出せぬ事と思います。決して御心配なき様お願いいたします。(略)では本日は之にて。この手紙は焼き捨てる様、又、軍機の件呉々もお願いいたします」

五月七日付

「五日出のお手紙、本七日受取りました。無事帰られたか、疲れは出はしないかと思っていましたが、恙なく帰郷の由安心いたしました。其の後お疲れは出ませんか。

来呉に際してはあれこれとお気付の厚い情けのこもった品々、誠に有難う御座いました。郷里には帰らなくても、半年振りに郷里に帰った様な気がいたしました。更に父上の御元気な姿を見、真実に嬉しゅう御座いました。母上のお顔が見えぬのが残念です。風邪気味だったのもすっかりよくなりました。決して御心配無き様。四月より呉鎮管下の初任下士官教育が始まりました。始めは仮入団の予定でしたが、千五百名の多数にて収容しきれず、艦隊だけは艦より毎日弁当持ちにて通っています。毎日海軍武官として又判任官としての色々の事を聴いて居り、又精神教育が主です。(略)

配置も測的盤長に変り、責任も益々重くなりました。愈々出撃の時は見敵必殺の腕を振わんものと考えています。今度こそは二度と内地の山河に接することは出来ないものと思っています。太平洋戦争始まって以来、相当危い事も度々ありましたが、かすり傷一つせず、又、終始元気一ぱいにて御奉公が出来、又過日は航空兵同様の四年下士となりました事、之皆、御両親始めみんなの御蔭と嬉(よろこ)んでいます。……」

父は昭和二十一年、母は三十一年に死去。

丹羽正蔵　一等機関兵　24歳7カ月　愛知　高小卒　五男二女の五男

「徴兵検査で乙種合格になりましたので海軍が好きで進んで志願したのです〔註・昭和十三年六月三十日入隊〕。訓練の激しさを帰宅の折によく話してくれましたが、自分はよくこれに耐え、逃亡する者もいるがそんな真似は絶対しない、といっていました。真面目な性格の持主でした。

正蔵戦死のあと、兄一雄が昭和十九年十二月六日陸軍補充隊としてバシー海峡ムサ北方三十浬にて戦死。二十年四月一日、末妹が出勤途上焼夷弾により負傷後死亡。五月十七日次妹が高蔵工廠空襲の際爆死。兄弟妹四人を戦いで失い、敗戦の中苦しい生活を送ってきましたが、その後両親は扶助料もおりるようになり物資も出まわって生活は多少楽になりました。今では両親と戦没者の冥福を祈っている次第であります」（兄・丹羽重蔵）

宮地春美　三等機関兵　19歳2カ月　大阪　高小卒　十六志　四男二女の次男

「兄は家族の中ではもっとも早く他人のメシを食べた。高等科卒業後、毛織物卸の商店に住みこみで働いた。そこでは生真面目に働き他の店員の分まで力一杯精を出し、店主、支配人から可愛がられたということです。家族や他の友人たちと争うことをせず、もっぱらスポーツに関心をもってよく野球をしていたのを覚えています。

春美戦死を苦にして翌年父死亡、弟薫以外は昭和二十年三月十三日夜の空襲により焼け出され、長兄の勤めていた旧満州国奉天市へ家中でそろって渡る。敗戦により二十二年日本内地へ引き揚げてくる途中、長兄の妻と子供二人は栄養失調と赤痢のために死亡。母一人、残った子供と他の家族と共に日本へ帰りました。シベリア抑留の長兄は、現地で過酷な労働のため肺病となり、二十三年引き揚げて参り、養生の甲斐なく二十七年三月に死亡し、母も三十七年に亡くなりました」(次弟・宮地薫)

村上保　一等機関兵　23歳10カ月　広島　高小卒　十四徴　三男七女きょうだいだが夭折により一人息子となる

父は海運業。保は高等科卒業後徴兵まで父を助け、機関士の免許もとる。

昭和十六年九月に母病死のあと、保より姉フサヨにあてた手紙

「(前略)さて過日母死去の節は一方ならぬ御配慮に預りまして御厚情の程厚く御礼申上ます。いよいよ去る〇〇日母港呉を出港し又烈しい艦隊訓練に従事いたして居ります。まだ家におりました時は左程にも感じませんでしたが、一旦艦へ帰ってみると何かしら言い知れぬ

淋しさが胸にこみ上げてくるのをどうすることも出来ません。

六十年の永い生涯を苦労の二字で世渡りして来た母になんで孝行の真似事でもしてやれなかったかとそれのみが残念で、今更のように後悔の念がひしひしと胸に迫って参ります。もうお母さんと呼んでも此の広い世界に誰一人として返事をしてくれるものも無くなったと思う時、あの帰艦の際、やせおとろえた手で自分の手を確りと握って最後の言葉を言ってくれたあの時の母の顔は、まだはっきりとこの脳裡に刻みついて何時までも忘れる事は出来ません。星のまたたく夜空を仰いで……月影暗い暗黒の大洋を眺めては……二十四年の間慈愛の手をさしのべて育てて下さった数々を想い出し、懐しく恋しく母の姿を想い浮べては追憶にふけっております。今でも私には母が死んでしまったとはどうしても思われないのです。休暇から帰るとあの元気な笑顔で『おー保もどったか』と言いながら一日中嬉しげに台所で食事の用意をしている母……今度休暇で帰っても又元気な姿で出迎えてくれる様な気がしてなりません。

姉さんつい未練がましい女々しい事を書いてしまって御免なさい。母はもう完全に死んだのです。ただこの上は私情を捨てて一意専心軍務に邁進する事が母に対する最大の孝行と思います。

帰艦の時、母は危篤の状態の苦しい息の下から元気でやって来いよと笑顔さえ見せて少しも未練がましい処を見せなかった。いつか教わった水兵の母に勝るともおとらない母の最後の面影をいつまでも深く胸に秘めて奮闘いたす覚悟で御座居ますれば、何卒御休心下さい。

そして姉さんも頑固な父では御座居ますが何卒宜しく留守中はお世話下さいますよう伏してお願い申上げます。

いずれ十一月頃休暇もあると思いますれば、其の時は父と共に上阪いたしますれば何分宜しくお願い申上げます。では末筆ながら兄上様にくれぐれも宜しくお伝え下さい。　早々

保より

姉上様

二伸　つい感傷的になって、書き終ってみると女々しい文となってしまいました。人には見せずにお読みになられたら早速焼捨てて下さい」

保の戦死後父は胃の大手術をした。妹ナツ子は父に大量の献血をして以来病弱となる。十八年、ナツ子に婿養子をとらせ結婚させたが、七月十四日病没。父軍太郎は七月二十三日病死。村上家はたえた。(**姉・玉井トメヨ、甥・小林譲による**)

村瀬惟一　二等機関兵　21歳9カ月　愛知　十五志　農家　四男一女の長男

「自分の艦は沈められ、火の海を泳いで他の艦に上り、直後、爆弾直撃、一片の肉片もなし。生残りの戦友が知らせてくれました。

兄弟で一番美男子で、近所や会社などの人気者で女の子にもてたということです。父は亡くなりましたが母は八十五歳で健在、今でも、明るい子でよく人を笑わせたものだと言って

います」（弟・村瀬昭）次弟は二十年七月比島方面で戦死。

森山亮　二等兵曹　24歳　島根　高小卒　十志　農業　二男の次男

「温厚篤実な好青年でした。当時農村は不況時代で職もなく、軍人で身を立てる覚悟で海軍を志願しました。戦死の公報はあっても外部に絶対もらすなというきびしい達しで葬儀もしてやれなく、昭和十七年十二月末になってやっと葬儀を済ませたとたんに私も応召して西部三部隊に入隊しました。唯一人の弟を御国のためとはいえ残念であります。私、昭和二十年十一月復員して帰りましたが、農家でありながらお米の配給を受けるみじめな生活でした。今日の経済大国にのし上った日本、そのかげには赤紙一枚で滅私奉公した若者たちの大きな犠牲あってのことと思われます。ミッドウェー戦については当時きびしい秘密でなにも聞かされていません。どうして戦死したのか私たち遺族はせめてそれが知りたいのです」（兄・森山芳）

薬師正男　一等水兵　24歳2カ月　広島　十四徴　農業　一男四女の一人息子

「父母は男の子は兄正男がただ一人ですので、戦争がおわれば帰るものだと信じていました。戦死したと聞いて気がぬけて、なにか病人のようになっていました。でもうちの子供だけではない、たくさんの人が戦死しているのだからと気を取りもどして元気で働いていました。三隈の乗員は全員死なれたのだと、その事を信じて父母は死んでゆきました。

昭和五十八年五月だったと思います。突然電話がかかって来て『軍艦三隈会の上川ですが』といわれ、私は最初にはなんの事かよくわかりませんでしたが、よく聞いてみますと三隈の生きのこりの人でした。父母が生きていたら、その時の様子をどこまでも聞きに行った事と思います。今となってはもうおそいのです。父母は死んでいないのですから」(妹・薬師ヒサノ)

山本隆介　二等水兵　22歳7カ月　兵庫　高小卒　十五徴

「女三、男四の七人きょうだいの次男で、隆介以外の者はそれぞれ学歴をもっておりますが……。本人は学業は上位にもかかわらず進学が嫌いで、大阪で工員をしているうちに現役徴集で海軍に入りました。いわゆるゴンタ(やんちゃ)で面白い奴でした。兄弟中いちばんのオトコマエで女性にはモテタようです。進学しておれば或は生き残ったかも知れません。運命でしょうか。戦死した隆介は不憫でしたが、兄弟三人は無事に戦場または大陸より帰って

参りましたので、現在隆介の墓をまつりながら日々を送っております」（兄・山本精）

吉田重一　機関特務少尉　37歳2カ月　山口　高小卒　大正12年志願　昭和3年10月28日結婚　1歳から10歳までの四女と妻33歳　のち独身

「主人の性格は温厚です。律儀者で行儀正しく曲った事の嫌いな人でした。戦時中ぜんぜん知らぬ現在地に疎開して、職業をもつことを知らなかった私は、西も東も分らない土地で郵便局の外務員となり、簡易保険の集金募集に専念。そのうち独立採算制となり総合服務となって、なんでも出来なければならなくなり、郵便配達もする事となりました。自転車へ乗れない私は、雨の日も雪の日も坂道を昇り降りし、毎日五、六里の道を歩かねばならぬ事となり、夜は足をもみほぐさねば寝つけませんでした。戦死公報がきたとき小学五年生を頭に二誕生だった末娘まで四人とも結婚、孫も二人、三人と出来、幸福に暮しています。私も二十年勤めて年金もいただけるようになり、主人の扶助料もあり、一人で改築した家に悠々自適の生活を送り、老人大学へ入り習字、手芸、生花、園芸等の趣味に楽しく生活しております」（妻・吉田とき子）

吉山成健

三等機関兵曹　28歳　大阪　高小卒　十徴　四男二女の次男

「亡兄成健とは年齢的にも離れているので余りくわしい記憶はありません。たしか兄が現役で呉海兵団に入団した新兵時代に、はじめて休暇で帰宅した時、銭湯に連れていってもらった時、兄のおしりあたりがむらさき色にはれあがっていたので不思議に思って尋ねたら、軍隊では誰か一人でも失敗すると全体責任をとられてこのように気合を入れられるのだと笑いながら話してくれましたが、子供心にも軍隊とはおそろしいところだと思ったことがあります。兄は尋常高小卒業後自宅近くの町工場で機械仕上工として働き、当時貧乏世帯の家計を現役で入隊するまでよく助けたようです。亡き母が私の子供当時よく話してくれたことは、成健は非常にきれい好きな真面目な性格だったようで、着物等も自分でたたんでタンスに整理し、ズボン等も常に自分でアイロンをかけ、いつも身ぎれいにしていたそうです」（末弟・吉山秀隆）三男梅雄は、第七六三航空隊員として昭和二十年三月三十一日比島方面で戦死。

米田幸正　三等兵曹　23歳8カ月　鳥取　高小卒　十志　四人兄弟の三男

「兄弟の長男として故人を想起すれば、幼少の頃より父母にあまり心配をかける子供ではなかったように思う。その反面、自分でこうと思ったことは無言のうちに実行にうつす意志強固な面があった。小学校四年の頃と思うが、稲木に登って遊んでいるうちに過って落ち、歯で下唇を噛んで出血、青くなってうずくまっていたのを方々探したあげくみつけて、医者に運んだことを思い出す。十五、六歳に長じてより国の役にたつ人間になるんだとときどき話していたことがあったが、それを具体的に聞いてやる程私たちは成長していなかったのでしょう。父が進学をすすめても受付けなかった（当時父は小学校長として現職）。本人の胸にかたく期するものがあったのでしょう。家族で誰も志願をすすめたことはありませんでした。つぎに参考までに記します。

故幸正葬儀ニ際シテ天皇皇后両陛下祭粢料十五円、弔慰金海軍省三十円、供物料海軍大臣二十円、軍令部総長二十円、各方面ヨリノ供物料分配金三円、軍人援護会十円、埋葬料海軍七十円、呉鎮守府司令長官五円　計百七十三円」（長兄・米田公敏）

戦死者と家族の声・その他艦艇

（筑摩）　田口大八　一等飛行兵　19歳6カ月　北海道　高小卒　十四志（偵練53）　六男一女の五男

昭和十六年十一月三十日付田口大八の手紙

「母様其の後御元気ですか。大八も相変らず元気に御奉公致して居ります。炭山も寒い事でしょう。充分御体に注意して下さい。雪も降っている事と想います。（略）毎夜出る月又星を仰いでは遠い炭山の母様又兄弟を想い出して居ります。毎日飛行機で高度をとると雲の上に出ます。雲も仲々美しいものです。一等飛行兵に成り写真を撮りました。出来ましたから送ります。変ですが。

飛行機に乗る時は必ず母様の写真と一緒に乗って居ります。母様を夢で見て居ります。一層御体を大切に致して下さい。大八も大いに勉強致し空の第一線にて活躍する覚悟です。時局は益々切迫致して参りました。第一に海に消えるかも知れません。皇国の為です……」

「大八は沼東尋常高等小学校卒業後海軍へ志願したが不合格となり、三菱美唄炭礦の資材課に勤めた。翌昭和十四年に合格し入団。はじめから飛行機乗りを目ざした。父は鉱夫。幼い頃母親がふざけて『もらい子』だと言ったのを信じ、菓子を食べるのも御飯のおかわりをするのも遠慮がちだった。十歳くらいのとき母親が『お前を生んだのはハシゴの下だ』と言うと『おがさん！　俺生んだのほんとか！』とびっくりした。それからは親に口ごたえもするようになった。運動好きで負けん気の子供。父親は大八が入団した年の十月に死亡した。大八の兄は四人とも従軍、三男孝三郎（海軍）も十八年十二月二十四日『南太平洋』で戦死している」（弟・田口開作）

炭山の合宿で炊事婦として働いた母ハルヱは、昭和五十七年一月訪問時八十七歳、応答できない状態になっていた。

（筑摩）　嶽崎正孝　一等飛行兵曹　25歳4カ月　鹿児島　九志　昭和13年11月11日結婚　子なし、妻フサ24歳　のち独身

「剣道四段の猛者、水泳に熟達した生粋の海軍軍人。夫の戦死後、私は昭和十八年十月、熊本県保健婦養成所を卒業し、熊本県山鹿保健所、山鹿市役所等に勤務、保健婦として地域医療に従事し、昭和五十年に定年退職しました。昨年は小宅で米国イリノイ州からのロータリ

ー高校交換学生を三カ月間ホストし、家族と生活を共にし、帰国の時は涙を流して、別れを惜しんで帰りましたが、戦後三十七年、戦争とは何か、残された私達に問いかけ、感無量なるを覚えます」(妻・前原フサ)

(筑摩) 原　寿　三等飛行兵曹　19歳10カ月　千葉　高小卒　十三志　七男一女の末子

「寿の祖父原寿貫は熊本県下益城郡当尾村の村長をつとめ、高群逸枝の父とは碁敵の間柄だった。父弘毅はその長男だが、出京し、開成中学、明治大学へ進み、同郷の先輩徳富蘇峰の『国民之友』で働く。のちに千葉県の松戸で写真屋を開いた。母マツは八人の子を生んだがあいついで夭折した。寿が生れた翌大正十二年に弘毅は病没し、マツが家業をひきつぐ。寿は昭和十二年に高等科卒業、予科練を受けたが握力不足で落ち、十三年十一月一日、乙飛十期予科練習生として横須賀海軍航空隊へ入隊した。当時原家の子供は五男誠、長女春、寿の三人だけだったが、寿入隊の前日十月三十一日、中国戦線で負傷した兄の誠が戦傷死をとげている。寿は土浦、鹿島、博多の海軍航空隊をへて十七年四月水上機母艦瑞穂に乗り組む。四月三十日夜、静岡県御前崎沖航行中の瑞穂は敵潜水艦の直撃を受け沈没に至った。寿は甘利洋司と一枚の板につかまって漂流、救出された。甘利一等飛行兵曹はミッドウェー海戦当日、利根の四号機で飛び、のち沖縄戦で戦死をとげている。

寿は無口ではにかみや。予科練時代の日記には『菓子取らず』という日が幾日もある。酒保で甘いものを買わず、小づかいをためて休暇で帰るときに母親にもってきた。

戦後、姉春とその夫原勇吉は母のマツとともに寿の消息を探し求めたが、筑摩の偵察機の犠牲が知られるまで長い時間が過ぎた。同乗の田口、嶽崎（機長）の遺族を探し出して再会し、寿が訓練を受けた航空隊跡も訪ねている。マツは娘夫婦と孫たちに囲まれて三十三年十二月に七十七歳で亡くなった」（原勇吉・春）

嶽崎機が敵機動部隊に接敵中エンタープライズの戦闘機の攻撃を受け、体当りを企てたのち撃墜されたことは、アメリカ側によって確認されている（秦郁彦氏の調査）。乙飛十期生は二四〇名、うち戦死一八三名、そのうち四名がミッドウェー海戦の戦死者である。

（利根）長谷川忠敬　予備海軍中尉　26歳5カ月　茨城　東京歯科医専卒業　十五志　六男三女の長男

「父忠勝は医師で、茨城県会議員在任中の昭和七年病没。忠敬は在学中〝学生飛行連盟〟に在籍し、十五年春卒業と同時に召集。

兄がまだ歯科医専在学中のこと、母が兄よりの手紙を持ってボロボロ涙を流しながら『宏ちゃん（兄の幼名は宏太郎）よく帰ってきてくれた、よく帰ってきてくれた』とその手紙を仏壇にあげていました。母は数日後、忠敬兄に好きな人がいたのだけど、父亡き後の母上の苦労を思い、弟妹たちをみてやらなくてはと、玄海灘で死のうと思ったけど帰ってきたんだって、と語ってくれたことがありました。台湾の高雄から珊瑚の帯止めやカフスボタンを送ってくれたことがよくあり、やさしい兄でした。母は昭和二十八年に六十歳で亡くなりました。頼りにしていた兄の戦死で母は本当に気の毒な一生でした。でも尊敬できる父と生活できたこと、子供たちがみな親孝行者だったことを喜んでおりました。

ミッドウェー海戦関係の本を最近では求めなくなりました。〝恨みは深し利根の索敵機〟などと、さもミッドウェーで負けたのは利根の索敵機のように書かれた本が堂々と出ているからです。海兵出でないから、予備だからあんなように書かれたのかしらと僻んだ気持になりました。大黒柱を失った私たちきょうだいはそれぞれが大変で、やっとこの頃それぞれ安定して参りました。忠敬の弟二人が海軍へゆきましたが、生還しました」(妹・長谷川淑子)

(朝潮) 荒井安造　一等水兵　23歳11カ月　埼玉　十四徴　農業　三男三女の三男

「幼い時はガキ大将で活潑、大きくなってからもさっぱりとした親分肌。私の母(長兄の妻)は一度きり会ったことがないということですが、夏みかんを帰省の時買ってきてもらったということです。三人の兄弟の中で一番ハンサムと聞いていますし、写真をみてもそう思います。

わが家は戦争中でも特に食糧に困ることもなく終戦を迎えたと聞いています。ただ昭和十七年から十八年にかけて、安造の戦死をはじめ妹二人と両親を腸チフスでつぎつぎと亡くし、五人一緒のお葬式を出したと聞きました。

安造（安ちゃんと呼ばれています）は若くして亡くなり、独身だったことでもあるので、家で多くのエピソードがあるわけではありません」（姪・荒井一子）

（朝潮）　下山銀次郎

一等兵曹　31歳4カ月　青森　高小卒　七徴　九男二女の次男　昭和10年9月結婚　15年1月15日生れの長男知世と妻菊代29歳　のち独身

「夫は穏やかな努力型の人でした。信号長として泰然自若、艦橋にありて各艦との連絡に最後まで責務を完遂し壮烈な戦死をとげたことを信じます。

昭和二十年七月、いよいよ本土決戦となるので長男をつれて郷里山形県の叔母宅に引き揚げました（夫の郷里青森では馴染みも薄いので）。私は二歳の時に母に死別しましたので、叔母の家に一応落着きました。しかしそう長くお世話になっている訳にも参りませんので意を決して雑貨物の行商を思い立ち、子供の手を引き、部落から部落に転々と売り歩き、その日その日の糧を求め早朝から夕暮れまで歩きつづけました。住居は叔母宅の前の小屋に住むことが出来ましたので幸いでした。行商の努力で数年後に小屋を改築してささやかな店舗をつくり、雑貨と駄菓子を並べて商売を始めました。一人息子も高校を卒業して森林組合に勤めるようになり、住宅を新築してお嫁さんをもらい、孫二人のにぎやかな家庭になりました。現在私一人でお店をやってがんばっております」（妻・下山菊代）

（朝潮）鈴木金蔵　一等水兵　23歳6カ月　千葉　十五徴　農業　一男二女の長男　入隊まで漁業に従事　腹部貫通銃創により戦死

「私にも優しい兄でしたし、何よりも親孝行な子だったと父母から聞かされておりました。年が私とはなれていたので（十二歳違い）、海兵団に入団してからの兄が思い出されます。残された日記もわずかでしたが、几帳面な字で死の間際まで書いてありました。

半農半漁で生計を立てていたのですが、父はすでに老年に入っていましたので漁業はやめ、農業のかたわら石材を牛車で山から駅へ運搬する仕事で私共を養いました。兄の亡くなった当時は父母共よく泣いて、特に父が仏壇の前でタオルを眼にあてて泣いていた姿は今でも忘れられません。父の誤解かも知れませんが、一人息子を殺されてしまったとそれはそれは天皇を恨んでおりました。その頃、額のすくなかった扶助料は、『金蔵の命ととりかえのお金だ』と使いませんでした。二十七年に私が結婚しました折、『これで家も世間なみの生活が出来るなあ』と言って喜んでくれました。父は八十九歳（昭和四十九年）、母は七十五歳（三十五年）で亡くなりましたが、孫たちを楽しみに晩年は安楽に過したのではないだろうかと存じます」（妹・鈴木美代子）

（朝潮）長堀柏次郎　一等水兵　23歳1カ月　埼玉　高小卒　十五徴　農業　二男二女の次男

「私の父武始は戦死者の兄です。祖母の話では武始はとてものんびりやで、仕事の中ではいつも叔父（柏次郎）に一目おいているようでした。叔父は昭和十五年に応召し、父は十九年に出征して二十年三月十七日フィリピンで戦死。とにかく二人とも無念でした。

戦後祖母は一時期なにかにつけて世間にあたっていました。それでも二人の子供を戦争でなくしても気丈に生き、私の母と二人で一生懸命働いて私たち四人兄弟を育ててくれました。戦後のどさくさにも『一家が丸くなっていればなんとか生活ぐらい出来るよ』と母や私たちのささえになってくれました。五年前に九十三歳で亡くなりましたが、今思うと本を読むことをすすめてくれたり、私たちの仕事に対する方向づけも祖母の生き方が大変参考になったような気がしています。二人の子供に先立たれ心さびしい人だったと思います。母もまた……」（甥・長堀徳）

（荒潮）菅原直四郎　三等兵曹　23歳3カ月　秋田　十二志　四男二女の四男

「明るい実直な性格でハーモニカが好きで友達とよく合唱したものです。字が上手であったので主計を希望したが大砲（砲術学校）にまわされました。長兄直一郎は陸軍に召集され、昭和二十年三月二十日ルソン島で戦死しました」（兄・菅原直二郎）

（荒潮）古村善次郎　二等主計兵　22歳4カ月　北海道　高小卒　十六徴　農業　二男四女の長男

「兄はとてもやさしく親孝行でした。村の人たちはしっかりした青年だから兵隊にいって帰ってきたら安心してなんでも任せられると言ってくれていました。十六年一月に入隊するまで第一徴兵保険会社の社員でした。海軍で毎月もらう俸給からお金を家に送ってきました。逢いたいから来てくれと電報が来ましたが、今行かなくともまた今度逢えるだろうからと言って私たちは行きませんでした。そのままあの大東亜戦争の一番大きな東太平洋のミドウというところに行きました。本当に私たちに逢いたかったことでしょう。胸がつまる思いでなりません。九十歳の祖父は、兄が戦死と聞いて大ショックで十日位で死にました。父は昭和四十六年の天皇誕生日に死にました。母サトミだけは八十八歳で元気で暮しています。兄のことは口にしません」（妹・古村トワ）

（荒潮）　渡辺克美　三等水兵　17歳2カ月　山梨　高小卒　十六志　四男四女の三男

「生家は織物業で海軍へ志願するまで家事を手伝う。カッちゃんという愛称でよばれていた。海軍への志願に両親は反対だったが、印鑑を盗み出して願書を出した。

長兄馨は十九年に応召。サイパンで玉砕のあと米兵に発見されてアメリカに抑留され、戦後二、三年たって帰国した。次兄留雄は十七年五月一日に海軍へ志願し、南方戦線を転戦して二十一年二月復員」（兄・渡辺留雄）

戦死者と家族の声・ヨークタウン

ランドルフ・ジェームズ・ライオンズ・Jr.
LYONS, Randolph J. Jr.

海軍二等傭兵　18歳9カ月　'41年5月16日、17歳で入隊　ルイジアナ　戦死者中黒人とわかっている三人の一人　遺族代表母

「子供のとき両親が離婚し、母のセルマに育てられた。一家はみんなニューオーリンズにいた。セルマは再婚したが、ランドルフは義父になつかず、九年制の学校の途中で海軍へ志願した。願書にサインをしたのは父のランドルフで、書類がととのうまで入隊は許可にならなかった。母親は息子を溺愛していて、入隊には反対だった。体格のよい明朗な少年だったランドルフは、海軍から二回手紙を書いてきており、つぎにきたのが戦死の知らせだった。ニューオーリンズから黒人で海軍へ入った人をほかには知らない。ずっとさかのぼれば、ランドルフには白人の血がまじっているかも知れない。父親も白人みたいだった。しかしランドルフは母に似ていてとても白人では通らなかった。

戦死の公報が来たとき、セルマは大声で叫び、家族や近所の人たちが驚いてかけつけた。セルマは電報を手にして声を出して泣いていた。それから違った人になった。しじゅう心を悩ませてやつれ、痩せた。あまり食べなくなった。セルマはもう一人娘を生んだが早く亡くし、ランドルフはたった一人の子供だった。

この町の教会でミサをしたとき、セルマの夫のアレクシスも、父のランドルフ・ライオンズも出席した。暑い日だった。

戦後、ヨークタウンで戦友だった人が訪ねてきて、ランドルフはマシンガンの近くに立っていたことや、艦が爆発したことを教えてくれた。セルマにはとても辛い話だったと思う。彼女は自分からランドルフの話をすることはなかった。セルマはガンにかかって一九五八年の秋、五十五歳で死んだ。ランドルフのことを知っていて今生きているのは私一人だけです」（伯父の妻・アルメータ・ホワイトへの一九八三年十月十四日のインタビュー）

ロバート・セオドア・プライボン　海軍二等兵曹　22歳4カ月　ウェストバージニア州ハンティントン生れ　'38年5月、18歳で志願　二男十女の次男

PLYBON, Robert Theodore

義姉・H・C・プライボン夫人からの第一信

「私は、ロバート・セオドア・プライボンの義理の姉です。ハンティントン・ヘラルド・ディスパッチ紙上であなたの遺族に宛てた手紙を読みました。なぜ今頃になって、私たちが忘

れ、赦そうと懸命に努めていることを知りたがっているのか。そのことに興味があります。忘れ、赦すことは実はそうたやすいことではなかったのです。しかし、時が傷口を癒し、時間の波は多くの心の痛みを洗い流してくれたのです」

H・C・プライボン夫人の第二信

「やっと癒えかけた傷口へ誰かにナイフを突き刺されているようで、なかなか返事を書く気になれませんでした。いまさらもう誰にも恨みごとを言う気もありませんが、私がロバートの兄と結婚した時、ロバートはまだ六歳でした。私は大恐慌で生活が苦しい中でも彼を育て、結局ロバートが仕事がないため戦争に出かけていくのを見送ったのです。この話を一冊の本に書けると思っています。ロバートの両親は母が十三歳、父が二十歳のとき結婚し、十二人の子供がいました。両親は死ぬまで五十九年間連れ添っていました。ロバートは戦死した時、美しい女性と婚約していました。私たちが彼に最後に会ったのはパールハーバーが日本軍に攻撃された日でした。もっともっといろんなことが書けます。午前中の九時から十一時までは自宅にいます。いつでもお電話を下さい」

ドーセル・E・プライメール　海軍二等水兵　18歳9カ月　ウェストバージニア　'41年8月12日、17歳で志願

PLYMALE, Dorsel Edward

高校を中退して農園労働者となり、一九四一年八月に十七歳で海軍へ志願した。両親は彼

が七歳のときに離婚し、父も母も再婚したが父親との音信はとぎれており、母は一九三八年に三十八歳で亡くなっていた。ドーセルは未成年者なので志願の書類に保護者のサインが必要だった。農園主は労働力を必要としていたから賛成せず、その娘に〝養母〟としてサインしてもらった。行方不明の知らせはまずこの〝養母〟のもとへ届けられている。

ドーセルには兄のレイフェルと、母が再婚して生んだ異父弟のメルリンがいた（母はメルリンが六歳のときに結核で死亡）。レイフェルとドーセルは大きな農園に住みこみになり、家畜の世話や農作業に従事した。兄弟は金が必要であり、メルリンの父親は病身だった。そして一九四一年春に亡くなったため、メルリンはドーセルとは血縁のない父方の伯父にひきとられた。

農園主の娘から、ドーセルの兄へ、そしてメルリンへとドーセルの戦死は伝えられ、十歳のメルリンは悲しさでひどく混乱した。レイフェルもまた「生涯を通じてもっとも苛酷な出来事」として、弟の思い出の残る農園を動かず、独身を通しており、なにも語りたがらない。

メルリンの記憶するドーセルは好男子で、背は低いががっちりした体格であり、よくこの弟の面倒をみた。二人が最後に会ったのは初期訓練終了後の休暇のときで、メルリンに会いにきた。メルリンがある海軍の映画を見たいとせがむと、ドーセルはすでに何度もその映画を見ていたはずなのに、弟を連れて見に行った。

海軍は戦死状況についてなんの資料もくれなかったが、ヨークタウンの生還者の話によると、砲を扱っていた兵が戦死し、ドーセルがかわろうと砲台についたとき敵弾が命中したという。遺体は水葬された。彼は農場から逃げ出すことと、冒険とお金になる仕事を求めて海軍へいった。日本と戦争になり、そして死ぬことなど想像もしていなかっただろう。(異父弟・メルリン・ボールによる資料)

ジェームズ・O・リーブズ　海軍二等水兵　24歳2カ月　'41年10月25日、23歳で志願　五男二
REEVES, James Olen　女の長男

一九八三年六月、母のドリーは八十七歳で健在であり、娘のマリー・ソワルドの家に近いナーシングホームにいる。記憶はたしかで息子の思い出を鮮明に語る。その生涯には多くの悲しい出来事があったはずだが、息子の戦死が人生でいちばん大きな悲劇であり、あきらめられないという。妹のマリーは兄についての本を書く計画で、すでに未発表の原稿二篇を書いている。兄の足どりを辿ろうと八二年十月に真珠湾とミッドウェーを訪ねた。真珠湾では多くの日本人観光客を目にし、ミッドウェーへ向う空の旅はひどく悲しいものだった。この訪問によってジェームズの死はまた新しいものになり、ミッドウェーは身近かになった。一家は毎年の命日に彼の墓碑の前に集まって慰霊の行事をおこなっている。

彼は五フィート八インチ、一六〇ポンドと小柄だったが、温厚な性格だった。一九四一年十月二十五日に海軍へ入隊したのは、娘を生んだばかりの彼の妻が離婚を申し出ていたためである。それまで彼は農夫だった。家族の猛反対を押しきって前の年に結婚したばかりで、

当時としてはこの離婚話はスキャンダラスなものであった。妻は子供をつれて去り、ジェームズ戦死後の遺族年金はマリーたちの手つづきによってこの子に支給されている。

生家はミシシッピー州モンロー、一六〇エーカーの牧場をもつ家で、家族総出で働き、すべて自給自足の生活をした。父はオランダ系、母はアイルランド系である。

その家を去って息子が海軍へ入ったのは開戦の七週間前だが、母は泣きながら「お前はもう帰ってこないんだろうね」と言い、不安な予感は母にも父にもあった。

彼は「もどってくるよ、母さん」と答えて出ていったが、入隊後、家をひどくなつかしがっていたことを遺族は知っている。

ヨークタウンの生還者から聞いたジェームズの最期は、空母を離れ救命いかだで海上にいたとき、日本軍の飛行機によって攻撃され、いかだの全員が死んだという。この避難途中の死という事実は、家族にとって耐えがたいことだった。〔註・ヨークタウンの総員退去後その海域に日本機がいた可能性はない〕

マシュー・ルイス・トマソン　海軍三等兵曹　21歳　'38年11月7日、17歳で志願　二男二女
THOMASON, Matthew Lewis　の長男　'41年8月2日結婚　妻は20歳で未亡人となる　のち再婚

一九二一年五月十六日、ノースカロライナ州ロッキーマウントで生れた。父は第一次大戦戦傷者で床屋をやっていたが、長男のマシューが生れた頃から時計製造学校に通って技術を

習得、時計製造の仕事を始めた。しかし、父はマシュー十二歳の時死亡。母のフローレンスが州税務事務所で職員として働き始めた。マシューは父の死後、新聞の発送その他雑用をアルバイトとして土曜、日曜にやっていた。一九三八年十一月、高校二年生の時中退して海軍に志願、空母ヨークタウンの射撃手として戦闘中死亡。

妹・ドリス・リーザーのアンケートに対するコメント

「兄はスポーツが好きで特にボクシングが好きでした。気のいい少年で敵はいなかったと思います。幸運にも理想の女の子と結婚しましたが、彼女は顔がきれいなばかりでなく、心も純粋な女性でした。

ここに兄が母に宛てて書いた最後の手紙を同封します。これは兄の二十一歳の誕生日、死ぬほんの二週間と五日前に書かれたものです。また兄の奥さんが、〝夫戦死〟の電報を受け取った時に書いた手書きのメモも同封しておきます。電報が届いたのは一回目の結婚記念日の二十五日前でした。

母や兄、妹たち、どの家に行ってもドアをあけるとそこに兄の微笑んだ写真が飾ってあります。兄が育ったサウス・リッチモンドの戦没者墓地の記念碑の前には、復員軍人の日、クリスマス、誕生日ごとに花かごが置かれています。亡くなった人を思い出すのに特別な日は必要ないのです」

マシュー・トマソンの母宛ての手紙

「ママへ
お手紙は、四月二十六日付で受け取りました。みんなが元気でやっているとわかって喜んでいます。

僕の方は相変らずです。元気だけど腹ペコで眠たくて、家に帰ってもう一度家族のみんなに会いたい。僕の手紙の一通を受け取ったと聞いてうれしいのですが、実はもっと沢山書いているのです。そのうちに他の手紙もお手元に届くことでしょう。

そうです、ママ！ 僕は家に帰りたいのです。ほんの二、三日だとしても、たった今帰れたらそれは僕にとってどれだけの慰めになるかしれません。

最近は砂糖とガソリンが不足だそうですね。こちらの方も大体同じ状況です。誰もいったい次に何が起きるのかわかりません。物価もこのあときっと上るでしょう。でも、うちでは皆が働いているから、彼らの収入でママも大丈夫だと思っています。

ところで、今日は僕の誕生日って知ってましたか。ママ、僕はママからの贈物をまだ受け取っていません。途中でなくなったかどうかしたに違いありません。だからそれほど期待はしていないのですが。

それではママ、もうペンを置かなければなりません。また手紙下さい。みんなによろしく。

そして〝ウイ・ウイル・ウイン〟〔我々は勝利する〕という言葉も伝えて下さい。

いっぱいの愛をこめて
あなたの息子より」

妻・ジュアニタから義母のトマソン夫人あてのメモ

「今朝、マークが戦闘で亡くなったという電報を受け取りました。だから電話して出来るかぎりのことを調べてほしいのです。そして私に教えて下さい。それからクリュー〔ジュアニタが住んでいた町〕に来て頂けませんか。私も電話してマークの遺体を引き取りたいと思います」

再婚した妻・ジュアニタ・フラワーズ・ガスパースンからの返事（'84・4・9）

「マック（マシュー）は素敵で偉大な人物でした。私自身も彼に対して親切でやさしく思いやりを持とうと心掛けていました。彼とは姉の家で逢ったのです。彼も近くに家族とともに住んでいたからです。最後の休暇は十一月の感謝祭の時でした。私達は将来の計画について楽しく語り合いました。そのあと彼はノーフォークへ向って旅立ちました。私達の結婚はとても幸せでした。四二年六月、彼がサンフランシスコに寄港する予定だという手紙を受け取りました。四二年七月、私はショッキングな電報を受け取りました。私の誕生日は一九二一年八月七日です。これ以上思い出せないのでお許し下さい」

ベンジャミン・バージャベディアン　海軍二等機関兵曹　25歳6カ月　ロシア・バクー市生れ

VARJABEDIAN, Benjamin　'38年12月21日、22歳で入隊

一九一六年十二月四日生れのベンジャミン（ベニー）は、一九二三年に家族とともにアメ

リカへ渡った。一家はアルメニア人である。トルコによって迫害を受け、アルメニア人の百五十万人以上が犠牲になったというが、ソビエト革命ののちも貧しさに苦しめられた。ベニーは三男三女の三男で、二つ違いの妹がいる。ベニーは愛称。父の兄を頼って一家が渡米した後、両親は英語に苦労し、特に母親はほとんどアルメニア語しかわからないままだった。一家はベニーの伯父の商売を手伝って生計をたてたが、はじめは風呂もないような生活をしたという。彼の姉の家に集まってきた一族の人々は、渡米の理由についての当方の質問に、口を揃えて「自由（リバティ）」と答えた。

ベニーは大きな夢をいだき、野心と希望に燃えていた。海軍へ入ったのは除隊後に大学へゆく権利があたえられるためで、大学へ進んで電気関係の勉強をしたいと考えていた。

家庭ではアルメニア語の会話がかわされ、入隊後にベニーの書く英文の手紙は妹のヘレンあてに届き、ヘレンがそれを両親に通訳した。軍服姿でベニーは何度か帰宅したが、あるときシップメイトを一人連れてきてヘレンにひきあわせた（のちにこの青年とヘレンは結婚する）。ベニー自身も幼なじみと婚約して、金に小さなダイヤの入った婚約指輪を買ってきて家族に見せたことがある。しかし結婚せぬまま艦へもどってゆき戦死した。

行方不明の公報の入る前に、地元新聞はベニーの英雄的なたたかいと犠牲の記事を写真入りでのせたと姉兄たちはいう。父ははじめその意味を理解できなかった。期待をかけていた息子の死を告げていると知って、父親がその場に卒倒したという家族と、それを否定する家族とがいる。どちらにしても、肉親愛のとくに熱い一家にとって、ベニーの死はたとえようもない痛手だった。子供たちは結婚後も両親と一軒の家に住み、いつも大人数のにぎやかな食卓というのがこの家族の日常であった。ベニーの戦死後のある夜ふけ、兄の妻は母親がポーチにたたずんでいるのに気づいて声をかけた。「ベニーを待っているんだよ」と小柄な母親は答えたという。

ベニーの婚約者は彼が行方不明になってから二カ月後、指輪を返しにきた。母親は「いいの。それはあなたのものよ」と言ってその手に返した。彼女はベニーによく似た男性と結婚したが、結婚後もベニーの写真を飾っていたという。ベニーの長姉もひどく小柄で英語はたどたどしい。一家の生活は今では安定している。ヘレンは兄の戦友だった夫と死別した。この夫は海戦の日たまたまベニーと持場をかわっていて死をまぬがれ、ずっと辛く感じていたという。ベニーの甥は陸軍に入ってワシントンで勤務したことがあり、叔父のことに関心をもち、誇りに思っている。姪の一人は教師だが、取材で訪問したとき、失業中であると語った。家族のほとんどはコネチカット州のハートフォードに住んでいる。

ベニーが海軍へ志願したときの忠誠宣言書、行方不明の電報、新聞のきりぬきなどが保存されている。最後の手紙は四二年三月七日付だが、いつもとおなじく追伸として「どうか父さんと母さんにあまり僕のことを心配しないように力づけてあげて。僕は十分気をつけて元気でいるから」と書いている。

戦死者と家族の声・ホーネット

ロナルド・ジョセフ・フィッシャー
FISHER, Ronald Joseph

海軍二等飛行兵曹　20歳7カ月　'40年4月3日、18歳で志願　第八雷撃機中隊の一員　ジョージ・M・キャンベル機に同乗　一人息子

一九八三年六月二十九日、母・レオタ・フィッシャーへのインタビュー（八十二歳、コロラド州レイクウッドの養老院にいる）

「息子のレイは長身で六フィート四インチあり、茶色の瞳、黒くてウエーブした髪の毛で、痩せていた。おとなしいいい息子で、両親にとってただ一人の子だった。父親のジョセフは一八九六年に生れて一九六〇年に死亡。一九一六年から一八年まで、第一次世界大戦下のヨーロッパで陸軍兵士として従軍、毒ガスに肺をやられて終生苦しむことになった。

レイが子供の頃、一家はコロラドで小麦ととうもろこしを作っていた。私は息子ととうもろこしの皮むきをした。これは主に家畜の飼料になった。のちにこの農場があまりうまくい

かなくなり、夫は自動車修理の職につき、私は町のホテルのウェイトレスになった。ロナルドが八年生になったとき、一家はよりいい仕事を求めてデンバーへ移った。父親はまた自動車修理工として働き、わが家には高校で優秀な学生だったロナルドを大学へやるだけのゆとりはなかった。

子供の頃、ロナルドは機械、とくにラジオいじりが好きだった。十歳でラジオの分解と組立てをはじめた。古いふたつきの箱に部品をためこみ、一人で、ときには友人と何時間もラジオに夢中になっていた。

彼はいつも部屋をきちんとしていたから、母親をわずらわせることはなかった。スポーツや社交的なことよりもラジオの方が好きだったが、デモレイズというクラブに所属していて、女の子たちは彼の癖毛をとかすことを楽しんでいた。

とてもハンサムだった。高校を出たあといつも家にいたが、友達の車で出かけることもあった。彼のニックネームはロニー。

父親が海軍にいる友達がいっしょに入隊しようと誘った。あの子は戦争など予期していなかった。でも大好きなラジオの仕事につく願ってもないチャンスだった。

パールハーバーが攻撃されたのは、彼がハワイへ向う直前で、ひどく驚いていた。手紙にハワイの美しい景色のことを書いてきたが、軍事情勢にはほとんどふれていない。

彼が陸地を離れもせず、まだ戦争が予測されてもいないときから、私は心配しつづけた。彼は『母さん、もし僕の身になにかが起ったら、いちばん最初に知らせがゆくよ』と言っていた。

一九四二年六月の初め、ラジオで第八雷撃機中隊の戦死者のニュースを聞いた。それで、電報がきたとき心の準備はできていた。中隊のただ一人の生還者ゲイ少尉がたずねてきて、戦闘と息子の飛行機が撃墜される状況を話してくれた。

深い悲しみのなかで、母としての心の支えは、持てるものすべてを与えた犠牲が、あの戦争の転換点となったミッドウェーの勝利に結びついているということだけ。

三千ドルの保険金を月四九・四九ドルずつ分割で受け取った。デンバーの軍人墓地には小さな墓碑がある。毎年そこへゆくのが習慣だったが、いまの健康状態ではもはやゆくことができない。夫は一九六〇年に亡くなった」

オズワルド・ジョゼフ・ゲイニア
GAYNIER, Oswald J.

海軍少尉　27歳3カ月　ミシガン州立教育大学卒業　'40年12月27日、25歳で予備学生として入隊　三男五女の次男　父親はミシガン州モンローの木材会社社長　'41年7月4日結婚　妻23歳　のち再婚　ネイビークロス授与　'44年駆逐艦ゲイニア就航

ホーネットの第八雷撃機中隊の一員で、アベンジャー機に乗ってミッドウェー基地から発進、行方不明となった。妻のアイリータは大学の同窓生で一九四一年七月四日、独立記念日に結婚、さいしょの結婚記念日の一カ月前に夫を失った。その日はまた、彼女の二十三回目の誕生日の二日後だった。カリフォルニア州サンディエゴ海軍航空隊の広報課は四三年二月、

夫の影響で飛行機好きになったアイリータが夫の生還への希望を捨てず、飛行機のそばにいるのが心の慰めになるとして基地の整備部門で勤務、エンジンオーバホール記録係として働いていることをニュース資料で明らかにしている。

妻・アイリータ（現在再婚してジャニアック夫人）とのインタビュー（一九八二年四月、カリフォルニア州ヨルバリンダ市の自宅で）

「オズワルドはすてきな人でした。心が広くロマンチストでね。それに大学で英米文学を専攻して文章を書くのが好きだったの。大学新聞でスポーツ記者をしたりしてね。もし生きていたら作家になっていたかもしれない。自分を文章で表現するのがとてもうまかったから。

彼が遠くなり、ほんとうに死んだのだと感じたのは、駆逐艦の命名、進水式で、艦がドックから海へ出て行く光景を見たときです。オズ（オズワルド）が私の人生から出て行ってしまうという感じがしたわ。色々戦争の話を聞き、彼がどんな状態で死んだのかを聞かされた後でもまだ彼が帰ってくるかもしれないと思い、諦めていなかったのに、そのときは本当に行ってしまったのだと思った。

彼と最後に別れたのはサンフランシスコのドック。飛行機を載せた艦まで皆とバスで行って別れたの。彼が私に最後に言った言葉は『今晩また会おうね』だった。これで終りだなんて思ってなかったから、特別の別れの挨拶なんてしなかった。このとき、サンフランシスコではオズと二、三回会ったわ。夜二人だけで出掛けたのは一回だけだったけど二晩は一緒に過したと思う。でも特別な話はしなかった。いつも彼が手紙に書いてきたようなことね。とてもこの国を愛していて、自分のしていることは国にとって必要があるというようなこと。私はできるだけ楽しい時を一緒に過したかったから、あまり深刻な話はしなかった。でも……何かがあると感じていたから、自分がどんなに彼を愛しているかを伝えたけれど、だからといって特別ドラマチックなことは何も言わなかった。

私たちの結婚記念日は七月四日だけれど、その前に戦死の連絡は受けていた。だからその夜は独りで海岸に行ったの。海辺のバーでオズのため乾杯し、それから海岸で真暗な海をみつめていたら、パトロール中の騎馬警官がやって来て『何してるのか』と聞くのよ。『結婚記念日だから夫のこと考えています』と答えたけれど、本当は彼のいる太平洋に向って結婚指輪を投げようと考えていたの。そうすれば彼とまたいっしょになれるような気がして……。警官は私が海に身を投げるんじゃないかと、心配していたようだった。

死亡認定の電報を受けたとき、郵便局で人目もかまわず泣いたわ。彼を身近かに感じていたくて、あの頃、彼の手紙を枕の下にいれて眠っていたの。あの人の子供ができているのじゃないかという期待をもちました。そうでないことがはっきりしたときの気持は辛いものだった。

戦争が終って何年かたって再婚しました。夫もそして二人の息子も海軍兵学校出身です。同じ隊のブラノン少尉のお母様にはずいぶん力づけていただいたし、ムーア大尉未亡人のジューンとは、今もつきあっていますよ。

彼のことは今も忘れてはいません。別の生活があるから毎日ではないけれど、結婚記念日、彼の誕生日、開戦記念日などに思い出さずにはいられない。たくさんの思い出があるわ、大学時代からの……。忘れられることではないでしょう」

ゲイニア少尉の同期生スモーキー・ストーバーの伝記には、ストーバーが未亡人になったアイリータに求婚したことが書かれている。答はノーで、ストーバーもまた戦死者の一人となった。

ジョン・ポーター・グレイ
GRAY, John Porter

海軍中尉　27歳5カ月　ミズリー州カンザスシティ出身　'39年10月12日、24歳で予備学生として入隊　一男二女の長男　未婚　ネイビークロス授与　駆逐艦ジョン・グレイ就航

姉・ハリエット・グレイとのインタビュー（'83・6・16）

「父はコンクリートと鉄鋼建設会社の土木技師、母親は州立農業振興機関で働いていた。子供は姉（私）と妹エリザベスの姉妹にジョンの三人。父親が働いていたジョプリンで育ったが、一家は郊外の、快適で大きな家に住み、広大な敷地内には遊びまわれる空地があった。子供たちは裕福に育ち、幸福な子供時代を送った。

ジョンは高校時代、成績優秀な学生でバスケットボールの選手。背丈六フィート三インチ、痩せ形で物静かな性格。茶色の頭髪、青い瞳。ミズリー州フルトンのウェストミンスター大学でもバスケットボールをやった。卒業後医大予科に進み、医者になろうとしたが、学業をつづけられず、その代りアラスカのアンカレッジに一年間行っていた。

そこで何をしていたかは知らないが、帰ってくると精肉会社の社員となった。しかし、パイロットになりたいという永年の夢を果すため、三九年、海軍予備学生として海軍に入った。フロリダのペンサコラで雷撃機パイロットとして訓練を受け、最初は空母エンタプライズに配属された。四二年、ミッドウェー海戦の直前、訓練士としてホーネットに移艦、第八雷撃機中隊所属となった。

私が結婚してカリフォルニアに住んでいた頃、たしかジョンの艦がミッドウェーに向う前だったと思うが、サンディエゴに寄港した時面会に行った。弟は艦内を案内してくれ、おいしい昼食をご馳走してくれた。彼は大層機嫌がよかったのを憶えている。

サンディエゴに停泊中、ジョンは婚約者のマーガレット・グラディに会った。これが彼らの最後で、マーガレットはジョンの戦死後別の人と結婚した。

サンディエゴからハワイ、そしてマーシャル群島へ行ったようだが、ハワイ寄港中に日本軍の真珠湾攻撃があり、大変驚いたようだ。しかし、手紙には戦争のことはほとんど触れられておらず、フライトから帰還した時よく耳を傾けたグレン・ミラーのレコードのことが書かれていた。

ジョンが戦死した時、第八雷撃機中隊の唯一人の生存者が『ミスター・ゲイ（GAY）』とあるのを新聞で見て、それが『ミスター・グレイ（GRAY）』のミスプリントであってくれればよいと願った。しかし、両親からの電話で一縷の望みも断たれた」（『滄海よ眠れ』二巻五七頁〔文庫版一巻二五七頁〕参照）

ステファン・W・グローブズ GROVES, Stephen William

海軍少尉　25歳4カ月　メイン　'40年10月、23歳で予備学生として入隊　四人兄弟の三男　未婚

「背は低く五フィート六インチ。体重一四〇ポンドの痩せ形で、茶色の髪と青い瞳。性格はとても人なつこくて誰からも愛された。彼の名前をもらってステファンと名づけられた子供は五人いる。

兄弟は不況の時代にも恵まれた環境で育った。一家はメイン州ミリノケットのベランダつきの二階家に住み、父親は町でただ一つの会社であったイースト・ミリノケット・ペーパー・ミル社の会計担当として週給百ドルを得、息子四人をなんとか大学へやった。一九三〇年当時千五百人の住民しかいない町では、一家は人々から一目おかれていた。

ステファンはメイン大学機械工学科を卒業。在学中に予備学生訓練コースに登録をおこなった。彼は冒険好きで、民間パトロールの一員になり、いつも空を飛びたがっていた。大学卒業の一九四〇年十月に入隊している。

ミッドウェー海戦の一カ月前、五月一日にステファンが乗っていたＦ４Ｆ戦闘機はエンジントラブルで墜落し、駆逐艦に救出されて十日後に母艦へ帰ってきた。所属はホーネットの第八戦闘機中隊だが、海戦時には一時的にヨークタウンの第三戦闘機中隊に所属して出撃、行方不明となった。大戦末期には兄二人は陸軍に志願してヨーロッパ戦線へ、弟は海軍に志

願して国内にいた。長兄は戦傷による障害をのこしている。一九四四年九月に彼の名をつけた軍艦が造られるという話があったが実現しなかった。一九八一年四月にミサイル搭載フリゲート艦が『ステファン・グローブズ』と命名された。就航式にはホーネット艦上でのルームメイトや大学時代の級友が参加し、ステファンが着ていた制服がコーヒーテーブルにおかれていた。彼の短剣が祝賀ケーキのナイフとして使われ、彼の思い出がまざまざとよみがえってきた。

父は一九六五年に八十五歳で亡くなったが、母のエベリンは九十七歳で健在、養老院で暮している。彼女は息子の生命保険（額面一万ドル）の受取人として、分割払いで毎月六十一ドル五十セントを受け取っている」（弟・リチャード・グローブズ　医博・大学教授）

ジェームズ・チャールズ・オーウェンズ　OWENS, James Charles Jr.

海軍大尉　31歳6カ月　予備学生出身　第八雷撃機中隊　アメリオ・マフェイ一等飛行兵曹と同乗　既婚

軍記録による経歴

一九一〇年ニューヨーク州バテービア生れ。ロサンゼルス高校を経て三四年に南カリフォルニア大学卒業。機械工学専攻の理学士。三五年八月海軍予備学生教育隊に入隊し、飛行予備訓練を受け、九月、飛行士官候補生。空母レキシントン艦爆中隊勤務中に予備少尉に任官。十二月ペンサコラ海軍飛行隊に転属。四〇年二月予備中尉に昇進。四一年三月正規士官となる。八月ノーフォーク海軍航空隊に転属、ホーネットを母艦とする第八雷撃機中隊の編制作業に従事。四二年一月大尉、六月四日行方不明となる。四三年六月五日付で戦死認定。一九三九年九月、ヘレン・マリー・ロスとロサンゼルスで結婚。

一九四三年六月二十九日付地元紙の記事

「J・C・オーウェンズ大尉の母校ロサンゼルス高校の生徒たちは、全滅した第八雷撃機中隊の十五機全機を自分たちで埋めあわせようと、戦時国債購入運動を起した。六月十六日にその第一号機の献納式がおこなわれ、三機が契約ずみである」

第八雷撃機中隊のO・J・ゲイニア未亡人・アイリータ・ジャニアックからの手紙（'82・1・13）

「参考までにJ・C・オーウェンズ大尉のことを書きます。彼はロサンゼルス出身です。一九二八年にはロサンゼルス高校の花形陸上選手でした。彼の奥さんはヘレン・マリー・ロス・オーウェンズといって、やはり南カリフォルニア大学の卒業生です……」

南カリフォルニア大学よりの返信（'85・1・11）

「私どもはJ・C・オーウェンズ氏についてほとんど資料をもちません。一九三四年に理学士として卒業の記録があります。記録にはさらに第二次大戦中海軍航空隊の大尉であり、一九四二年六月、ミッドウェー島で戦死したとあります。彼は南カリフォルニア大学出身者の最初の戦死者の一人になりました。それ以来キャンパス内の小さなビルはルテナント・オーウェンズとよばれています。

お役に立ちそうな資料はほかにはありません。彼の在学中の住所も、近親者の住所、どんな家族構成であったかも不明です……」

地元新聞への直接取材からも手がかりは得られなかった。

ウィリアム・F・ソウヒル　海軍三等飛行兵曹　22歳10カ月　オハイオ　高校卒業　'40年11月、21歳で入隊　三男一女の長男

SAWHILL, William Franklin

第八雷撃機中隊ムーア少尉機のペアとして行方不明になったとき、マンスフィールドの家には四十八歳の父、十九歳の弟ドナルド（いずれもペンシルベニア鉄道員）と主婦である母（四十五歳）、高校生の妹がいた。

ウィリアムは高校を出てセールスマンをしていたが、軍隊への登録の時期が近づいたからという理由で、自分から海軍へ志願した。一九四〇年十一月六日、二十一歳だった。サンディエゴの海軍訓練学校の課程をおえ、通信士の資格を得たのは四一年五月十二日である。

妹・ルイスからの手紙の要約（'83・1・18）

「ビル（ウィリアム）が戦死したとき私は十七歳でした。彼の遺品の中でいちばんすばらしいと思うのは同封する最後の手紙で、聖書と祈りの会の人々により印刷され、戦場の兵たちにも配られました。母はビルが神の手にそのいのちをゆだねるように祈っていたので、最後の手紙は母の心に安息をもたらしました。ここに母が人々にビルの思い出を話すときの用意

に作ったメモを同封します」

「最後にビルに会ったのは一九四二年二月十四日、ヴァージニア州ノーフォーク。それ以前に書かれた彼の手紙はホームシック気味で、それで母は会いに行くことにした。行方不明を知らされても、それが現実と思えるのに数時間もかかった。夫と私の胸に苦い思いが音をたてて鳴るようだったが、何時間かたつと神が私に『神は決して間違いをしない』と言っているような気がしてきた。私は心から、ほんの少しの苦痛もなく事実をあるがままに受け入れたと言いきれる。私はビルへの手紙に誰かの祝福になるようにと書きつづけてきて、今度は私がそうなる役目なのだと思っている。一九四〇年十一月、二十一歳になったビルが入隊したあと、何週間も泣いた。最初の訓練期間中には毎日手紙を書いた。……」

弟・ドナルド・ソウヒルからの手紙の要約（'83・2）

「兄は工作に興味をもち、ワゴン、ボート、庭の小屋を作り、また裏庭に九ホールの小ゴルフコースを作ったりした。しかしいちばんの関心はラジオだった。クリスタルのセットの組立てにはじまり、複雑な機械を設計したりしていた。入隊後に無線を選んだのは、自然ななりゆきだった。兄が行方不明になって六カ月後、私は海軍へ入隊し南太平洋で勤務についた。私はいつもビルが捕虜になっていて、戦争が終ったら帰ってくるという希望をもちつづけていた。兄が行方不明になる四日前に家族にあてて書いた手紙のコピイと彼のログブックの最後の任務を記入したページのコピイを同封します」

ウィリアム・ソウヒルの一九四二年五月三十一日付の手紙

「愛するお父さん、お母さん、ドン、そしてメアリーへ　この手紙はこれから始まる作戦から僕が生還できなかったとき届くことになると思います。そのときにはできるだけ早くこれを発送してもらうように頼んでおきます。ご存じのように僕は飛行機の射撃手兼無線士ですが、これは僕の希望通りの任務です。僕がなんらの不安もいだいていないことを皆に知っていただきたい。お母さん、御安心を。僕は毎日忘れずに祈りをささげています。ですからきっと天国で会えます。僕はつねによいことばかりしてはいなかったかも知れませんが、どうか私のこれまでの行動を悪く思わないで下さい。

あなたたちすべてに幸運を。天国でお目にかかります。その頃には世の中もすっかり変っているでしょうね。僕が〔戦死してゆく〕多くの男たちの一人に過ぎず、あなたたちもまた〔家族を戦死させた〕多くの人々の一人であることをどうか忘れないで下さい。愛をこめて

ビル」

ログブックの最終ページは六月四日、TBD－1の0324号機、パイロット「U・M・ムーア少尉」、任務「魚雷攻撃」とウィリアムによる記入があり、時間は空白のまま。「行方不明」および雷撃機中隊員としての総飛行時間数「九九・三」の記入はスエード・ラーソン大尉によってなされている。

戦死者と家族の声・エンタプライズ

ジョン・ホール・ベーツ
BATES, John Hall
海軍三等機関兵曹　23歳4カ月　'40年4月26日、21歳で入隊　第六雷撃機中隊ホッジス機の射撃手　未婚

高校時代の恋人・キャサリン・ウィルソン・ベーカーからのコメント

「私は高校二年の時初めてジョンと知り合いました。彼は三年生でした。ジョンは大変に真面目で静かな、そして優秀な生徒でしたが、孤独な感じの人でした。ですから彼が恥しそうに私をデートに誘ったときは驚いたものです。彼は町はずれの線路ぞいにある大きな農場に住んでいて、たしかお母さんはすでに亡く、叔父さんと住んでいたと思います。当時、ジョンは車を持つ数人の生徒の一人で、彼の運転するピックアップ・トラックからはいつも農場のにおいがしていたものです。

私達は時折映画に行ったり、シカゴのナイトクラブの新年を祝うパーティに行ったりしま

した。それは当時としては大変なことだったのです。その時二人は経験もなく、ワインをソーダポップスのようにがぶ飲みしたため酔っ払って気分が悪くなってしまいました。

高校時代、ジョンに他にデートするような女性がいたかどうか知りませんが、恥しがり屋のジョンのことですから多分いなかったと思います。私のことは本気だったのです。私は彼を好きだし尊敬もしていましたが、それに応えてあげることはできなかったのです。彼のいつもひとりぼっちなところが気の毒だと思っていました。

最後に会ったのは一九四〇年夏でした。私は大学二年生を終え、シカゴの大きな病院で働いていました。私に会いに来たジョンは再び結婚の話をしました。しかし、その時私はすでに婚約をしており、二、三カ月後に結婚することになっていたのです。それは、なんというか、苦く甘い別れでした。私はジョンのことを長い間、何度も思いだし、もっといろんなことが出来たはずの若者を失ってしまったことに痛恨の念を覚えたものです」

フローリノイ・グレン・ホッジス
HODGES, Flourenoy Glen

海軍少尉　25歳4カ月　'40年5月13日、23歳で予備学生として入隊　四男四女の次男　未婚

一九一七年一月二十二日、ジョージア州ドーバー生れ。四男四女の子供たちは綿、ピーナツ、大豆、とうもろこしの栽培、牛、豚の飼育をする農場で育った。三〇年代の終り、父親は、年に一人だけに贈られる名誉ある賞「ジョージア農民最優秀賞」を受けた。（両親とも

すでに死亡)

ジョージア大学を卒業後、四〇年に海軍予備学生教育隊に入隊、マイアミの海軍予備航空隊基地で飛行訓練の後、航空士官候補生を経て翌年海軍少尉に任官。四月、第六雷撃機中隊(空母エンタプライズ)に配属された。四二年六月四日、海戦中に行方不明になったことが報告された。死後ネイビークロスを受け、四二年六月十五日、中尉に昇格。彼の戦死後長兄と弟が海軍へ志願した。四四年には駆逐艦ホッジスがサウスカロライナ州チャールストンで進水。弟のロバート(八二年死亡)はのちに同艦の艦長となっている。

長兄・ジュリアン・ホッジスへの電話インタビュー

「弟は五フィート六インチと背が低く、体重は一六〇ポンド、まっすぐな茶色の髪と茶色の目。背が低いというハンディにもかかわらず、ジョージア大学のバスケットボール選手だった。弟にはガールフレンドがいた。メアリー・スー・エーキンズという女性で、ジョージア州アトランタとバーネスビルの両方にアパートを持っている。フローリノイはたくさん手紙を書いていたが、私は一通も持っていない。弟の死後、生涯独身を通している。弟が両親にあてた手紙の中で弟は、日本人が厄介をもたらしそうだと書いてきたこともある。兄弟たちはあまり大した危険を感じなかったが、両親は非常に心配していた。特に弟が飛行パイロットになってからはひどく心配そうだった」

ジョン・ユーデル・レーン
LANE, John Udell

海軍二等機関兵曹　24歳4カ月　イリノイ　'38年7月12日、20歳で入隊　未婚

一九三五年高校を中退し、イリノイ州デカターの工場でアコーディオン調律の仕事をしていた。音楽の好きな明朗な青年。海軍へ入隊したのは一種の冒険心と当時の就職難のせいと思われる。レーン家は英国系で、一六六五年以来イリノイ州に住んでいる。

ジョンの両親は、農場に小さなテラスつきの家を建てて住み、四男二女の子供たちを育て、ジョンは次男だった。

ジョンは五フィート一一インチ、痩せ形で灰色の瞳と濃い茶色の髪、子供から年寄りまであらゆる年齢の人たちとうまくやってゆけ、側にいる人間を誰でも楽しくさせた。

彼は日本との開戦についてなにも予想してはいなかった。もし感じていても手紙は常に検閲されていたから、なにも書けなかっただろう。パールハーバー攻撃のあと、手紙の回数はさらに減り、内容もどうやって友達をギターで楽しませたかというたぐいのものになった。戦争の経過についてなにも書いてきていない。パールハーバーが攻撃されたとき、エンタプライズは洋上に出ていた。

一九四二年六月中旬、ジョンが海戦中行方不明になったことを電報で知らされた。家にいたのは両親と二人の弟たちで、一家はさらにくわしい情報を求め、ジョンが乗っていた飛行

機が撃ち落されたことを知った。ジョンから届いた手紙とログブックは保存されている。兄アドロン・レーンの息子のジョンは叔父に興味をもっている。彼も海兵隊員としてベトナム戦争に従軍した。

父は一九七四年に八十四歳で、母は一九六七年に八十四歳で亡くなった。ジョンに関する情報を得たい。（兄・アドロン・レーン夫妻、その息子ジョン・レーンからの手紙及び電話取材）

ノーマン・フランシス・バンディビア VANDIVIER, Norman Francis

海軍少尉　26歳2カ月　'39年7月6日、予備学生として23歳で入隊　二男二女の長男　父は農場経営　未婚

一九一六年三月十日、ミシシッピー州エドワーズで生れた。インディアナ出身の両親は、黒人学校で教えていた。ノーマンが生れたあと再びインディアナ州フランクリンに戻り、祖父の代からの農場を経営、五八年に亡くなるまで働いた。

ノーマンはフランクリン大学で化学を専攻し、民間航空のパイロットになりたくて、在学中に予備学生として登録、一九三九年卒業後海軍へ入隊した。四〇年六月、空母エンタプライズ所属の爆撃機中隊に配属された。四二年二月一日のマーシャル群島攻撃ではその功により勲章を受けた。同年五月二十八日、中尉に昇進の命を受けたが、一週間後のミッドウェー海戦に第六爆撃機中隊のパイロットとしてエンタプライズを発進、日本艦船を爆撃して帰投中、燃料不足で海中に落ち行方不明となった（ネイビークロス表彰状による）。

四三年十二月、彼の名誉をたたえ護衛駆逐艦バンディビアがボストンで就役、母のメアリーが式典に参加した。

妹・ローズマリー・バウワーからの手紙（'82・8・3）

「私はノーマン・F・バンディビア中尉の妹で、ローズマリー・バンディビア・バウワーといいます。ご質問にどう答えていいかわかりませんが、不十分な場合、どうぞまたお尋ね下さい。私達の母は現在八十八歳で手紙を書くのが難しいので、私が母に代って書いています。

母メアリー・ハーディンは、生涯を専業主婦として暮しましたが、大変な美声で、四人の子を育てながら地区の集まりや教会の行事には歌をうたいました。四人の子供はノーマンを長兄として二歳、五歳、七歳違いでした。私は最近二十七年半の高校教師生活を終えたところで、三人の子供たちは大学を出てちゃんとした仕事についています。ノーマンはつまり、九人の姪と甥、さらにその子供たち七人には決して会うことはなかったのです。

母はいつも菜園で出来た作物を缶詰にしたり冷凍したりしていました。料理が大変上手で、彼女のつくったものは家の食卓や友人、教会のパーティで大層喜ばれました。

農場は四二〇エーカーあり、父は牛、豚、羊を飼い、とうもろこし、小麦、カラス麦、大豆、トマトを缶詰工場に出すため育てていました。私達家族はとてもよく働き、子供達は仕事を手伝うことで多くのことを学びました。とても幸せな家族で、今考えても楽しいことがそれは沢山あったのです。

ノーマンはキリスト教使徒派に属し、敬虔なクリスチャンでした。高校、大学ではフットボールと野球のチームに所属、大学の優秀な学生のための学生親睦団体『シグマ・アルファ・イプシロン』のメンバーでもありました。ノーマンを表現する一番適切な言葉は『骨のずいまでアメリカ人』というところでしょうか。情熱的で協調性があって、健康で頭がよい、愛すべき家族の一員だったのです。

四〇年のクリスマスに海軍から二週間の休暇をもらい帰って来ました。四一年十二月七日の日本軍攻撃で、それ以後の休暇はすべて取消しになってしまいましたので、これが、私達家族とノーマンが会った最後の時になってしまいました。

ノーマンからはたびたび手紙をもらいましたが、陽気な性格だったので、いつも面白い、自信に満ちた手紙でした。しかし、彼は戦争が終ることを願っていたし、そうすれば家に帰れるし、民間航空会社のパイロットになれるのに、と書いていました。

ノーマンや第二次大戦に従軍したすべての人達は戦争が好きではなく、それどころか嫌いでさえあったのに、愛国的であったため自分達が戦場に送られることに疑問を持たなかったのだと思います。

インディアナ州出身のため、私は多分、アメリカの他の地域の人たちより保守的な態度でものを言っているかもしれませんが、一九八二年の現在、もう排日的なところはありませんし、日本の戦争指導者たちを非難したようには日本人全体を責めてはいません。ノーマンのことを思うと、心の中にひっかかるものがあって、クリスチャンであることを自覚してさえも、戦争指導者たちを許すことはなかなか出来ません。

もし、いかなる国でも支配権を握る人々が、宣戦布告の前にそれを全国民の投票にかけねばならないとしたら、恐らく平和な世の中になるでしょう。母親の票が成行きを左右し、戦争は支持されないでしょう。私は『男女同権修正条項』の支持者ではないのです。ただ、母であり、祖母であるということなのです」

当方のよびかけをのせた地元紙―サタデイ・デイリー・ジャーナルは母・メアリーの記事を掲載。メアリーは「戦死した息子の話を聞きたいという人があるのは嬉しい。みんなが忘れようとしている。しかしそれは歴史なのです」と語っている。('82・5・29)

戦死者と家族の声・ハマン

海軍一等機関兵曹　35歳8カ月　テキサス州ヨーカム　'39年5月17日、32歳で入隊　一男六女の長男　未婚

チャーリー・マーティン・アルブレクト
ALBRECHT, Charlie Martin

妹・ルイーズ・アルブレクトへの電話インタビュー

「チャーリーは背が高くハンサムで、友人の間で人気があった。性格は物静かな方だった。厳しいが愛情深い父親に育てられ、新聞配達や芝刈りをして働いていた。七人の子供はみな勤勉さと独立心を持つよう育てられた。家は貧しいというほどではなかったが、大家族のため楽な家計ではなかった。

父は心臓病のため一九四〇年に六十二歳で亡くなるまで、南太平洋鉄道の技師として働き、八歳下の母は主婦として家事にあたった。チャーリーは高卒後、父の関係で同じ鉄道に就職、機械工となった。しかし、一九三九年頃、ヨーカムにあった鉄道作業所が他の地域に移転し

たためチャーリーは解雇され、海軍へ入隊することを決めた。彼には多くのガールフレンドがいたが、これと決めた人はいなかった。サンディエゴに駐屯中、かなり真剣につき合っていた若い女性がいたが、彼女の名前は思い出せない。

家族がチャーリーに最後に会ったのは一九四一年夏帰郷した時だった。彼は太平洋の情勢はきわどいと思うと家族に語り、日本との間に戦争が始まるだろうと予測していたから、日本軍の真珠湾攻撃にも家族は驚かなかった。

戦死の電報は母の許に届けられた。電文には行方不明となっていたが、家族は誰も彼が生き残ったとは思えなかった。チャーリーはただ一人の息子だし、初めて子供を失った母にはとても残酷なニュースだった。母はその後一定期間に総額一万ドルの保険を受け取った。またパープルハート勲章をもらったが、その勲章は現在自分が大切に持っている。

ハマンで生き残った戦友の話によると、ハマンは空母ヨークタウンが被爆したあと同艦に接近中、敵魚雷が命中した。チャーリーは戦友たちの至近距離で死んだ。兄の死後、兄に影響されて、私と妹のポーリンは終戦まで軍隊にいた。甥のフランシスはベトナム戦争に従軍したが、現在は故人。チャーリーはヨーカム市に於ける第二次大戦の最初の戦死者で、町の中心部に記念碑がある」(『滄海よ眠れ』一巻二三八頁［文庫版一巻四一五頁］に死亡状況あり)

ダグラス・L・ビーズレー
BEASLEY, Douglas Lee

海軍三等機関兵曹　20歳10カ月　カリフォルニア州パサデナ　'40年10月28日、19歳で入隊　三人兄弟　当時父親はパサデナ市でレストラン経営　未婚

アンケートにつけられた兄・ビル・ビーズレー（カリフォルニア州ユーレカ市在住、スポーツ用品店経営）の註記

「私は空母サラトガの航空隊に所属していたが、空母が四二年一月魚雷を受け、米国本土での修理のため帰還中、真珠湾に滞在した。ミッドウェー海戦の直前、空母ヨークタウンの第十七機動部隊も最後の整備のため真珠湾にやって来た。フォード島にいた私は弟と連絡がつき、訪ねて来た彼と数時間を共にすることができた。ミッドウェーが終ったとき、サラトガはすでに本国での修理を終え、再び真珠湾に停泊していたが、そこへハマンの生存者の一人が私を訪ねて来て、弟が艦とともに沈み行方不明になったと告げた。当時、電話はすべて検閲されていたが、両親にお悔みと慰めの言葉を言うことで弟の身によくないことが起こったことを告げることができた。両親は弟の戦死の報を私から最初に聞いたことになる」

ビル・ビーズレーの手紙（'82・10・4）

「出来る限り、お求めの情報を提供するつもりです。
弟のダグラスは一九二一年七月二十日生れで、私より三年三カ月三日若いことになります。性格は私とは正反対で、外向的かつ気性が激しく学校や近所の暴れん坊仲間に入っていまし

た。成績はまあまあでしたが、大学ではボクシングをやりチャンピオンになったこともありました。

弟が海軍に入ったのは時代の要請もありましたが、自分がどの方向に進みたいかはっきりと決っていなかったこともあげられます。

真珠湾での再会は、ダグラスにとって新しい情報を仕入れる機会でした。私の方があとまでアメリカにいて家族はじめいろんなことについての情報を持っていたからです。弟はヨークタウンの機動部隊の活動について話してくれました。私達は当時もちろん日本軍の真珠湾攻撃に激しい怒りを感じていましたし、来たるべき戦闘では責務を果そうと決心していました。現在は、過去は過去と割り切っていますし、多くのいい日本人の友人・知人を持っています。

広島への原爆使用は当時仕方なかったと思いましたし、現在もそう考えています。なぜなら日本の侵略戦争で失われたかもしれない多くのアメリカ人そして日本人の命をそれが救ったと考えるからです。ただ、我々の文明が、核の管理と賢明な使用についての資格不十分なうちに核融合を発見してしまったことを、残念に思っています」

カール・オーエン・ベイツ　　海軍二等水兵　20歳7カ月　アイオワ州アルバーネット　高校中
BEITZ, Carl Owen　　退　'41年3月13日、19歳で入隊　四男六女の三男　未婚

長兄・ハーベイ・デイル・ベイツ（アイオワ州シダーラピッズ市在住）との電話インタビュー（'83・7・13）

「弟は背丈は六フィートを越え、体重一八五ポンドあって、頑健で、骨ばった体つきをしていた。明るい色の髪、色白の肌、ハシバミ色の瞳を持っていた。とても物静かな性格で、ひとりでいるのが好きな方だった。スポーツ好きではなく、ガールフレンドは二人いた。

父親の一家は一八七〇年頃ドイツから、母親の方は一八八〇年頃英国からの移民。両親はともに廉直、物静かな性格で、その一生は十人の子供たちに食べさせ、夜露から守るためにささげられたようなものだった。兄弟が育った当時、アルバーネットは百人ほどの住民がいただけだった。父親は自分の土地を持たず、近所の農家の手伝いをして、植付け、収穫、家畜の世話、農機具の修理など何でもやった。晩年の数年間は工事現場で働きもした。それほどしても暮しは楽にならなかった。子供たちがお腹をすかしたまま眠りにつく夜もしばしばあったし、ほとんどの子供たちが高校を卒業せずに働きに出た。貧しくはあったが子供たちはひとりも欠けることなく育った。

カールは経済的事情でアルバーネット高校一年生の時中退、工事現場や農場で働き始めたが、仕事は少なく、賃金の払いも悪かった。二歳上の兄・ルイスがすでに海軍に入っており、カールを説得して入隊させた。二人は揃って太平洋方面の任務に就き、ルイスは自分もミッドウェーにいたと言っていた。

カールの死を告げる電報は海戦のわずか二、三日後に届いた。それ迄子供を一人も失ったことがなかった両親は涙にむせび悲しんだ。しかし、やがて彼らはその悲しみを受けとめ、こらえ、当局に息子の死について問いただすことはなかった。
戦友の話によると、カールは日本の潜水艦の魚雷攻撃で沈んだ艦と運命をともにし、海に葬られたという。のちにアルバーネット高校に記念碑が建てられた。パープルハートが授与され、一定期間、年金が父に支払われた。両親ともすでに亡くなった」

ハリー・ヴァーノン・ビーリ　海軍上等飛行兵曹　28歳11カ月　オクラホマ　'39年4月14日、25歳で再入隊　二男二女の次男
BIERI, Harry Vernon

一九八三年十月十二日、ハリーの妹オパール・ハウフ宅（フロリダ州ブラデントン）で、母マリー九十二歳と妹たちの追憶

高校を卒業したあと、農機具販売の父の店や母一人でやっていた食堂マ・ビーリで働いていたが、冒険好きで世界を見たいという夢をもっていたのと、町で仕事がみつからないため一九三二年夏、海軍に志願した。六カ月後に兄のルーベンも志願する。当時、農場で十二時間働いて日当を五十セントもらえればいい方だった。ひどい不景気は一九二九年にはじまり、開戦までつづいていた。ハリーは入隊後に西海岸で結婚。一女をもうけたが病死、離婚した。その一九三八年に海軍を除隊。しかし満足できる仕事がみつからず、六カ月後にまた海軍へもどった。兄弟はともに軍艦マサチューセッツに乗っていたこともある。再志願の三年目に

行方不明の電報を受け取ったショックは大きく、母親はいまでもその日のことを語ろうとしない。開戦後兄弟は別の艦にわけられて勤務していたが、ハリーの戦死後、一家のただ一人の息子となったルーベンは、海軍当局の配慮によって地上勤務になった（戦後死亡）。

ミッドウェー海戦からしばらくたって戦友が訪ねてきて、ハリーの最期を伝えてくれた。ハマンが撃沈されたとき、彼は救命ボートに乗っていたが、海にいる人を助けようとボートを離れた。そのとき爆発がおき、内臓破裂の重傷をおい、十二時間後に死亡し水葬に付された。家族はハリーの最期を知って悲しみに打ちのめされたが、他の人を助けようとしたことに誇りをもっている。母親は、「息子はしたいことをしたんだし、ほかに仕事もなかったのだから後悔はしない、ハリーや夫、長男その他たくさんの死者たちの夢をよく見る」と語った。

ハロルド・クラーク　海軍二等兵曹　24歳7カ月　ペンシルベニア　'39年1月25日、21歳で入隊
CLARK, Harold　既婚

「これはミッドウェー海戦についてトレントン・タイムスに掲載されたあなたのお手紙への返事です。私はドロシー・バージニア・クラーク。あなたが書いておられたハロルド・クラークの未亡人です。私たちはできる限りあなたの調査をお助けしたいと望んでいます」
（'82・6・6）

妻・ドロシー・クラークからの手紙の要約

「二人は高校生のときに知りあった。彼は一九一七年生れ、ドロシーより一歳若い。成績はごく普通、バスケットボールやフットボールをやりとても人気者だった。ハンサムで髪の毛も瞳もブラウン、五フィート九インチの中肉中背、瞳はきらきら輝いて、冗談を言ってはまわりを楽しくさせ、本人もよく笑う人だった。

ハロルドは二男三女の次男だが、長男は軍隊に関係していない。父親は一九七四年に八十四歳で亡くなるまで、ペンシルベニア州ヤードレイの紡績工場で働いていた。

彼が海軍に志願した本当の理由は、満足のいく仕事がみつからなかったからであり、入隊まではパートタイムの仕事をしていた。彼は日本ではなくヨーロッパでの戦闘を考えていたが、どちらにせよ、いずれは徴兵されると考えての入隊である。一九四〇年三月二十三日、休暇で帰郷したハロルドはドロシーとニュージャージー州カムデンで結婚式をあげた。ドロシーは秘書として働いていて、結婚後も仕事をつづけた。夫はハマンで勤務についており、彼女は両親といっしょに住んでいた。

真珠湾攻撃のニュースはショックだったし驚いた。夫もまた驚いたことと思う。だが彼等の手紙は検閲されていていかなる軍の情報も漏らすことは許されなかったし、どこで上陸休暇を過したかということさえ書けなかった。しかし彼が〝真珠湾〟について憤慨していたのは知っている。

別居の結婚生活中、できる限り夫に会いに行った。一九四〇年のクリスマスはチャールストンのホテルで過したし、ボストンに訪ねていったこともある。いつも汽車を使った。最後に会ったのは一九四一年のクリスマス休暇で、同じ立場の妻三人、東海岸からカリフォルニアまで行った。一人九九ドルの費用で四泊五日の周遊旅行だったが、はじめ夫たちの一時寄港地サンディエゴへ行き、動物園や公園でひとときを過した。夫たちの艦が移動すると妻たちは汽車でそのあとを追った。その一人ネリーも夫エドワード・G・ウィレット二等兵曹（三十歳四ヵ月　ハマン）の戦死で未亡人となっている。もう一人の妻の夫もミッドウェー海戦で戦ったが生還した。

ハロルド行方不明の電報が配達されたとき、ドロシーは一人で家にいた。彼女はショックを受け、両親が帰宅してもほとんどなにものが言えなかった。必死の思いで気をとりなおし、ハロルドの両親に電話をかけ、ニュースを伝えた。一年後、ハロルドは戦死と認定される。夫妻の間に子供はなく、夫人は現在までわずかな額の年金を受け取っている。彼女はその額を答えなかった。

夫の戦死について、海軍当局からは詳細な報告はついになされていない。戦死の数カ月後、戦友が訪ねてきて話してくれた。ハロルドは甲板にいて負傷者を手当していた。そのとき日本潜水鑑の魚雷がハマンに命中、ハロルドは死んだ。生存の可能性はまったくないと告げられた。

夫の死が確かになったので、ドロシーは一九四二年十二月海軍への入隊を決めた。ワシントンの統合参謀本部で二年間、そのあとはハワイで勤務につき、戦争終結後かつての職場の秘書の仕事にもどった。
夫の遺品はなにも戻らなかったが、夫の手紙はいまももっている。ニュージャージー州トレントンの両親の墓の隣りに、ハロルドの死を記念するプレートがおかれている。夫に対する気持と、『この人』という男性に出会わなかったことから再婚はしていない」

ラルフ・ウォルドー・エルデン　海軍大尉　34歳10カ月　海兵'31年度生　ハマンの副長　一男一女の長男　既婚

ELDEN, Ralph Waldo

一九三七年十二月三十一日付の戦死者自身が記入した申告書から
「住所・オレゴン州ポートランド　誕生地・ニューヨーク市　父、ラルフ・W・エルデン　母、レイラ・K・エルデン　海軍兵学校入学以前の在学校・リンカン・ハイスクール、オレゴン州立大学（一年間）　妻マーガレットと一九三七年三月十三日、ロサンゼルスで結婚」
父の職業は牧場主、土木技師。一家はイギリスとフランスからの移民。ラルフは一人息子で妹が一人。父は一九二五年に死去。母、妹もない。
イリノイ州シカゴに住む未亡人・マーガレット・M・エルデンのアンケート回答と手紙
ラルフは海軍兵学校を一九三一年に卒業後、ワシントン特別区にあるオプティカル（光学）研究機関で学んだ。海軍をえらんだのは海への憧れから。戦死後、シカゴ市の通りがエルデンと命名される。

妻について。一九〇九年六月十三日、シカゴ生れ。戦死前の職業・秘書。戦死後の職業・主婦・タイピスト・秘書。再婚せず。

任官後、艦上勤務ののち、一九三六年六月から一九三九年五月までは海軍兵学校へ戻り、教育担当者コースの専門教育を受けた。一九三九年四月、ニュージャージー州ケルニーの連邦造船所に配属、ハマンの就航準備にあたる。八月二十日より副長。

息子のトーマス・キング・エルデンは一九四〇年九月四日にサンディエゴで生れた。パールハーバーが攻撃されたとき、夫は大西洋で任務についていた。

ミッドウェー海戦でハマンが攻撃を受けた六月六日、トルー艦長が負傷したのちは、副長として航行不能となり沈んでゆくハマンの脱出を指揮し、デッキが浸水するまで艦に残り、ついに艦もろとも爆死した。

戦死後、ネイビークロス授与、駆逐艦エルデン一九四三年四月六日ボストンで就航。

「息子と私が彼と最後に会ったのは一九四一年のクリスマスです。彼は私に、ボストンへもどって荷物をまとめ、私の父のいるシカゴへ転居するように示唆し、私はそうしました。

彼はとても物静かな人でした。ユーモアのセンスがあったのを知っている人はごく少ないと思います。オレゴン州の海岸の町で育ち、海は彼の生活の一部分で、泳いだり、ヨットに乗ったり、あるいはただじっと海辺に坐って海をみる時間を楽しんでいました。だから太平洋に葬られたことは私にとってはなぐさめに思えます」

ラルフ・リー・ホルトン
HOLTON, Ralph Lee

海軍少尉　23歳8カ月　イリノイ州シカゴ市　海兵'42年度生　'38年7月1日、19歳で入隊　ネイビークロス授与　駆逐艦ホルトン就航
一男一女の長男　未婚

父・リー・ホルトンのアンケートに対するそえがき

「ラルフは珊瑚海海戦のあと次のような理由でネイビークロスを受けました。

『一九四二年五月六日、珊瑚海に於いて、炎上する空母レキシントンの生存者救出のため出動したボートの士官として示した勇敢な行動に対して贈られる。ホルトン少尉は燃えあがる爆弾の破片や銃弾、ガソリンの海の中、打撃を受けた空母の船腹に粘り強く救助ボートを接舷させ、間一髪の救出を何度も行った。これにより、失われたかもしれない多くの空母乗組員の命が救われたのである。彼の勇気ある忍耐力及び自らの危険を顧みない態度は、米国海軍の最高の伝統にのっとったものである。フランク・ノックス海軍長官』

この一カ月後、前夜被爆した空母ヨークタウンにハマンが横づけされていた。パールハーバーまで曳航するためです。そこを日本の潜水艦が魚雷攻撃した。当時、艦には水中爆雷が装備されていたが、ラルフは艦底に多くの乗組員がおり、そのままでは何が起るか知っていたので、退艦が手遅れになってしまうまで艦に残り、水中爆雷除去作業に全力を傾けたという。これは公式記録ではなく、生き残りの乗組員から寄せられた多くの手紙で明らかになったことです。

ラルフの名誉をたたえて駆逐艦ホルトンが建造され、ミシガン州のベイシティでの進水式では、彼の母親が名付け親になりました。その日の夕食会には、妻と私が主賓として招かれました。妻は胸につける花（コサージ）、私は小さな米国旗を頂きましたが、私はその国旗を見てすぐに基地司令官に返しました。ラルフは卒倒したでしょう。私はその時思ったのです。旗に『メイド・イン・ジャパン』と書いてあるのを見たら、ラルフは卒倒したでしょう。私は現在九十三歳で健康、二年前に妻を亡くし、庭仕事を除く家事はすべて自分の手でやっています。

戦争に勝った者はいません。どちらの側の人々も、長い年月にわたって代償を支払うのです」

八三年十月、フロリダ州デュネディンに住む父ホルトンを訪問。前立腺手術の予後でナーシング・ホームにいた。一人息子を若くして死なせた悲しみを、淡々と語った。彼自身は成功者として老後を送っていて、戦死者への年金等は受け取っていない。現在九十七歳だが、「健在」の便りが届いている。ただ一人の妹ヴァージニアが兄の全資料をもっているというが、何度手紙を出しても一度も返事はない。

ウィリアム・B・ラバリング　海軍少尉　28歳10カ月　マサチューセッツ　'40年8月2日、予備学生として26歳で入隊　未婚
LOVERING, William Bacon

弟・チャールズ・ラバリングへの電話インタビュー

「一家の先祖は一六二〇年にメイフラワー号で英国から移住し、裕福な家庭を作った。父はニューヨークのハノーバー銀行行員。兄のジョセフ、弟のチャールズの三人兄弟だが、ウィリアムは学校の成績もすぐれ、両親の期待を一身に背負っていた。ミルトンアカデミーからハーバード大学へ進み、卒業後は三年ほどノースアメリカ保険会社につとめた。この仕事はあまり好きではなかったらしい。スポーツマンで、オフィスワークには向いていなかったのかも知れない。

背が高く、浅黒い皮膚をしたハンサムで、数えきれないほど友達がいた。趣味はヨットで海洋レースに出ることで、一九三七年には仲間とサンフランシスコ・ハワイ間のレースに参加して優勝している。大学の狩猟や、ホッケークラブのメンバーでもあった。

彼はアメリカが日本とではなくドイツと戦争するだろうと予想していた。保険の仕事に熱中できなかったのと愛国心とが交錯して、一九四〇年八月二日、海軍に入隊した。ハドソン河に停泊している船で訓練を受け、大学卒業者であることから九十日の訓練で士官になった。『奇跡（ミラクル）の九十日（ナインティーズ）』といわれた青年士官の一人である。

彼はハマンに配属になり、一九四一年八月七日、弟チャールズの結婚式の日、突然空港から電話をかけてきて介添役をつとめた。これは家族が彼と会う最後の機会になった。戦友の話によると、彼はハマン沈没時の水中爆発によって死んだ。公式の通知が届く前に、この戦友は軍規をおかして哀悼の手紙を父親あてによこした。一九三五年に手術で母は亡くなっており、息子の戦死は父親に大きな打撃をあたえた。仕事への意欲も減退し、一九五六年に七十四歳で亡くなっている。父親はウィリアムの愛犬が死んだとき、それを息子に知らせるべきか否か迷った。ちょうどミッドウェーの大勝利を興奮して聞いたときで、それが、息子の死んだ日にかさなることをやがて知らされる。父親は戦死者の遺族に対する年金の支給を拒否した。一九四四年、ウィリアムの名前をつけた駆逐艦が進水している。兄も弟も第二次大戦に従軍し生還した」（弟・チャールズ・ラバリングへの電話インタビュー）

ミルトンアカデミーには、ラバリングの名をつけた賞がウィリアムの友人によって設けられ、毎年ウィリアムに似た人格と素質をもつ卒業生に贈られている。（「サウス・ショア・レコード」紙'82・6・10）

ビクター・H・ウィリアムズ・オーラー　二等水兵　23歳3カ月　イリノイ州スタントン
OEHLER, Victor H. Williams　'41年12月25日、22歳で入隊　未婚

姉・アイリーネ・オーラーの手紙（'82・5・25）

「ビクターと私はとても仲よしでした。私がミシガン州のデトロイトに住むようになると、彼もこの州へやってきてトラックの運転手などをして働きました。一九三八年頃、一年間くらいです。それからスタントンへ戻りました。仕事がなくなったからです。

仕事がみつからなかったので彼はまた家を離れ、ネバダ州のリノへ行きました。皿洗いの仕事をみつけ、食肉屋になる学校へ行こうとしていました。リノ・キャフェという店でも働

いています。

パールハーバーが攻撃されたあと、十二月二十五日に彼は海軍へ入隊しました。私の夫と息子のドナルドは彼に会うために汽車でスタントンへ行ったのですが、海軍当局は禁足令を出していて会えず、辛い思いを味わいました。入隊後、彼は家族によく連絡をくれましたし、私もたくさん手紙を書きました。

いとこが『行方不明』の電報を配達にきたのですが、父は母に知らせまいと、長いことそれをポケットにしまっていました。それで、近所の人や親戚、友人たちが母よりさきに弟の死を知ることになったのです。私はちょうど娘を妊娠中でしたから、母は私にかくそうとしました。でも義理のシスターがそっと教えてくれ、私は取乱しはせず、彼の無事を神に祈りました。でも祈りは届きませんでした。

リノから彼の衣類が返送されてきたとき、私はちょうど実家にいました。望みをつないでいたのに、ついに死がやってきたという感じでした。一年後、ルーズベルト大統領によってビクターは公式に戦死と認定されたのです。

私たちの父は炭坑夫で、当時は引退していました。もうなくなりました。

二十七年前、私と夫は息子のドナルドに会いにハワイへ行き、パンチボウルの墓地でビクターの名前をみつけました。ネバダ州リノ出身と刻まれていました。家族は誰も知らずにいましたから、これは嬉しいことでした。母はとくにそうだったと思います。

ミッドウェー海戦の映画を見たとき私は泣きました。ひどく悲しかったのです。

弟の手紙を何通かみつけましたが、彼は何が起きようともイエスを信じると書いています。私は彼が天国にいると思います。

あなたがこれ以上知りたいと考えているとしても、過ぎた三十九年は長過ぎます。彼にはリノにガールフレンドがいました。当時の住所がわかっています。母はずっと息子の帰宅を待ちつづけていました。でも願いのかなわぬまま一九七一年三月二十五日に死去しました」

エドワード・ウェスリー・レイビー
RABY, Edward Wesley

海軍一等傭兵　22歳3カ月　カリフォルニア州ロサンゼルス　'39年11月6日、19歳で入隊　未婚　遺族代表母

黒人戦死者の一人で現存の遺族は妹一人。ようやくみつけだして一九八三年の秋、二度訪問した。最後は打ちとけたが、はじめは非常な警戒（拒否）を示した。

兄妹の父はフランス系の白人でミュージシャンであり、不況時代にも経済的に困ることはなかったという。エドワードは魅力的な若者で、シアトルに住む伯（叔）母を訪ねてゆき、そこから海軍へ志願した。家族にとっては意外なことだった。彼は大学へ進学する準備をしていたし、両親にはそのゆとりがあったという。

妹は兄の出身高校に、彼の名前の刻まれた戦没者の記念プレートがあるというので、その高校へも行った。優勝カップなどをしまってある使われていない部屋も、鍵をあけて調べてもらったが、プレートはみつからなかった。

取材内容を書くことは制限されている。その最大の理由は、優秀だった兄の戦死を、もっと階級も上のはなばなしいもののように子供たちに伝えてきており、下層の身分であったことは知らせたくないという点にあった。彼がほとんど白人に近い肌の色をしていなかったら、一等スチュワードになることさえ困難であったはずである。米海軍における黒人の歴史は当時の社会を反映している。だが妹は下士官か士官としての戦死のイメージを大切にしていた。

ジュリアス・リッチー　海軍二等水兵　21歳4カ月　ケンタッキー　'41年11月13日、20歳で志願

RITCHIE, Julius　未婚

双子の妹ビューラからの手紙

「彼は一九四一年のレイバーデーの翌日家を出ました。高校中退から入隊まで、農場で働いていました。父は農夫です。ジュリアスの階級は知りません。ハマンで六月六日に戦死し、遺体は返っていません。両親は亡くなるまでわずかな保険金を受け取っていました。彼は男二人女七人のきょうだいの次男で、私たちの下には妹が一人います。

ご存じのように若くて亡くなったのであまりお話しすることもありません。彼が海軍へゆきたいと望んだときまだ二十一歳になっていなかったので、両親が書類にサインしました。その結果が花を供えてやる墓もない死につながり、母はとても傷ついていたと思います。私たちは大家族であり、お金はあまりなくてもみんな一所懸命働きました。今思えば貧乏だっ

たのでしょうが、幸せだと思っていました。私たちきょうだいは長姉をのぞいて全員健在で、できるだけみんなで集まっています。戦争はいつでもそうですが、誰にとってもひどいものです。私はまだ若かったのですが、あなたがこのように戦争について考えておられるのを知り、私の思い出も新たになってひどく胸が痛みます。ジュリアスが入隊したとき、家にいたのは両親と妹だけでした。彼が入隊するとすぐに戦争がはじまったので、一度も帰宅はしていません……」

戦死者と家族の声・米海兵隊

ウィリアム・A・バーク　海兵隊三等兵　18歳11カ月　三男の長男　入隊四カ月で戦死　未婚

BURKE, William Anthony

一九四二年一月二十八日、ウィリアムは「国家非常事態発生にあたっての緊急要請」に応じ、海兵隊に志願入隊した。ウィリアムは一九二三年六月十五日、中西部アイオワ州メーソンに生れ、未成年であったため保護者の同意書を必要とした。父はすでに亡く、母のアイダが署名した。家族はほかに弟のジョン（十七歳）、ロバート（十五歳）。

ウィリアムは一九四二年六月四日午前六時三十五分、ミッドウェーのイースタン島で日本機の銃撃を受け死亡、六日、同島で水葬に付される。

海兵隊公文書館には、四カ月余の短い海兵隊生活を記録した軍人手帳、遺品、保険、死亡給付金などの取扱いに関する、交信記録が残っている。

「軍人手帳」に記されているウィリアム・A・バーク。――目・青、髪・茶、赤ら顔、身長一七五センチ、体重六一キロ、血液型A。二月四日付の顔写真は、まだ幼さの残った神経質そうな目をしている青年。他に十指の指紋、額、背中、でん部にアザがあるなどの身体認識図。

ウィリアムは一月三十一日より三月二十六日までサンディエゴで訓練を受け、翌二十七日、サンフランシスコから出港、三十一日にハワイのホノルルに到着した。四月十六日、ミッドウェー島の海兵隊第二二一戦闘機中隊に配属。

サンディエゴ時代、ベテランズ・アドミニストレーションに提出した生命保険の契約書と、保険金の給与天引き申請書がある。それによると、ウィリアムは二月二十四日に、一万ドルの死亡給付金つき生命保険に加入、毎月六・五ドルを天引きする手続きを取っている。受取人は母親。〔この一万ドル保険は、戦争下の軍籍にある全アメリカ軍人に義務づけられていた〕

六月十三日付で母・アイダの許に届いた電報

「謹しんで米海兵隊員、ウィリアム・A・バークが戦闘中死亡したことをお伝えします。……敵方の利益にならぬよう、艦名、基地名については口外なきよう願いたい。現状にては死亡地にての一時的埋葬をせざるを得ず、この点、ご了解いただきたい」

ウィリアム・A・バークの所持品目録

「オーバー一、ブラウス一、緑色ズボン二、緑色海上帽子一、毛布一、正装用靴一、レギンス一、ベルト二、作業用ズボン一、カーキ色シャツ二、フィールド・スカーフ六、海上帽子

二、ポンチョ一、ナップザック一、パンツ七、肌着七、皮手袋一、ヘルメット一、マットレス一、洗濯用袋一。以下私物――聖書、海兵隊手引書、手紙、ハンカチ、シェーファー社製万年筆、切手帳二冊、ブラシ一」
一九四二年六月二十五日付、在ワシントン海兵隊司令部発行の保証書によれば、死亡時の月決め給与額は六十ドル。

母アイダ・バークの死亡給付金申請（四二年七月一日）に遺族の姿が記されている。

父は一九三二年二月十六日死亡（当時の月収百三十五ドル）、母アイダ・バーク（当時四十七歳）のキャッシャーとしての月収百二十ドル、家は五部屋、賃貸による収入を得るには適さず、他に収入の道なし。資産総額四千五百ドル相当。

この申請が受理され、七月二十二日、母アイダに、「六カ月死亡給付金」として合計三百六十ドルが支払われた。

一九四二年七月二十三日、在ワシントン海兵隊、ダグラス・ウィンゴ少佐よりバーク夫人への通知書
「前線司令部より当司令部に送られた以下の私物を返却いたします――財布一、切手帳一、写真二枚、住所カード、社会保証カード、宗教用小物一式、腕時計一、ツメ切り一」

一九四三年八月三十一日付、バーク夫人より海兵隊司令長官への手紙。「お願いがあって筆をとりました。私の息子ウィリアム・バークは一九四二年六月四日ミッドウェー島で戦死しました。息子の軍服姿の写真をぜひ入手したく、お手許にあればご送付願えませんでしょ

うか。サンディエゴで身分証明用に撮ったのと、ハワイでも一枚撮ってあり、ワシントンに送られているはずです。記録ファイルに写真がないかどうかお調べいただけたら幸甚です」

一九四三年九月七日付、海兵隊ジョン・ディクソン大佐よりバーク夫人へ。「お問合せの写真は別送いたしました」

ロバート・E・カーティン　海兵隊大尉　26歳11カ月　ニューヨーク　'38年5月16日、予備学生として22歳で入隊　'38年9月17日結婚　妻25歳と息子

CURTIN, Robert E.

ツカルム大学サム・ドアク理事の話

「カーティンは一九三七年、経営学部のＢＡ（学士）を得て当大学を卒業した。すでに父親は死亡していた。在学中はテニスとフットボールの選手で、グリークラブ、文学ソサイエティにも所属。大学で知りあったエリザベス・ラムヒル（一九三六年卒業）と結婚した。卒業後、彼はニューヨーク市のエジソン・エレクトリックで会計をやっていた」

妻・エリザベス（愛称ベティ）の学生時代の**友人・ジーン・プレスコット**の話

「ベティとは大学の後半の二年、同室だった。ベティは卒業はしていない。当時は在学中の学生は結婚するものではないとされており、二人はロバートが一九三七年に卒業するとすぐ秘密の結婚をした。ベティは大学に戻るつもりだったので、正式に結婚を発表しなかった。ロバートは私に『もしベティが来年大学へ戻ったら、よろしく頼むよ』と言ったが、ベティ

は戻らなかった。

ロバートは気持のいい清潔な感じ。あごに割れ目があり、明るい茶色の髪、青い瞳。四年間テニスの選手で、大学時代の後半はクラブのキャプテンだった」

ロバートの学友・ウールフォード・プロチャナウの話

「大学生活後半の三年間、ルームメイトだった。課外活動をさかんにやりながら、学業でも抜群の学生だった。友情に厚く、誠実で人気があった。いつも変ることのないいい友人だったが、ちょっぴりダーリング（甘えん坊）で、無鉄砲なところがあった。二人で学生相手にTHE・NOOKという名のランチコーナーをやり、一年以上つづいた。たしか一九三九年、大学同窓生のダンスパーティの日、軍の制服を着て松葉杖姿で出席し、飛行機から落ちたんだよと冗談を言っていた。エリザベスと結婚していて、彼女もいっしょだった」

一人息子・ハーバート・カーティンの話

「父の記憶はまったくない。母は父について話してくれなかった。私が七歳のとき母は再婚して一家はアリゾナへ移った。

ミッドウェー海戦に関するものは、手あたり次第読んだ。映画もほとんど見た。すべての栄光は海軍にのみ与えられ、海兵隊の勇気は認識されていない。海軍よりも劣る飛行機材で根性をもって敵にぶつかっていったのに」

姉・フローレンス・フレッシュの話

「彼が通ったスタテン島のカーティス高校には、第二次大戦で戦死した卒業生とともに彼の名前を刻んだ記念碑がある。空へのあこがれがロバートを海兵隊空軍へさそったのだと思う」

妻のエリザベスは再婚相手の死により未亡人になっている。アメリカ側調査スタッフのバーバラ・ジョーの電話に対し、最初の日は泣いてばかりいて会話は成立せず、つぎの日ひかえ目に取材に応じた。

「大学へは三年間いったが、卒業していない。夫はすばらしい青年、立派な人。生き生きして、なんにでも積極的にとりくんだ。ゴルフ、テニスはじめあらゆるスポーツをやった。ニューヨークのスタテン島出身で、彼の小さな家を訪ねたことはあるが、くわしくは説明できない。鉄道員だった父はすでに亡くなり、母のマティは家庭にいた。彼には、四、五歳年上の姉がいて、戦死したときは結婚してニュージャージーに住んでいた。

結婚後、私たちはロバートがはじめて飛行訓練を受けるニューヨーク州ブルックリンのフロイド・ベネット基地へゆき、つぎにフロリダ州ペンサコラへゆき、そこで一九四一年六月二十三日、息子のハーバート・カーティンが生れた。

夫は海外へゆく前に息子の顔を見ている。最後に会ったのは、生後五カ月のときだった。夫が行方不明になったという電報を受け取ったときのことをおぼえている。一年後、正式に死亡と認定の通知がきたあとも、生きていてくれるようにと祈りつづけた。……」（'83・4・5～6）

ブルース・ヘンリー・エク
EK, Bruce Henry

海兵隊少尉　24歳1カ月　'40年、予備学生として22歳で入隊　四人兄弟の末子　大学を二年で中退　未婚

「私はブルースがミッドウェーで戦死した当時、彼と婚約していました。ブルースはノースセントラル・ハイスクールに通い、フットボール選手として町の人気者でした。背の高い、金髪のグッドルッキングな人で、海軍飛行士の模範でした。彼のルックスとおおらかさはつねに女性を魅了しました。

一九四五年十二月、ブルースの四歳年上の兄・ロイド・エクと結婚しました。ロイドも海兵隊の士官で、後に弁護士になりました。彼は一九六三年六月一日に死亡し、その葬儀は彼の弟ブルースがミッドウェーで戦死した六月四日にとり行われました。

彼ら兄弟の両親は二人ともスウェーデンからの移民で、スポーケンで知りあい、結婚して四人の息子を育てました。父親のフリッツ・オスカー・エクは一九七一年に亡くなりました。母親のミセス・ネリー・エクは現在老人ホームにおり、今年の七月四日に九十六歳になりました」（'82・10・3　フローレンス・E・エク）

「ブルースは、マリーン・カデット（海兵隊士官候補生）プログラムに入隊しました。十八カ月間の飛行訓練をフロリダ州ペンサコラで終えると、体格がよかった（身長一九〇センチ）ためか、急降下爆撃機のパイロットを任務とする少尉になりました。

彼と彼の属する海兵隊第二四一爆撃機中隊のメンバーは、ロフトン・ヘンダーソン少佐の指揮のもと、日本の空母赤城上空まで飛びました。ブルースはじめ全員が赤城攻撃中に死亡しています。全機がやられた理由は、ヘルダイバー機は速くもなく、機動性にも富まず、攻撃の最中は戦闘機の掩護を必要としたからです。第二四一爆撃機中隊は直掩機なしで飛び、待ち構えていた赤城の戦闘機と対空砲火にやられたのでしょう。

ご存じでしょうが、ガダルカナル島のヘンダーソン・フィールドは、この時のヘンダーソン少佐の名を取ってつけられたものです。

一九四二年六月四日早朝、第二四一爆撃機中隊がミッドウェーを飛び立ったとき、全員が生きて帰ってくる可能性はゼロに等しいことを承知していました。そして戦争の終りごろには、日本のパイロットが全く同じように自分たちの運命を感じていたとは、何と皮肉なことでしょう」（甥・スティヴン・J・エク）

トーマス・ジョン・グラツェック
GRATZEK, Thomas John

海兵隊少尉　24歳　ミネソタ大学卒業後、ミネソタ・メディカル・スクール中退　'40年12月12日、予備学生として22歳で入隊　二男二女の長男　未婚

「私たちはみんな彼をバッドと呼んでいました。彼が子どもの時に父がつけたのです。バッドは、父が第一次世界大戦で医療部隊として送られた時、生れてわずか数カ月の赤ん坊でした。その頃、『マイ・バディ（My Buddy）』という歌が流行していて、父が母に手紙で『私の小さなバデ

ィは元気かい』と書いてきたので、それが彼の名前になったのです。

私は兄のいない女友達に羨しがられました。私たちはとても仲が良くて、私は兄が大好きでした。私はいまだに彼が懐しくてたまりません。なぜあんなにいい人間があんな若さで死ななければならなかったのでしょう。しかも海で撃たれて。何てむごい、ひどい死に方だったのでしょう。

私には五人の男の孫がいますが、もうけっしてどんな戦争でも戦うことがあってはならないと願い、祈っています。

私の二人の義理の息子はベトナム戦争に参加しましたが、幸いにも負傷もしませんでした。兄は死ぬ時、婚約していました。数年後に兄の親友が兄の婚約者と結婚しました」（三歳ちがいの妹・フローレンス・クウツ）

「ジョージア州に住む息子のジョンが、トーマス戦死後に私が作ったスクラップブックをもっています。そこにあなたが必要としているすべての情報があります。私は八十五歳という高齢のため、あまり記憶がたしかではありません。でも忘れられないことが一つあります。トーマスが戦闘中行方不明になったと告げられたあと、私たちは大きな木の箱を受けとりました。棺くらいの大きさで、中にはミッドウェー島でのトーマスの持ち物のすべてが入っていました。服、腕時計、お金の入った財布、お祈りの本、数冊の本、写真、靴……。他にもありましたが思い出せません。

この箱が届いた日が、私の生涯でいちばん悲しい日でした。私たちは、教会そして墓地で彼にふさわしい埋葬式をしてやることもできなかったのです。

私は私たちを守るために死んだトーマスと、他のすべての若者たちのために毎日祈っています」（母・テレサ・グラツェック　'83・11・29）

「家族があのニュースを受けとったとき、私は大きな泣き声で目をさまされたのです。みんなただ行方不明になっただけであってほしいと願いました。送り返されてきた兄の遺品を母がひろげていたのをおぼえています。母はひどく手間どっていました。こわがっていたと思います。私は十歳で、なにかもらえるものはないかと眺めていました。父はひどく悲しみました。

母も私たちも、いつも彼のことを思い出しています」（弟・ジョン・グラツェック）

ロフトン・R・ヘンダーソン　海兵隊少佐　39歳　海軍兵学校26年度生　'22年7月11日、19歳

HENDERSON, Lofton Russel　で入隊　在隊年数19年10カ月　既婚　駆逐艦ヘンダーソン就航

「海兵隊の英雄」として知られるロフトン・ヘンダーソンは一九〇三年五月二十四日、オハイオ州クリーブランドで生れた。父親はチューブ工場の機械工。地元ロレイン高校から海軍兵学校へ。一九二六年優等で卒業。海兵時代のイヤーブックに寮の仲間が書いた横顔がのっている。

「ここにジョー・シュワルツ氏（ロフトンの筆名）を紹介しよう。同氏は『日曜日の話題に

ついての随想』他、数々のひまつぶしに適したナンセンス作品の作者である。彼は『何とかなるさ』(ハッピー・ゴー・ラッキー)的生き物で、いつも幸運とは限らないまでもほとんどの場合ハッピーである/同氏の名声については枚挙にいとまがない。最下部デッキから屋根まであらゆる短距離競走の海兵記録保持者である。身仕度のあと定刻に配置に着く、その間の時間をいかに縮めるかという実験に邁進し、一週間で遅刻十三回の記録を作った/悪童ぶりに関しては出し惜しみを潔しとせず、室内短距離で満足せず、下級生と共に円盤(と彼は呼ぶが、じつはパイ)投げに興じ、輝けるチャンピオン獲得の数をさらに増やしたのである/同氏はスウェーデン系の金髪を持つハンサムな悪魔である。ただし本人はスウェーデン系呼ばわりされるのは好まず、万人はすべからく一流のスコットランド人を見分けるべし、と豪語する。いずれにせよ、女どもが惚れやすいとの風聞あり(愚かなる者、それは女!)。同氏は七人の婦人と手紙をやり取りし、いずれへも『もっとも親愛なる』と書き送っている」

海兵卒業後、一九二九年にペンサコラで飛行訓練を受けてパイロットとなる。中国、ニカラグアなどの配属を経て、一九四二年四月十七日、ミッドウェー島の第二四一爆撃機中隊の隊長となった。

六月四日〇六〇五(午前六時五分)、百八十マイル(約二百九十キロ)に位置する敵機動部隊攻撃の命令を受けた。中隊は機種によって二グループに分れた。ヘンダーソン率いるSBD2(ダグラス・ドーントレス哨戒爆撃機)十六機編成と、ベンジャミン・ノリス少佐率いるSB2U-3(ボート・ビンディケーター哨戒爆撃機)十一機編成——の二隊である。海兵隊機と前後して海軍のTBF（ホーネット所属の雷撃機アベンジャー）六機、陸軍のB－24爆撃機四機も出撃したが、日本艦隊に最初の攻撃を加えたのはヘンダーソン隊だった。この日、ミッドウェーから出撃の二十七機のうち生還したのは八機だった。

七月十四日、海軍省は、ヘンダーソン機の最後を至近距離で目撃したという中隊生き残りの銃撃手の証言を発表した（「海兵隊戦闘詳報」）。

ユージン・カード伍長の証言「ヘンダーソン少佐は日本の連合艦隊の二隻の空母を発見、その攻撃の指揮をとった。海兵隊機は数の上では敵よりはるかに優っていた。わが編隊は標的に向って水平爆撃体制をとり、対空砲火の中へ突入した。ヘンダーソン機の左翼から火がでたのは攻撃開始後まもなくだった。零戦が指揮官搭乗機を集中的に狙ったのは確かだが、ヘンダーソン機が被弾したのが零戦の二〇ミリ機銃か、高角砲のいずれであるか不明である。ヘンダーソン機はただちに空母突入の方向をとった。火は広がり、機の後方部より黒煙が尾を引いた。もはや回復不能であることは明らかだったが、機外への脱出はしなかった。ヘンダーソン少佐自身負傷しており、炎上する機体もろとも敵艦に突撃した。空母の煙突に衝突したことは確かである。この突撃は意図的行為によるものである」

一九四二年七月十九日付オハイオ州コロンバス「シティズン」紙の記事

「英雄の伝記——国に命を捧げた息子を誇りに思う」

ロレイン発十八日　**父・フレッド・ヘンダーソン**六十七歳は、アメリカン造船所から事務所への登り坂をゆっくり歩いた。やや猫背だが、長身で体も大きい。作業服姿をみれば、労働者であることに誇りを持っているのがよくわかる。

「〔行方不明の〕知らせはまずサンディエゴにいるロフトンの妻に届いた。別の息子のポール（海兵隊少佐）が、もうだめだということをどこかで聞きつけ、娘のマリーに電話をよこし、もう一人の娘シャーリーが私らに知らせて来た。辛かったね。持っていき場がなくなってしまった。その週は一日も仕事をする気になれなかった。先週末やっと海軍から手紙が来て、そこには息子が務めを果たした英雄と書いてあった。

昨日ちょっとおかしいことがあった。妻とシャーリーがたまたまミッドウェーのことを伝えるニュースを聞いていたら、突然アナウンサーが、『ヘンダーソンは敵艦の煙突につっ込んで艦を沈没させた』といい出した。お互い顔を見合わせているとき妻がひとこと『煙突なんかにつっ込めるものなの』と聞き返すんだ。だから私は『何をいっとるか。艦の煙突といえばこの部屋に入り切らないぐらい大きいんだ』といってやった。

去年の五月二十三日、ちょうどロフトンの誕生日の前日、夫婦そろって車で家に帰ってきた。サンディエゴへ転勤が決ってその途中立ち寄ったといった。盛大に誕生日を祝ってやった。それが息子と会った最後だ。

今年五月サンフランシスコから来た手紙には『明日のこの時間は、ハワイに向けて飛んでいるはずです』と書いてきた。たまたまポールもサンフランシスコに乗船しており、真珠湾にいて二時間ばかり会えたらしい。

フレッド・ヘンダーソンは一年前、十五年間勤めたロレインのナショナル・チューブ社を退職して、この造船所に再就職した。ロフトンがこういって勧めたからだという。『お父さんはまだ、修業中の若い人よりずっと優秀な機械工だ。ちょっとでも物を作る仕事をしたほうがいいよ』

母のヘンダーソン夫人は背の高い細っそりしたグレーの髪の婦人で、物静かな威厳と個性を感じさせた。暖炉の上からロフトンの額入り写真を持って話を始めたとたん、突然泣きだし、感情を抑えようとして顔を手の中にうずめた。『とてもいい子でした。こんな思いをしているのは私だけでないとわかっています。何百万人もの母親が私と同じ苦しみを味わっていることも知っています。でも辛いのです。彼がいないことに慣れるのは難しいことなのです』。最後は独り言のようだった。……」

「ロフトンの妻はアデリンといい、戦後しばらくはカリフォルニア州コロナドにとどまった。子どもがいたという記録はない。ミッドウェーのイースタン島およびガダルカナルの飛行場に彼の名がつけられている」

ダニエル・J・ヘネシー
HENNESSY, Daniel Joseph

海兵隊大尉　28歳　ノースダコタ　ノースダコタ大学卒業　'36年7月、予備学生として22歳で入隊　五男一女の三男　妻と四人の子が遺された

姉・メアリー・ヘネシーの手紙（'82・8・15）

「返事がおそくなったことをお許し下さい。長兄が手おくれのガンで重態のため書けません

でした。

私はときどきわが家の近くのラヨーラを車で通ります。そこにはジョーが大平洋戦争に出てゆき、ついに帰ってはこなかった小さな家があるのです。

彼のようにすぐれた知性と才能をもった青年たちが命を失ったとは、なんとひどいことでしょう。もし各国があの犠牲を出していなければ、今日の世界はどんなに違ったものになっているでしょう。しかし〝指導者〟とよばれる人たちは、軍備に力をいれることで、なにも教訓を得ていないことを証明しているかに思えます。

ダニエルは家族の間ではジョーとよばれ、人格者であり思慮深くて、生れながらの指導力、組織力をもっていました。高校卒業後の一年間は父の燃料販売の仕事を手伝い、大学へゆきました。勉強のかたわら、図書館でアルバイトもしています。弁論の才能があって大学時代、『善意を阻むもの』『忘れられた若者たちの記念碑』と題して話し、どちらも一位を獲得しました。音楽の才能にも恵まれ、ピアノやサキソフォンをやっていました。

ジョーは一九三八年七月六日に結婚し、行方不明が報じられたとき、ラヨーラの家には妻のジャネット（二十六歳）とおさない長女、長男がいました。ジャネットはジョー戦死後の十一月、娘と息子の双生児を生みました。ジャネットたちはミネアポリス郊外へ移り、彼女は高校で何年間か教えています。

ジョーのほか兄弟の三人が第二次大戦に従軍して、長兄ジョン（弁護士）は南太平洋で陸軍航空隊員として戦い、四男フランクは第八空軍のパイロットとしてフランスの上空で撃墜され、フランス人の地下組織によって英国へ生還しています。末弟のトムは海軍の軍医として太平洋で乗務し、のちにカリフォルニア大学ロサンゼルス校放射線治療センターの副所長になりました。

ジャネットは再婚していません。ジョーの長男ジョン・M・ヘネシーは海軍士官学校を卒業し、海兵隊に属してベトナム戦争にゆきました」

マーティン・E・マハナ　海兵隊少尉　22歳8カ月　'40年2月3日、予備学生として20歳で入隊　三男の末子　未婚

MAHANNAH, Martin Edward

長兄・J・A・マハナ（七〇歳）からの手紙（'82・6・6）

「私はマーティンの兄です。彼は海兵隊の急降下爆撃機のパイロットで、ミッドウェー海戦で撃墜され、パラシュートで脱出して降下中、狙撃されました。遺体は二、三日後にうち上げられ水葬に付されたと戦友から便りがありました。もう一人の弟は陸軍パイロットでしたが、四五年四月、台湾上空で迎撃され、墜落死しています。戦後になって弟の遺体は他の搭乗員とともに発見され埋葬されました」

マーティンは一九一九年九月二十五日、米中西部カンザス州ウイチタ（オーガスタ）に生れた。父、兄二人ともモービル石油精錬所で働いていた。

マーティン・マハナの遺族への呼びかけは、生れ故郷オーガスタの「デイリー・ガゼッ

タ」紙に掲載を依頼した。同紙編集部からは、マーティンの戦死を知らせる記事の切り抜きコピィが送られてきた。

「オーガスタで初の戦死者」の見出しと制服姿の顔写真入りで、同紙はマーティンが行方不明であるとの電報が家族に届いたことを伝え、次のように報じている。「マハナ少尉は、今年春、帰郷した。制服姿は立派で、家族、友人ともども再会を喜んだ。……彼は地元高校の卒業生。スポーツに秀れ、とくにフットボールが得意だった」('42・6・16付)

八四年四月九日、マハナ少尉の戦死の模様を伝えた戦友の手紙をみせてくれるよう依頼した手紙へ長兄からの返事

「両親ともすでに亡くなっており、住んでいた家は火災で全焼し、その手紙をふくめて遺品などすべてを焼失しています。ご協力できず残念です」

ベンジャミン・ホワイト・ノリス
NORRIS, Benjamin White

海兵隊少佐　35歳　大学卒業　'28年、予備学生として21歳で入隊　在隊年数14年　二男一女の次男　妻と生後1年にみたない長女

空母攻撃の任務を帯びた海兵隊第二四一爆撃機中隊所属のパイロット。第一次出撃で小隊長ヘンダーソン少佐戦死のあと、かわって指揮をとり、第二次出撃をしたが、ノリス機とフレミング機(各搭乗員二名)は未帰還となった。ネイビークロス授与、一九四四年八月二十九日駆逐艦ノリス進水、ノリス夫人が出席した。

一九〇二年生れの姉・ガートルード・グリーンの手紙

「ベンジャミンはペルーのリマで生れた。彼の父親は土木技師で、一家はミラフロレスの郊外の住宅地に立派な家を構え、使用人もいた。ベンジャミンは三人兄弟の末っ子で、兄のヘンリーとは年が随分離れていた。母親はいちども健康な時がなくいつも病弱だった。一九一四年、母親は子どもたちを連れてアメリカへ渡った。身体のためと、長男を全寮制の私立学校（ボーディング・スクール）に入れるためだった。その時、兄ヘンリーは十五歳、私（姉・ガートルード）は十二歳、末っ子のベンジャミンは七歳だった。

アメリカにいる間、突然、父が腹膜炎で死亡した知らせを受けた。希望をまったく失ったまま、母は子どものころから住み慣れ、スペイン語も流暢に話すことができたにもかかわらず、二度とペルーには戻らなかった。すでに病弱であった母は元気を失い、夫を追うようにして二年後に死亡した。子どもは孤児となったが、一族が応援にかけつけてくれ、経済的な苦労はなかった。

おばのジェームズ・ロジャーズ夫人が保護者となった。子どもは三人とも寄宿舎のあるボーディング・スクールに通い、夏休みは全員一緒におばの所で過した。ベンジャミンが通った学校はセント・ジェームズ学校で、そこのフットボール場には、彼の名がつけられている。彼はそこを卒業したあと、フィリップス・エクスターという高名な全寮制の学校へ行った。兄弟はそれぞれ離ればなれだったが、親密で、とくに同じ悲しみを持つ私とベンジャミンは仲がよかった。両親を失ったにもかかわらず、子どものころ深刻な困難はなく、幸せで暖かい子ども時代を送った。

ベンジャミンはプリンストン大学へ進学し、そこではとび抜けてとはいわないまでも優秀な成績で一九二八年、人文系の学位を得て卒業。彼はハンサムで肌の色がやや浅黒く、茶色の髪と茶色の目をして、背は六フィート弱、体格がよく均整のとれたプロポーションだった。社交的で、友情に厚く、人間好きだったが、きまじめなところも持っていた。大不況の少し前に卒業し、民間企業でいくつかの種類の仕事に就いた。でも仕事は好きになれず、操縦法を学ぶため、一九二九年、海兵隊に入隊した。三十歳になった一九三七年、妻の家があるニュージャージー州サウス・オレンジで結婚した。弟の妻となったルース・ロード・キングは記者で短篇小説の作家でもあった。結婚式は彼女の母の家で行われたが、幾人かの友人だけが集まった質素なものだった。

夫人はマサチューセッツにある名門女子大スミス・カレッジの卒業生で、生き生きとした社交的な女性で機知に富み、話し上手だった。大学卒業後、彼女は英国のオックスフォードかケンブリッジに留学したことがある。

結婚後、娘が生れた。この娘のサラは父が死んだ時、満一歳に満たなかった。ベンジャミンの飛行機が墜落したとき、夫人は行方不明との通知を受けた。彼女が聞いたニュースは、ベンジャミンは中隊を率いており、その日の戦闘を終えていったん帰ってきたが、再び出撃したというものだった。雲の彼方に消える姿が最後で、二度と戻らなかった。家族はあきらめずに待ちつづけたが、一年後、正式に死亡と認定された。

のちに夫人は、弟ノリスの名をつけた軍艦の進水式のスポンサーをつとめた。夫人は再婚したが亡くなっている」

娘のサラはメイン州にいるが、八三年四月当時、交通事故にあっていてインタビュー不能だった。

ジョセフ・トーマス・ピラネオ　海兵隊上等兵　22歳6カ月　'41年5月22日、21歳で入隊　六
PIRANEO, Joseph Thomas　男三女の三男　ヘンダーソン機に同乗　未婚

一九二八年生れの弟・ハーマン・ピラネオの手紙

「ジョーは身長五フィート一〇インチ半、茶色の縮れっ毛で、同じく茶色の瞳をし、体格はがっちりしていた。物事を率直に言い、外向的であった。物事がうまく行かない時も決して興奮したり、悲観的になることはなかった。

父親は建築業者で、ジョーは夏期休暇や高校卒業後海兵隊に入隊するまでの二年間、父親を手伝っていた。彼は幼少の頃から海兵隊に憧れていた。両親はイタリア系の移民で、子どもは九人いた。

ジョセフがもし生きていて、海軍の他に情熱を燃やすものがあるとしたら、それは自転車レースだったろう。彼は自分で組み立てたイタリア製の軽い自転車を持っていた。兄弟が今でもその自転車を持っている。彼は毎週レースに出場し、何度も優勝したことがあった。

パールハーバーが攻撃された時、彼はシカゴにいて、ハワイに発つ前、家族に電話をかけて来た。クリスマス休暇はふいになった。家族は一九三九年初期訓練を終えて帰郷したジョーに逢ったのが最後になった。

彼はハワイ駐留中もミッドウェーでも日記をつけていた。姉のルーシーがそれを保管している。手紙では多くを語ることが出来なかった時代で、手紙の削除された部分は穴だらけのまま届いた。

彼の行先不明を報じた電報を開封したのもルーシーだった。電報の表には赤い星印がついていたので、彼女は開封する前に悪い知らせだと感じたという。彼女が一家に読んで聞かせた。公式文書は後から届いた。政府の役人が訪ねても来た。同じくミッドウェーで亡くなったヘンダーソン隊長の家族とも交際が始まり、以後家族同士大変親しくなった。家族が知ったことといえば、ジョーが攻撃隊の一員になり、帰還できなかったということだけで、後は何が起ったのか一切わからない。真珠湾の記念碑と出身地のニュージャージー州サミットのセント・テレサ教会内にあるブロンズ碑に名前が刻まれている。姉のルーシーがパープルハート勲章や大統領感状を持っている」

軍公式資料によると、ピラネオの海兵隊入隊は一九四一年五月二十二日。三九年に入隊後一度除隊し、再入隊したためと推測される。

ウォルター・W・スワンバーガー
SWANBERGER, Walter Wade

海兵隊少尉　22歳1カ月　カリフォルニア大学バークレー校中退　'41年10月22日、予備学生として21歳で入隊
一人息子　未婚

両親・スワンバーガー夫妻の看護婦からの手紙（'82・6・5）

「お尋ねの夫妻はラグナ・ヒルズの病院にいて、私は九カ月前まで二人の看護をしていました。九十代のご主人は最近、腰の骨を折って治療中です。彼は記憶もしっかりしていて、よく息子さんがミッドウェーで亡くなったことを話していました。八十代の奥様の具合はあまりよくなく、耳と目が不自由です。手遅れにならないうちに接触できることを願っています」

八二年六月、スワンバーガー夫人が八十六歳で病死、八三年二月、入院中の父・ウォルター・スワンバーガーの談話

「ウォルターはカリフォルニア州オレンジ郡のサンタアナ大学卒業後、カリフォルニア大学で経済学を学んでいたが、中退して海兵隊に志願して入隊。二十一歳だった。将来は歯科医になりたい、と両親には話していた。当時、米国内の青年の間には『平和で民主的な国が他国からの脅威なしに生存できるためには、世界平和が大前提』――との共通認識があり、ウォルターは『世界の自由を守るため』と信じて入隊した。

戦死当時は、ミッドウェー島の基地に駐留する海兵隊第二二一戦闘機中隊のパイロットで、

中隊三十二人のうち生還したのはわずか二人。私たちは息子の死亡日時も死亡の有無すらも確認できていない。

戦死のニュースはまず、新聞、ラジオで初めて知り、つづいて行方不明と記された簡単な公式電報を受け取っただけです。遺体はとうとう見つからず、のちに中隊の生還した仲間の一人が訪ねてくれたときに、とても生存し得ない状況に巻き込まれたと話してくれたのが唯一の情報です」

戦死者と家族の声・米陸軍

アルバート・E・オーウェン
OWEN, Albert E.

陸軍伍長　24歳6カ月　高校卒　'41年1月29日、23歳で入隊
三男二女の長男　ワトソン少尉操縦の長距離爆撃機の電信員
未婚

真珠湾の攻撃された日が、アルバートの誕生日だった。次弟・セシル・オーウェン（一九二一年三月生れ）によると、アルバートは五フィート九インチ、茶色の髪と瞳をもち、スポーツなどは得意ではなかった。物静かで孤独なタイプだったがダンスへ行くのは好きだった。

父親は一九七六年に八十四歳で死去。パシフィック鉄道に定年まで勤めて引退した。母は一八九一年（明治二十四年）十一月二十七日生れで、一人でグランド・アイランドに住んでいる。

一家は父の仕事のほか、家の近くに十七エーカーの土地を借り、牛、豚、鶏、兎などを飼っていた。ほとんど自家用だが、一部は道路わきで売りもした。いろいろな種類の野菜や果

物を作り、のこりは売った。子どもたちは全員農作業を手伝った。

彼は知的で勉強家であり、学校の成績もよかった。陸軍へ入隊するまで家畜（牛や豚）売買の仕事についていた。

イリノイ州スコットフィールドにある陸軍無線学校を出て、国外勤務につくべく米本土を離れたのは、四二年の五月二十三日だった。弟のセシルもこの年の一月、アメリカ空軍に入隊していた。

行方不明の電報が届く三日前、アルバートの書いた母あての手紙が届いた。六月二日に書かれており、ジャップをやっつけてやるとあった。行方不明の電報を受け取ったあと、母親は新聞記者に「助かったという知らせがくることを望みます。彼をあきらめる気持になどなれない」と言って涙を拭い、「あの子はまったくいい息子でした」と語っている。

レイモンド・P・サルザルロ SALZARULO, Raymond Paul

陸軍大尉　28歳7カ月　インディアナ　インディアナ大学を'37年に卒業　翌年10月5日、陸軍予備学生として24歳で入隊　六男三女の四男　ミッドウェー海戦の終幕に、ハワイの第三九四爆撃隊のメンバーとしてティンカー機に同乗して出撃、未帰還　'40年2月24日、2歳年長のマリアンと結婚

マリアンは夫が行方不明になったあと八月三十一日に息子を生んだ。この子・レイモンド・P・サルザルロ・ジュニアは、一九六六年九月四日にベトナムで戦死している。彼には前年十月二十三日生れの娘がいた。新聞は「その父の如くその子の如く」と父と息子の死を

改めて報じた。一家はイタリア系であり、両親はアベリノのビサッチアの出で、結婚してすぐアメリカへ渡った。父は貨物置場の監督をつとめ、リッチモンド市会のメンバーにもなった。息子の戦死後、故郷ビサッチア町の教会の鐘にその名前を刻んだ。母は一九五四年に、父は一九六一年に亡くなったから、孫がベトナムで行方不明になり、仲間とともに捕虜になっていると考えられて生還を待たれながら、乗機の撃墜時にただ一人戦死をとげていたというニュースは知らずに終った。

サルザルロ大尉の妻は一九五五年に教師と再婚している。

六人兄弟のうち五人が参戦した（志願四人、徴兵一人）。彼が戦死したほか、弟は撃墜されてドイツ軍捕虜となりのち生還。

次兄・アルバートの手紙

「レイモンドとその妻はパールハーバーのあの日ホノルルにいました。レイモンドの父は『戦雲が水平線にある。気をつけておくれ』という手紙を息子に書いていました。パールハーバーのあと、レイモンドは『どこでパパは戦争の切迫を予言する情報を手にいれたの？』とびっくりして書いてきました。

レイモンドと私はとても年齢が近く、いっしょに第八年度生を終え、彼は私の大学生活を経済的に助けてくれました」

メルビン・C・スターク　陸軍曹長　25歳3カ月　高校卒　'37年10月、20歳で入隊　一男一女

STAERK, Melvin Charles　の長男　41年に結婚　ティンカー機に同乗

遺族は妻マーガレットで、結婚生活は一年と少し。子どもがいた可能性もあるが、いっさいわからない。メルビンは二歳ちがいの妹シルビアと二人きょうだいだったが、母はシルビア出産の直後に神経を病み、州の精神病院に収容されたまま亡くなった。父親はペンシルベニア鉄道に勤め、きびしい人で、あまり人と話をしなかったという。

父親の死後、メルビン兄妹は伯（叔）母に養育され、この人もまたとてもきびしい性格の暗い人だったといわれる。

シルビアは一九八二年三月にガンのため死亡したが、死の数カ月前にハワイまでゆき、メルビンの墓に花をそなえた。シルビアには娘が一人いるが、ミッドウェー海戦で死んだ伯父についてなにか知っている年齢ではない。

メルビンに関する資料協力者は、シルビアの最初の結婚相手の妹にあたる女性で、かつてスターク家の近所に住んでいた。

メルビンは、こい茶色の髪と茶色の瞳、六フィートの身長で、やわらかな話し方をした。スポーツが好きで、日曜ごとに家族とアルトーナ（ペンシルベニア州）の町の聖公会派の教会に行っていた。新婚当時スターク夫妻は伯（叔）父夫婦と同居していた。

メルビンの戦死後の新聞記事には、ファイターとして指導者としてすぐれた素質をもち、最高の兵士であったと書いてある（『滄海よ眠れ』六巻一二五頁〔文庫版三巻三三九頁〕参照）。

第三部　戦闘詳報・経過概要

註・『機動部隊戦闘詳報』（戦史室蔵）の「二、経過概要（抜粋）」の全文である。淵田・奥宮共著『ミッドウェー』から関連部分を引用挿入することで、ふたつの基本資料の対比ができるようにした（日本出版協同株式会社刊の初版本を底本とし、頁数を示してある）。「経過概要」は昭和十七年六月三日から六日まで、空母赤城主体である。この資料以外にミッドウェー海戦の経過を公式に記録したものを見出せない。ゴチックの部分は澤地による指定。

略記号	説明	略記号	説明
⊓	司令長官	タ・旗	手旗（旗旒）信号
▷	司令官	n*l*, a*l*	浬
ト	艦長	Co	コース
総長	軍令部総長	ϒ	飛行機
参 サチ	参謀長	ϒ4	四号機
艦	艦長	ϒ指	飛行隊指揮官
指	指揮官	f^{c}	艦上戦闘機
大警長官	大湊警備府司令長官	f^{b}	艦上爆撃機
GF	連合艦隊	f^{0}	艦上攻撃機
KdB	機動部隊	f^{lo}	陸上攻撃機
1AF	第一航空艦隊	SBD	艦上爆撃機（米）
8S	第八戦隊	偵	偵察（機）
2Sf	第二航空戦隊	索	索敵（機）
2bD	第二次艦爆隊	C	巡洋艦
2F	第二艦隊	d	駆逐艦
2Sd	第二水雷戦隊	伊一六八	伊号一六八潜水艦
4dg	第四駆逐隊	AF	ミッドウェー
利	利根	AL	アリューシャン
筑	筑摩	AO	キスカ
rm	無線通信	タナ	番号の略
信	信号	舳	右舷
光	発光信号	舮	左舷

●ヘエアや⊘⊘等は暗号による位置。

ミッドウェー海戦には、戦策がのこされていない。第四編制も、攻撃隊の艦戦、艦爆、艦攻の組合せであることは推測されるが、その他の編制の資料はない。この戦闘詳報は基本的に空母赤城のものである。速力の資料はないが、空母の標準速力はほぼ以下の通りである。原速＝14ノット　強速＝18ノット　一戦速＝22ノット　二戦速＝26ノット　三戦速＝28ノット　四戦速＝30ノット　五戦速＝32ノット　最大戦速＝34ノット

●引用文中の／は改行、↓は中略を意味する。

戦闘詳報　経過概要（抜粋（ママ））

月日 時刻	重要通信 発	 宛	 通信種別	 信文	重要記事	針路 陣形	速力
六・三 〇〇〇〇 一〇三〇	KdB	KdB	m	針路一二五度 **大石首席参謀**「連合艦隊の作戦命令では、当隊の任務として敵機動部隊の撃滅を最初にかかげ、上陸作戦への協力はむしろ第二となっていますが、しかし同じ命令の中で六月五日のミッドウェー空襲を定めているのですから、敵機動部隊が付近におらぬ限りはミッドウェー空襲を予定通りの日に行わねばなりません。そしてこの空襲によってミッドウェーの基地航空兵力を制圧せんことには、二日あとに行われる上陸に支障を来し、攻略作戦全体をスポイルして了うでしょう」／**南雲司令長官**「敵機動部隊がどこにいるかが問題だが……」→**大石**「真珠湾の偵察が出来ませんでしたから、敵機動部隊がどこにいるのか判りませんが、もし真珠湾に		七〇 一二五	九

時刻	発	受	区分	内容	記事	時刻
				いるものとすれば、われわれがミッドウェーを攻撃することによって、急ぎ救援なり反撃のために出て来たとしても、真珠湾からミッドウェーまでは約千マイルありますから、対応する余裕があります。またすでにわが艦隊の行動を察知したとしましても、やっと真珠湾を出たぐらいのところで、今すぐわれわれの眼前へ現れることはありますまい。われわれとしてはミッドウェー空襲の任務を達成することが先だと思います」／草鹿参謀長「敵信謀知で敵機動部隊出撃の兆候はないかね？」／小野情報参謀「うちの敵信班では、まだ何の判断資料もキャッチいたしません」↓草鹿「艦隊は予定通りの行動を続けますために、止むを得ませんから、ここで微勢力の隊内通信電波で変針を下令してはいかがでしょう」／南雲「よし」p.133～p.134		
一二〇〇					十戦隊補給開始	
一二五〇					霧次第ニ霽ル	
一三三〇				針路一三〇度	艦位（三七—一・五N 一七一—七・〇E）	一三三〇
一三五〇					霧来襲	
一五三〇	卩／KdB	KdB	信	KdB信令第九七号 五日ノ攻撃法ヲ第一法トシ捜索線ヲ七線トス 第一、一八一度 赤城 第二、一五八度加賀 第三、一二三度 第四、一〇〇度		

時刻	発	受	種別	内容	記事	欄7	欄8
				第五、七七度　第六、五四度 以上四線八戦隊　進出距離何 レモ三〇〇浬測程何レモ左へ六 〇浬　第七、三一度進出距離一 五〇浬測程左へ四〇浬　赤城ハ 右ノ外天候偵察機ヲ準備スベシ 出発時刻ハ後令ス			
一六四〇	△8S	8S（KdB）	・	8S信令第二八号 KdB信令第九七号中第三第四捜索 線利根　第五第六捜索線筑摩ト ス			
二三五〇					霧霽ル		
四日 〇三〇七					補給隊秋雲分離	一三〇	一二
〇五二五	△8S	8S 3S （KdB）	信	8S信令第二九号 明五日ノ対潜飛行警戒ニ関シ左 ノ通リ定ム 一、飛行機発進時刻 第一直〇一三〇第二直〇四三 〇第三直〇七三〇 二、第二直派出区分ヲ霧島一筑			

時刻	発/着	宛	区分	本文	備考
				摩一（要スレバ三座水偵ヲ使用）ニ改メ霧島第一任務機筑摩第二任務機トス	
○六一五					第五警戒航行序列
一〇二五	⚐/KdB	KdB	信	KdB信令第一〇〇号 明日攻撃隊発進後ノ艦隊行動予定左ノ通定ム 一、第一次発進後三時間三十分針路一三五度速力二四節 午後偏東風ノ場合ハ針路四五度速力二〇節 偏西風ノ場合ハ針路二七〇度速力二〇節 二、敵情ニ応ジ行動ニ変更アルヤモ知レザルヲ以テ制空隊ノ集合竝ニ収容ニ就テハ特ニ留意スルヲ要ス 三、特令ナケレバ索敵隊ハ攻撃隊ト同時ニ出発スベシ	
一一一七	⚐/KdB	KdB	信	タナ二五 五日〇一〇〇以後二六節即時待機最大戦速二〇分待機トナセ	

第五警戒航行序列

時刻	発信	受信	種別	内容	備考
一二〇〇					二四
一二三〇	卩/KdB	KdB	信	KdB信令第一〇一号 明五日水上機ヲ以テナル対潜警戒ヲ第一配備ニ改ム	
一三五〇	⊿/8S	8S 3S (KdB)	信	明五日ノ対潜飛行警戒ニ関シ左ノ通改ム 一、派出区分（直、派出艦、機数） 第一直第三直8S各艦各一機 第二直第四直3S各艦各一機 第五直筑摩霧島各一機 二、発進時刻（第一直ヨリ始メ直ノ順） 〇一三〇・〇四三〇・〇七三〇・一〇三〇・一三三〇	
一五一〇				「午後三時十分、赤城の電信室で聞き耳をたてていた敵信班は敵哨戒機の電波らしいものを感受」p.144	
一六三〇				敵飛行機発見　利根発砲	
一六三一				赤城戦闘機三機発進	
一六四〇				「十六時四十分、利根は緊急信号をかけて二六〇度方向に敵機約十機を認むと報じた。」／赤城の艦上待機中の戦闘機三機は、直	

				ちに発進。〔発見できず。〕」p.144	
	△/8S	尸/KdB	信	敵飛行機二六〇度方向ニ見失フ 約一〇機	
一六五四					赤城戦闘機収容
二三三〇				午後十一時三十分↓青木〔赤城〕艦長「配置に就け」↓警戒配置↓見張長「さっきと同じ所にまたあかりが流れて消えました。流星にしては怪しい光芒です」p.144～p.145	
二三五〇					敵飛行機ラシキモノ二回発見間モナク見失フ
五日 〇〇三〇					第一警戒航行序列
〇〇三二	尸/KdB	KdB	信	タナ一 偏西風トシテ行動ノ予定	速力二〇節トナス
〇〇五四				淵田「日の出は何時だい？」／布留川大尉「午前二時です」／淵田「索敵機はもう出たのか」／布留川「いや、第一次攻撃隊と一緒に出ます」／淵田「二段索敵だな？」／布留川「そうです。いつもの通りです」↓淵田「いつもの通りだと、またミッドウェーを攻撃しているときに、索敵機は敵艦隊を発見するぜ。その手当てはいいのかい？」／村田少佐「大丈夫ですよ。そのために、第一次攻撃隊が出たあと、第二次攻撃隊が艦船攻撃兵装で待機しています	

一三〇〇	第一警戒航行序列
二〇	

				からね。江草の降下爆撃隊と私の雷撃隊、それに板谷少佐の制空隊が控えています」p.149		
〇一〇〇				総員配置ニ就ク		
〇一三〇				「ミッドウェー」攻撃隊発進 〔索敵機赤城、加賀各一、利根二、筑摩二、榛名一発進（利根四号機三十分遅れ）。筑摩五号機は天候不良で引き返す〕p.150		
〇一三五				第五索敵線筑摩丫発進		
〇一三八	尸/KdB	KdB	信	針路一三五度 第六索敵線筑摩丫発進		
〃				利根対潜直衛機発進		
〇一四二				第三索敵線利根丫発進	一三五	
				「発艦を始めてから約十五分、四隻の航空母艦から飛び立った合計百八機の飛行機は、艦隊の上を一周する間に編隊を整形し、やがて百雷のような爆音を残して、明けそめる東南の空へと吸われて行った。時に午前一時四十五分（東京時間）であった。」p.156		
				「「第二次攻撃隊用意」／拡声器が号令を伝えたと見るうちに、もういち早く前部のエレベーターが、チャン、チャン、チャンと警鐘を響かせながら、戦闘機を乗せて上がって来た、整備員が一杯それに取りついている。飛行甲板で止まると、それを押し出して発艦位置に並べる。すぐ、次のが上がって来る。中部のエレベーターと、後部のエレベーターは雷撃機を上げている。一方兵器員は、弾薬庫のエレベーターで上がって来る魚雷を、運搬車で運ん		

時刻	発	着	種別	内容	備考
○一五○				で飛行機に装備する。このところ目のまわる忙しさである。整備員も兵器員も休む間がない。すでに日の出に間もないと見えて、あたりは明るくなってきた。／こうして見ているうちに、再び飛行甲板は第二次攻撃隊の飛行機で埋まって了った。／この第二次攻撃隊は、米艦隊の万一の出現に備えての待機である。従って攻撃兵装は、対艦船を目標としている。降下爆撃隊は二五〇瓩（キログラム）通常爆弾を搭載し、また艦上攻撃機は、すべて雷撃隊として魚雷を搭載した。→淵田「オイ、上空直衛機は出ているのかい？」／飛行士「ハア、第一次攻撃隊が出たあと、加賀から九機、上にあがっています。うちは今、九機甲板待機です」 p.157〜p.158	二四
				筑摩対潜直衛機発進	
○二○○				「午前二時、日の出となった。まっかな太陽が昇って来た。私はくたびれてきた。冷や汗がまたひたいににじみ、貧血を感ずる。匍うようにラッタルを下りて私室に帰り、ベッドに仰臥して戦況の推移を待った。」 p.159	
				第四索敵線利根丫発進	
○二二○	尸 KdB	KdB	信	敵情特ニ変化ナケレバ第二次攻撃ハ第四編制（指揮官加賀飛行隊長）ヲ以テ本日実施ノ予定	
				「対空戦闘」／のラッパが鳴りひびいた。つづいて上空直衛の戦闘機の発進する爆音が聞こえる。ブーッ、ガラガラガタン。エン	

				ジンの響きと車輪の甲板を蹴る音が、次から次へと伝わってきて、都合九機出て行ったらしい。来たなと私は思ったが、出て行くのが大儀なので、そのまま暫く耳をすませて様子をうかがっていた。時計を見ると午前二時二十分である。／ダン、ダン、ダダダダン……／高角砲と機銃を撃ち始めた。いよいよ対空砲火を開いたので、私はまた発着艦指揮所へ上がって行った。」p.159	
○二三二				「敵の飛行艇だよ」／飛行長が答える。成程見える。米海軍のPBY飛行艇一機が、南雲部隊に触接を開始したのである。午前二時二十五分である。／「味方の戦闘機はくっついているか？」／私は眼鏡をのぞいている見張員に聞いてみた。／「味方戦闘機はまだついておりません」→電信室より「敵飛行艇が長文の電波を発射している」の報告。」p.159～p.160	長良煙幕展張 二六
○二三四					霧島煙幕展張
○二四二				「午前二時三十五分、利根偵察機からの報告が入った。／「敵飛行艇一機見ゆ、貴隊に向かう」」p.163	一六六度四〇粁ニ敵大艇一機ヲ認ム
○二四三					各艦f^cヲ発進
○二四五	Υ4 利	KdB	[illegible]	タナ一 敵浮上潜水艦二隻見ユ出発点ヨ	

				リノ方位一二〇度八〇浬針路一	
〇二五一				二〇度（〇二二〇）	利根左四五度高角三二粁敵大艇一機ヲ認ム
〇二五三					右大艇「スコール」ノ中ニ入リ見失フ
〇二五五	ㄚ4/利	KdB	[illegible]	敵ㄚ一五機貴方ニ向フ 「午前二時五十五分、また利根機から／「敵飛行艇十五機、貴隊に向かう」／と言って来た。↓しかし、暫らく待っても、この飛行艇群も姿を現さない。／すると俄然、トップの見張員が叫んだ。／「敵飛行艇一機、右九〇度、高角五〇度、雲の上、見え隠れする」／みんな、報告して来た方向へ目をやって捜すが、なかなか見つからない。／そのうちに、飛行長が見つけた。／「アッ、いたいた！　随分高いよ。四〇〇〇以上もあるかな？」／するとまた、左舷の見張員が叫んだ。／「敵飛行艇一機、左二〇度、高角四〇度、雲の上、距離は遠い、近寄る」／こういったことが、つづいて繰り返された。そして米軍飛行艇は絶えず二機乃至三機が、南雲部隊四囲の雲間に隠顕して、触接を持続し始めたのである。」p.163～p.164	
〇三〇〇	▷/2Sf	KdB		九〇度方向ニ敵ㄚ見ユ	各艦f^c発艦左五〇度（九〇度方向）四二・五粁ニ反航スル敵ㄚ

					ヲ認ム		
〇三〇九							二八
〇三三一						一四〇	
〇三三六			〃	攻撃隊→攻撃隊突撃準備隊形制			
				レ			
〇三四三				利根敵丫三機ヲ認ム			
				煙幕展張			
〇三四四				同右丫雲中ニ入ル			
〇三四五			〃	飛龍攻撃隊→巳/KdB我レ攻撃終了			
				皈途ニ就ク			
〇三四九	丫4筑	巳/KdB	〃	タナ一、附近天候不良ノタメ我利根上空ニ敵丫数機ヲ認ム			
	（丫5）			引返ス地点基点（ミッドウェー			
				ヨリノ方位一一度）三五〇浬			
				（〇三三五）			
〇三五〇	巳/KdB	KdB	信	上空警戒第一配備B法トナセ			
〇三五五				赤城f^c×3発進			
〇三五八	丫飛	KdB	〃	我被弾ノタメ中隊毎ニ分離行動			
				ス			
〇三五九				赤城f^c×3収容			
〇四〇〇	丫飛	KdB	〃	タナ一			
				第二次攻撃隊ノ要アリ			

〃	〇四〇五	
	巳 KdB	
	8S	
	丫全機第一待機トナセ p.163〜p.166	「しかし、わが方の索敵機からはその後、敵艦船に関しなんの報告も入ってこなかった。／こうして午前四時となった。敵機の来襲もまだなかった。そこへ友永指揮官から／「第二次攻撃の要あり」／との意見と共に、第一次攻撃隊の攻撃成果を報告して来たのであった。↓村田少佐「しかしこんど、第二次攻撃隊も、ミッドウェー基地の攻撃に向けるんだそうですから、私がうまくやってきます。安心していらっしゃい。バサリと一網かけてやりますから」／淵田「第二次攻撃隊をミッドウェー基地に向けるって、もう命令が出たのか?」／村田「イヤ、今、司令部で話し合っているのを艦橋で聞いていました」↓この時、司令部ではすでに、第二次攻撃隊をミッドウェー攻撃に振り向けることに、一決していた。そして南雲中将は、敵艦船に備えて攻撃待機中の第二次攻撃隊をもって、ミッドウェー基地の第二次空襲を行う旨を発令し、陸上攻撃に適するよう雷撃機に搭載中の魚雷を陸用爆弾に変更することを下令した。↓飛行甲板の出発位置に並べてあった雷撃機は、次々に格納庫におろされ、魚雷を陸用爆弾に積み換え始めたのである。」
赤城一五〇度二五〇〇〇米高角 〇・五度敵機九ヲ認ム　第五戦 速　右ノ丫ニ取舵ニ向首		

〃					利根左三五度高角一五度一八〇 〇敵重爆十機ヲ認ム		
〇四〇六					艦首方向三六粁ニ「PBY」約 十機ヲ認ム（筑摩）		
〇四〇七	丫加	巳/KdB	卜m	我「サンド」島ヲ爆撃ス効果甚 大（〇三四〇）			
〃					赤城右高角砲射撃開始		
〃					利根主砲打方始ム		
〇四〇八					味方f^c約十機敵ニ向フ		
〇四一〇					赤城f^c×3発進 敵雷撃機二隊 ニ分進スルヲ認ム		
〃					味方f^cニ依リ大艇撃墜		
〇四一一					赤城右方ノ丫ニ向首ス		
〃					味方f^c敵丫ト交戦		
〇四一二					赤城敵丫ノ魚雷発射ヲ認ム 高角砲機銃之ニ対シ射撃開始 敵丫ノ機銃掃射ヲ受ケ三番高 角砲員二名重傷 同砲旋回�輪 破損旋回不能（工作科ニヨリ約 三〇分後故障復旧） 両舷送信用 空中線切断左舷使用不能		

時刻				記事	
○四一二					赤城面舵一杯ニテ右方ノ魚雷ヲ回避 続イテ取舵一杯ニテ左方ノ魚雷ヲ回避ス 舳一舷二（内一自爆）平行スル魚雷及船尾ヲ航過スル魚雷一ヲ認ム
○四一七〔ママ〕					防禦砲火ニヨリ三機撃墜
○四一二					利根敵丫群一路母艦ニ向フ、敵丫三、本艦ニ向フ右一六〇度高角一〇度
○四一二・五					主砲打方待テ高角砲打方始メ
○四一三					母艦上空ニテ空中戦
○四一四					敵機母艦ニ対シ水平爆撃ヲナス 命中弾ナシ
〃					筑摩敵丫編隊右ニ変針
○四一五	巳/1AF			第二次攻撃隊本日実施 待機攻撃機爆装ニ換へ	
○四一五					赤城艦首方向ニ魚雷投下命中セズ
○四一六					筑摩味方f^cヨリ逸脱セル敵丫ニ対シ主砲対空射撃開始ス 敵三機トナル

〇四一八					利根打方待テ
〇四二〇					赤城f^c×1収容
〃					筑摩敵大艇高角〇・五度 水平線ニ近クナル
〇四二一					筑摩打方止ム
〇四二三					利根右四五度双発ノ敵丫一機避退ヲ認ム 味方f^c追躡 主砲発射弾数五四発 人員兵器異状ナシ
〇四二四					味方f^cニ依リ敵大艇一撃墜
〇四二六					赤城第四戦速 機銃弾ニヨリ二番機銃接続筐破壊俯仰不能（約一〇分後応急修理ニヨリ故障復旧）
〇四二七					蒼龍f^c収容始ム
〇四二八	丫4/トネ	卩/KdB	卩m	タナ三、敵ラシキモノ一〇隻見ユ「ミッドウェー」ヨリノ方位一〇度二四〇浬針路一五〇度速力二〇以上	
〇四三一					筑摩敵大艇左五〇度二五粁次第ニ遠ザカル（敵大艇六機発見五

	機撃墜)		
〇四三六	赤城 f^{c} ×4収容		
〇四三八	味方攻撃隊帰投スルヲ認ム		
〇四三九	利根艦内哨戒第一配備		
〃	筑摩針路一〇〇度　蒼龍丫収容　一〇〇		
	終了		

「午前四時四十分。↓あわただしく対空戦闘のラッパが鳴った。↓輪形陣前端の駆逐艦が、〝敵機見ゆ〟の信号旗を掲げ、これも敵機発見を意味する真っ黒な煙幕を吐いて、走っている。その駆逐艦はもう、発砲を始めていた。↓味方の直衛戦闘機数機が、飛びかかっていった。そして見ている中に、三機を撃墜した。↓残りの一機は、避退して行く。戦闘機が追う。しかし間もなく視界から消えた。↓巡洋艦も発砲しだした。↓赤城の対空砲火も火を吐き始めた。↓しかし、やみ雲に撃ってるんじゃなかろうけれど、敵機は矢張まだ一機も失われない。／この時であった。直衛戦闘機三機が、やっと間にあった。そして味方の討ち出す飛弾銃火のまっ只中に飛び込んで敵雷撃隊に食いついた。↓戦闘機は一機宛、都合三機の雷撃機に火を吐かせた。撃墜された敵機はジャブンと水煙を挙げて、あと海面からおびただしい煙を吐いている。／しかし残りの三機は、ひるまずに、つっ込んでくる。遂に照準点に達した。／海面にサッと水煙が、五、六本立ち上がっ

た。一機に魚雷二本宛抱いているらしい。／「魚雷を発射したッ」／みんな一斉にわめいた。／魚雷発射を終わった敵雷撃機は、右急旋回で避退したが、先頭に進んでいた一機だけは、赤城の右舷から左舷へ、艦橋すれすれに一直線に飛び抜けた。ガーと大きな爆音がひびく。見上げる私の目に、胴体に書かれた、白い星のマークが、大きくクローズアップされた。／陸軍機であった。私は首にぶら下げている識別図表を広げて対照してみた。この雷撃機はB―二六であった。／突如、ワーッという歓声があがる。／何事？　と目を注ぐと今通り越したB―二六が、赤城の砲火に追いうちされて、とうとう火を吐いたところであった。やった、と見る間に左に傾斜して、海中に突っ込んでしまった。大きな水煙が上がった。その水煙が収まったあとには、一片の残骸も止めていなかった。／そのころ、ようやく青白い雷跡を引いて、敵の発射魚雷が数本、赤城の艦首を少し離れたあたりから左舷側に沿うて通過していった。赤城は、巧みに回避したので、一発も命中しなかったのである。→突如、またトップの見張員が叫んだ。／「敵の水平爆撃編隊、飛龍を攻撃した」／見ると、飛龍の周囲に、どす黒く染まった海水の柱が、おびただしく立っている。／つづいてまた、蒼龍の周囲にも、ほぼ同数の水柱があがった。しかし、いずれも命中したらしい黒煙は挙らない。」p.166～p.168

○四四五	尸/KdB	KdB		敵艦隊攻撃準備攻撃機雷装其ノ儘		
○四四七	尸/KdB	丫4/トネ	ㄗ	タナ一、艦種確メ触接セヨ		
○四四八					筑摩左変針左対空戦闘	
	▷/蒼	KdB		三二〇度方向ニ敵丫六乃至九機見ユ		
○四四九				針路一二〇度	筑摩	一二〇
○四五〇					筑摩三二〇度方向敵丫六乃至九機ニ対シ砲撃開始ス	
○四五三					筑摩打方止ム	
〃					利根左九〇度高角一度二四〇〇米ニ敵大艇一機ヲ認ム	
○四五三・五					利根 敵大艇雲中ニ入ル 零度方向ニ爆弾投下	
〃					霧島煙幕展張	
○四五四	榛名	KdB		一〇〇度方向ニ敵丫見ユ		一五〇

「その中、前端の駆逐艦が、また黒煙を上げて、発砲を始めた。矢張敵機だ。↓とや角、思っている間にも、この小型機群は飛龍に向かって、緩降下で一直線に飛んでゆく。この編隊は全部で十六機であるが、ひどくバラバラである。ようやく味方の戦闘機十数機が、飛びかかって行った。アレヨと見るうちに、ポロポロと

時刻				記事	
○四五五				敵蒼龍ニ爆弾投下（弾数九一一〇）命中セズ	
〃	⊿蒼	KdB		本艦上空敵双発一四機二七〇度ニ通過高度三〇〇〇米	
○四五六				赤城飛龍ノ爆撃サル、ヲ認ム	
○四五八	Y4トネ	円/KdB	ト	タナ五、○四五五敵針路八〇度速力二〇節（○四五八）	
〃				飛龍f^c発艦	
○五〇〇				赤城敵Y一六機八五度高角七度一七〇〇〇米ニ発見　第五戦速	第五戦速

敵機は火を吐いて墜ちて行く。敵ながら悲壮で、面をそむけたいほどである。」p.169

「午前五時頃、機銃高角砲の砲声で耳を聾し、会話もろくに通じない赤城の艦橋に、一通の電報が電信室からとどけられた。／「敵らしきもの十隻見ゆ。ミッドウェーよりの方位一〇度二四〇浬、針路一五〇度、速力二〇ノット、〇四二八」／南雲中将をはじめ司令部の人々は愕然とした。敵艦隊の出現か？　と一応ドキンとしたのであるが、空母を含む敵機動部隊と直感するには、まだまだ彼等の頭はよもやの先入主に支配されていた。／敵の報告艦位を海図上に記入していた小野情報参謀「彼我の距離は二〇〇浬です」／草鹿参謀長「どこの偵察機から打って来たのか？」／小野「利根の四号機です」／草鹿「○四二八の発信だが、ひどく費消時がかかったもんだね？」」／「利根の中継をとったものですから……」→「艦種知らせ」／との電命が、偵察機に宛てて発せられた。／すると、午前五時九分になって、やっと、利根の偵察機から／「敵兵力は巡洋艦五隻、駆逐艦五隻なり」／と報告して来た。／「矢張り、空母はおらんようです」／と、情報参謀は一応判断通りであったことに、一寸得意の表情さえ示して、参謀長に電報を手渡した。」p.172～p.173

〃	巳 KdB	⅄4 トネ	[illegible]	艦種知セ（○五○○）	蒼龍煙幕展張	停止
○五○四					筑摩左三○度敵⅄群ヲ認ム	
○五○六					利根二八○度方向高角二度二五○○○米敵⅄群認ム	
〃					筑摩敵⅄左二五度艦隊上空ニ来襲（艦載機―本艦ノ認メシ最初ノ艦載機ナリ）主砲高角砲機銃砲撃始ム	
○五○七					蒼龍上空ニ重爆三現ル	
○五○八					同敵⅄十機現ル	
〃					赤城f^c×3発進　面舵ニ回避	
○五○九	⅄4 トネ	巳 KdB	[illegible]	敵の兵力ハC×5　d×5ナリ		
〃					筑摩敵艦攻一機右一○○度二○	

					○米附近ニ撃墜		
○五一○				最大戦速即時待機発令	赤城飛龍ニ爆弾命中スルヲ認ム		
〃					敵丫蒼龍ニ急降下利根丫揚収		
〃				針路一四○度	筑摩打方待ツ	一四○	
○五一一					筑摩　敵味方数十機入リ乱レ大空中戦		
〃	丫4/トネ	巳/KdB	｢ro	敵兵力ハ巡洋艦五隻駆逐艦五隻ナリ(○五○九)			
○五一二					赤城左九○度ノ敵機ニ対シ射撃開始		
					加賀後方ニ爆弾投下命中セズ		
○五一三					赤城左一二○度五○○○米ニ爆弾二個弾着スルヲ認ム		
〃					利根左五○度一五○○○ニ敵丫爆弾投下左砲戦		一戦速
○五一四					利根左高角砲打方始ム		
○五一五					利根上空ニ敵丫三機見ユ　直チニ雲中ニ入ル		
○五一九					利根左一○○度四○○○米ニ爆弾投下　蒼龍飛龍盛ニ発砲　蒼龍周囲ニ猛烈ニ爆弾投下		

時刻						
○五二〇	⅄4 トネ	卩 KdB	[illegible]	敵ハ其ノ後方ニ空母ラシキモノ一隻伴フ		
〃				針路二七〇度	赤城後方ニ爆弾投下命中セズ	二七〇
〃					蒼龍ニ爆弾投下命中セズ	
○五二一					赤城最大戦速即時待機完成	
〃					飛龍ニ爆弾投下命中セズ	
○五二二					赤城最大戦速左方ノ敵雷撃機ニ対シ取舵ニテ向首ス	
○五二三					長良煙幕展張ス	
○五二四					蒼龍ノ爆撃サル、ヲ認ム　利根二七〇度右一斉回頭	
○五二七					赤城取舵一杯ニテ回避　敵⅄棒名ニ対シ急降下爆弾投下命中セズ	
○五二九					筑摩左一五度敵⅄三機右ニ進行スルヲ認ム	回避運動ニ随動　三〇

「友永大尉の率いる第一次攻撃隊が、ミッドウェー攻撃から、母艦上空に帰って来たのであった。／時に午前五時三十分であった。」p.170

「午前五時三十分になって／「敵はその後方に空母らしきもの一隻を伴う。○五二〇」／と、再び利根機が報じてきた。／「ソレッ、

○五三〇	卩/KdB	KdB		出た!」/と俄然、艦橋の空気は一変した。/それでも、なお「らしき」と来ているので、ほんとに空母がいるのかなアと、半信半疑の割り切れん気持ちも動いている。その気持ちの裏付けとして、空母がいるのなら、もうとっくに敵艦上機の来襲がなければならんじゃないか、とも考えられる。」 p.173〜p.174 艦爆隊ニ次攻撃準備二五〇瓩爆弾揚弾	
〃	Ƴ4/トネ	卩/KdB	rm	タナ八、更ニ敵巡洋艦ラシキモノ二隻見ユ「ミッドウェイ」ヨリノ方位八度二五〇浬敵針一五〇度速力二〇節（〇五三〇）	敵Ƴ一〇機榛名ニ急降下命中弾ナシ 味方f^c敵Ƴト交戦
○五三一					利根打方待テ
○五三二					赤城f^c×4発進
○五三三					筑摩主砲方向射撃打方始ム
○五三四	Ƴ4/トネ	卩/KdB	rm	タナ九、我今ヨリ帰途ニ就ク	
○五三六					筑摩打方待ツ
○五三七					赤城第三戦速　収容開始
○五三九					赤城左一〇度高角二度ニ敵雷撃機ヲ認メ収容中止　最大戦速面舵一杯
〃					筑摩左九〇度敵機二機遠ザカル

「しかし、引きつづいて利根機は、午前五時四十分／「更に巡洋艦らしきもの二隻見ゆ、地点ミッドウェーよりの方位八度二五〇浬、針路一五〇度、速力二〇ノット、〇五三〇」／と報じてきた。／ここに於て、南雲中将は、敵兵力の全貌から推して、敵空母の存在することは確実と判断した。そしてミッドウェー攻撃に先立って、この海上の敵を撃滅することに決心した。／そこで南雲中将は、山本大将に左の如く報告した。／「〇五〇〇、敵の空母一隻、巡洋艦七隻、駆逐艦五隻を、ミッドウェーの一〇度二四〇浬に認む。之に向かう」→南雲中将の命により、ミッドウェーの第二次空襲に向けるために、その雷撃隊は魚雷を陸用爆弾に変更しつつあった。そして、赤城、加賀の艦上にあるこれらの大半は既に、八〇〇キロ陸用爆弾への搭載を終わっていた。この間その制空隊の全戦闘機は、目前の急を救うため、既に飛び立って来襲敵機の邀撃に任じている。ひとり急降下爆撃隊のみがその待機を持続し、直ちに発進可能の状態にあった。即ち、山口少将の指揮下にある飛龍、蒼龍の艦上に各艦十八機宛、計三十六機の急降下爆撃機が発進の下令を待っていた。」p.174～p.175

「当時山口少将座乗の飛龍は発着艦のため、艦隊赤城より相当離れた位置にあった。山口少将は駆逐艦野分を中継して南雲中将に信号を送った。／「直ちに攻撃隊を発進の要ありと認む」→発着艦指揮所で観戦するだけが精一杯の私は、脳貧血が起こりそうになると仰臥し、戦闘が活況を呈すると立ち上がりして、仔細に戦況の推移を眺めていた。そして緒戦期の戦闘の経過から、早くも私自身にも、戦闘の前途を楽観する意識が萌え始めていた。／艦橋に於ける司令部幕僚達の論議は分らなかったけれど、敵艦隊出現の電報は聞き知った。／「案の定、また出たわい」／と私は、気にしていた予感が当たったので、なにか空恐ろしい気持ちに一寸襲われたが、第二次攻撃隊が未だミッドウェーに向けて出ない前であったので、ホッとした気持ちであった。／そして雷撃隊の兵装転換をしまったことをしたなあとは思ったが、それでも降下爆撃隊の待機しているのを思って、すぐさま飛び出して行くだろうと見守っていた。そこへ山口少将から、攻撃隊の発進命令を催促するような、意見具申の信号が来たのである。／ハハア、大分じれてるなと感じながら、山口少将の気の早いのに較べて、またうちの司令部の気の長いのに、私自身もじれて艦橋を振り仰いだ。／その時、ちょうど信号兵が、パチパチと探照灯信号を、飛龍に送っていた。／いよいよ発進命令が出ているのだと私は思った。／ところが、この信号は正攻法による攻撃の命令であった。私はびっくりした。そんなことをしていて、いいのかなと、何か危なっかしい予感がする。↓一方、この命令を伝えられた赤城では、雷撃隊の殆んど大部は、八〇〇瓩陸上爆弾に搭載換えを終わって、すでに飛行甲板の出発位置に並べられ、残りはあと数機というと

時刻	符号	発信者		本文	記事	
○五四○				ころであった。／整備員は、後部エレベーターからつぎつぎと、飛行機を上げている。／この命令を受けた増田飛行長は、とんきょうな声を出した。／「ヤヤッ、もう一度雷撃装備へやり直しだ。こりゃ全く、急速雷爆転換の競技みたいだな」↓つづいて／「第一次攻撃隊収容用意」／の号令が発せられた。／さあ、また艦上は大騒ぎとなった。／兵員達は、今やっと魚雷を外して爆弾に代え、そして飛行甲板へ揚げたばかりの攻撃機を、またしても格納庫に卸して、こんどは爆弾を下ろして再び魚雷につみかえる。↓飛行機から卸された爆弾は、さらに弾庫まで下ろして収める遑もなく、格納庫の隅に、ごろごろと転がされてあった。↓魚雷から爆弾へ、爆弾から魚雷へ、装備の再転換が繰り返されたが、ようやくにして、飛行甲板はクリアーになった。／「着艦始め」／の信号が揚がると見る間に、すかさず、在空のミッドウェー攻撃隊は、相ついで着艦した。／収容は終わった。↓時に午前六時十五分であった。」 p.175～p.177	赤城第三戦速　収容再興	
○五四五	∆L 8S	筑摩艦長 (卩 KdB)		タナ二、零式水偵ヲ発進Y4トネノ発見セル敵ニ触接セシメヨ		
○五四五	Y4 トネ	赤城	[illegible]	更ニ敵巡洋艦ラシキモノ二隻見ユ「ミッドウェー」ヨリノ方位	艦内哨戒第一配備	一六○

				八度二五〇浬敵針一五〇度敵速二〇節			
〇五四八	Y4/トネ	赤城	ト	我今ヨリ帰途ニツク		一二〇	
〇五五〇	〃	ꟸ/KdB	ト	更ニ敵巡洋艦ラシキモノ二隻見ユ「ミッドウェー」ヨリノ方位八度二二〇浬敵針一五〇度速力二〇節			
〃	〃	〃	ト	我今ヨリ帰途ニツク（〇五四〇）			
〇五五四	ꟸ	Y4/トネ	ト	方位測定用電波輻射セヨ			
〇五五五	⊵/8S	〃	ト	帰投待テ		九〇	
〃	Y4/トネ	〇六〇一 指KdB	ト	令達報告敵攻撃機十機貴方ニ向フ（〇五五五）			
〇五五五							停
〃	⊵/8S	Y4/トネ	ト	タナ二、筑摩Y四来ル迄触接セヨ長波ヲ輻射セヨ			
〃	ꟸ/KdB	（〇六二三）KdB	光	タナ一〇、収容終ラバ一旦北ニ向ヘ敵機動部隊ヲ捕捉撃滅セントス			
〃	筑摩艦長	（〇六二〇）⊵/8S	光	〇六三〇発進ノ予定			

〃	〃	○六五三 〃	〃	タナ五、五号機発艦（○六三五）			
〃	卩/KdB	○六三〇 卩/GF(2F)	ｍ	タナ三三六 午前五時敵空母一巡洋艦五駆逐艦五ヲAF十度二四〇浬ニ認メコレニ向フ			
○五五九				f^{b}全機収容			
○六〇〇	⊿/8S	筑摩	光	零式水偵発進Y4トネノ発見セル敵ニ触接セシメヨ			
○六〇二					筑摩Y2収容		九
○六〇五					第四戦速（赤城）		
○六〇五	⊿/8S	Y4トネ	ｍ	筑摩Y来ル迄触接セヨ長波輻射セヨ		五〇	
〃	Y4トネ	卩/KdB		右攻撃機一〇見ユ貴方ニ向フ（〇五五五）			
〃	卩/KdB	各	光	揚（容）収終レバ一旦北ニ向フ敵機動部隊ヲ捕捉撃滅セントス		九〇	二〇
○六〇七	利根	Y4トネ		筑摩Y4来タル迄触接セヨ長波輻射セヨ（〇五五五）			
○六一〇				f^{c}×12収容			
				「午前六時十五分、南雲部隊は三〇ノットの高速で北上を開始した。／各航空母艦は、命令に示されたところに従って、急速に攻			

				撃準備を完成しつつあった。総兵力は降下爆撃隊三十六機（飛龍、蒼龍から九九式艦上爆撃機各十八機）と、雷撃隊五十四機（九七式艦上攻撃機を赤城、加賀より各十八機、飛龍、蒼龍から各九機）である。／制空隊については、多くの戦闘機を充当することが困難な状態になりつつあった。一度中断されていた米機の攻撃が再開されて来たからである。こんどはあきらかに、米空母の搭載機であることが観察された。戦闘機の大部はその邀撃に当てられねばならなかった。従って制空隊として、四隻の空母から各艦三機宛をさいて、僅かに十二機の戦闘機が予定されたに過ぎなかった。↓総計百二機の攻撃隊は着々攻撃準備を完成しつつあった。そしてこの攻撃準備の命令に対し、各艦は概ね午前七時三十分、発進可能の見込みと報じて来た。」p.179			
〇六一七						七〇	三戦速
〇六一八				最大戦速（各艦ノ敵ヽ発見信号ヲ認ム〔〕			
〃					攻撃隊容収終了		
〃					右五二度高角二度三十五粁敵十六機右へ進行スルヲ認ム（筑摩）		三〇
〇六一八・五					利根左三〇度駆逐艦煙幕展張対空戦闘		四戦速

時刻						
					右六六度高角二度二〇〇〇〇ニ敵丫数機ヲ認ム煙幕展張（利根）	
〇六一九					赤城取舵ニ回避	
〇六二〇				右ニ対シ主砲方向射撃打方始ム（筑摩） 「午前六時二十分。／暫らく途ぎれていた米機の来襲が、再び活発となって来た。／観察すると、明らかにそれは米空母の搭載機であることが分った。いよいよ、空母からやって来たのだ。↓待機中の戦闘機は、悉く上空に飛び立って行く。↓「攻撃隊発艦準備急げ！」／督促の号令は、艦内に響き渡った。言われるまでもなく、飛行隊長以下の飛行将校も、整備将校も、搭乗員も、整備員も全員一緒になって必死の攻撃準備である。（中略）間もなく上空の戦闘機隊長から、／「敵の雷撃隊は十五機、全部撃墜」／との報告が入った。」p.180〜p.181		
〇六二二					方向射撃打方止ム	三〇
〇六二三					赤城右一二二度高角〇・五度四〇〇〇〇米敵機十八ヲ認ム	
〃					主砲方向射撃再開（筑摩）	
〇六二四	巳/1AF	巳/GF		（〇五〇〇）敵航空母艦一巡洋艦五駆逐艦五「ミッドウェー」		

				ノ一〇度二四〇浬ニ認メ此レニ向フ（〇六〇〇）			
〇六二五					右方ノ敵雷撃機ヲ後落セシムル為取舵ニ回頭（赤城）		
〃					左二〇度高角一度三五粁ニ敵大艇一八ヲ認ム（筑摩）		
〃					筑摩煙幕ニ廉展張		
〃					主砲方向射撃打方始メ（筑摩）		
〃					敵ϒ右七五度高角一度次第ニ近接ス（筑摩）		
〇六二七					主砲右方ノϒニ対シ方向射撃打方始ム		
〃					右敵ϒ六機右へ進ム（筑摩）		
〃					利根右一一五度高角二度敵ϒ一五機ヲ認ム		
〇六二八						一一五	
〇六二九					筑摩高角砲方向射撃打方始ム		
〃					敵ϒニ対シ主砲打方始ム加賀f^c発進（利根）		
〇六二九・五	ϒ4/トネ	利根	[illegible]	我燃料不足触接ヲ止メ帰投ス			
〇六三〇					高角砲射撃開始（赤城）		

〃

射撃中止（筑摩）

「午前六時三十分。／トップの見張所が報告した。／「敵雷撃機十数機、右三〇度、低空、こちらに向かって来る」／つづいて左舷前部の見張所からも、／「敵雷撃機十数機、左四〇度、こちらに向かって来る」→このたびの敵来襲は三群に分かれて、延べ約四十機の雷撃隊であったが、発射したのは、私の見たところでは僅か七本であった。／この七本の魚雷に飛龍はやられたかと、不安に思って見ていると、一向に魚雷命中の水柱があがらない。暫らくして飛龍は、こんどは取舵に転舵して陣形を復している。うまく躱したらしい。／こうして、このたびもまた、敵雷撃機の攻撃を回避することが出来た。敵の命中魚雷は一本もない。しかも来襲した敵機は、殆んどその大部を撃墜した。／そしてこの敵機の大部を撃墜したのは、主としてわが上空直衛戦闘機の活躍に負うのであった。その電光石火の力闘振りは、艦上からも容易に認めることが出来た。／そして相つぐ損害をものともせず、果敢にも突進する米雷撃機を、容赦なく一撃のもとにボロボロと撃墜していった。／艦上の人々は、来るべき危険も知らないかの如く、すでに悲惨の感覚を通り越して、恰も舞台劇を眺める観客の如く、この活劇に見とれていた。／邀撃戦闘機は、はげしい戦闘の間、やがて機銃弾を撃ちつくすと、弾薬補充のため着艦した。多くの戦闘機は燃料補充の要がなかった。待ち構えていた甲板の作業員達は、機銃弾だけを補充するや否や、操縦者の肩をたたき、「それ行け」と激励する。操縦者はうなずく。こうして戦闘機は再び爆音高く飛び立って行く。甲板の人々は手を振り、帽をふって声援を送る。この情景は繰り返された。そして空の死闘は続けられていった。」 p.181〜p.183

〃	戸/KdB	戸/GF	[illegible]	〇五〇〇敵空母一巡洋艦五駆逐艦五ヲAFノ一〇度二四〇浬ニ認ム此レニ向フ		三二〇
〃	ϒ4/トネ	(〇六四〇) △/8S	[illegible]	タナ一〇 我燃料不足触接ヲ止メ帰途ニ就ク		
〇六三〇	駆艦/嵐	〇六一〇 KdB	[illegible]	〇六一〇地点へエア三七ニ於テ敵潜水艦ノ雷撃ヲ受ケ直チニ爆雷攻撃スルモ効果不明		
〇六三〇	戸/KdB	〇九一〇 KdB	光	戦十・八・三ノ順序針路七〇度速力十二節		
〃	〃	〇九一五 KdB	〃	昼戦ヲ以テ敵ヲ撃滅セントス		
〇六三二					f^{c}×5発進(赤城)	
〃					左ノ大艇一列トナル(筑摩)	
〃					右一一〇度敵ϒ爆撃隊形ヲトル(筑摩)	

時刻	発信	着信	方法	通信文	経過		
〇六三四					主砲高角砲打方始ム（筑摩）		
〃					味方f^cニ依リ左九〇度ノ大艇二機撃墜		
〇六三五					右ノ丫次第ニ遠ザカル（筑摩）		
〃	⊵8S	Y4トネ	㎰	〇七〇〇マデ待テ	右一五度ノ敵丫雲中ニ見失フ		
〇六三六					味方f^cヨリ撃墜サレルヲ認メ射撃中止（赤城）		
〃					主砲高角砲打方待ツ（筑摩）		
〇六三七	Y4トネ	⊵8S	㎰	燃料不足触接ヲ止メ帰投ス（〇六三七）			
〇六三八					筑摩五号機敵艦隊ニ触接ノタメ射出発艦（利根Y4ト交代）		
〃	筑摩	⊵8S	光	（〇六三八丫発艦）			
〃	Y4トネ	トネ	㎰	我レ出来ズ	左一四二度高角四度二五〇〇〇ニ敵丫一四機ヲ認ム	三〇〇	
〇六三九	⊵8S	Y4トネ		「〇七〇〇マデ待テ」（〇六三〇）			
〇六四〇					左一四〇度高角一度四〇〇〇〇米ニ敵雷撃機一四機ヲ認ム（赤城）		
〃					利根右丫ニ対シ主砲打方始ム方		

					向射撃二発		
○六四一	丫4/トネ	▷/8S	[illegible]	我レ出来ズ			
〃					主砲打方待ツ（利根）	三二〇	
○六四二					味方f^cニ依リ右方雷撃機全部撃墜サレタルヲ認ム面舵ニ変針（赤城）		
〃					味方f^cニ依リ敵大艇一機撃墜（筑摩）		
○六四四					同右		
○六四五					右四〇度敵大艇味方f^c空戦（大艇スデニ約三二機撃墜ス）（筑摩）		
○六四六					左方ノ雷撃機隊2Sfヲ襲撃スルヲ認ム（赤城）		
○六四九					左二四度高角一度五〇粁ニ敵丫一四機ヲ認ム（筑摩）		
○六五一 ○七〇〇 }					f^c×2収容　味方f^cヨリ左方ノ雷撃機一〇機撃墜サル、ヲ認ム（赤城）		
○六五二					筑摩煙幕二廉展張		
〃					左一三五度敵丫ヲ認ム我ニ向ヘ		

					来ル（利根）	
〇六五三					筑摩左七五度高角二度四五粁ノ敵⋎ニ対シ左高角砲及主砲各二斉射方向射撃ヲ始ム	
〃					左一四〇度ノ敵⋎ニ対シ主砲打方始ム（利根）	
〇六五五					主砲打方待ツ（利根）	
〇六五八	⊵/8S	⋎/8S	〽	〇六三〇我レ出発点ヨリノ方位一三七度八六浬針路北寄リ速力二四節	敵⋎一四機二隊ニ分レ味方上空主トシテ1Sfニ向フ 一部加賀ニ対シ雷撃加賀之ヲ回避 続イテ連続急降下 味方艦戦敵⋎ニ向フ 敵⋎隊ト交戦ス 主砲右砲戦	
〇六五九						三四〇
〇七〇〇	蒼龍偵察機	〇七一五 卩/KdB		タナ一、敵ヲ見ズ我レ「ミッドウェー」島ヨリノ方位二〇度距離二九〇浬（〇七〇〇）		
〃	卩/1AF	（〇八〇〇） 卩/GF2F 卩/6F 卩/2Sd	〽	タナ三三七五、〇三三〇AF空襲 〇四一五以後敵陸上機多数来襲我ニ被害ナシ 〇四二八敵空母一隻巡洋艦七駆逐艦五地点トシリ一二四二発見針路南西速力		

		（其ノ他）		二〇節　我今ヨリ之ヲ撃滅シタル後AFヲ反覆攻撃セントス　〇七〇〇当隊ノ位置地点ヘエア◎◎針路三〇度速力二四節			
〇七〇二					右一五〇度高角二度三五粁ニ敵丫十数機ヲ認ム		
〇七〇四					打方待ツ（利根）		
〇七〇五					右高角砲ニ斉射方向射撃始ム　一〇（筑摩）		
〃					利根右六〇度水平線ニ敵丫ヲ認ム		
〇七〇六					赤城右四八度（一一八度）敵機十五機四五〇〇米ニ認ム		
〃					利根左砲戦左一四〇度二〇〇〇〇ニ敵丫爆弾ヲ投下ス　味方f^c七機敵丫ニ向フ		
〇六〇七					利根敵丫群一五機右二〇度高角九度二九〇〇〇我ニ向ヘ来ル右ニ回避主砲方向射撃		
〇六〇九	⊵ 10S	各	旗	六〇度方向ニ敵十数機見ユ（筑摩）			
〇七一〇					赤城f^c×3収容		

時刻	記事	備考
〃	筑摩右ニ対シ主砲方向射撃ヲ始ム　九〇	
〇七一一	赤城右方ノ雷撃機隊ヲ後落セシムルタメ取舵ニ変針	
〇七一四	赤城三〇〇度定針	
〃	筑摩右一〇〇度高角二度ノ敵丫ニ対シ主砲打方始ム	
〃	利根左二五度高角二度敵丫ヲ認ム　赤城ノ両舷ニ爆弾投下命中弾ナシ	
〇七一五	赤城左一七〇度敵雷撃隊一二機四五〇〇米ニ認ム	「南雲部隊における第二次攻撃隊の準備は、敵艦載雷撃機の来襲の間にも、着々と進められた。やがて格納庫から揚げられて、飛行甲板の出発位置に、つぎつぎとならべられて行く。一刻も早く発艦させなければならない。／私は傍らの増田飛行長に訊ねた。／「今、何時ですか？」／飛行長は一寸腕時計を眺めて／「七時十五分です。ヤア、全く今日は一日が長いですなあ――」／といって、フーッと息を吐いた。」 p.184
〇七一六	筑摩高角砲打方始ム	
〇七一七	〃　本艦高角砲ニ依リ敵丫四機撃墜	

○七一八					〃味方f^cニ依リ敵丫二機撃墜		
〃					利根左四一度高角五度ニ敵丫ヲ認ム		
○七一八・五					〃打方始ム		
○七一九					筑摩本艦主砲ニヨリ敵丫一機撃墜		
〃					利根打方止ム　味方f^c之ト交戦（二機）		
○七二〇				「午前七時二十分、赤城の司令部から、／「第二次攻撃隊、準備出来次第発艦せよ」／との信号命令が下達された。／赤城では、全機出発位置に竝んで、発動機はすでに起動している。母艦は風に立ち始めた。あと五分で攻撃隊全機の発進は了るのである。／噫、運命のこの五分間！」p.184	赤城（敵）爆撃機三〇度加賀直上ニ認メ面舵一杯ニテ回避		
〃					筑摩敵丫魚雷投下命中セズ		
〃					利根右二五度高角二度一八〇〇回航スル敵丫隊ニ対シ主砲々撃開始		
○七二一					筑摩味方f^cニヨリ敵丫二機撃墜		
○七二二					赤城加賀急降下爆撃サル、ヲ認		

○七二三	ム f^c 準備出来次第発進ヲ令ス	
	利根機銃高角砲左四〇度近接スル敵丫ニ対シ砲撃開始　敵丫数機雲中ヨリ赤城ニ対シ突如急降下	
〃	筑摩打方止ム	三五〇
〃	〃　左五〇度敵丫加賀ニ急降下爆撃	
○七二四	赤城右方ノ〔敵〕雷撃機二隊発射態勢ヲトルヲ認メ取舵回避　続イテ加賀上空ノ爆撃機　本艦ニ向首スルヲ認メ取舵一杯	

「午前七時二十四分。／艦橋から「発艦始め」の号令が、伝声管で伝えられた。飛行長は白旗を振った。／飛行甲板の先頭に並べてあった戦闘機の第一機が、ブーッと飛び上がった。／その瞬間であった。突如！／「急降下！」／と見張員が叫んだ。／私は振り仰いだ。真黒な急降下爆撃機が三機、赤城に向かって逆落としに、突っ込んできた。↓この黒い、ずんぐり太ったSBDの機体は、見る見る大きくなったと見る中に、黒いものがフワリと離れた。／爆弾！↓敵のこの急降下爆撃隊の攻撃は、真に奇襲であった。午前七時二十四分、加賀が最初に爆弾の洗礼を受けた。加賀

〇七二四				に攻撃を指向した敵急降下爆撃機は九機であった。そしてその中の四弾が命中した。つづいて蒼龍がやられた。蒼龍をねらった敵機は十二機であった。そしてその三弾が命中した。つづいて赤城が見舞われたのである。赤城を攻撃したのは三機で、その二弾が命中したのである。／艦隊の数百門の対空砲火も、間に合わなかった。一機の戦闘機もこれを阻止できなかった。母艦は転舵回避の余裕もなかった。雲のために見張りが利かなかったのである。また、戦闘機はさきの雷撃隊攻撃のため低空に牽制されていたのである。米雷撃隊はその高価な犠牲において、降下爆撃隊を成功にみちびいたのであった。／しかし、これ位の被害で、母艦は参るものではないのである。傷は浅いというところである。／が、事態は最悪であった。各艦共、すでに甲板は発艦前の飛行機で埋まっていた。／果然、誘爆を起こした。これは恰も数十個の爆弾が命中したと同じである。／かくて、ドカン！ ドカン！ と自らの手で葬送曲を奏し始めた。／万事休す！」 p.184～p.187 筑摩**加賀火災**
〇七二五				赤城 加賀火災ヲ認ム f^c発艦開始 f^c×1発艦
〃				筑摩 敵丫赤城ニ急降下爆撃
〇七二六				**赤城**〔敵〕f^b三機左八〇度高角約二〇〇〇米ヨリ急降下（投下

時刻				記事		
				角度約五〇度）高度約五〇〇米ニテ爆弾投下第一弾艦橋左一〇米至近弾第二弾中部昇降機後辺ニ命中（致命弾）第三弾丫甲板左舷後辺ニ命中（被害後甲板破口数ケ所応急員一名爆死）		
〃				筑摩　赤城火災		
〃				利根前部機銃艦首ニ近ヅク敵丫	三一〇	
				ニ対シ射撃開始		
〇七二八				筑摩右一六度水平線ニ敵丫一機左へ進行スルヲ認ム蒼龍ニ爆弾命中火災		
〇七二九				赤城格納庫内魚雷爆弾誘爆始ム（弾火薬庫爆弾庫漲水始メ）ヲ下令ス前部群ハ直チニ漲水シ至ルモ後部群ハ弁鋅装置彎曲ノタメ主砲二番弾火薬庫ノ他開弁不能（弾火薬庫ハ約二時半後火勢衰フニ至リ中甲板ヨリ漲水弁把柄ニヨリ漲水ス）		
〇七三〇				筑摩右六三度敵大艇二機右ニ進		

					ムヲ認ム		
○七三二					赤城第三戦速炭酸ガス消火装置発動ヲ下令ス		
○七三三					〃　雷撃機四機左八〇度高角四度ニ認メ取舵ニ回避零度ニ定針		
○七三四					筑摩右ニ対シ主砲方向打方始ム		
〃				針路○度	利根	○	
○七三六					赤城右舷後機故障前進原速		
○七三七					筑摩右七〇度右ニ進ム敵丫十機ニ対シ右高角砲打方始ム		
〃				五戦速	利根		五戦速
○七四〇					赤城右二〇度ニ雷撃機一ヲ認メ面舵之ニ向首ス		
				「午前七時四十分、待機中の〔飛龍〕急降下爆撃機十八機は、戦闘機六機の掩護をうけて、発進した。」p.191			
○七四二					〃　舵故障両舷停止（総員防火配置ニ就ケ）ヲ下令ス此ノ頃迄防禦砲火ノ継続シ得タルモノ機銃第一第二群及ビ高角砲一基ノミナリ		
〃					筑摩敵丫遠ザカル打方止メ		

○七四三					赤城艦橋右舷ノf^{c}炎上艦橋ニ延焼ス消防「ポンプ」全力運転ヲ機関科指揮所ニ下令ス	
○七四五					〃司令部移乗ノタメ駆逐艦野分近接ス	
〃	筑摩五号機	⚐/KdB ○八一八	〰	タナ一、更ニ敵巡洋艦五駆逐艦五見ユ基点ヨリノ方位一○度一三○浬敵ニ七五度速力二四節（○七四五）		
○七四六					赤城長官以下司令部職員艦橋退去移乗開始	
○七四七	⚐/KdB	⚐/GF	〰	「○五○○敵空母一隻巡洋艦五隻駆逐艦五隻ヲ「ミッドウェー」島ノ一○度二四○浬ニ認ム之ニ向フ○六○○」		
○七四九					利根右四五度一○○○ニ潜望鏡ヲ認ム取舵ニ転舵回避	
○七五○					筑摩左一三○度高角二度四○粁ニ敵艦攻五機ヲ認ム	
〃	⊵/8S	⚐/GF.2F	〰	タナ四○、敵陸上攻撃機及艦上攻撃機ノ攻撃ヲ受ケ加賀・蒼		

				龍・赤城大火災ヲ生ズ　飛龍ヲシテ敵空母ヲ攻撃セシメ機動部隊ハ一応北方ニ避退兵力ヲ集結セントス　我ガ地点トウン五五（〇七五〇）			
〃	⊵/8S	⊵/2Sf	ᚠ	敵空母ヲ攻撃セヨ			
〃	⊵/2Sf	〇七五八 ⊵/8S	光	全機今ヨリ発進敵空母ヲ撃滅セントス			
〇七五四					筑摩飛龍第一次攻撃隊発進		
〇七五五	ㄚ5/筑	卩/KdB		更ニ巡洋艦五隻駆逐艦五隻出発点ヨリノ方位一〇度一三〇浬針路二七五度速力二四節（〇七四五）			
〇七五七					利根右八〇度高角二度三四〇〇〇八〇〇ニ敵ㄚ数機ヲ認ム直チニ雲中ニ見失フ		原速
〇七五八					筑摩　飛龍全機発艦終了		
〃	飛龍	利根	タ	全機今ヨリ発進敵空母ヲ撃滅セントス	飛龍ㄚ隊敵空母撃滅ニ向フ		
〇八〇〇					赤城機関科トノ連絡絶ユ		
〃	⊵/8S	ㄚ5/筑	ᚠ	敵空母ノ位置知ラセ攻撃隊ヲ誘			

時刻	発	着	信号	本文	記事	
				導セヨ		
〃	〃	○八一〇 丫4筑		タナ一五、敵空母ノ位置知ラセ攻撃隊ヲ誘導セヨ		
○八〇一					利根右五八度高角一〇度三五〇〇〇敵丫群ヲ認ム	
○八〇八	丫5筑	卩	ㄏ	更ニ敵c×5 d×5見ユ我ヨリノ方位一〇度一三〇浬敵針二七五度速力二四節（○七四五）		
○八〇九	飛龍	各	光	発見セシ敵空母ヲ撃滅セントス		
○八一〇	丫5筑	卩 KdB	ㄏ	タナ四、敵ハ味方ヨリノ方位七〇度九〇浬ニアリ（○八一〇）		
〃	偵蒼	○八四〇 卩 KdB	ㄏ	タナ二、敵航空部隊見ユ地点「ミッドウェー」島ヨリノ方位四度一五〇浬		
〃	⊵ 2Sf	○八四〇 ⊵ 8S	光	タナ八、第二次発進機爆撃機十八f^{c}五　後一時間後艦攻九機f^{c}三機攻撃ニ向ハシム　飛龍ハ此ノ儘敵方ヘ進撃ス		
〃					筑摩敵丫数十機右一五六度高角二度左へ進ム	
○八一二					〃　蒼龍ヘ第二カッターヲ救助	停

○八一六	Y5筑	卩	℘	附近天候晴雲量五雲高一〇〇〇｜八〇〇風向八五度風速五米視界三〇浬	艇トシテ派出ス（定員七看護兵一）	一一〇
○八二〇					赤城艦長以下艦橋ヨリY甲板前部ニ移ル	
〃	飛龍	各	光	第二次発進機爆撃機十八f^c五後一時間後艦攻（雷装）九機艦戦三ヲ攻撃ニ向ハシム 飛龍ハコノマ、敵方ニ接近シツ、損害艦機収容ヲ行フ		
〃					利根艦首高角一度三二〇〇〇ニ敵Y十四ヲ認ム	
○八二一					筑摩Y1揚収終了	
○八二五	Y4トネ	利根	℘	我レ燃料残額五〇立		
○八二七	⊿8S	赤城	℘	貴艦通信可能ナルヤ（赤城応答ナシ）		停止
○八二八	Y5筑	卩/KdB		敵ハ味方ヨリノ方位七〇度距離九〇浬ニアリ（〇八一〇）		
○八三〇					赤城搭乗員及負傷者駆逐艦ニ移	

時刻	発信	受信	方法	記事	備考	
					乗ヲ命ズ	
〃	⊵/8S	筑摩	光	「魚雷第一戦備甲トナセ」		
〃					Y4筑揚収	九
〃	⊵/2Sf	○八四八 ⊵/8S	℘	タナ一三、各損害母艦ニハ各駆逐艦一ヲ附シ主力部隊ノ方向へ向ハシメタシ		
〃	〃	⊵/8S	℘	タナ一二九、水偵ヲ以テ敵空母ニ対スル触接持続方取計ハレ度（○八三〇）		
〃	⊵/10S	○九〇〇 ⊵/8S	℘	タナ一七九、長官長良ニ移乗セラレタリ（○八三〇）		
○八三〇	⊏/KdB	榛名艦長 ○九二五 ⊏/GF.2F（⊵/2Sd）	℘	タナ二八九、○七三〇頃敵ノ爆撃ヲ受ケ赤城加賀蒼龍相当ノ損害ヲ受ケ火災、作戦行動不能 本職長良ニ移乗敵ヲ攻撃シタル後全軍ヲ率ヒ北方へ避退セントス 位置「ヘイア⊘⊘」		
○八三二	Y5筑	飛爆	℘	無線誘導ヲナス		
○八三五			Y1/21D		赤城格納庫内魚雷及爆弾連続誘	

					爆丫甲板ノ火災猛烈ヲ極ム		
〇八三七	偵蒼		⌐	敵航空部隊見ユ「ミッドウェー」ヨリノ方位四度一五〇浬			
〇八四〇					赤城艦長以下幹部前部錨甲板ニ移ル		
〃				速力二〇節	筑摩		二〇
〃	爆飛	〇九三〇／	⌐	敵航空部隊ハ空母三隻ヲ基幹トシ駆逐艦二二隻ヲ伴フ（〇八四〇）			
〇八四一	丫5筑	飛爆 丫1/21D	⌐	敵ハ味方ヨリノ方位七〇度九〇浬ニアリ			
〇八四三	▷/8S	⊏/KdB	光	今ヨリ8S 3S 10Sノ一部ヲ以テ敵ヲ攻撃シタシ			
〇八四五	⊏/KdB	▷/8S	光	待テ			
〃	偵蒼	〇八五四 ⊏/KdB	⌐	触接ヲ止ム（〇八四五）			
〃	長良 ⊏/KdB	利根	タ	集結シテ暫ク待テ	長官長良ニ将旗ヲ移揚セラル		
〇八四六	▷/2Sf	▷/8S		各損害母艦ニハ駆逐艦二隻宛ヲ			

時刻	発信	受信	信号	内容	記事		
		▷5Sf（赤城 加賀）		附シ主力部隊ノ方向ヘ向ハシメタク（○八三○）			
○八四七	飛龍	利根 赤城 加賀 蒼龍	┍	損害空母（二）d×1ヲ残シ残リノ部隊ハ進撃方向ニ進マレタシ	一、四号機揚収（利根）		
○八五○					赤城機関長前部錨甲板ニ来リ機関科概況ヲ報告		
〃	⊢KdB	⊢GF.2F	┍	長良機密第一番電 ○七三○頃敵ノ爆撃ヲ受ケ赤城加賀蒼龍相当ノ損害ヲ受ク 火災・作戦行動不能 本職長良ニ移乗敵ヲ攻撃シタル後全軍ヲ率ヘ北方ニ避退セントス 位置ヘイア⊘⊘ al（○八三○）			
○八五三	⊢KdB	▷	┍	今ヨリ攻撃ニ行ク集レ			
○八五六	〃	〃	〃	敵ニ向フ集レ	便宜食事ニ就ク（昼食）		
○八五九	〃	〃	〃	部隊集結敵攻撃ニ向フ 10S 8S 3S順 針路一七○度二二節○八三○			原速

時刻	発信	受信	種別	内容	備考		
〇九〇〇	▷ 8S	⊢ GF.2F	℘	敵陸攻及艦攻ノ攻撃ヲ受ケ赤城加賀蒼龍大火災ヲ生ズ　飛龍ヲシテ敵空母ヲ攻撃セシメ機動部隊ハ北方ニ避退シ兵力ヲ集結セントス　我ガ地点トウン五五〇七五〇		六〇	強速
〃	〇九〇〇 ⊢ 2F	〇九四〇 ⊢ GF.1AF 攻略部隊	℘	タナ三、攻略部隊支隊〇九〇〇ノ位置地点ユミク⊘⊘針路五〇度速力二八節味方機動部隊ニ向フ（〇九〇〇）			
〃	〇九〇〇 Y 指 飛	〇九五一 ▷ 8S KdB	℘	タナ一、我敵空母ヲ爆撃ス（〇九〇〇）			
〇九〇一	〃	〇九五二 艦飛	〃	タナ二、空母火災（〇九〇一）			
〃	⊢ KdB	〇九五三 ▷ 8S	光	敵位置針路知セ			
〃	〃	〇九五五	〃	極力北西方ニ避退セヨ敵ハ〇八一〇、七〇度九〇浬ニアリ			
〇九〇三	〃	〃			赤城自然ニ航進ヲ起シ右廻リニ		

○九○六					回頭ス		一戦速
○九一○	飛龍 ϒ1/2bD		ｍ	タナ一、敵空母ヲ爆撃ス（○九一○）	飛龍第二次攻撃隊発進（敵空母ニ向フ）筑摩本艦ニ後続ス〔註1〕		
〃	▷/8S	筑摩	光	零式即時待機トナセ			
〃					筑摩四号機即時待機		
○九一二	▷	8S	タ	二座水偵二機第一待機トナセ			
〃	卩/KdB	〃	〃	対潜ϒヲ揚収セヨ	赤城秋山機関大尉ヲシテ右航進ニ関シ機関科ト連絡ヲトラシメタル処（機関科指揮所全滅）ノ報告アリ		
○九一三							
○九一五	卩/KdB	▷	ｍ	昼戦ヲ以テ敵ヲ攻撃セントス集レ			
〃	▷/8S	8S		第十戦隊ノ後ニ入ル如ク行動ス		一六	
○九一六	▷	8S	ｍ	魚雷戦用意			
〃	ϒ/蒼		ｍ	敵ニ触接ス（○九一七）			
○九一七	卩/KdB	8S	光	対潜警戒機ハ収揚セヨ			
〃	ϒ5/筑	▷/8S	ｍ	我レ敵ϒノ追撃ヲ受ケ触接ヲ失セリ（○九○五）			

時刻	発信者	受信者・発信時刻	通信手段	内容	備考		
○九一九					筑摩	一六五	一八
○九二○	筑摩	KdB.8S	[illegible]	本艦対潜警戒機揚収終リ			
〃	Y5筑	○九四○ 8S	[illegible]	タナ七、基点ヨリノ方位一五度距離一三○浬敵大巡ラシキモノ二隻見ユ　敵空母ラシキモノ一隻駆逐艦一隻見ユ針路北方速力二○節（○九二○）			
〃	KdB	○九五○ 8S 3S	光	今ヨリ敵ヲ攻撃ス集レ			
〃	GF	一○○○ GF各長官 各司令官	[illegible]	GF機密第二九四番電　GF電令作第一五五号　各部隊ハ左ニ依リ行動AF方面ノ敵ヲ攻撃スベシ 一、主隊○九○○ノ位置フトム一五針路一二○度速力二○節 二、AF攻略部隊ハ一部ヲシテ輸送船団ヲ一時北西方ニ避退セシムベシ 三、第二機動部隊ハ速カニ第一機動部隊ニ合同スベシ　三潜戦五潜戦ハ丙散開線ニ就ケ			

○九二三					筑摩総員戦闘配置ニ就ク	七○	
○九二四	榛名	8S	夕	最大戦速即時待機トナセ		七六	
○九二五					筑摩魚雷戦用意		
〃	卩/KdB	KdB	光	昼戦ヲ以テ敵ヲ撃滅セントス			
〃	〃	〃	〃	間モナク会敵ヲ予期ス			
○九二七	卩/2F	▷/8S 卩/GF.KdB	ɱ	攻略部隊支隊○九○○ノ位置地点ユミク⊘⊘針路五○度速力二八節味方機動部隊ニ向フ			
○九二九					利根魚雷戦用意完了		
○九三○	▷/8S	一○三○ 丫筑	ɱ	タナ一七、今ヨリ敵攻撃ニ向フ 針路零度（○九三○）			
〃	卩/KdB	○九三二 KdB	光	展開方向北西			
〃	野分 艦長	一○○○ 卩/KdB	ɱ	発赤城艦長 発着甲板ノ外安全 消火ニ努力中（○九三○）			
〃	長良	8S	夕	警戒方法ヲ知セ			
○九三二					筑摩	四五	
○九三七	丫飛	卩/KdB	ɱ	我敵空母ヲ爆撃ス			
○九三八					筑摩主砲水上射撃用		
○九四五	飛龍	○九五六		タナ一、敵空母炎上中、味方丫			

時刻				記事			
	Y1 / 2bD	KdB		視界内ニ無シ我帰途ニ就ク（〇九四五）			
〇九四五					筑摩		
〇九五八					利根		一戦速
一〇〇〇					赤城敵大艇一触接スルヲ認ム		
〃	4dg ▷	一一一〇	ᵲ	4dg機密第一四〇番電 捕虜（ヨークタウン）搭乗員海			

「蒼龍が損傷したあとで、この偵察機〔註・蒼龍搭載の二式艦偵二機中の一機〕は帰って来た。そして飛龍に着艦した。着艦後、この偵察機搭乗員は山口少将に、重大な偵察報告を行った。／「米空母はエンタープライズ、ホーネット、ヨークタウンの三隻であります。飛行中、報告が出来なかったのは、搭載電信機が故障したからであります。そこで取敢えず敵空母三隻の確認を報告するため急いで帰投しました。今から電信機を取りかえて、触接持続のため急いで出発いたします」／この報告を受けた山口少将は、飛龍飛行隊長友永大尉指揮の下に、残存の全飛行機をもってこれが攻撃を決意した。集められた兵力は、雷撃機十機と戦闘機六機であった。その中には赤城の雷撃機一機及び加賀の戦闘機二機も含まれていた。」p.193

「午前九時四十五分、尾部を黄色に塗粧し、赤三線の識別を附した指揮官機を先頭に、友永雷撃隊十機は、六機の戦闘機に守られて飛び立った。」p.194

		巳/6F　巳/GF.2F.KdB		軍少尉言左ノ如シ 一、空母「ヨークタウン」「エンタープライス」「ホーネット」ノ三隻巡洋艦六駆逐艦約一〇隻 二、「ヨークタウン」巡洋艦二駆逐艦三トヲ一団トシ他ノ部隊トハ別動シツヽアリ 三、五月三十一日午前真珠港発六月一日「ミッドウェー」附近着爾後南北ニ移動哨戒ヲナシ今日ニ及べリ 四、五月三十一日真珠港在泊主力艦ナシ（本人ハ五月三十一日マデ基地訓練ニ従事ハワイ方面主力艦ノ状況明ラカナラズ）			
一〇〇〇	巳/KdB	KdB	光	速力二四節トナセ			
〃	〃	〃	〃	支援部隊水偵ヲ以テ零度ヨリ九			
一〇〇一				〇度一五〇浬ヲ索敵セヨ	筑摩		二四

時刻	発信者/受信者	発受	方法	内容	備考		
一〇〇二	▷/8S	Y5/筑	卜	今ヨリ我敵攻撃ニ向フ針路◎度 (〇九三〇)	利根		二戦速
一〇〇八	卩/KdB	8S	〃	支援部隊ノ水偵ヲ以テ前方一五〇浬ノ海上ヲ捜索セヨ			
一〇〇九					利根一号機ノ外即時待機		二五
一〇一〇	▷/8S	卩/KdB	光	タナ三、敵ノ位置〇八二五基点(ミ)ノ三五三度一三〇浬針路一三五度速力二四節及ビ二度二六〇浬 動静同シ			
一〇一〇	▷/8S	KdB	光	〇八三〇赤城通信不能ト認メ当時ノ状況ヲ卩GF及卩2Fへ通報シ当時三〇度トナリシタメ一応北方ニ避退スト電報セリ			
〃	卩/KdB	一〇一〇 ▷/8S (筑摩艦長) 3S	光	支援部隊水偵ヲ以テ〇度ヨリ九〇度一五〇浬ヲ捜索セヨ			
〃	卩/GF	一〇四五 GF/▷卩	卜	GF機密第二九五番電GF電令作第一五六号			

				一、敵艦隊攻撃C法〔註2〕 二、攻略部隊ハ一部ノ兵力ヲ以テ今夜AF陸上ㄚ基地砲撃破壊スベシ　AF AOノ攻略ヲ一時延期ス
〃	▷/2Sf	一〇四五 ▷/KdB　▷/8S	光	攻撃隊報告〇九四〇味方ヨリノ方位八〇度九〇浬大巡五大空母一（大火災）攻撃隊ノ報確実
一〇一二	▷/8S	8S	光	ㄚ全機即時待機トナセ
一〇一四	5ㄚ/筑	KdB	〃	敵針二〇度速力二四節我敵ヨリノ方位二六五度三〇浬触接中（一〇〇五）
一〇一五	▷/8S	3S 8S 長良	光	タナ四、左ニ依リ飛行索敵ヲ実施スベシ 一、索敵線第一線九〇度第二線七〇度利根　第三線五〇度筑摩　第四線三〇度榛名　第五線一〇度霧島 二、進出距離一五〇測定左三〇浬 三、発進時刻準備出来次第

一〇一五	艦榛	一〇二〇	光	当隊水偵三、一〇〇〇索敵ノタ			
		⊵8S		メ発進、索敵範囲四〇度ヨリ三			
				四〇度迄進出距離一八〇浬			
一〇一五	筑摩	⊳	タ	三、四号機即時待機完成			二六
一〇一八	⊵8S	飛	タ	筑摩五号機無線誘導ヲナス		⊘	
一〇二〇	ϒ5筑	一〇二八	[illegible]	敵大巡四隻ハ分離シ二七八度ニ			
		⊵8S		向フ速力二四節（一〇二〇）			
一〇二五					筑摩	四五	
一〇三〇	⊵8S	卩KdB	光	敵空母一大巡二ノ位置九〇度方			
				向一二〇浬針路〇度速力二〇節			
一〇三一					飛龍第二次攻撃隊発進		
一〇三五					筑摩四号機索敵ノタメ発艦		
一〇三六					筑摩		二八
一〇三八					赤城御真影ヲ駆逐艦野分ニ奉遷		
					ス		
一〇四〇	⊵8S	ϒ5筑	[illegible]	タナ一九、敵兵力位置改メテ知			
				セ（一〇四〇）			
〃	ϒ5筑	一〇四六		タナ一一、基点ヨリノ方位二〇			
		⊵8S		度距離一六〇浬針路二七〇度速			
				力二四節（一〇四〇）			
一〇四一					筑摩		三一

一〇四五	⌒5筑	一〇五〇 ▷/8S	┌	タナ一二、敵ハ針路九〇度変針ス（一〇四五）			
〃	▷/2Sf	一一〇五 KdB	┌	タナ一三一、⌒ヨリノ報告ニ依レバ〇九四〇敵ノ位置味方ヨリノ方位八五度距離九〇浬、大巡五大型空母二（大火災）（一〇四五）			
〃	攻略部隊指揮官	一一一五 攻略部隊（▷/1AF.GF）（▷/8S）	┌	タナ二一一、攻略部隊支隊一〇二〇ノ地点ユムカ一四針路五五度速力二八節（一〇四五）			
〃	野分艦長	一三一五 ▷/GF.2F.1AF	〃	タナ四〇四、赤城大火災尚止マズ御真影ヲ本艦ニ奉安セリ（一〇四五）			
一〇五〇					赤城行脚止マル		
〃					筑摩		二八
一〇五四					〃	四五	二四
一〇五五	▷/8S	⌒5筑	┌	タナ二〇、敵兵力知ラセ（一〇			

				五五）		
〃	⅄棒	長良 利根	⌈m	〇九四〇ノ敵ノ方位約左九〇度 大巡五空母五炎上中		
一一〇〇	▷/2Sf	一一三五 KdB	⌈m	タナ一三二、f^bノ報告ニヨレバ敵空母ハ概ネ南北ニ約一〇浬ノ間隔ニテ三隻アリ		
〃				利根第三、四号機発進（索敵）	六〇	三戦速
一一二〇	𠃊/KdB	GF/各𠃊 2KdB		タナ三九一、第一機動部隊五日一一〇〇地点トエヲ三三、東方敵機動部隊ヲ撃滅シタル後北上ノ予定第二機動部隊ハ速ニ合同セヨ		
〃				筑摩左四五度五五粁ニ⅄二機ヲ認ム 煙幕展張		
一一二六	⅄指/飛	攻撃隊 総⅄	⌈m	突撃セヨ		
一一二七				筑摩主砲高角砲方向射撃始ム		
一一三〇	⅄1/棒	一一三一 𠃊/KdB	⌈m	我敵ニ機ト空戦中、附近ニ空母居ルモノ、如シ		
〃	▷/2Sf	一二〇八 野分	⌈m	タナ一三三、左記赤城ニ伝ヘラレタシ 貴艦ノ残機発艦可能ノ		

		艦長（卩/KdB）		モノ有ラバ飛龍ヘ収容シタシ（一一三〇）			
〃					利根左一一〇度ニ敵ㄚ二機ヲ認ム		
一一三一					利根対空戦闘		
一一三三	攻指/飛	一一三三 攻/飛	卜m	突撃準備隊形制レ			
一一三四	〃	〃	〃	全軍突撃セヨ			
〃					筑摩左変針打方待ツ	四〇	
一一三五	ㄚ4/トネ	一一三八 ⊿/8S	卜m	タナ一、敵潜没潜水艦見ユ方位九〇度四〇浬針路一八〇度（一一三五）			
〃	⊿/8S	野分 加賀 蒼龍	卜m	利根貴位ノ一〇〇度五〇浬方向ニ敵潜没潜水艦二隻認メタリ（〇五四五）	利根主砲打方始ム　味方f^c敵ㄚニ向フ		二戦速
一一三七	ㄚ		卜m	味方ㄚ隊ハ敵空母ニ突撃ス敵空母ハ三隻			
〃					筑摩敵ㄚ遠ザカル		
〃	卩/KdB	KdB	光	針路二〇度トナセ			
一一四三					筑摩		二〇
一一四五	飛攻	一一三八	卜m	タナ一、我敵空母ヲ雷撃ス二本	（註43Dは説明資料缺除）		

〃	Y1/43D	⚐/KdB	光	命中セルヲ確認ス			
〃	⚐/KdB	一二〇〇 KdB		3S 8Sハソレゾレ飛龍ノ北西及ビ南東ニ就ケ 敵ニ各艦ノ距離ヲ離セ 長良ハ飛龍ノ前方ニ就ケ			
一一五〇	⚐/KdB	KdB	光	我レ飛龍ニ近ヅク	赤城一時後部トノ連絡可能トナル		
一二〇〇					赤城格納庫内ノ誘爆前部格納庫床鈑ヲ爆破 前部中甲板大火災		
一二〇二	⊳/8S	筑	光	列ヲ解キ飛龍ノ一八〇度一〇粁ニ就ケ			
一二〇五					利根		二戦速
一二〇七					利根		三戦速
一二一二	⊳/8S				利根		二戦速
一二一五	Y4/トネ	一二一八 ⊳/8S	〽	タナ三、敵大部隊見ユ基点ヨリノ方位一〇二度一二〇浬敵針二八〇度敵速二四節（一二一五）			
〃	飛攻 Y1/43D	一二一四 ⚐/KdB	〽	タナ三、我敵「ヨークタウン」型空母ヲ雷撃ス地点エツニケ敵針九〇度速力二四節（一二一五）			

〃	指攻	一二五〇 攻部隊 ⚐GF ▷8S	ℳ	タナ一〇一、攻略部隊主隊午後〇時十分地点ユモエ一二針路六五度速力二六節（一二一五）	利根右二〇度ニ丫一ヲ認ム	
〃	丫4 トネ	利	ℳ			
一三一〇〔一二三〇〕	▷8S	一二三四 丫4筑	ℳ	タナ二三、艦種ヲ確メ		
〃					筑摩	二〇
〃	丫4 トネ	一二三四 ▷8S	ℳ	タナ四、敵ハ巡洋艦六ヲ基幹トシ前衛駆逐艦六ヲ伴フ　前方二〇浬ニ更ニ空母ラシキモノ一隻見ユ（一二三〇）		
一三一一	▷2Sf	一三二〇 ⚐KdB	ℳ	タナ一三五、（蒼龍）十三試艦爆ニヨリ触接ヲ確保シタル後残存全兵力（爆五、攻四、戦一〇）ヲ以テ薄暮敵残存空母ヲ撃滅セントス（一三一一）		
〃	艦筑	一三三一 ▷8S	光	二、四号機敵ニ向ヘリ		
一三三一	⚐KdB	一三三〇 ▷8S		敵大部隊ノ主ナル兵力ヲ確メヨ		

〃	⊵/2Sf	一三五三 ⊑/KdB	ト	タナ一三四、第一次敵空母攻撃成果「エンタープライス」型ニ対シ二五番直撃五、大火災ヲ起サシム 攻撃時右空母一隻及ビ大型巡洋艦五隻ヲ認メタルノミナルモ 十三試f^bノ報告ニ依レバ約十浬ヲ離レ空母尚二隻アリ 帰艦機f^b一八ノ内六、f^c九ノ内一 第二次空母攻撃隊一〇二〇発 第三次空母攻撃隊（f^b六 f^c九）出発準備中		
一二三五	⊵/8S	⊑/KdB	光	タナ七、利根四号機ノ発見セル敵位置一二三〇我位置ノ一一四度一一〇浬		
〃	ϒ4/筑	一二四〇 ⊵/8S	ト	タナ二、敵ヲ見ズ予定索敵線上		
〃	⊵/8S	8S	光	利根ハ飛龍ノ九〇度筑摩ハ一八〇度各一〇粁ニ占位セヨ		
〃					飛龍f^b〔f^c?〕四機発進	
一二三七	⊵/8S	筑摩	光	五号機ノ交代機ヲ発進セシメヨ 敵水上艦船攻撃準備ヲナセ		一五〇

一二四〇	艦筑	Y5/筑 一三三六	⊢ᵐ	タナ四、敵情知ラセ（一二四〇）			
〃	旦/KdB	第二KdB	⊢ᵐ	第一機動部隊五日一一〇〇地点トエヲ三三東方敵機動部隊ヲ撃滅シタル後北上ノ予定　第二機動部隊ハ速カニ合同セヨ我一一三〇ノ位置ユユケ四四針路二八五度速力二四節　一六〇〇占領隊ニ合同ノ予定（一一三〇）			
一二四五	Y3/トネ	⊵/8S 一三一七	⊢ᵐ	タナ四一、敵巡洋艦ラシキモノ六隻見ユ　我出発点ヨリノ方位九四度距離一一七浬ニアリ敵針一二〇度速力二四節（一二四五）			
〃	⊵/8S	Y/3S.8S	⊢ᵐ	一二三〇ノ位置一一〇〇ノ位置ノ六七度二二五浬			
一二五〇	Y4/トネ	⊵/8S 一二五〇	⊢ᵐ	タナ五、敵ハ空母二隻ヲ基幹トシ駆逐艦二隻ヲ伴フ（一二五〇）			
一二五七	筑摩	Y4/筑	光	上空ニテ暫ク待テ			
一三〇〇					赤城搭乗員残員全部駆逐艦ニ移乗		

時刻	発	宛・時刻	種別	内容	記事
一三〇〇	⊵/2Sf	⊡/KdB 一三三五	〆	タナ一三六、第二次母艦攻撃隊戦果「エンタープライス」型一隻（前ニ爆撃ノモノナラズ）ヲ雷撃 魚雷二発命中確認ス	
〃	⊡/KdB	⊵/4dg (⊡/GF) 一四〇六	〆	タナ二七八、損傷艦ヲ護衛極力北西ニ避退セヨ状況知セ	
〃	筑摩	Y4筑	光	今二号機ヲ出ス一緒ニ行ケ	
一三〇五	⊵/8S	KdB	光	一三〇〇敵空母ノ位置三〇度二五分北一七七度二六分西	
一三〇六					筑摩 敵空母触接ノタメY発進
〃	筑摩	⊵/8S	光	二、四号機敵ニ向ヘリ	
一三一〇	Y4/トネ	⊵/8S 一三一一	〆	我レ敵機ノ追跡ヲ受ク之ヲ離ス 我レ帰途ニ向ヘツヽアリ	
一三一二					榛名煙幕展張
一三一五	⊵/2Sf	KdB	〆	タナ一九三、今迄ノ搭乗員報告ヲ綜合セルニ敵ハ空母三隻大巡五隻駆逐艦一五隻ヨリナル 我ガ攻撃ニヨリ空母二隻ハ大破セリ	
一三一九					筑摩五号機感度応答ナシ

一三一〇	⊢/KdB	利根	タ	機動部隊ノ後方ヨリ捜索報告セヨ	左八〇度高角一・五度四五〇〇〇ニ敵大艇雲間ニ認ム	
〃					筑摩	三三〇
一三一五	⊿/8S	丫/3S.8S	ᒥ	一三〇〇ヨリCo三一五度二八節	大艇見失フ　三号機電波感度絶ユ	
一三三〇					赤城後部トノ連絡再ビ可能トナル	
〃	⊿/2Sf	⊢/KdB (⊿/8S)	ᒥ	タナ一四〇、第三次空母攻撃隊一五〇〇出発薄暮攻撃ヲ実施ス水偵ニテ敵空母触接方取計ハレ度		
〃	⊢/KdB	KdB	タ	今夜長良水偵ハ極力敵主力ニ触接スベシ3S8S明朝黎明索敵ニ備ヘヨ		二八〇
一三三〇	⊢/KdB	KdB	旗	二七〇度左列向変換		
一三四〇	⊿/8S	丫2.4/筑	ᒥ	タナ二五、敵ノ東方ヲ捜索セヨ		
〃	艦筑	⊿/8S	光	本艦五号機〇六三八出発一〇四五以後連絡ナシ		
一三四六					筑摩左三五度敵飛行艇ラシキモノ見ユ	

時刻	発	着		内容	備考		
一三四七					利根左四五度高角〇・五度四三〇〇〇ニ敵大艇一ヲ認ム		
〃	Υ4/筑	築	℘	我発動機不具合引返ス			
一三五三					利根敵大艇ヲ見失フ		
一三五五	▷/8S	⚐/KdB	光	タナ一〇、索敵報告ヲ総合スルニ敵大部隊ハ空母二大巡六ヲ基幹トシ駆逐艦八隻程度ヲ伴フモノト判断ス　更ニ水偵二機ヲ触接偵察ノタメ発進セリ			
一三五五	⚐/KdB	天風艦長	℘	タナ四五一、磯風ト共ニ蒼龍ノ警戒ニ任ジ北西方ニ避退セヨ	〔補・天風＝天津風〕		
〃	参/GF	参/1AF.2F　▷/8S.2Sf	℘	タナ五二一、AFノ攻撃ノ概要（特ニ明日敵ガ同陸上基地使用能否及……基地……）至急報告ヲ得タシ			
一三五六	▷/2Sf	⚐/KdB	℘	我二次敵空母攻撃成果「エンタープライズ」型一、爆撃大火災ヲ起サシメ大巡五ヲ認メタルモ成功セズ　約一〇浬離レ尚空母ニ有リ我レ三次（f^{b}六f^{0}一〇）出発準備中			

〃	卩/KdB	KdB	旗	一二〇斉動			二四
一三五八					筑摩	二五〇	
一四〇〇	磯風	卩/4dg	ɼ	タナ四八一、蒼龍行動不能 如			
	艦長			何ニスベキヤ			
〃	丫2筑	／		タナ七、先ノ空母ハ大破ナリ			
一四〇〇					利根丫揚収用意ヲナス		
〃					筑摩左四〇度飛龍直上空		
一四〇一					敵丫群ヲ認ム飛龍発砲敵丫飛龍		一二
					へ急降下		
一四〇五	丫4トネ	利根	ɼ	敵丫見ユ			
〃					利根対空戦闘左七〇度		
〃					敵丫飛龍爆撃数弾命中		
〃					飛龍火災		
〃					筑摩敵丫ニ対シ主砲高角砲砲撃		
					開始		
一四〇七					敵丫榛名ニ爆弾投下急降下 長		
					良 上空敵丫三機左九〇度 本		
					艦ニ向首スル敵丫ニ対シ主砲高		
					角砲打方始ム		
一四〇九					利根右打方待ツ		
一四一〇					〃 爆撃回避運動開始	最大	

時刻	発	宛		内容	経過		
一四一三					筑摩主砲打方止ム		戦速
一四一五	Y2筑	⊵8S	ᒥ	タナ一、敵空母一巡洋艦三見ユ ○基点ヨリノ方位一〇三度			
〃	萩風艦長	⊵4dg	ᒥ	タナ四五四、御真影ハ本艦ニ奉体シ加賀総員退去セルヲ以テ人員全部収容セリ			
〃	指攻略	⊵KdB ⊵GF ⊵8S 攻略部隊	ᒥ	攻略部隊電令作第一二号、攻略部隊主隊ハ二一〇〇地点トアヲ一九附近ニ達シ機動部隊ニ策応夜戦ヲ以テ残敵ヲ撃滅セントス 同時刻迄ニ敵状ヲ得ザレバ爾今東方ニ掃航索敵セントス			
〃	⊵8S	Y 3S.8S	ᒥ	一三三〇ヨリ針路二七〇度一四〇〇ヨリ針路一二〇度速力二四節			
〃					筑摩	九〇	
一四一六					〃高角砲打方止ム		
一四一七					筑摩左四五度敵Y二機見ユ		三一
一四一八	Y4トネ	⊵8S	ᒥ	敵Y見ユ			
一四二〇					利根敵Y三機急降下取舵回避艦		

					尾一〇〇米ニ爆弾数箇落下
一四二三					利根近接スル敵ヿニ対シ機銃打方始ム
一四二四					筑摩左三〇度敵ヿ九機見ユ
一四二六	ヿ2/筑	⊵/8S	ꟾ	タナ二、敵速二四節敵針七〇度	
一四二七	筑	KdB	旗	二〇〇度方向ニ敵ヿ見ユ	
〃	⊵/8S	KdB	〃	一六〇度方向ニ敵ヿ見ユ	
一四二八	ヿ2/筑	⊏/KdB	ꟾ	タナ三、敵ハ東方ニ避退開始セリ敵針七〇度敵速二〇節	
一四三〇	⊏/GF	GF各 ⊏/⊳	ꟾ	GF電令作第一五七号 一、北方部隊指揮官ハ適宜AO攻略ヲ実施スベシ 二、北方部隊ニ一（駆逐隊二隊缺）一潜戦ヲ復帰	
一四三〇	⊏/KdB	GF各 ⊏ ⊏/2F ⊵/4sf	ꟾ	タナ一四七 飛龍ニ爆弾命中火災	
一四三一	ヿ2/筑	⊏/KdB	ꟾ	タナ四、空母敵情変化ナシ	
一四三二	ヿ4/筑	⊵/8S	ꟾ	タナ四、敵空母一隻見ユ敵駆逐艦五隻見ユ我出発点ヨリノ方位	

〃	⊳/4dg	磯風	〽	一〇三度距離八五浬針路一一〇度速力十二節			
				タナ三一六、特令ノアル迄蒼龍ノ附近ニ於テ警戒セヨ火災鎮火スルモ航行ノ見込ナキヤ			
〃					利根敵f^{b}×4急降下面舵回避		
〃					筑摩左七〇度高角三〇度三〇〇米f^{b}九機本艦上空ニ向フヲ認ム	回避運動	最大戦速
〃					筑摩高角砲機銃打方始ム		
一四三三	Y2筑	⚐/1AF	〽	敵ハ東方ニ避退ヲ開始セリ針路七〇度速力二〇節			
〃					筑摩右ノ敵Y一ダグラスDB19型急降下艦首一〇〇米ニ爆弾数箇投下被害ナシ（敵Y投下爆弾位置見取図参照）		
一四三四	Y2筑	⚑/KdB	〽	タナ五、巡洋艦三隻敵針七〇度敵速二〇節			
一四三五					敵Y利根爆撃命中セズ		
一四三七	⚑/KdB	KdB	光	長良附近ニ集レ	利根敵f^{b}×3急降下ス爆弾三落下命中セズ敵攻撃機全部撃退		

一四三九					筑摩	三三〇
一四四二					利根左三〇度高角七度敵丫ニ対シ打方始ム	
一四四五					筑摩上空敵丫B17型一機ヲ認ム高角砲機銃打方始ム	
〃					筑摩敵B17型一機爆弾投下右艦尾五〇米ニ水中〔柱〕揚ル（被害ナシ）	
〃					利根敵重爆一機左一三〇度ヨリ本艦ニ向ヒ来ル	
一四四八					利根左一七〇度高角三〇度敵丫三機本艦ニ向首間モナク撃退	
〃					長良煙幕展張	
一四四九					筑摩右ノ敵丫反転再ビ本艦ノ真上ニ来ル	
〃					筑摩　右敵B17型一機更ニ左九〇度一五〇米ニ爆弾投下命中セズ右丫遠ザカル	
一四五〇	舞風	[illegible]/KdB	[illegible]	タナ三一七、加賀航行不能生存者全部収容		

〃	卩/KdB	卩/GF.2F　▷/4Sf	卜	タナ二四三、加賀航行不能地点ヘエア五五　生存者駆逐艦ニ収容	
〃	卩/2F	4S 3S 5S　2Sd 4Sd　瑞鳳　春雨　GF 1F 1AF　各卩　7S 8S 10S　11Sf 各▷	卜	2F機密第七六二番電攻略部隊電令作第十三号 今夜夜戦決行ノ場合当部隊夜戦要領ハ左ニ依ル 一、月明ヲ利用シ概ネ昼戦ノ要領ニ準ジ結束ノ儘決戦ス 二、状況ニ依リ5S 2Sd（又ハ4Sd）ヲ分派スルコトアリ 三、魚雷深度四米トス 四、地点表示法第四地点表示法基点会時ニオケル愛宕ノ位置 五、春雨ハ瑞鳳附属ノ儘トス	
〃					筑摩打方止ム
一四五五	卩/KdB	卩/GF	卜	飛龍ニ爆弾命中火災（一四三〇）	
〃					筑摩敵丫群左七六度高角五度四〇〇〇米艦隊上空ニ向フヲ認ム更ニ長良ニ向フ（被害ナシ）

一五〇〇					赤城警戒駆逐艦ヨリ敵潜附近ニ存在ストノ情報アリ	
〃	▷4dg	萩風	ト	令アル迄加賀ヲ監視セヨ		
〃	▷4dg	萩風 舞風 浜風 磯風	ト	タナ三一九、担任母艦ノ警戒ヲ続行セヨ		
〃	〃	舞風 浜風	ト	タナ三一八、加賀蒼龍沈没ノ虞レアルヤ否知セ		
〃					筑摩左五〇度高角一五度敵丫群本艦ニ向フヲ認ム	
一五〇一	丫4筑		ト	敵空母ハ浮流ス		
一五〇二	磯風	▷4dg	ト	タナ四八二、自力航行ノ見込ナシ残員全部収容セリ		
一五〇三					筑摩左二〇度敵丫群ニ対シ対空戦闘	
〃					利根右四五度大艇ヲ認ム	二戦速
一五〇五					筑摩敵丫群遠ザカル主砲打方止ム	
一五〇六					利根一五〇度高角五度一九〇〇ニ敵丫六機ヲ認ム　本艦ニ近接	

一五〇七					主砲高角砲機銃打方始ム 利根前進一杯 爆撃回避運動開始		最大戦速
〃					筑摩左一六〇度六機編隊敵爆撃機ヲ認ム		
一五〇八					筑摩艦首方向接近スル敵f^{b}二機 高角砲機銃打方始ム		
一五〇九					筑摩機銃ニ依リ一機撃墜		
一五一〇	ϒ2/筑	卩/KdB	ɱ	タナ八、敵空母一巡洋艦二駆逐艦四見ユ我出発点ヨリノ方位九五度一〇五浬針路一七〇度			
〃					筑摩敵ϒ撃退		
〃					〃左艦首ニ接近スルB17型三機ニ対シ高角砲機銃打方始ム		
一五一四					筑摩　右B17型本艦右一〇〇米爆弾数箇投下（被害ナシ）		
〃					利根敵ϒ本艦ニ向フ味方f^{c}之ト交戦		
一五一五	北方部隊	北方部隊	ɱ	北方部隊機密第八〇一番電北方部隊電令作第八九号			

	指揮官	GF（総長 大警 長官）		第二機動部隊以外ノAL作戦ハ予定通リ実施N日ハ変更セズ			
〃					筑摩敵丫撃退打方止ム		
〃	▷/8S	丫/3S.8S	㎰	一五〇〇ノ位置一一〇〇ノ位置ヨリ五度二七五浬			
一五一九	丫2/筑	巳/KdB	㎰	更ニ空母一隻針路一七〇度			
一五二〇					赤城機械ノ状況調査ノタメ人員派遣セシ処ガス熱気ノタメ作業不可能引返ス		
一五二〇	丫2/筑	巳/KdB	㎰	タナ一〇、巡洋艦三我出発点ヨリノ方位九五度一〇五浬			
〃					筑摩左七〇度B17型三機ヲ認メ打方開始		
〃	▷/8S	3S 8S 総丫		帰レ			
一五二一					筑摩機銃数弾命中セルモ墜落セズ敵丫反転逃ゲル		
一五二八					利根〔敵〕f^{lo}×3本艦ニ水平爆撃ヲ加フ弾着ハ後方一〇〇〇米		

時刻	発信	受信	信号	内容	記事		速力
一五二九					利根左四五度高角一五度敵ヤ本艦ニ向フ		
一五三〇					利根爆撃回避運動開始主砲打方始ム		最大戦速
〃	ヤ2筑	▷ 8S	𝓅	タナ一一、触接ヲ止ム			
〃	嵐 ▷ 4dg	野分 萩風 浜風 磯風 各C	𝓅	タナ三二〇、各艦ハ今夜担任母艦附近ニ在リテ敵潜水艦及機動部隊ニ対シ警戒ヲ厳ニシ敵機動部隊来タラバ刺違戦法ヲ以テ敵ヲ撃滅セヨ			
一五三〇	艦筑	参 1AF、▷ 10S、ﾄ 17dg、▷ 8S	光	本艦二号機一四一三傾斜火災中ノ敵空母ノ東方三〇浬ニ敵空母四巡洋艦六駆逐艦一五回航スルヲ認メタリ 其ノ後ハ敵f^cノ追躡ヲ受ケ敵ヲ見ズ			
一五三一					利根 敵ヤ雲間ニ入リ見失フ爆撃回避運動止ム		四戦速

〃					筑摩敵ϒ全部遠ザカル		
〃	ϒ2/筑	卩/KdB	⚑	敵空母三隻見ユ出発点ヨリノ方位九五度一〇五浬			
一五三七	卩/KdB	KdB	タ	長良附近ニ集レ	利根	一一〇	二戦速
一五三八					利根右三〇度敵ϒ一機本艦ニ向フ機銃高角砲ヲ以テ之ヲ撃退		
一五三九					筑摩		二四
一五四三					利根		原速
一五四五	ϒ2/筑	卩/KdB	⚑	触接ヲ止ム			
一五四六					筑摩　味方f^c長良附近ニ着水		
一五五三	⊵/8S	筑	光	ϒ揚収セヨ	筑摩		
一六〇〇					利根五号機揚収		停止
一六〇一	卩/KdB	KdB	タ	10S 8S 3S予定針路一三五度		八〇	
一六〇五					筑摩四号機揚収		停止
〃	卩/KdB	KdB	光	10S 8S 3S順針路三二五度ノ予定			
一六一二					利根最大戦速二十分待機トナス		
一六一五					赤城自力航行不可能ナルヲ機関長報告		
〃	浜風	⊵/2Sf 卩/KdB	⚑	蒼龍沈没セリ			

〃	⊏GF	GF 各⊏ 各▷（総長）	卜∞	GF機密第二九八番電GF電令作第一五八号 一、敵艦隊ハ東方ニ避退中ニシテ空母ハ概ネ撃破セリ 二、当方面連合艦隊ハ敵ヲ急追撃滅スルト共ニAFヲ攻略セントス 三、主隊ハ六日〇〇〇〇フメリ三二ニ達ス 針路九〇度速力二〇節 四、機動部隊攻略部隊（7S欠）及ビ先遣部隊ハ速ニ敵ヲ捕捉攻撃スベシ			
一六一五	▷8S	8S	光	二六節即時待機最大戦速二十分待機トナセ			
一六二〇					赤城艦長総員退去ヲ決意⊏1AFニ其ノ旨打電自沈確認ノタメ駆逐艦ノ魚雷発射ヲ要請ス		
〃					利根夜戦ニ備フ	一八〇	
一六二五					赤城総員集合総員退去ニ関シ艦長訓示		

一六三五	⊵/8S	∠4/筑	ᒥ	一六〇〇ノ位置一一〇〇ノ位置ヨリ三五一度三六浬針路三五一度無線帰投ヲナセ			
〃				五号機応答セズ			
一六四〇	⊵/8S	∠/3S.8S	ᒥ	タナ二九、一六〇〇ノ位置一一〇〇ノ位置ヨリ三五一度三六浬針路三五一度無線帰投ヲナセ			
〃 一六四二	⊵/8S	ㅁ/KdB	タ	敵大巡六隻及空母二隻ヲ基幹トスル部隊ハ一五一〇「ミッドウェー」ノ二〇度一八〇浬ヲ南東方避退中一六〇〇敵ハ我ノ一〇〇度二〇〇浬ト判断ス	筑摩 筑摩∠帰投ノタメ探照灯ヲ点ズ	一九〇	九
一六五〇					筑摩右八〇度二二号機帰投		
一六五五					照射（筑摩）		
一七〇〇					赤城駆逐艦嵐及野分ニ総員移乗 開始		
〃					筑摩二号機揚収	一八〇	停
一七一〇	⊵/8S	8S	光	三一五度方向微速			
〃	〃	ㅁ/KdB		利根九五水偵一機筑摩零式水偵一機帰還セザル外8S3S全機帰還			

				ス 右帰還セザル丫二機ハ空戦ノ結果自爆セルモノト認ム			
一七二〇	⊿/8S	8S	光	針路三二〇度原速トナセ		三二〇	一二
一七二五	〃	各		戦闘			
一七二七					筑摩周囲ノ警戒ヲ厳ニセヨ		
一七二九	⊿/8S	8S		八戦隊戦闘	利根左五〇度ニ敵ラシキ艦影見ユ魚雷戦方位左五〇度		
一七三〇	⊟/GF	伊一六八 ⊿/3SS (⊿/7S)	ｒ	GF電令作第一五九号 伊一六八潜水艦ハ二三〇〇迄AF(イスタン)島航空基地ノ砲撃破壊ニ任ズベシ 二三〇〇以後ハ7Sトス			
〃	⊟/KdB	KdB	光	明朝8S3S水偵ハ九〇度ヨリ一八〇度ニ至ルナルベク遠距離索敵ヲ実施スベシ細目8S司令官所定			
〃	⊟/KdB	KdB	光	敵空母四隻ノ艦型速力知セ			
一七三七					筑摩灯火戦闘管制夜戦ニ備ヘ		
一七三八	⊿/8S	筑	光	索敵様子ヲ知セ			
一七四五					利根艦影ハ雲ノ誤リト判明		
一七四八	⊿/8S	筑	光	使用可能機数ヲ知セ			
〃	〃	〃	〃	第一配備トナセ			

一七五四	〃	8S	テ	〃	利根		強速
一七五五	筑	⊳/8S	光	使用可能機四			
一七五七	⊳/KdB	8S	⚑	第一待機トナセ	艦内哨戒第一配備		一戦速
一八〇〇					筑摩	三一五	
〃	巻雲	⊳/KdB	光	飛龍二十八節ヲ出ス			
一八三〇	⊳/KdB	(⊳/11AF ⊳/1F ⊳/2F ⊳/GF)	⚑	KdB機密第五六〇番電 敵兵力空母総計五隻巡洋艦六隻 駆逐艦一五隻西航中地点トスワ 一五附近　一五三〇　我飛龍ヲ 掩護北西方ニ避退中速力一八節 一八三〇フンレ五五			
〃	⊳/8S	筑	光	夕雲ニ消火蛇管ヲ渡ス準備ヲナ シ居ケ準備セバ知セ			
一八四六					飛龍周囲駆逐艦四隻消火並ニ救 助中		
一九〇〇	⊳/4dg	⊳/KdB (サチ/GF)	⚑	タナ三三五、赤城乗員全部収容 嵐約五〇〇名野分二〇〇名			
〃	艦筑	⊳/8S	光	「ヨークタウン」「ホーネット」 速力二四節其ノ他艦型速力不詳			
〃					筑摩	三二〇	一二

時刻	発	受	種別	内容	経過		速力
一九二五	⊏ GF	赤城			魚雷ニヨル処分待テトノ命アリ		
〃	⊳ 8S	筑	光	漂泊セヨ			停
一九二六					筑摩後進十二節		後進
							一二
一九二七					〃停止		停
一九三〇					赤城嵐及野分ニ移乗終了（艦長副長嵐ニ移乗ス）		
一九五〇	⊏ KdB	⊏ GF	⌐	GF電令作第一五八号関連　敵空母（特設母艦含ムヤモ知レズ）ハ尚四隻アリ巡洋艦六隻駆逐艦一五隻西航中　当部隊母艦全部戦闘不能明朝水偵ヲ以テ敵ヲ捕捉セントス			
一九五五	⊏ GF	⊳ 1S.8S　⊏ 1F　⊏ 2F　⊏ KdB	⌐	GF電令作第一六〇号　2F長官ハ機動部隊（飛龍赤城及同護衛兵力ヲ除ク）ヲ指揮スベシ			

二〇二〇	円/GF	円/1AF 円/2F（▷/8S）	〽	タナ五三四、第八戦隊第三戦隊二小隊ノ行動ヲ知ラセ	
〃	艦霧	▷/8S	光	タナ一〇、連合艦隊電令作第一五八号中攻略部隊電令作第一三号ノ次第モアリ支援隊トシテハ攻略部隊ト合同又ハ単独ニ夜戦或ハ翌朝戦ニ加入スル如ク行動スルヲ適当ト思考ス卑見御参考迄	
〃					筑摩第一「カッター」ヲ卸シタ雲ニ蛇管ヲ渡ス（飛龍消火ノタメ）
二〇三〇	円/KdB	円/GF 円/2F	〽	KdB機密第五六二番電 KdB機密第五六一番電関連 敵空母（ホーネット）型二隻ハ速力二四節其ノ北方二隻ノ艦型速力不明	
二〇四〇	攻略部隊	攻略部隊	〽	機密第七六一番電 一、攻略部隊主隊六日〇〇〇〇	

	指揮官	（卩/6F 卩/GF）卩/KdB		トエワ一二ニ達シ爾後東方ニ索敵KdB機密第五六〇番電ニ依ル敵ニ対シテ夜戦ヲ決行ス 二、KdB（飛龍赤城及護衛兵力ヲ除ク）ハ直チニ反転攻略部隊ノ夜戦ニ参加スベシ
二二〇〇	攻略部隊指揮官	攻略部隊 KdB （卩/GF.1F）	m	2F機密第七五六番電 一、二二〇〇以後会敵ヲ予期ス 二、索敵配備右ヨリ2Sd 5S 4S 4Sd間隔六粁3Sハ4Sノ後方概ネ十粁針路六五度速力二四節 三、KdBハ北方ヨリ夜戦ニ加入セヨ
二二一〇	⊿8S	8S 3S	光	明朝ノ飛行索敵ニ関シ左ノ通リ定ム 一、索敵線及受持 第一・九〇度、 第二・一〇二度筑摩 第三・一一五度利根 第四・一二七度榛名 第五・一四〇度榛名 第六・一六五度霧島

				第七・一七三度霧島 二、進出距離 第一、第二、第三線ハ三〇三浬其ノ他一八〇浬測定右へ三〇浬 三、発進〇一二〇 四、基点〇一二〇ノ位置
二一一五	卩/GF	GF各 卩▷(総長)	℘	GF機密第三〇三番電 一、攻略部隊(待機中ノ占領部隊ヲ除キ7Sヲ含ム)KdB(赤城、飛龍及掩護兵力ヲ除ク)ハ主隊ニ合同セヨ 二、主隊明日〇六〇〇地点フルリ三一針路九〇度速力二〇節
二一二〇	〃	▷/8S (卩/2F)	℘	GF機密第三〇四番電、AF砲撃ヲ止メ明朝〇六〇〇主力部隊ノ位置(フルリ三一)ニ向ヘ
二一三〇	卩/KdB	KdB	光	当隊明日〇二〇〇地点(フラリ五五)ニ達シ爾後敵機動部隊ニ向フ予定

二一三〇	卩/KdB	卩/GF 卩/2F (△/8S)	[illegible]	KdB機密第五六四番電 二一〇〇地点フワリ五五附近ニ在リテ飛龍掩護中 明朝黎明フラリ五五附近ニ達シ他部隊ト策応敵ヲ攻撃セントス			
二一三〇	卩/KdB	KdB	光	航行序列 10S 3Sノ順 8Sハ長良左右十二粁			
〃	卩/1AF	KdB	光	当隊明日〇二〇〇地点フラリ五五ニ至リ爾後敵ニ向フ予定			
二二〇三					筑摩		一二
二二〇七	卩/KdB	8S	光	長良ノ左右十二粁ニ占位セヨ	〃		九
二二一〇					〃	三五	六
二二一一				機動部隊指揮官連合艦隊第三〇三番電（前掲）未了解ラシキヲ以テ左ノ信号ヲ卩/1AF宛ニ送信中「反転セヨ我反転ス」ノ信号アリタルヲ以テ発信ヲ中止ス「本艦只今左ノ電受信セリ　GF機密第三〇三番電（前掲）」			
二二一二	卩/KdB	8S	光	反転セヨ　我反転ス			

二一三〇	攻略部隊指揮官	8S KdB 攻略部隊	[記号]	一、攻略部隊主隊二二〇〇ノ位置トアラ二三針路三〇五度速力二四節夜戦ニ備ヘツ、主力部隊ニ合同スル如ク行動ス 二、2Sdハ主隊ノ後尾ニ続行セヨ 三、KdBハ同部隊指揮官所定ニ依リ主力部隊ニ合同セヨ			
〃					筑摩		一六
二一二七	⊵/8S	8S	光	利根ハ長良ノ南　筑摩ハ北ニ占位セヨ			
二一三〇					筑摩		二四
二一三二					〃		一六
二一三四					〃		二四
二一五〇					〃　主隊ニ向フ（三一―五九・〇N 一七九―一二・〇 E）	三〇〇	
二一三〇	卩/KdB	卩/GF 総長 GF各 卩 ⊵/4Sf	[記号]	1AF機密第五六六番電 機動部隊戦闘概報 （六月五日）（略）			

二三五五	卩/GF	GF各 卩・⊳ 総長	[illegible]	GF機密第三〇三番電 GF電令作第一六一号〔註3〕 一、AF攻略ヲ中止ス 二、主隊ハ攻略部隊第一機動部隊（缺飛龍及同警戒艦）ヲ集結 六月七日午前地点三三N一七〇Eニ至リ補給 三、警戒部隊飛龍同警戒艦及日進ハ右地点ニ回航セヨ 四、占領部隊ハ西進AF飛行圏外ニ出ヅベシ			
二四〇〇	⊳/4dg	卩/GF	[illegible]	タナ三三一、尚燃ヘツ、アリ沈没ノ虞レアリ			
六日							
〇〇〇〇						二八〇	二〇
〇〇〇五					筑摩針路二七〇度トナス		
〇〇二三					〃 〃 二七五度トナス	二七五	
〇一四一					筑摩索敵ノタメ一、四号機発進（一号機 九〇度 二二〇浬 四号機 一〇二度 二〇〇浬）		
〇一四四					筑摩針路二九〇度	二九〇	

時刻	発	宛	信	内容	事項	針路	速力
〇一五〇					速力二〇節トナス		
					赤城GF長官ヨリ魚雷ニヨル処分ヲ命ゼラル		
〇一五五					筑摩針路二八〇度トナス	二八〇	
〇二〇〇					赤城北緯三〇度三〇分西経一七八度四〇分ニテ4dgノ魚雷ニテ自沈ス		
〇二一二					筑摩針路三〇〇度トナス	三〇〇	九
〇二二五					筑摩補給開始（玄洋丸）		
〇二四〇	⊿/8S	8S 3S	光	敵大艇等近接スル場合九五水偵ハ艦長所定ニ依リ攻撃ニ使用ス			
〇三一五					筑摩針路二七五度トナス	二七五	
〇三三〇	⊿/8S	総Y索	℘	進出距離零式二〇〇浬九五式一五〇浬ニ改ム			
〇三四〇					筑摩一号機揚収（索敵線上敵ヲ見ズ）		
不明	風雲	(P/GF P/2F) P/KdB	℘	タナ一 飛龍ハ総員退去シツヽアリ			

○三五二	ϒ4/筑	卩/KdB	卩ω	敵「ヨークタウン」型空母見ユ右ニ傾キ漂流我出発点ヨリノ方位一一一度二四〇浬 附近ニ駆逐艦一隻アリ		
○四三〇	参/GF	ｒ/10dg	卩ω	タナ七二一、GF機密第三一〇番電飛龍ハ沈没シタルヤ状況及位置知セ		
○四五〇	卩/KdB	筑	光	筑摩四号機タナ一知ラサレ度		
○五〇〇	筑	卩/KdB	光	四号タナ一「ヨークタ〔ウ〕ン」型敵空母見ユ右ニ傾キ漂流ス我出発点ヨリノ方位一一一度二〇浬附近ニ駆逐艦一隻見ユ		
○五一五	卩/GF	KdB	卩ω	我位置北緯三三度一〇分東経一七七度三五分針路三一〇度速力一四節		
○五四五					筑摩四号機揚収	
○六〇五					筑摩針路三一〇度トナス	三一〇
○六〇八	筑	卩/KdB ⊳/8S	光	六月五日筑摩二号機偵察報 一、一四一三北緯三〇度十五分西経一七六度五十分ニ傾斜停止セル「エンタープライス」		

型空母一隻火災着甲板損傷ナシ
其ノ周囲ニ巡洋艦三駆逐艦五隻ヲ認ム　一四二〇頃空母現場ニ残シ他ハ針路八〇度速力二〇節ニテ東航セリ
二、一五一〇北緯三〇度二十三分西経一七六度五分ニ敵空母二隻「ヨークタウン」又ハ「ホーネット」型巡洋艦二隻駆逐艦四ナル直衛ヲ配シ両隊ノ間隔三浬針路二七〇度速力十二節
三、一五一六更ニ其ノ南方四浬ニ巡洋艦五駆逐艦六ヲ伴フ空母二隻(艦型不明)単縦陣針路二七〇度速力一二節
四、二号機ハ一五〇〇頃ヨリ針路一八〇度ニテ南下中順次ニ発見セルモノニシテ同一部隊重複セザルコト確実ナリ　尚

				一、二、三ノ空母ハ雲高下際 三〇〇米ヨリ確認セリ
〇六三〇	⊵8S	筑	光	昨日敵空襲状況知ラサレ度
〇七三〇	〃	8S 3S	〃	九五式水偵一機即時待機其ノ他 第二待機トナセ但シ即時待機中 ノ搭乗員ハ便宜附近ニテ休養差 支ナシ
〇八〇〇	筑	⊵8S	光	タナ三、五日被空襲状況 （下表） 二、最大戦速回避運動ニ依リ被 害ナシ使用弾数主砲七四、高 角砲五一二、機銃八九七二
〇八二〇	筑	⊵8S	光	昨日ノ被害等 一、零式一機（五号機）敵ニ触 接中戦闘機ノ攻撃ヲ受ケ未帰 還　戦死三 二、「カッター」一蒼龍乗員救 助ノタメ派遣未揚収、艇長外

時刻	機種	機数	爆撃法	弾着点
一四三二	fb	四	急降下	艦首一〇〇米
一四四五	B-17型	一	水平	右艦尾三〇米
一四四七	〃	一	〃	左正横一〇〇米
一五一〇	〃	三	〃	〃二〇〇米

時刻	発	受	通信法	内容	記事	針路
〇九〇五				七名（内看護兵一）ハ浜風ニアルモノト認ム	筑摩主隊攻略部隊ヲ三一〇度三七粁ニ認ム	
〇九四二	⊿/8S	8S 3S	光	九五式水偵一機第一待機残リ第二待機ニ改ム		
〇九五九	⊡/GF	GF各 ⊡⊿	ト	第二機動部隊ヲ北方部隊ニ復帰ス		
一〇〇〇					筑摩主隊攻略部隊ニ合同 第四警戒航行序列Bニ占位（三三一〇N一七六―五五・〇E）	
一〇〇五					筑摩針路二九〇度トナス	二九〇
一〇二五	⊿/8S	⊡/KdB	信	タナ三、昨日当隊被爆撃ノ状況左ノ通ニシテ何レモ被害ナシ 一、利根 急降下二回九弾十米以内至近弾六水平三回 二、筑摩 急降下一回四弾水平三回三〇米至近弾一		
一〇三四					筑摩針路二七〇度トナス	二七〇
一一一〇	⊡/GF	GF	光	敵空母丫ヲ発進セリ（通信諜報）		

時刻	発	宛	信号	内容	経過概要	針路
一一三五	〃	〃	〃	敵ハ我上空高々度ニアルモノ、如シ（〃）		
一一四三	⊵/8S	8S	光	最大戦速即時待機トナセ		
一二〇〇					筑摩 2F機密第七九〇番電ニ依リ攻略部隊ヨリ除カレ北方部隊ニ編入サル（巳/5Fノ指揮下ニ入ル）	
一四〇〇					筑摩補給終了補給量一二三〇屯	
一四一〇					3Sト合同ノタメ針路三五五度順番号単縦陣トナル （二六―三一・〇N 一六三―二一・〇E）	三五五
一四二五	巳/KdB	KdB	光	敵重爆撃機二〇針路二九〇		
一四三〇	浜風	筑	〃	貴艦派遣ノ「カッター」ハ止ムナク放棄セリ艇員八名ハ磯風ニ収容シアリ		
一五〇五	巳/GF	各	光	夜間ノ警戒航行序列ハ特令ナケレバ戦策附録一三頁第四項ニ依ル		
一五三〇					筑摩三一〇度トナス	三一〇
一六一五					〃 針路二七〇度速力一六節トナス	二七〇

一六一七	⊵8S	8S	光	魚雷第一戦備乙トナセ		
一七二五				筑摩　磯風ヨリ救助艇員帰艦	停	

註1（三二〇頁）〇九〇六の「飛龍第二次攻撃隊発進（敵空母ニ向フ）」は謎のひとつである。『ミッドウェー』にも友永雷撃隊は〇九四五に発進とある。飛龍第一次攻撃隊（敵空母・小林道雄隊）は〇七五四発進、第二次攻撃隊（友永隊）の発進は一〇三一であり、敵空母攻撃はこの二回のみである。

註2（三二六頁）一、敵艦隊ノ大部集団西進スル場合全艦隊戦策所定ニ依リ決戦ス　二、第一、第二機動部隊ハ第一機動部隊指揮官之ヲ指揮シ　1Ss 3Ss 5Ss ハ先遣部隊指揮官之ヲ指揮ス　三、北方方面ニ行動スル第一艦隊兵力ハ主力部隊ニ合同ス（『戦史叢書』p.107）

註3（三五九頁）GF機密第三〇三番電は、二一一五に下達され、主隊への合同を命じた。事実上の作戦中止である。二三五五の連合艦隊命令は、右を受けて正式にミッドウェー攻略の中止を全軍に達した。原文では六日の項の最後一七二五のあとに「二三五五」「連合艦隊電令作第一六一号」として同文がもう一度書かれている。本書では省略した。

米国側戦闘経過（東京時間）

月日 時刻	アメリカ軍の行動	日本軍
六月五日 ○○○○	ミッドウェー島、起床ラッパ	
○一○○	カタリナ機十一機、索敵のためミッドウェーより発進。戦闘機六機、ミッドウェー上空直衛につく	総員配置につく
○一○五	B17爆撃機隊（十六機）発進、前日に発見していた日本の輸送船団の第二次攻撃に向う	
○一三○	米機動部隊より索敵機発進	第一次攻撃隊発進
○一三七	（日の出）	
○二二○	索敵機（カタリナ58号機）、日本機動部隊を発見	予令「敵情特ニ変化ナケレバ」
○二三四	エンタプライズ、日本機動部隊発見の報を受信	敵飛行艇を確認
○二四五	索敵機（カタリナ92号機）、日本の攻撃隊ミッドウェーへ向うと報告	各空母、戦闘機を発進
○二五三	ミッドウェー基地のレーダー、日本機の大編隊を捕捉	
○二五六	ミッドウェー空襲警報、全戦闘機隊発進	
○三○○	すでに発進中のB17爆撃機隊、目標を輸送船団から空母に変更	

○三○七	機動部隊総指揮のフレッチャー少将、攻撃命令を下令	
○三一五	ミッドウェー基地に待機中の戦闘機および爆撃隊（爆撃機、雷撃機とB17）、全機発進	第一次攻撃隊、敵戦闘機隊を発見
○三一六	戦闘機隊（パークス隊）、ゼロ戦隊と交戦。十三機中八機喪失	
○三二六	戦闘機隊（ヘネシー隊）、交戦、十二機中六機喪失	
○三三○	基地防衛隊指揮官、「打ち方始め」。	
○三三六		第一次攻撃隊、ミッドウェーを攻撃開始
○三四五		「攻撃終了」電
○四○○	ホーネット、全攻撃隊を発進開始（五十九機）	「第二次攻撃隊ノ要アリ」
○四○六	エンタプライズ、第一波攻撃隊を発進（三十三機）	
○四○七	基地発進の第一波、日本艦隊を攻撃	
○四一○	基地発進の雷撃機隊と爆撃機隊（B24）が、各個に日本艦隊への攻撃をはじむ（第一波）	
○四一五		「第二次攻撃隊本日実施。待機攻撃機爆装ニ換ヘ」
○四二八	エンタプライズ、第二波攻撃隊を発進（二十四機）	利根機「敵ラシキモノ」発見電
○四三八		第一次攻撃隊の帰投を認む
○四四七		利根機へ「艦種確メ触接セヨ」
○四五五	基地空軍の爆撃機隊および雷撃機隊（ヘンダーソン隊）、攻撃開始（第二波）。ホーネット全機の発艦完了	

○五一〇	基地空軍の艦上爆撃機隊（ノーリス隊）、攻撃開始（第三波）	
○五一四	基地空軍の水平爆撃隊（B17）、攻撃開始（〃）	
○五二〇		利根機「空母ラシキモノ」電
○五三七		第一次攻撃隊の収容はじむ
○五三八	ヨークタウン、第一波攻撃隊（艦爆隊）発進（十八機）	
○六〇五	ヨークタウン、第二波攻撃隊を発進（十九機）	利根機「敵雷撃機十、貴方ニ向フ」電
○六一〇	潜水艦ノーチラス、日本駆逐艦嵐に攻撃さる	
○六一五	ホーネットの爆撃隊（リング隊）二十一機は日本艦隊の発見ならず引き返す	
○六一八		第一次攻撃隊収容終る
○六二五	ホーネットの雷撃隊（ウォルドロン隊）十五機、攻撃開始。全滅す	
○六四五	エンタプライズ雷撃隊（リンゼイ隊）十四機、攻撃開始。十一機喪失	
○六五二	エンタプライズ戦闘機隊（グレイ隊）十機、日本艦隊をやっと発見するも、燃料不足で引き返す	
○六五五	エンタプライズ急降下爆撃隊（マクラスキー隊）三十三機、駆逐艦嵐の航跡を発見、その後を追う	
○七〇五	マクラスキー隊、日本艦隊を発見	
○七〇五	ヨークタウン急降下爆撃隊（レスリー隊）十七機、日本艦隊を発見。その距離三十五浬	

〇七一五	ヨークタウン雷撃隊（マッシー隊）十三機と戦闘機隊（サッチ隊）六機が日本艦隊を攻撃。雷撃機十二機喪失	
〇七二二	マクラスキー隊攻撃開始。加賀に急降下	
〇七二四		加賀炎上
〇七二五	レスリー隊、蒼龍に急降下攻撃を開始	
〇七二六	マクラスキー隊、赤城に急降下（この隊は十七機喪失）	赤城炎上
〇七二八		蒼龍炎上
〇七四六		南雲司令部移乗開始、長良へ
〇七五四		飛龍より第一次攻撃隊発進
〇八〇〇	ホーネット急降下爆撃隊（ジョンソン隊）、ついに日本艦隊を発見できず、搭載爆弾を海に投棄	
〇八四九	ヨークタウン、戦闘機十二機を上空へ。他の空母からの応援戦闘機十六機も上空へかけつける	
〇八五〇		南雲よりGFへ「空母炎上」
〇九〇〇	ヨークタウン飛龍の攻撃隊の攻撃をうく。命中弾一で戦死十七名	
〇九三五	スプルアンス少将、ヨークタウン救援に重巡などを派遣	
〇九三七	ヨークタウンの各攻撃隊は、エンタプライズ、ホーネットへ	
一〇一三	フレッチャー少将、ヨークタウンからアストリアへ移乗す	
一〇三一		飛龍より第二次攻撃隊発進
一〇五九	潜水艦ノーチラス、加賀を雷撃、命中魚雷なし	
一一三四	ヨークタウン、飛龍の第二次攻撃隊に攻撃される	

一一四五	索敵機（アダムス）、飛龍発見の報告をエンタプライズに。スプルアンス少将ただちに攻撃を決意	
一一五五	ヨークタウン艦長「総員退艦せよ」	
一二三一		山口少将、第三次攻撃を決意す
一二四五	エンタプライズ、攻撃隊を発進す。二十四機	
一二五〇	ホーネット、攻撃隊を発進す、十五機	
一三四五	エンタプライズ攻撃隊指揮官、飛龍を発見「攻撃せよ」	
一四〇一	エンタプライズ攻撃隊、飛龍に急降下爆撃開始。一機喪失	
一四〇五		飛龍被爆す
一四〇七	エンタプライズ攻撃隊、榛名に急降下。二機喪失、命中弾なし	
一四一二	ホーネット攻撃隊、利根および筑摩を攻撃。命中弾なし	
一四三二	スプルアンス少将、艦隊を東進、日本軍との距離を離す	
一四四五	基地空軍（B17）、利根および筑摩を爆撃。命中弾なし	
一四五〇		加賀停止する
一五三二	（日没）	
一六〇〇	基地空軍、さらに攻撃機（艦爆）を発進させる。十一機	
一六一五		蒼龍沈没
一六二五		加賀魚雷により自沈
一七一五	基地空軍の攻撃機（艦爆）、ついに敵影を発見できず帰路につく。一機行方不明となる	
一九〇〇	基地空軍の攻撃機（艦爆）、ミッドウェーに帰投す	赤城の生存者、移乗完了

二二三〇		伊一六八潜に空母攻撃命令
二三〇〇	スプルアンス少将、全艦隊の西進、追跡を開始	
二三一五	潜水艦タンボー、大型艦四隻を発見	
二三三〇		飛龍艦長「総員退艦せよ」
二三五五		山本五十六司令長官「AF攻略ヲ中止ス」
六月六日	潜水艦タンボー、日本艦隊（栗田部隊）に触接	
〇〇二五		
〇〇四二		最上と三隈、衝突する
〇一一五	基地空軍、B17（十二機）が索敵のため発進	
〇一四〇	スプルアンス、夜明けとともに索敵機を発進せしむ	
〇二〇〇		赤城魚雷により自沈
〇二一〇		飛龍、自沈のため雷撃さる
〇三三〇	基地空軍の索敵機、日本艦隊（最上・三隈）を発見	
〇四〇〇	基地空軍の爆撃機隊（十二機）発進、最上・三隈に向う	

（以下略）

日米航空兵力比較

〈日本側空母〉

第一航空艦隊（南雲中将）

＊第一航空戦隊（南雲中将）

空母赤城　戦闘機　21　爆撃機　21　雷撃機　21

空母加賀　戦闘機　21　爆撃機　21　雷撃機　30

＊第二航空戦隊（山口少将）

空母飛龍　戦闘機　21　爆撃機　21　雷撃機　21

空母蒼龍　戦闘機　21　爆撃機　21　雷撃機　21

二式艦偵　2

＊第六航空隊

戦闘機　24

註・各機種ともうち3機は補用機。六空戦闘機の搭載数は異説がある。

〈米国側空母〉

＊第十七機動部隊（フレッチャー少将）

空母ヨークタウン

戦闘機　25　爆撃機　37　雷撃機　13

＊第十六機動部隊（スプルアンス少将）

空母エンタプライズ

戦闘機　27　爆撃機　38　雷撃機　14

空母ホーネット

戦闘機　27　爆撃機　38　雷撃機　15

＊基地航空隊（シマード大佐）

哨戒飛行大隊派遣分隊

カタリナ飛行艇　32　雷撃機　6

第二海兵隊飛行大隊

戦闘機　27　艦上爆撃機　27

陸軍第七航空部隊

B24爆撃機　4　B17爆撃機　19

ホーネットより分派の雷撃機　6

（作成・半藤一利）

註・兵→海軍兵学校（飛行学生） 予飛→飛行科予備学生 甲→甲種予科練 乙→乙種予科練 操→操縦練習生 偵→偵察練習生。「コース」は搭乗員となる養成課程。

艦爆は複座（二人）、艦攻は三座、水偵は二または三座で、同一クルーは枠で区切ってある。その他の場合は階級の下位から上位への順。第二次米空母攻撃隊・艦攻の笠井清二等飛行兵曹は、航空戦闘詳報に重傷をおったとあり、クルー中ただ一人の戦死者となった。

クラス（搭乗員養成コースと期）不明の小泉直三等飛行兵曹は昭和16年11月29日、一等整備兵から一等飛行兵に転科、永峰三郎は17年3月31日、二等整備兵から二等飛行兵に転科している。

日本側搭乗員の資料は、海軍武功調査委員に提出の四空母の「戦闘詳報」（戦史室蔵）を基礎にし、戦死者資料と照合してまとめた。飛龍の渡辺直飛行兵曹長、蒼龍の永峰三郎二等飛行兵の原所属は第六航空隊である。

搭乗員名簿・日本

1・ミッドウェー島陸上攻撃

氏名	機種	配置	階級	クラス	在隊年数	死亡年齢	結婚
空母赤城							
岩間品次	艦戦	操縦	一等飛行兵曹	甲2	4年2月	21歳2月	
空母加賀							
井藤広美	艦戦	操縦	一等飛行兵曹	操47	4年	22歳6月	
田中行雄	艦戦	操縦	一等飛行兵曹	乙6	7年	22歳1月	
渡辺利一	艦爆	操縦	一等飛行兵	操56	3年	21歳4月	
木村昇	艦爆	偵察	三等飛行兵曹	乙10	3年7月	19歳	
空母飛龍							
於久保己	艦攻	操縦	二等飛行兵曹	操41	5年	24歳2月	
鳥羽重信	艦攻	偵察	一等飛行兵曹	偵32	8年	24歳	
森田寛	艦攻	電信	一等飛行兵曹	甲3	3年8月	19歳6月	
宮内政治	艦攻	操縦	二等飛行兵曹	甲4	3年2月	21歳8月	
山田貞次郎	艦攻	偵察	二等飛行兵曹	甲4	3年2月	21歳10月	

宮川次宗	艦攻	電信	二等飛行兵曹	甲4	3年2月	21歳10月	
菊池六郎	艦攻	操縦	大尉	兵64	9年2月	27歳	婚
湯本智美	艦攻	偵察	飛行兵曹長	偵20	11年	28歳8月	
楢崎広典	艦攻	電信	一等飛行兵曹	乙6	7年	23歳1月	
阪本憲司	艦攻	操縦	一等飛行兵曹	甲2	4年2月	21歳6月	
龍六郎	艦攻	偵察	飛行兵曹長	偵27	13年	31歳9月	婚
二宮一憲	艦攻	電信	二等飛行兵曹	乙8	5年	21歳	
空母蒼龍							
茅原義博	艦攻	操縦	三等飛行兵曹	操48	4年	22歳10月	
田中敬介	艦攻	偵察	一等飛行兵曹	甲2	4年2月	21歳1月	
小川政次	艦攻	電信	二等飛行兵曹	乙8	5年	21歳2月	

2・機動部隊上空直衛戦闘

空母赤城							
佐野信平	艦戦	操縦	一等飛行兵	操49	3年4月	24歳2月	
羽生十一郎	艦戦	操縦	三等飛行兵曹	操51	4年	20歳7月	
空母加賀							
高橋英市	艦戦	操縦	一等飛行兵	操53	3年	22歳9月	
沢野繁人	艦戦	操縦	二等飛行兵曹	操46	6年	24歳10月	
平山巌	艦戦	操縦	一等飛行兵曹	操38	7年	25歳4月	婚
山口弘行	艦戦	操縦	飛行特務少尉	乙1	12年	27歳5月	婚

空母飛龍							
新田春雄	艦戦	操縦	二等飛行兵曹	操40	5年	23歳8月	
酒井一郎	艦戦	操縦	二等飛行兵曹	乙8	5年	20歳9月	
日野正人	艦戦	操縦	一等飛行兵曹	操27		29歳3月	婚
徳田道助	艦戦	操縦	一等飛行兵曹	操40	8年	25歳5月	婚
児玉義美	艦戦	操縦	飛行兵曹長	乙2	11年	26歳2月	
空母蒼龍							
川俣輝男	艦戦	操縦	三等飛行兵曹	操54	4年	22歳1月	
長沢源造	艦戦	操縦	三等飛行兵曹	操50	4年	21歳8月	
高島武雄	艦戦	操縦	二等飛行兵曹	操44		22歳	

3・米空母攻撃（第一次）

空母飛龍							
由本末吉	艦戦	操縦	一等飛行兵	操54	3年	19歳7月	
千代島豊	艦戦	操縦	三等飛行兵曹	操50	4年	21歳2月	
戸高昇	艦戦	操縦	二等飛行兵曹	乙8	5年	21歳11月	
小林道雄	艦爆	操縦	大尉	兵63	10年2月	27歳7月	
小野義範	艦爆	偵察	飛行兵曹長	乙3	10年	25歳10月	
山田喜七郎	艦爆	操縦	一等飛行兵曹	甲2	4年2月	21歳2月	
福永義暉	艦爆	偵察	一等飛行兵曹	甲2	4年2月	23歳5月	
坂井秀男	艦爆	操縦	三等飛行兵曹	操48	4年	20歳7月	

山口武市	艦爆	偵察	三等飛行兵曹	乙10	3年7月	20歳4月	
近藤武憲	艦爆	操縦	大尉	兵66	7年2月	25歳3月	
前田孝	艦爆	偵察	飛行兵曹長	乙5	8年	22歳6月	
中尾信通	艦爆	操縦	二等飛行兵曹	操50	5年	24歳4月	
岡村栄光	艦爆	偵察	一等飛行兵曹	甲2	4年1月	20歳3月	
関政男	艦爆	操縦	一等飛行兵	操55	3年	22歳5月	
田中国男	艦爆	偵察	一等飛行兵	偵	3年	20歳7月	
今泉保	艦爆	操縦	一等飛行兵曹	操36	8年	25歳3月	婚
数馬理平	艦爆	偵察	一等飛行兵曹	乙7	6年	20歳9月	
小泉直	艦爆	操縦	三等飛行兵曹	不明	4年	21歳9月	
萩原義昭	艦爆	偵察	二等飛行兵曹	甲5	2年8月	22歳	
西原敏勝	艦爆	操縦	飛行兵曹長	乙3	10年	26歳1月	婚
山下途二	艦爆	偵察	大尉	兵65	8年2月	26歳10月	婚
黒木順一	艦爆	操縦	三等飛行兵曹	操47	5年	23歳3月	
水野泰彦	艦爆	偵察	一等飛行兵	偵51	3年	21歳6月	
近藤澄夫	艦爆	操縦	三等飛行兵曹	操49	4年	22歳6月	
川淵義秋	艦爆	偵察	三等飛行兵曹	乙10	3年7月	18歳9月	
池田高三	艦爆	操縦	二等飛行兵曹	乙8	5年	22歳5月	
清水巧	艦爆	偵察	三等飛行兵曹	乙9	4年	19歳7月	
淵上一生	艦爆	操縦	一等飛行兵	操54	3年	20歳2月	
中岡義治	艦爆	偵察	一等飛行兵	偵		23歳3月	

4・米空母攻撃（第二次）

空母飛龍							
山本亨	艦戦	操縦	二等飛行兵曹	操40	6年	25歳1月	婚
森茂	艦戦	操縦	大尉	兵64	9年2月	27歳	
友永丈市	艦攻	操縦	大尉	兵59	14年2月	31歳4月	婚
赤松作	艦攻	偵察	飛行特務少尉	乙1	12年	28歳1月	婚
村井定	艦攻	電信	一等飛行兵曹	乙6	7年	22歳9月	
石井善吉	艦攻	操縦	一等飛行兵曹	操31	7年4月	28歳3月	婚
小林正松	艦攻	偵察	一等飛行兵曹	偵31	8年	23歳4月	
島田直	艦攻	電信	三等飛行兵曹	乙9	4年	19歳10月	
杉本八郎	艦攻	操縦	一等飛行兵曹	甲2	4年2月	20歳8月	
肱黒定美	艦攻	偵察	一等飛行兵曹	甲3	3年8月	19歳11月	
谷口一也	艦攻	電信	三等飛行兵曹	偵50	4年	19歳2月	
大林行雄	艦攻	操縦	飛行兵曹長	乙5	8年	24歳	
工藤博三	艦攻	偵察	一等飛行兵曹	偵44	6年4月	21歳2月	
田村満	艦攻	電信	一等飛行兵曹	甲3	3年8月	21歳	
鈴木武	艦攻	操縦	一等飛行兵	操53	3年	21歳	
斉藤清酉	艦攻	偵察	一等飛行兵曹	甲3	3年8月	20歳10月	
鈴木睦男	艦攻	電信	二等飛行兵曹	甲4	3年2月	19歳8月	

笠井清	艦攻	電信	二等飛行兵曹	乙8	5年	19歳8月	

5・偵察

重巡利根							
長谷川忠敬	水偵	操縦	中尉	予飛6	2年1月	26歳5月	
大嶽明	水偵	偵察	一等飛行兵曹	偵34	7年	22歳5月	婚
重巡筑摩							
原寿	水偵	操縦	三等飛行兵曹	乙10	3年7月	19歳10月	
嶽崎正孝	水偵	偵察	一等飛行兵曹	偵31	8年	25歳4月	婚
田口大八	水偵	電信	一等飛行兵	偵53	3年	19歳5月	

6・その他（機上以外の戦死・艦上での戦死と推定される）

空母赤城							
川田要三	艦戦	操縦	二等飛行兵曹	甲4	3年2月	19歳6月	
松尾勉	艦爆	偵察	二等飛行兵曹	甲5	2年8月	20歳	
大島正広	艦攻	電信	一等飛行兵	偵51	3年	20歳4月	
福田拓	艦攻	操縦	中尉	兵67	6年2月	24歳2月	
空母加賀							
田中武夫	艦爆	操縦	一等飛行兵曹	操44	6年4月	23歳11月	
内川祐輔	艦爆	偵察	一等飛行兵曹	乙5	8年	23歳8月	

藤野惣八	艦爆	偵察	一等飛行兵曹	乙6	7年	21歳7月	
小川正一	艦爆	操縦	大尉	兵61	12年2月	30歳2月	婚
黒木勇三郎	艦攻	電信	三等飛行兵曹	乙9	4年	21歳2月	
樫田一郎	艦攻	偵察	一等飛行兵曹	偵44	9年1月	26歳	婚
菊池藤三	艦攻	偵察	一等飛行兵曹	甲1	4年9月	21歳10月	
村上欣二	艦攻	電信	一等飛行兵曹	甲3	3年8月	21歳9月	
柴田寿	艦攻	操縦	一等飛行兵曹	甲3	3年8月	20歳8月	
葛城正彦	艦攻	偵察	大尉	兵66	7年2月	23歳3月	
三上良孝	艦攻	操縦	大尉	兵65	8年2月	26歳5月	婚
福田稔	艦攻	偵察	大尉	兵65	8年2月	25歳4月	
楠美正	艦攻	偵察	少佐	兵57	16年1月	33歳5月	婚
空母飛龍							
渡辺直	艦戦	操縦	飛行兵曹長	乙2	11年	26歳7月	婚
大友龍二	艦爆	偵察	一等飛行兵曹	甲1	4年9月	20歳7月	
木村甚市	艦攻	操縦	一等飛行兵	操56	2年4月	22歳8月	
文宮府知	艦攻	電信	三等飛行兵曹	偵48	4年	20歳6月	
西村武	艦攻	偵察	二等飛行兵曹	甲4	3年2月	20歳3月	
高橋利男	艦攻	操縦	一等飛行兵曹	操24	9年1月	25歳10月	
坂門行雄	艦攻	偵察	一等飛行兵曹	甲1	4年9月	24歳2月	
稲田政司	艦攻	偵察	飛行兵曹長	乙2	11年	26歳1月	
空母蒼龍							

永峰三郎	艦戦	操縦	二等飛行兵	操	2年	19歳11月	
遠藤定雄	艦爆	操縦	三等飛行兵曹	操49	4年	21歳10月	
荒井辰雄	艦攻	電信	二等飛行兵曹	偵43	4年11月	26歳3月	
新井嘉年男	艦攻	電信	二等飛行兵曹	甲4	3年2月	20歳3月	
重巡三隈							
鈴木末男	水偵	偵察	二等飛行兵曹	甲4	3年2月	20歳10月	
古川誠策	水偵	偵察	二等飛行兵曹	乙9?	4年	19歳	
才野原正之	水偵	偵察	飛行兵曹長	偵20	11年	27歳8月	婚
今井林太郎	水偵	操縦	大尉	兵61	12年2月	28歳5月	婚
重巡最上							
衣笠香澄	水偵	操縦	一等飛行兵曹	操35?	6年	21歳2月	
吉本捨男	水偵	偵察	飛行兵曹長	偵22	12年	29歳5月	婚

第四部　戦死者名簿

註・各艦別に全戦死者を記載してある。順序はコンピューターのＪＩＳ規格（たとえば谷川という場合、音読みの谷川（こくせん）となる）のアイウエオ順。ただし訓読みが一部まじっている。文字が規格にない氏名は最初においた。各艦ごとに戦死日を示し、例外的戦死者のみ備考欄に「＊日」と記載した。

日本側の戦死は、四人の軍属のほかはすべて海軍軍人である。階級は本来、たとえば「海軍大尉」となすべきなのだが、海軍を略した。「備考」に「飛」とあるのは搭乗員である。海兵→海軍兵学校、海機→海軍機関学校、海経→海軍経理学校の略。数字は期数。商→高等商船学校（予備士官に任用）、師→師範学校、いずれも卒業。「婚」は既婚。軍属をのぞく戦死者全員が死後に一階級進級した。友永丈市のクルーのように二階級特進もあるが、すべて戦死時点の階級である。

空母赤城

昭和十七年六月五日戦死

氏名	出身地	階級	在隊年数	死亡年齢	備考
澳津義雄	千葉	二等整備兵	2年4月	23歳6月	
阿部吉之助	宮城	一等整備兵	4年11月	26歳	
安田健一	青森	一等整備兵曹	8年	26歳1月	
安田春雄	福島	一等機関兵	4年	21歳3月	
伊藤貞司	千葉	一等機関兵	3年11月	25歳3月	
伊藤鉄男	千葉	一等機関兵	3年	21歳3月	
伊藤与十郎	北海道	二等機関兵曹	7年	23歳8月	
井口光雄	静岡	一等機関兵曹	2年8月	36歳	婚
井上三郎	神奈川	一等機関兵	5年4月	25歳6月	

井沢 武志	北海道	三等水兵	4月	20歳10月
一ノ瀬 武武	神奈川	一等機関兵		26歳6月
稲葉 三十郎	千葉	三等水兵	4月	22歳1月
羽生 十一郎	茨城	三等飛行兵曹	4年	20歳7月 飛
影山 武敏	福島	一等整備兵	4年	22歳1月
遠藤 益雄	福島	三等機関兵曹	5年4月	26歳2月
遠藤 竹二郎	神奈川	二等機関兵	1年4月	22歳5月
奥寺 正七	北海道	一等水兵		24歳4月
横手 友吉	埼玉	一等水兵	5年4月	26歳5月
横須賀 義久	茨城	三等整備兵曹	5年4月	26歳5月
岡崎 精一	宮城	三等整備兵曹	5年	21歳9月
岡田 弁蔵	埼玉	一等水兵	4年4月	24歳10月
岡野 勇	茨城	三等水兵	4月	20歳6月
屋代 政治	埼玉	一等機関兵	2年4月	22歳11月
加賀 三郎	北海道	二等機関兵	2年	21歳6月
加藤 三夫	愛知	二等整備兵曹	6年	23歳1月
海老原 二三	茨城	一等機関兵	6年11月	28歳3月
樺沢 伴吉	群馬	三等整備兵	1年1月	19歳6月
鎌田 豊繁	青森	一等機関兵	3年	19歳8月
苅敷山 定蔵	岩手	一等水兵	3年11月	24歳10月
関口 加平	群馬	二等機関兵曹	6年	22歳7月

関根 実	福島	二等機関兵	1年11月	22歳9月	
丸笠 勇	栃木	一等整備兵	3年	21歳5月	
岩間 品次	三重	一等飛行兵曹	4年2月	21歳2月	飛
菊地 鉄雄	福島	二等兵曹	6年	24歳4月	
菊池 徳五郎	岩手	機関兵曹長	12年	29歳2月	婚
吉田 寿	宮城	一等水兵		25歳7月	
吉田 省三	岩手	一等整備兵	3年	22歳	
吉田 貞治	埼玉	三等整備兵曹	6年4月	26歳8月	
吉田 武男	静岡	二等機関兵曹	6年4月	24歳1月	婚
吉田 豊蔵	神奈川	一等整備兵	4年4月	25歳	
久保田 久雄	静岡	二等水兵	2年4月	22歳3月	
宮地 善之助	青森	一等主計兵	3年4月	23歳10月	
宮野 森行	茨城	三等機関兵曹	5年4月	23歳5月	
強瀬 保男	埼玉	三等整備兵曹	5年	21歳8月	
橋詰 万之助	長野	一等水兵	2年11月	24歳2月	
橋本 勘次	茨城	三等水兵	1年1月	19歳4月	
巾 末治	長野	一等整備兵	2年4月	23歳5月	
近藤 政文	千葉	特務中尉	26年	45歳4月	婚
金子 武平	静岡	一等整備兵	2年4月	23歳2月	
金森 三郎	東京	三等兵曹	6年11月	27歳11月	
熊坂 保	福島	一等水兵	5年4月	26歳3月	

栗原　馨	茨城	一等機関兵	2年4月	22歳6月	
栗田芳雄	秋田	一等機関兵		22歳1月	
穴田　武	北海道	二等機関兵	1年11月	23歳2月	
兼崎千代治	栃木	一等機関兵曹	14年	31歳4月	婚
見山　幾	東京	二等水兵	1年4月	21歳10月	
原田清一	埼玉	一等機関兵曹	11年	32歳5月	婚
古島善夫	埼玉	一等水兵	2年11月	23歳6月	
袴田粕治郎	秋田	一等整備兵	5年	22歳6月	
工藤政雄	宮城	一等機関兵	3年4月	23歳11月	
工藤鉄二	青森	二等機関兵	2年	18歳5月	
荒川利平	栃木	三等機関兵曹	6年	23歳	
衡田十二	宮城	三等機関兵曹	5年	25歳11月	
香取吉之助	東京	一等機関兵	4年11月	26歳3月	
高久長次郎	栃木	三等機関兵曹	3年11月	25歳4月	
高橋円治	秋田	一等工作兵	2年4月	23歳2月	
高橋幸一	茨城	二等機関兵	2年4月	23歳4月	
高橋恒隆	福島	三等水兵	4月	21歳1月	
高橋秀雄	樺太	三等水兵	11月	21歳11月	
高原忠三郎	東京	一等機関兵	4年4月	24歳7月	
高津新吾	静岡	二等整備兵	2年4月	22歳10月	
高野治平	埼玉	特務少尉	22年	41歳2月	婚

高野新一	新潟	三等機関兵	1年1月	20歳4月	
高梨達児	神奈川	三等整備兵曹	4年4月	25歳2月	
鴻野武夫	茨城	一等整備兵曹	10年	30歳1月	婚
今村貞雄	東京	二等機関兵	2年4月	22歳11月	
根本勤	福島	三等機関兵曹	5年11月	27歳4月	
根本金篤	福島	三等機関兵	4月	20歳11月	
佐々木哲夫	宮城	三等整備兵	4月	20歳10月	
佐々木白	宮城	二等兵曹	5年4月	26歳1月	
佐々木茂	宮城	三等機関兵	9月	18歳1月	
佐藤軍治	東京	一等機関兵	6年4月	27歳	
佐藤秀一	青森	三等機関兵曹	5年4月	25歳9月	
佐藤清太郎	岩手	二等兵曹	6年	23歳10月	
佐野信平	静岡	一等飛行兵	3年4月	24歳2月	飛
細野栄司	群馬	二等整備兵	2年	18歳2月	
坂巻清一郎	埼玉	一等機関兵曹	9年1月	26歳	婚
坂庭米雄	群馬	三等水兵	4月	20歳8月	
桜井三郎	山梨	一等機関兵曹	9年1月	26歳8月	
桜井宗次郎	茨城	三等水兵	4月	21歳	
桜井登代造	東京	三等機関兵	4月	20歳7月	
三宅渡	北海道	一等機関兵曹	9年1月	26歳2月	婚
三瓶誠一	福島	三等整備兵曹	3年11月	25歳3月	

氏名	出身	階級	勤続	年齢	婚
山岸豊治	長野	三等整備兵	4月	20歳8月	
山口勘三	東京	三等主計兵		21歳4月	
山上光治	東京	三等機関兵	1年1月	19歳9月	
山川三郎	神奈川	三等整備兵	1年4月	22歳1月	
山田正之	神奈川	一等整備兵	3年4月	24歳1月	
山本春雄	東京	二等兵曹	7年	24歳8月	
山梨壮作	静岡	三等整備兵	4月	20歳7月	
志水正雄	長野	一等機関兵	3年4月	24歳2月	
寺村直助	長野	二等機関兵	7年	25歳3月	
寺田博文	千葉	二等兵曹	8年	25歳8月	婚
篠原幸吉	山梨	一等機関兵	5年4月	25歳1月	
篠原行義	千葉	二等機関兵	2年4月	23歳5月	
若林見代子	千葉	二等整備兵曹	6年4月	28歳1月	
秋山一郎	埼玉	三等水兵	1年1月	21歳	
春山保之助	栃木	一等機関兵曹	12年	31歳7月	婚
小熊正治	千葉	二等整備兵曹	6年	25歳3月	
小山清	長野	二等水兵	2年	22歳2月	
小山弥平	埼玉	三等水兵	4月	21歳1月	
小出周蔵	千葉	三等兵曹		28歳5月	婚
小松一郎	宮城	二等整備兵	2年	18歳4月	
小川武	千葉	二等水兵	1年4月	22歳3月	

氏名	出身	階級	在籍	年齢	備考
小泉松鐘	東京	一等機関兵	5年11月	27歳3月	
小野光雄	北海道	二等機関兵	1年4月	21歳9月	
小野寺軍七	岩手	一等機関兵曹	10年	26歳8月	婚
小林襲治郎	宮城	三等兵曹	6年4月	26歳9月	
小林正信	北海道	一等整備兵	2年4月	23歳3月	
小林直四郎	群馬	三等機関兵曹	6年11月	28歳	
小鈴栄一	東京	一等機関兵	4年11月	26歳3月	
松村恒吉	群馬	一等整備兵曹	9年1月	29歳4月	婚
松尾勉	佐賀	二等飛行兵曹	2年8月	20歳	飛
松本源治	静岡	一等整備兵	3年4月	23歳7月	
沼尻信平	埼玉	一等機関兵曹	12年	31歳1月	婚
照井徳治	岩手	一等機関兵	5年4月	26歳	
鐘ヶ江弘毅	佐賀	機関中尉	6年2月	23歳3月	海機48
上山源蔵	青森	二等水兵	1年4月	21歳11月	
上杉芳信	秋田	三等機関兵	4月	20歳7月	
新井由雄	群馬	一等機関兵	2年4月	22歳8月	
森住徳義	神奈川	機関特務少尉	14年	32歳5月	婚
森川勇治	樺太	一等機関兵	6年4月	26歳10月	
森島松雄	栃木	一等機関兵	3年	23歳1月	
神成秀光	青森	一等水兵	3年11月	24歳8月	
須田民男	秋田	三等水兵	4月	20歳7月	

須田茂穂	埼玉	一等機関兵	3年4月	23歳8月	
吹田三千郎	青森	一等水兵	3年4月	24歳4月	
杉浦来三	岐阜	機関大尉	9年2月	27歳8月	海機45
杉山平一	千葉	一等兵曹	13年6月	34歳2月	婚
杉田堅太郎	埼玉	一等整備兵	2年4月	23歳2月	
杉淵金蔵	秋田	一等機関兵	3年	20歳6月	
瀬戸昌治	神奈川	三等整備兵	4月	21歳4月	
瀬尾精一	埼玉	一等機関兵	5年	24歳4月	
星川次郎	静岡	一等整備兵曹	7年4月	27歳11月	
星川秀太郎	東京	三等整備兵曹	7年	27歳5月	
清水正吾	埼玉	一等機関兵	4年11月	25歳8月	
清水芳雄	長野	三等整備兵	5月	21歳5月	20日
西 栄蔵	東京	三等機関兵	4月	20歳6月	
西沢 弘	長野	三等整備兵	11月	22歳	
斉藤栄作	静岡	二等機関兵	1年4月	21歳3月	
斉藤 博	静岡	三等整備兵曹	1月	21歳2月	
斉藤 肇	神奈川	一等機関兵	4年4月	25歳3月	
斉藤芳雄	東京	三等主計兵	4月	20歳6月	
石川 茂	静岡	三等機関兵曹	4年	21歳4月	
石田 誠	静岡	一等機関兵	3年4月	21歳	
石渡俊夫	千葉	一等兵曹	9年1月	27歳7月	婚

氏名	出身	階級	在隊	年齢	備考
赤川建市	秋田	一等水兵	3年	20歳6月	
赤池清敷	山梨	二等水兵	1年4月	21歳10月	
赤池茂登米	静岡	機関特務少尉	20年	38歳11月	婚
千田懿清	岩手	二等整備兵	1年4月	22歳4月	
千田勝美	岩手	一等水兵	2年4月	23歳4月	
千木良栄	栃木	二等整備兵	2年	19歳6月	
千葉文人	宮城	一等機関兵曹	12年	31歳2月	
千葉友一	青森	三等機関兵	4月	21歳2月	
川勝義一	東京	三等整備兵	9月	19歳4月	
川田要三	東京	二等飛行兵曹	3年2月	19歳6月	飛
川島嘉雄	神奈川	一等機関兵	2年4月	20歳6月	
川島良治	福島	三等整備兵	4月	21歳5月	
浅井鶴吉	東京	二等水兵	1年4月	22歳4月	
浅川清	茨城	二等整備兵	2年4月	22歳6月	
船山平二	栃木	二等機関兵	1年11月	22歳8月	
曽根三郎	千葉	三等水兵	11月	22歳4月	
早川千吉郎	埼玉	一等機関兵	2年11月	24歳3月	
増山四郎	東京	一等水兵	3年11月	24歳8月	
増田佳郎	長野	二等水兵	1年4月	22歳	
村上喜一	岩手	二等機関兵	1年4月	22歳4月	
村田正徳	北海道	三等機関兵曹	6年	23歳9月	

太田 志加次	静岡	二等機関兵曹	8年4月	29歳2月	
大越 英二	千葉	一等機関兵曹	10年	29歳1月	婚
大城 春雄	静岡	一等整備兵	3年4月	23歳6月	
大川 保	北海道	一等水兵	4年4月	25歳	
大川原 三郎	福島	一等機関兵		27歳2月	
大竹 章	福島	三等水兵	1年1月	20歳	
大塚 康治	神奈川	一等機関兵	3年	21歳5月	
大島 正広	鳥取	一等飛行兵	3年	20歳4月	飛
大道 与太郎	岩手	一等整備兵	3年4月	23歳11月	
大日向 賢弘	秋田	三等兵曹	7年	24歳1月	
大門 正吾	栃木	二等機関兵曹	11年	27歳11月	婚
大野 覚太郎	静岡	一等整備兵	2年4月	23歳	
大友 秀雄	宮城	二等機関兵曹	9年1月	27歳5月	婚
瀧上 茂男	埼玉	二等水兵	1年4月	21歳11月	
谷口 源太郎	東京	三等水兵	4月	20歳9月	
竹井 八尾	福島	一等兵曹	10年	29歳3月	婚
中山 進	茨城	一等水兵	3年	20歳9月	
中村 忠臣	静岡	二等機関兵	1年4月	21歳7月	
中村 武司	長野	三等整備兵	1年4月	21歳10月	
中林 勇	兵庫	一等整備兵	2年4月	23歳2月	婚
猪熊 武雄	群馬	二等整備兵	2年	19歳10月	

猪狩真男	福島	一等機関兵	3年	19歳7月	
椎名徳次	福島	三等整備兵	4月	21歳1月	
塚田今朝寿	長野	一等機関兵	2年4月	23歳3月	
辻　良司	千葉	三等水兵	11月	22歳2月	
田口定雄	茨城	一等機関兵	3年4月	23歳1月	
田村光春	埼玉	一等機関兵	2年11月	23歳6月	婚
田村春男	群馬	三等機関兵	11月	22歳3月	
田村小一郎	北海道	一等機関兵	2年4月	23歳4月	
田中正十	福島	三等水兵	4月	21歳4月	
渡瀬貞次	静岡	一等整備兵曹	8年	24歳7月	
渡辺順三	秋田	三等水兵	4月	21歳	
渡辺優雄	静岡	二等整備兵	2年	19歳4月	
土屋良作	静岡	三等水兵	1年1月	15歳8月	
島崎栄治郎	東京	三等機関兵	4月	20歳9月	
東海　研	宮城	二等機関兵		20歳10月	
藤江久作	静岡	一等整備兵	2年4月	23歳	
奈良大作	岩手	三等兵曹		22歳7月	
内田三郎	静岡	三等機関兵曹	6年4月	25歳8月	
二上　崇	宮城	二等機関兵	1年4月	21歳8月	
入谷栄吉	北海道	一等水兵	2年4月	23歳5月	
馬場光雄	福島	一等機関兵	3年	20歳11月	

氏名	出身	階級	在籍	年齢	備考
梅宮定次	福島	二等整備兵	2年	18歳8月	
梅田鉄雄	北海道	一等整備兵	2年4月	22歳11月	
萩原政夫	東京	二等整備兵	1年4月	21歳9月	
白川信一	北海道	三等機関兵	4月	21歳5月	
白幡作太郎	樺太	三等機関兵曹	6年	22歳7月	
白畑幸男	岩手	一等整備兵	3年4月	24歳5月	
畠山六三郎	岩手	一等整備兵	3年11月	24歳8月	
八木諄	千葉	一等機関兵	3年4月	24歳2月	
半田光雄	北海道	二等機関兵	2年4月	22歳9月	
板倉重躬	東京	二等整備兵	5年	22歳11月	
飯岩貢	福島	三等機関兵	4月	20歳10月	
飯島元二郎	栃木	三等整備兵曹	5年	22歳11月	
飯島精一	千葉	三等整備兵	11月	22歳5月	婚
飯島茂	茨城	三等機関兵	1年1月	18歳6月	
菱沼優	北海道	一等整備兵	2年4月	23歳2月	
猫塚久次	北海道	三等機関兵	4月	21歳5月	
冨永貞雄	千葉	一等機関兵曹	8年	25歳2月	
武居忠夫	茨城	一等兵曹	9年1月	27歳7月	婚
福田拓	東京	中尉	6年2月	24歳2月	飛 海兵67
福嶋駒蔵	埼玉	一等整備兵	2年4月	22歳6月	
平賀貞美	長野	三等水兵	11月	21歳8月	

氏名	出身	階級	在籍	年齢
平子正己	福島	二等水兵	1年4月	22歳3月
平塚朝衛	茨城	二等機関兵	2年	18歳10月
片山昇	長野	一等主計兵	2年4月	21歳8月
保川由太郎	千葉	一等兵曹	8年	25歳1月
北島隆盛	埼玉	二等水兵	1年4月	21歳6月
堀井保三	茨城	一等機関兵	3年	21歳2月
堀内辰雄	長野	二等水兵	2年	17歳
本田良一	青森	三等機関兵	4月	20歳10月
末永至	福島	二等機関兵	2年	21歳2月
木原守	千葉	二等水兵	2年	17歳6月
目黒芳松	秋田	二等主計兵	1年4月	21歳8月
門倉雅蔵	群馬	二等整備兵	2年4月	22歳6月
矢守喜四郎	秋田	一等機関兵	6年4月	26歳11月
矢沼卓司	埼玉	三等整備兵	4月	21歳5月
矢島要	埼玉	二等水兵	2年	18歳11月
矢内浅雄	群馬	二等水兵	1年11月	23歳1月
柳原健吾	長野	二等機関兵曹	6年	22歳10月
柳沢一	長野	二等機関兵	1年4月	22歳3月
龍崎龍助	千葉	二等機関兵	1年4月	22歳4月
龍野正孝	東京	一等水兵	3年11月	25歳
林竹雄	岩手	一等機関兵	3年	20歳7月

鈴木政男	神奈川	三等水兵	4月	20歳7月
鈴木直二	群馬	三等整備兵曹	4年4月	24歳10月
鈴木保	静岡	三等整備兵	4月	21歳2月
鈴木留雄	静岡	一等機関兵	3年	17歳6月
鈴木了	福島	三等水兵	11月	21歳9月
和田正信	北海道	三等水兵	11月	22歳

計　二六七名

空母加賀

六月五日戦死

氏名	出身地	階級	在隊年数	死亡年齢	備考
枌正則	大分	三等機関兵	4月	19歳	
栫辰見	鹿児島	一等水兵	3年4月	23歳11月	
杤山近二	鹿児島	三等水兵	4月	21歳4月	
阿久根啓造	鹿児島	三等兵曹	4年4月	25歳	
阿部磯次	徳島	一等整備兵	2年4月	23歳2月	
阿部吉	大分	三等工作兵曹	5年	22歳3月	
阿部清巳	大分	三等整備兵	4月	21歳3月	
愛甲新吾	熊本	一等整備兵	3年	20歳8月	
愛甲武熊	鹿児島	二等整備兵	1年4月	22歳3月	

逢坂　輝男	香川	三等機関兵	4月	20歳8月	
安楽　剛三	宮崎	一等兵曹	12年	29歳	婚
安藤　源治	鹿児島	三等機関兵曹	5年	22歳5月	
安藤　実義	大分	一等機関兵	3年11月	24歳10月	
安藤　昇	愛媛	一等機関兵曹	10年	26歳11月	婚
安部　虎太	福岡	二等水兵	1年11月	23歳1月	婚
安部　伝	大分	三等整備兵曹	6年11月	28歳2月	婚
安部　頼正	愛媛	二等水兵	2年	18歳2月	
伊賀上　豊久	愛媛	三等機関兵	11月	21歳10月	
伊勢島　良夫	香川	一等水兵	2年11月	24歳2月	
伊東　明	大分	一等機関兵	2年11月	24歳2月	
伊藤　熙一	愛媛	一等水兵	4年11月	25歳8月	
伊藤　源治	長崎	一等水兵	1年2月	21歳8月	師
伊藤　万太郎	佐賀	三等整備兵	4月	20歳7月	
井下田　春好	福岡	三等整備兵曹	8年4月	28歳11月	婚
井手　弘光	愛媛	三等整備兵曹	5年	23歳1月	
井上　昇	鹿児島	一等整備兵曹	9年1月	29歳4月	婚
井上　清	佐賀	三等主計兵曹	5年	23歳6月	
井上　清治	愛媛	一等整備兵	3年	21歳8月	
井上　美義	宮崎	三等機関兵	4月	20歳11月	
井村　芳弘	高知	二等機関兵	1年4月	20歳7月	

井添庫夫	徳島	一等機関兵	4年4月	24歳10月	
井藤広美	広島	一等飛行兵曹	4年	22歳6月	飛
井本正彦	福岡	二等整備兵	1年11月	23歳4月	
一関光男	福岡	一等整備兵	2年4月	19歳9月	
一瀬寿夫	熊本	一等水兵	4年	21歳11月	
一瀬知道	長崎	二等整備兵曹	6年	25歳1月	
稲原利明	高知	一等水兵	4年4月	25歳	
稲富正義	佐賀	一等整備兵曹	8年4月	28歳	婚
宇佐美昇	愛媛	二等整備兵	2年	19歳11月	
宇都宮俊男	福岡	一等機関兵曹	10年	27歳9月	婚
宇都宮長松	愛媛	三等兵曹	7年	24歳9月	
宇野真一	福岡	一等機関兵	4年	22歳	
羽野根直喜	福岡	二等工作兵曹	9年4月	30歳3月	
臼杵福市	徳島	二等整備兵	1年4月	21歳8月	
浦玄舟	福岡	三等機関兵曹		22歳9月	
浦川義光	長崎	一等機関兵	3年	21歳6月	
浦田初巳	熊本	三等整備兵	4月	20歳8月	
永井静雄	鹿児島	三等整備兵	11月	21歳9月	
永村清次	沖縄	一等水兵	1年2月	22歳10月	師
永田藤雄	佐賀	一等水兵	4年4月	24歳4月	
永島文次	福岡	三等水兵	4月	21歳2月	

越智本郎	愛媛	三等水兵	1年1月	17歳6月	
園田一布	福岡	三等整備兵曹	4年	22歳	
園田勇	熊本	三等整備兵曹	6年	23歳1月	
猿渡芳造	福岡	三等整備兵	4月	21歳6月	
塩月徳田郎	大分	二等整備兵	2年	19歳	
塩出守	愛媛	一等水兵	2年4月	23歳3月	
奥稲文	鹿児島	二等水兵	1年4月	21歳9月	
奥園安彦	鹿児島	三等兵曹	5年4月	23歳1月	
奥薗与市	福岡	二等機関兵	2年4月	22歳6月	
奥野末松	福岡	一等機関兵	4年4月	24歳4月	
奥村至	熊本	三等機関兵曹	4年4月	24歳	
奥谷利行	高知	一等整備兵	4年4月	22歳2月	
横山吉夫	愛媛	一等整備兵	3年11月	24歳8月	
岡忠	佐賀	三等整備兵	4月	21歳2月	
岡田次作	石川	大佐	30年9月	48歳9月	海兵42 婚
岡島初雄	愛媛	二等機関兵曹	8年	25歳8月	婚
岡木勘次	佐賀	一等水兵	2年4月	22歳10月	
岡林順三	高知	三等整備兵	4月	21歳3月	
岡林照満	高知	一等主計兵	5年4月	25歳11月	
下園武夫	鹿児島	一等整備兵	3年4月	24歳2月	婚
下窪繁親	愛媛	一等整備兵	2年4月	23歳3月	

氏名	出身	階級	勤続	年齢	備考
下元正之	高知	二等機関兵	1年11月	22歳11月	
下村肝一	福岡	一等整備兵	3年	20歳4月	
下田代盛雄	鹿児島	一等整備兵曹	7年	27歳	婚
可徳喬	熊本	三等水兵	4月	20歳10月	
河野安夫	大分	三等機関兵	4月	21歳3月	
河野広	熊本	三等整備兵曹	5年	21歳11月	
河野清	福岡	三等水兵	4月	21歳3月	
河野文生	大分	二等整備兵	1年4月	22歳6月	
河野利助	大分	二等整備兵	2年	17歳8月	
花吉俊一	宮崎	一等機関兵	4年4月	23歳1月	
花田住種	福岡	一等水兵	1年2月	23歳4月	師
賀村朝彦	福岡	三等機関兵	4月	20歳10月	
垣田吉隆	熊本	一等整備兵	3年	21歳3月	
樫田一郎	熊本	一等飛行兵曹	9年1月	26歳	飛 婚
梶原秀彦	高知	三等主計兵	1年1月	17歳3月	
梶原冨士生	大分	三等機関兵曹	4年	20歳9月	
梶原林	福岡	一等機関兵	4年4月	21歳10月	
梶山岩吉	熊本	一等水兵	2年4月	23歳2月	婚
梶田重一	愛媛	三等整備兵	11月	22歳2月	
葛城薫	大分	一等機関兵曹	8年	24歳9月	
葛城正彦	石川	大尉	7年2月	23歳3月	飛 海兵66

氏名	出身	階級	期間	年齢	備考
椛島敏男	福岡	三等水兵	4月	21歳4月	
釜堀寅喜	福岡	二等水兵	2年	20歳5月	
乾真一郎	茨城	機関少尉	3月	25歳2月	商
関善徳	福岡	三等水兵	4月	20歳6月	
丸田達重	鹿児島	一等機関兵	3年	20歳5月	
丸野義彦	鹿児島	二等機関兵	2年4月	21歳5月	
丸野貞夫	長崎	主計兵曹長	12年	32歳2月	婚
岸茂男	徳島	一等水兵	1年2月	22歳3月	師
岸川法人	佐賀	一等整備兵	2年4月	23歳3月	
岩弘行	熊本	一等整備兵	3年	19歳7月	
岩下勝義	熊本	二等整備兵	2年4月	23歳4月	
岩崎伊佐夫	長崎	三等水兵	4月	19歳5月	
岩崎宮二	徳島	一等機関兵曹	15年	34歳6月	婚
岩崎博	福岡	一等水兵	3年	20歳9月	
岩崎隆久	宮崎	一等機関兵	4年4月	24歳7月	
岩切岩蔵	鹿児島	三等機関兵	4月	20歳1月	
岩田悟郎	大分	三等機関兵曹	4年11月	25歳9月	
岩尾克美	大分	三等水兵	4月	21歳2月	
岩野上時栄	長崎	二等整備兵曹	6年	23歳3月	
喜屋武幸徳	沖縄	一等水兵	3年4月	23歳8月	
喜原栄治	鹿児島	一等主計兵曹	8年	25歳10月	

氏名	出身	階級	期間	年齢	備考
喜瀬乗男	沖縄	一等水兵	5年4月	25歳6月	
喜多村鹿雄	福岡	二等水兵	1年4月	22歳3月	
亀井　進	徳島	一等水兵	13年	34歳1月	婚
菊永親男	鹿児島	三等整備兵	4月	21歳3月	
菊池藤三	青森	一等飛行兵曹	4年9月	21歳10月	飛
吉永吉人	福岡	一等水兵	2年4月	23歳4月	
吉岡貞雄	鹿児島	二等水兵	1年4月	20歳8月	
吉元厚義	鹿児島	二等整備兵曹	6年4月	23歳11月	
吉原喜三郎	福岡	二等工作兵曹	13年6月	34歳5月	婚
吉原健一	鹿児島	三等機関兵	4月	19歳2月	
吉森正巳	鹿児島	一等整備兵曹	9年1月	28歳1月	婚
吉村秀則	鹿児島	一等機関兵	4年4月	22歳5月	
吉村清春	熊本	三等整備兵曹	6年4月	25歳	
吉村貞雄	佐賀	一等水兵	3年4月	22歳2月	
吉田　覚	長崎	二等整備兵	2年	18歳1月	
吉田厚彦	長崎	二等整備兵	1年4月	22歳	
吉田徹雄	宮崎	一等機関兵	2年4月	20歳7月	
吉田末年	熊本	一等整備兵	6年4月	26歳10月	婚
吉富弘保	長崎	一等水兵	4年	20歳6月	
吉武一徳	熊本	二等兵曹	6年	22歳11月	
吉武次夫	大分	三等機関兵曹	6年	22歳7月	

吉峰登	鹿児島	二等水兵	2年4月	23歳2月	
久永正年	宮崎	三等看護兵曹	6年4月	26歳8月	
久岡正義	福岡	二等整備兵	2年	20歳2月	
久我盛行	熊本	二等水兵	2年4月	22歳6月	
久次米儁	徳島	一等機関兵曹	8年	25歳4月	婚
久松忠国	東京	主計少尉	3年3月	19歳11月	海経31
久米政治	徳島	三等整備兵曹	5年	25歳3月	
久保園二郎	鹿児島	二等整備兵	1年11月	23歳4月	
久保田徳重	香川	一等機関兵曹	12年4月	32歳8月	婚
宮嵜林	鹿児島	二等整備兵曹	6年	23歳9月	
宮岡信雄	愛媛	三等水兵	9月	19歳3月	
宮地栄樹	高知	三等水兵	9月	19歳5月	
宮田健次郎	熊本	一等水兵	1年2月	22歳4月	師
宮尾忍	熊本	三等兵曹	4年	23歳5月	
宮本貞行	熊本	三等水兵	4月	20歳9月	
宮本理	徳島	三等機関兵	4月	20歳6月	
宮野豊三郎	東京	少佐	20年9月	39歳4月	海兵52 婚
牛水惣太郎	長崎	二等整備兵	2年4月	22歳11月	
橋口進	鹿児島	一等水兵	1年2月	23歳	師
橋本勲	熊本	三等整備兵	4月	21歳3月	
玉井勘三	愛媛	一等整備兵	3年11月	24歳7月	

玉井輝育 愛媛 一等工作兵 2年4月 22歳10月
玉川智 福岡 一等機関兵 3年 22歳
玉那覇平一 沖縄 一等機関兵 6年4月 26歳11月
近森保 高知 三等整備兵 4月 20歳8月
近藤義孝 福岡 一等整備兵曹 9年1月 27歳5月 婚
近藤勝夫 徳島 一等整備兵 3年 20歳1月
近藤正行 高知 一等兵曹 8年 25歳11月 婚
金丸久次郎 宮崎 一等水兵 5年4月 25歳4月
金丸恵 宮崎 一等機関兵 3年 24歳2月
金城賢興 沖縄 三等機関兵 4月 20歳8月
空閑平次 佐賀 三等水兵 4月 20歳6月
窪田保之 徳島 三等兵曹 4年 22歳2月
熊義晴 長崎 三等水兵 4月 21歳3月
隈井秋夫 大分 一等整備兵 2年4月 22歳7月
桑原誠之助 滋賀 主計少尉 4年3月 21歳6月 海経30
桑野文一 大分 一等整備兵 2年4月 22歳10月
桑野力 大分 二等機関兵 2年 21歳
月原幸雄 愛媛 三等水兵 4月 21歳3月
原口久仁夫 佐賀 二等整備兵 2年 18歳2月
原口幸太郎 福岡 一等水兵 1年2月 22歳7月 師
原田重男 徳島 一等整備兵 2年4月 22歳9月

氏名	出身	階級	在隊	年齢	備考
原田 正	佐賀	三等機関兵曹	7年4月	27歳6月	
原田 林	熊本	三等水兵	4月	17歳11月	
古家 康蔵	福岡	二等整備兵	1年11月	22歳9月	
古賀 次雄	佐賀	三等整備兵	1年1月	19歳11月	
古庫 弥平	徳島	三等整備兵	1年1月	21歳	
古寺 正吉	鹿児島	整備兵曹長	12年	29歳4月	婚
古場 好男	佐賀	三等工作兵曹	6年4月	26歳7月	婚
古川 義則	鹿児島	三等機関兵	4月	21歳3月	
古川 志賀一	大分	二等機関兵曹	8年	24歳9月	
古川 秋則	香川	三等整備兵	4月	20歳6月	
古川 秋雄	長崎	一等主計兵	4年4月	25歳4月	
古川 誠之進	長崎	一等整備兵	3年	21歳2月	
古川 倉一	長崎	二等機関兵	1年4月	19歳10月	
古川 貞男	佐賀	一等機関兵	3年4月	23歳9月	
古池 恵	福岡	一等整備兵	3年	20歳2月	
後藤 明	宮崎	一等機関兵	2年4月	20歳3月	
光武 末利	福岡	一等整備兵	5年4月	26歳6月	婚
向井 鶴夫	愛媛	一等水兵	1年2月	23歳1月	師
工藤 幸吉	大分	三等水兵	1年1月	18歳5月	
工藤 茂樹	大分	二等整備兵	2年	17歳11月	
工藤 猛	大分	二等兵曹	10年	30歳5月	

氏名	出身	階級	在籍	年齢	備考
広渡 広	福岡	三等整備兵曹	4年4月	23歳9月	
江尻 新	大分	三等兵曹	6年4月	26歳8月	婚
江藤 義久	宮崎	二等主計兵	2年	20歳7月	
溝口 緑	宮崎	三等整備兵	4月	21歳2月	
甲斐 章三	宮崎	三等水兵	4月	21歳2月	
甲斐 道治	熊本	一等整備兵	3年	21歳8月	
甲斐 徳義	宮崎	一等整備兵	3年4月	22歳10月	
荒金 一式	大分	三等機関兵	4月	21歳5月	
荒田 茂次	鹿児島	一等機関兵	4年11月	26歳4月	
荒木 義信	熊本	三等機関兵曹	4年4月	24歳4月	
高橋 英一	神奈川	少佐	21年9月	40歳	海兵51 婚
高橋 英市	北海道	一等飛行兵	3年	22歳9月	飛
高橋 宏	高知	一等整備兵	3年	20歳8月	
高橋 末光	大分	一等整備兵	4年4月	25歳3月	
高橋 六次郎	愛媛	特務少尉	18年	36歳9月	婚
高原 清次	熊本	一等整備兵	2年4月	23歳	
高須賀 利春	愛媛	一等機関兵	5年	25歳4月	
高村 磨介	大分	二等機関兵	1年4月	22歳2月	
高津 亀一	愛媛	一等整備兵	2年4月	23歳4月	
高尾 安人	熊本	二等機関兵曹	7年	24歳3月	
高本 国友	熊本	一等整備兵	4年	21歳11月	

氏名	出身	階級		年齢	
高木広美	愛媛	一等機関兵	2年4月	22歳9月	
高木武	香川	三等兵曹	5年4月	24歳3月	
合田友太郎	愛媛	一等機関兵	2年4月	23歳3月	
轟木実治	鹿児島	三等兵曹	4年	21歳9月	
国生薫	鹿児島	一等整備兵	4年4月	25歳5月	
黒川清美	高知	一等機関兵	3年4月	24歳3月	
黒川定蔵	鹿児島	一等整備兵曹	9年1月	26歳2月	
黒木哲雄	宮崎	三等機関兵曹	6年	24歳	
黒木勇三郎	鹿児島	三等飛行兵曹	4年	21歳2月	飛
今坂正吾	熊本	一等機関兵	4年11月	26歳2月	
今村喜市	鹿児島	一等整備兵曹	9年1月	25歳11月	婚
今村利蔵	熊本	三等水兵	11月	22歳4月	
佐田武夫	福岡	一等機関兵曹	10年	28歳7月	婚
佐藤克巳	熊本	三等兵曹	5年	23歳2月	
佐藤三男	大分	一等機関兵	5年	22歳5月	
佐藤助	宮崎	三等兵曹	6年4月	26歳9月	
佐藤仁	宮城	少尉	3年6月	21歳8月	海兵70
佐藤鎮蔵	宮崎	三等兵曹	6年4月	26歳7月	婚
佐藤武男	福岡	一等水兵	2年4月	22歳9月	
佐藤融	鹿児島	一等水兵	1年2月	23歳1月	師
佐伯義光	佐賀	一等機関兵	3年	19歳8月	

坂井善六 佐賀 機関特務中尉 26年 42歳7月 婚
坂田正人 熊本 三等整備兵 4月 21歳2月
坂本義輝 熊本 二等水兵 1年4月 22歳
坂本平左衛門 佐賀 兵曹長 14年 33歳3月 婚
桜木鹿之祐 福岡 一等整備兵 7年 25歳3月
笹岡幸慶 高知 三等水兵 4月 21歳5月
笹貫篤則 鹿児島 三等水兵 4月 21歳5月
三浦進 福岡 機関特務中尉 17年 33歳6月 婚
三浦清市 大分 一等兵曹 8年 25歳10月 婚
三浦豊 熊本 一等整備兵曹 8年 25歳8月
三原進 徳島 二等工作兵 2年 20歳5月
三好関五郎 愛媛 三等水兵 4月 21歳3月
三枝松陽二 佐賀 二等整備兵 2年 20歳3月
三上良孝 東京 大尉 8年2月 26歳5月 飛 海兵65 婚
三宅安治 福岡 三等機関兵 1年1月 17歳5月
三木義美 徳島 三等整備兵曹 5年4月 25歳9月
山浦秀雄 福岡 三等水兵 4月 21歳
山岡一美 香川 一等水兵 4年4月 24歳7月
山岡寅市 愛媛 二等水兵 1年11月 23歳2月
山下亀重 熊本 三等水兵 4月 21歳2月
山下兼雄 長崎 三等整備兵 4月 20歳10月

山下治男	高知	一等水兵	2年4月	22歳8月	
山下親夫	鹿児島	三等兵曹	7年4月	25歳11月	
山下辰喜	熊本	三等整備兵曹	6年4月	27歳5月	
山口嘉熊	長崎	二等工作兵曹	5年11月	26歳9月	婚
山口薫	熊本	三等兵曹	4年9月	30歳4月	婚
山口兼隆	鹿児島	一等機関兵曹	9年1月	26歳4月	
山口弘行	鹿児島	飛行特務少尉	12年	27歳5月	飛 婚
山口静雄	長崎	一等整備兵		21歳9月	
山口和男	佐賀	一等機関兵	3年4月	24歳	
山崎虎吉	長崎	一等整備兵	2年4月	23歳2月	
山崎虎雄	鹿児島	機関中佐	22年	40歳3月	海機32 婚
山崎国男	香川	三等機関兵曹	4年	22歳3月	
山崎初喜	福岡	三等機関兵	4月	21歳4月	
山崎政彦	熊本	二等整備兵	2年	20歳10月	
山崎宝太	佐賀	二等整備兵曹	7年	24歳7月	
山崎茂	長崎	三等水兵	4月	20歳6月	
山上亨	大分	一等水兵	1年2月	22歳5月	師
山川赫	長崎	一等機関兵曹	11年	30歳2月	婚
山地重隆	香川	一等整備兵	4年4月	24歳7月	
山中武只	高知	三等水兵	4月	20歳7月	
山田久治	鹿児島	三等水兵	11月	22歳4月	

氏名	出身	階級	在籍	年齢	備考
山田君義	宮崎	一等水兵	5年4月	21歳1月	
山田俊一	愛媛	二等工作兵曹	5年11月	27歳4月	
山田清	熊本	一等機関兵	4年4月	23歳	
山田邦夫	徳島	二等機関兵	1年4月	21歳4月	
山田又男	熊本	三等水兵	4月	19歳1月	
山畑秀雄	鹿児島	一等水兵	3年	20歳6月	
山本正一	長崎	一等主計兵	9月	31歳2月	婚
山本利作	佐賀	一等主計兵	3年	22歳4月	
山門米作	熊本	三等水兵	4月	21歳5月	
山野甚助	鹿児島	二等機関兵曹	6年	22歳9月	
市川馨	福岡	一等水兵	1年2月	22歳1月	師
市川良吉	高知	二等機関兵	1年4月	22歳5月	
市来義男	鹿児島	二等水兵	2年	18歳5月	
寺岡勉	愛媛	三等整備兵曹	5年	22歳5月	
寺田武	愛媛	三等整備兵	4月	20歳9月	
寺尾綾夫	愛媛	一等機関兵	3年	21歳5月	
寺尾力	愛媛	二等水兵	1年4月	22歳1月	
宍野正之	鹿児島	二等兵曹	8年	27歳9月	
室津克巳	香川	一等整備兵	5年11月	27歳2月	
室田彦二	宮崎	二等整備兵	1年11月	23歳3月	
篠原幸雄	福岡	三等水兵	11月	22歳3月	

氏名	出身	階級	期間	年齢	備考
篠原槙太	佐賀	一等整備兵	2年4月	23歳1月	婚
柴田寿	福岡	一等飛行兵曹	3年8月	20歳8月	飛
柴田勇	福岡	二等水兵	2年	18歳	
芝下英雄	大分	二等機関兵曹	6年	22歳10月	
芝崎一雄	大分	一等機関兵	4年4月	24歳9月	
手柴龍雄	福岡	一等機関兵	3年11月	25歳2月	婚
酒井秀四郎	長崎	三等機関兵	4月	21歳4月	
酒井萩雄	愛媛	三等機関兵	11月	21歳6月	
秀島亀彦	佐賀	三等整備兵曹	6年	23歳5月	
秋元義一	愛媛	一等機関兵曹	14年	33歳3月	婚
秋山喜雄	徳島	一等水兵	2年4月	22歳10月	
秋山広巳	福岡	三等機関兵	4月	21歳2月	
秋満豊	福岡	一等整備兵	5年	21歳10月	
住友桂	徳島	一等機関兵	2年4月	23歳	
渋田五郎	福岡	二等整備兵	1年11月	22歳6月	
重松民蔵	長崎	三等兵曹	4年4月	24歳6月	
重村熊治	鹿児島	一等機関兵	3年11月	24歳11月	
出原千秋	高知	三等機関兵	4月	18歳8月	
春山覚一	鹿児島	三等兵曹	5年4月	25歳9月	
勝賀野喜代美	高知	一等整備兵	3年	21歳9月	
勝山武光	徳島	三等機関兵	4月	21歳2月	

勝木兼好　長崎　三等機関兵　4月　17歳11月

小園貞夫　宮崎　三等兵曹　4年4月　21歳8月

小山喜市　長崎　一等機関兵　5年11月　26歳10月　婚

小森時雄　長崎　二等兵曹　11年11月　33歳3月　婚

小川正一　宮崎　大尉　12年2月　30歳2月　飛　海兵61　婚

小川勇　佐賀　二等整備兵　2年4月　22歳10月

小倉淳美　福岡　少尉　10月　24歳8月　商

小松喬　高知　一等整備兵曹　8年4月　25歳9月

小村庄進　鹿児島　三等整備兵曹　7年4月　27歳8月

小田部盛太　福岡　一等主計兵　9月　30歳2月

小島豊　佐賀　一等整備兵　2年4月　22歳7月

小嶋保　高知　三等兵曹　10年4月　31歳4月

小部貞雄　佐賀　一等水兵　3年4月　24歳3月

小野虎次　佐賀　二等機関兵　1年4月　22歳1月

小野年夫　香川　一等機関兵　4年4月　23歳4月

小野力夫　大分　一等整備兵　2年4月　22歳7月

小柳峻　福岡　三等水兵　4月　20歳10月　婚

小林喜太郎　福岡　二等機関兵　1年11月　22歳8月

小林武三郎　長崎　一等水兵　3年　20歳7月

松井正文　香川　一等整備兵曹　9年1月　27歳4月　婚

松浦正則　香川　一等水兵　5年11月　26歳9月

氏名	出身	階級	期間	年齢	備考
松永美明	長崎	三等水兵	1年1月	19歳10月	
松永敏治	宮崎	一等機関兵	4年	21歳10月	
松永武次	長崎	二等兵曹	7年	26歳3月	
松岡員善	香川	一等水兵	3年	22歳11月	
松岡松夫	福岡	三等機関兵	4月	18歳11月	
松岡大誠	愛媛	三等整備兵	11月	21歳11月	
松岡利熊	大分	一等機関兵	4年	21歳2月	
松下逸男	熊本	三等整備兵	4月	20歳9月	
松下治松	熊本	一等整備兵	6年4月	26歳7月	
松原伝	香川	一等機関兵	4年4月	22歳3月	
松崎安雄	香川	一等水兵	3年	20歳7月	
松崎不二雄	福岡	三等整備兵	11月	22歳5月	
松山吉夫	宮崎	二等機関兵	1年11月	22歳8月	
松石岩雄	福岡	一等水兵	2年4月	22歳4月	
松川猛	長崎	主計少佐	20年9月	41歳3月	海経14 婚
松前安吉	大分	二等整備兵	2年	18歳2月	
松谷敏郎	高知	二等整備兵	2年	19歳4月	
松田雅夫	愛媛	一等整備兵	5年4月	23歳4月	
松田守隆	福岡	一等兵曹	8年4月	26歳2月	婚
松島正春	長崎	二等機関兵	2年4月	23歳2月	
松藤正実	福岡	一等整備兵	3年	19歳9月	

氏名	出身	階級	在籍	年齢	備考
松藤睦雄	長崎	三等水兵	4月	21歳	
松尾力雄	長崎	三等機関兵曹	8年	25歳7月	
松本加蔵	長崎	一等整備兵曹	10年4月	30歳6月	婚
松本久実	福岡	二等整備兵	1年4月	22歳3月	
松本行男	熊本	三等整備兵曹	6年	22歳10月	
松本新一	福岡	一等機関兵	4年4月	24歳1月	
松本日出男	福岡	二等水兵	2年	19歳7月	
松本要	熊本	三等兵曹	4年	21歳3月	
松木巌	高知	一等整備兵曹	8年11月	30歳3月	婚
松木福夫	鹿児島	二等水兵	1年4月	22歳2月	
松葉直市	宮崎	一等兵曹	11年	29歳9月	婚
沼正弘	高知	一等整備兵	3年	19歳8月	
上井義輝	宮崎	二等主計兵	2年	21歳6月	
上原義治	鹿児島	三等整備兵	4月	20歳11月	
上原徳正	沖縄	二等水兵	1年4月	26歳8月	婚
上松道良	鹿児島	三等整備兵	1年1月	18歳1月	
上総文人	大分	一等水兵	1年2月	24歳2月	師
上村義雄	鹿児島	三等水兵	4月	20歳8月	
上村靖	熊本	一等機関兵曹	10年	27歳9月	婚
上田学	熊本	三等整備兵曹	4年	23歳4月	
上田敬次	熊本	三等兵曹	8年	27歳5月	婚

上田敏二	熊本	二等整備兵	2年	21歳5月	
上畠加三次	鹿児島	三等機関兵曹	7年	26歳3月	
上野秋生	大分	一等整備兵	3年	21歳6月	
上野盛	鹿児島	三等整備兵曹	6年	24歳2月	婚
上野敏	愛媛	二等水兵	1年4月	21歳9月	
上野武夫	宮崎	三等工作兵曹	3年9月	33歳3月	婚
乗松大	愛媛	一等水兵	6年4月	26歳10月	
乗富武夫	福岡	一等機関兵	2年4月	22歳9月	
新屋敷募	鹿児島	三等整備兵	4月	20歳11月	
新名清	香川	一等機関兵	2年11月	23歳8月	
森一雄	福岡	一等主計兵曹	7年4月	27歳	婚
森佐蔵	福岡	一等整備兵曹	9年1月	26歳2月	婚
森次芳	長崎	三等兵曹	5年	24歳2月	
森秀雄	徳島	三等整備兵	4月	21歳3月	
森誠	佐賀	二等整備兵	2年	18歳2月	
森屋正則	鹿児島	一等整備兵曹	9年1月	28歳	婚
森田富哉	鹿児島	三等整備兵曹	7年11月	28歳7月	婚
森本定	大分	三等整備兵	11月	22歳3月	
深浦辰彦	熊本	一等兵曹	8年4月	26歳4月	婚
真崎正春	佐賀	一等水兵	4年	23歳6月	
真鍋武夫	香川	一等兵曹	8年	26歳	婚

神宮　親　鹿児島　一等兵曹　14年　32歳1月　婚
神崎静夫　福岡　二等機関兵　1年11月　22歳9月
神代　茂　福岡　一等機関兵　4年4月　24歳10月
神保　弘　石川　機関中尉　6年2月　24歳3月　海機48
神野保男　愛媛　一等看護兵　3年4月　23歳8月
神林　勝　長崎　二等水兵　2年　19歳4月
進藤正義　福岡　一等水兵　4年　21歳9月
仁木次郎　徳島　三等機関兵曹　5年　22歳5月
諏訪忠行　香川　三等兵曹　4年4月　25歳3月
須山正一　神奈川　三等機関兵　4月　19歳5月
水口元員　香川　二等整備兵曹　6年　23歳
水嶋亀彦　福岡　三等整備兵曹　6年　23歳5月
水野　武　愛媛　三等水兵　1年1月　20歳2月
杉薗次夫　鹿児島　一等機関兵　3年　22歳1月
杉本　保　熊本　二等水兵　2年　21歳10月
瀬川　正　長崎　二等機関兵曹　7年　24歳1月
畝原正人　宮崎　三等整備兵　4月　21歳5月
成松正四　熊本　二等機関兵曹　6年4月　26歳9月
清水岩夫　徳島　一等水兵　2年4月　23歳2月
清水康夫　福岡　二等機関兵　1年4月　21歳6月
清田梅雄　徳島　二等整備兵　1年4月　21歳8月

生野峰治	福岡	三等整備兵	4月	21歳4月	
盛永政吉	鹿児島	二等機関兵曹	8年	27歳4月	
西英次郎	鹿児島	一等機関兵曹	12年	30歳10月	婚
西宇定夫	香川	三等整備兵曹	4年4月	22歳11月	
西永要次郎	長崎	一等整備兵	5年4月	26歳4月	
西園留吉	鹿児島	一等整備兵	3年4月	23歳6月	
西岡弘	福岡	三等機関兵	4月	20歳9月	
西岡立男	香川	二等整備兵	2年	21歳9月	
西山直吉	熊本	一等機関兵	5年	25歳3月	
西島八郎	福岡	一等工作兵	3年	21歳5月	
西尾重一	福岡	三等兵曹	5年	23歳2月	
西来路千年	大分	一等整備兵	3年	20歳10月	
青木一	宮崎	機関兵曹長	14年	33歳	婚
斉田四郎	福岡	三等機関兵曹	5年	21歳7月	
斉藤政之助	宮城	軍医中尉	9月	26歳10月	
斉藤清	長崎	三等兵曹	5年	24歳2月	
石井義一	佐賀	一等水兵	1年2月	22歳3月	師
石井実夫	福岡	一等整備兵曹	11年	27歳10月	婚
石井禎蔵	長崎	一等水兵	4年	20歳8月	
石川孝道	香川	一等水兵	3年	20歳2月	
石川武春	長崎	三等機関兵	4月	21歳2月	

氏名	出身	階級	在隊	年齢	備考
石津良規	福岡	三等整備兵	11月	21歳8月	
石畑一男	鹿児島	二等水兵	2年4月	22歳2月	
赤羽弘安	東京	少尉	3年6月	20歳6月	海兵70
赤岩畩市	鹿児島	三等整備兵	4月	21歳1月	
赤根川浅市	愛媛	三等兵曹	6年4月	26歳11月	婚
赤星武成	福岡	一等整備兵曹	9年4月	28歳11月	婚
雪松重徳	鹿児島	三等水兵	4月	20歳11月	
千々岩三郎	佐賀	三等水兵	4月	21歳2月	
千頭義喜	高知	三等整備兵曹	8年4月	29歳5月	婚
千布米市	佐賀	二等整備兵	1年4月	22歳2月	
川越次夫	鹿児島	三等機関兵	4月	18歳6月	
川越進	宮崎	一等水兵	5年4月	26歳3月	
川下幸人	福岡	三等水兵	1年1月	18歳7月	
川原盛男	鹿児島	一等機関兵	7年	23歳10月	
川口雅雄	和歌山	大佐	25年9月	44歳3月	海兵47 婚
川口重雄	徳島	二等機関兵	1年4月	21歳5月	
川崎正喜	佐賀	二等整備兵	1年4月	22歳5月	
川崎清	佐賀	一等水兵	4年	20歳11月	
川上一雄	福岡	二等水兵	1年4月	22歳4月	
川村正男	高知	二等整備兵曹	6年	23歳	
川谷健二	長崎	一等水兵	1年2月	22歳1月	師

川内田　勇喜	鹿児島	一等水兵	3年	21歳2月	
川畑　益雄	鹿児島	三等整備兵	4月	21歳3月	
川平　鉄蔵	鹿児島	三等水兵	4月	20歳3月	
梅檀　一美	徳島	一等機関兵	2年4月	23歳5月	
泉　繁広	長崎	一等機関兵	2年4月	22歳10月	
泉　林市	高知	一等機関兵	3年4月	24歳5月	
泉頭　国雄	長崎	二等整備兵	2年	19歳4月	
浅海　六郎	愛媛	少佐	18年1月	37歳10月	海兵55　婚
浅野　文男	熊本	三等主計兵曹	5年4月	24歳3月	
舛田　広人	福岡	一等水兵	1年2月	22歳5月	師
船田　貞伯	愛媛	一等機関兵	4年4月	21歳6月	
前田　三子吉	鹿児島	三等機関兵	1年1月	18歳4月	
前田　徳之助	鹿児島	二等整備兵	3年4月	24歳4月	
前田　八郎	愛媛	一等水兵	3年4月	23歳8月	
曽我部　石光	高知	三等主計兵	4月	20歳7月	
早瀬　辰男	鹿児島	三等機関兵曹	5年	25歳4月	
早瀬　免巳	鹿児島	一等機関兵	4年4月	22歳3月	
早田　義男	長崎	三等整備兵曹	6年	23歳2月	
早田　克磨	熊本	二等兵曹	7年	24歳6月	婚
相良　求	大分	一等整備兵	3年	21歳8月	
草場　貞実	福岡	三等整備兵	4月	20歳7月	

荘野　進	徳島	一等整備兵	3年	21歳1月	
蔵淵常男	大分	二等整備兵曹	6年	25歳11月	
足立明生	福岡	三等水兵	1年1月	16歳8月	
村岡　勝	熊本	二等機関兵	1年11月	22歳7月	
村上欣二	広島	一等飛行兵曹	3年8月	21歳9月	飛
村上春男	愛媛	一等整備兵	2年4月	22歳7月	
村上仁義	福岡	二等水兵	2年	23歳3月	婚
村上利行	熊本	一等機関兵	2年4月	23歳5月	婚
村尾吉秋	鹿児島	二等機関兵	1年4月	19歳6月	
村本清二	熊本	三等整備兵曹	7年4月	27歳11月	婚
多田映徹	大分	一等整備兵	2年4月	23歳3月	
多田清市	徳島	二等整備兵	1年4月	21歳7月	
太田　厳	熊本	一等主計兵	3年	20歳4月	
大喜多義春	香川	三等兵曹	4年4月	24歳7月	
大串市郎	佐賀	三等整備兵曹	4年	22歳1月	
大原土佐男	高知	二等機関兵曹	6年	24歳2月	
大小田　勇	長崎	三等兵曹	5年	21歳8月	
大城戸芳造	鹿児島	一等整備兵	2年4月	22歳9月	
大森定市	徳島	一等水兵	5年	24歳	
大森力雄	愛媛	一等整備兵	3年	20歳	
大西　猛	愛媛	一等整備兵	3年	19歳6月	

氏名	出身	階級	期間	年齢	備考
大石　元良	愛媛	一等機関兵	2年4月	22歳11月	
大石　照次	佐賀	一等主計兵曹	8年11月	30歳4月	婚
大村　秀夫	福岡	三等機関兵	4月	21歳	
大庭　孝	静岡	機関少尉	3年7月	22歳1月	海機51
大島　勇男	鹿児島	一等整備兵	3年	19歳6月	
大内田　保	福岡	二等整備兵	1年11月	23歳5月	
大迫　一二	鹿児島	二等整備兵	2年	19歳2月	
大迫　利幸	鹿児島	二等水兵	1年4月	22歳6月	
大平　勇	鹿児島	三等整備兵	4月	20歳6月	
大野　政喜	長崎	一等水兵	1年2月	21歳7月	師
大野　千敏	大分	三等機関兵	1年1月	18歳7月	
大野　直	熊本	一等主計兵	3年4月	24歳4月	
鷹柳　勢一	香川	一等水兵	1年2月	21歳8月	師
沢井　五月	愛媛	二等水兵	2年	20歳	
沢野　繁人	熊本	二等飛行兵曹	6年	24歳10月	飛
谷吉　勇	高知	三等機関兵	4月	18歳8月	
谷口　義行	鹿児島	一等機関兵	5年4月	24歳5月	
谷口　勝志	鹿児島	二等機関兵曹	6年	24歳	
谷川　吉郎	鹿児島	三等整備兵	4月	20歳8月	
谷本　義信	香川	三等兵曹	4年	20歳7月	
智原　茂	福岡	一等機関兵	4年11月	25歳7月	

氏名	出身	階級	在籍	年齢	備考
池原盛倫	大阪	三等機関兵	4月	20歳8月	婚
池上茂	香川	二等整備兵	1年4月	21歳7月	
池田静夫	鹿児島	三等整備兵曹	5年4月	26歳2月	
池田茂馬	佐賀	一等水兵	1年8月	30歳1月	婚
池田勇	宮崎	一等水兵	4年	21歳11月	
池内重信	香川	一等機関兵	2年4月	21歳1月	
池本輝雄	香川	三等水兵	4月	20歳11月	
池本登	愛媛	一等看護兵	3年4月	24歳2月	
築島岩男	福岡	三等機関兵	4月	17歳8月	
竹井林	福岡	一等機関兵	4年	23歳3月	
竹下軍治	熊本	一等整備兵	3年4月	24歳2月	
竹下国夫	福岡	二等機関兵曹	9年1月	25歳9月	
竹中頼一	徳島	一等水兵	1年2月	22歳8月	師
竹田忠典	宮崎	一等主計兵	3年	22歳2月	
竹田繁雄	愛媛	二等兵曹	7年	25歳1月	
竹内清一	香川	機関兵曹長	14年	34歳3月	婚
中原喜一郎	鹿児島	三等整備兵曹	7月	29歳5月	婚
中原末広	熊本	一等兵曹	8年	26歳3月	
中江千秋	福岡	三等機関兵	4月	20歳10月	
中山寛	長崎	一等機関兵	2年4月	23歳3月	婚
中山晴目	高知	二等整備兵曹	7年	26歳4月	

中西 久夫	徳島	二等水兵	1年4月	21歳7月	
中西 功	広島	機関中尉	5年2月	22歳1月	海機49
中川 光蔵	香川	二等整備兵	1年11月	23歳	
中川 深美	高知	三等水兵	1年1月	17歳10月	
中川 正行	徳島	二等整備兵	1年4月	22歳4月	
中川 隆則	大分	二等機関兵曹		24歳5月	婚
中村 英一	福岡	三等水兵	1年1月	17歳10月	
中村 三次郎	福岡	整備特務中尉	24年	41歳3月	婚
中村 実	熊本	一等整備兵	3年	20歳1月	
中村 正則	長崎	一等機関兵	4年4月	24歳10月	
中村 貞行	福岡	二等兵曹	7年	24歳3月	
中通 安男	佐賀	三等水兵		18歳11月	
中塚 森吉	宮崎	二等水兵	2年4月	22歳7月	婚
中嶋 吉蔵	福岡	一等水兵	1年2月	21歳8月	師
中内 実	鹿児島	一等主計兵	6年	23歳3月	
中馬 栄吉	鹿児島	一等水兵	3年4月	24歳6月	
中尾 季夫	福岡	三等兵曹		24歳7月	
中尾 亀松	徳島	一等水兵	3年4月	23歳7月	
中尾 次男	熊本	一等機関兵	3年4月	23歳8月	
中野 栄喜	鹿児島	一等水兵	4年	21歳7月	
中野 勝	熊本	一等整備兵	3年11月	24歳11月	

氏名	出身	階級	在籍	年齢	備考
中野仁助	福岡	三等整備兵	4月	21歳3月	
中野泰男	佐賀	三等機関兵曹	4年4月	24歳4月	
仲田忠夫	徳島	二等整備兵曹	5年4月	26歳1月	婚
仲田武光	沖縄	二等機関兵	2年4月	22歳7月	
仲里義武	沖縄	一等水兵	1年2月	22歳4月	師
猪俣虎士	大分	三等機関兵曹	5年	22歳2月	
朝飛政光	宮崎	二等整備兵	1年4月	22歳4月	
長坪弘志	鹿児島	三等水兵	4月	17歳6月	
長田久雄	長崎	一等整備兵	3年	21歳6月	
長末　満	福岡	一等機関兵	4年11月	26歳5月	
長友国光	宮崎	二等整備兵曹	6年	24歳10月	
津々浦忠義	熊本	二等機関兵	1年4月	22歳3月	
津田隆尾	高知	一等整備兵	2年4月	22歳6月	
津波古充和	沖縄	二等整備兵曹	8年	28歳2月	
津幡高見	熊本	三等機関兵	4月	21歳2月	
津野文一	高知	一等機関兵	5年	22歳3月	
塚中　勲	長崎	三等整備兵	4月	21歳4月	
辻口政盛	鹿児島	二等整備兵	1年11月	23歳3月	
定成兼夫	愛媛	三等水兵	4月	21歳2月	
天野俊成	愛媛	一等機関兵	4年4月	24歳8月	
田原紋吉	佐賀	三等水兵	1年1月	17歳	

氏名	出身	階級	年数	年齢	備考
田口一雄	長崎	二等水兵	2年	18歳4月	
田上一徳	熊本	三等水兵	1年1月	18歳3月	
田尻次彦	福岡	一等主計兵	4年11月	26歳3月	
田尻芳生	大分	一等水兵	2年4月	22歳11月	
田中嚮濈	香川	二等整備兵	2年	20歳9月	
田中幟徳	熊本	二等整備兵曹	7年	23歳8月	
田中栄	熊本	特務大尉	27年	44歳11月	婚
田中喜久次	福岡	三等機関兵曹	5年	23歳5月	
田中輝男	熊本	二等整備兵曹	6年	25歳6月	
田中久士	福岡	二等水兵	1年4月	21歳8月	
田中孝	宮崎	三等整備兵曹	5年	22歳11月	
田中行雄	神奈川	一等飛行兵曹	7年	22歳1月	飛
田中貢	高知	一等整備兵	4年4月	23歳3月	
田中貢	福岡	一等整備兵	3年	19歳9月	
田中政盛	鹿児島	一等整備兵	5年11月	27歳4月	婚
田中正良	宮崎	三等機関兵曹	4年	22歳3月	
田中清純	鹿児島	一等工作兵曹	9年11月	31歳2月	婚
田中博	福岡	二等水兵	2年	19歳3月	
田中武夫	福岡	一等飛行兵曹	6年4月	23歳11月	飛
田中豊	鹿児島	三等水兵	1年1月	17歳6月	
田中勇雄	宮崎	二等兵曹	7年	23歳8月	

氏名	出身	階級	在籍	年齢	備考
田島 秀夫	福岡	一等主計兵	2年4月	22歳7月	
田畑 松芳	熊本	三等整備兵曹	6年	23歳1月	
田淵 清	高知	二等整備兵	1年4月	22歳2月	
田方 一夫	長崎	二等整備兵	2年4月	23歳3月	
渡部 三一	長崎	一等機関兵	2年4月	22歳7月	
渡部 秀男	大分	二等整備兵	1年4月	21歳8月	
渡辺 義行	香川	二等整備兵	2年	20歳1月	
渡辺 義信	愛媛	一等整備兵	3年	22歳9月	
渡辺 久	熊本	一等機関兵曹	13年	33歳4月	婚
渡辺 積	香川	二等機関兵	1年11月	22歳9月	
渡辺 豊蔵	宮崎	一等整備兵	3年4月	24歳3月	
渡辺 利一	愛知	一等飛行兵	3年	21歳4月	飛
土岐 美信	福岡	一等整備兵	3年4月	24歳3月	
土居 寅吉	愛媛	一等整備兵	2年4月	23歳4月	
土居 博	高知	二等機関兵	1年11月	22歳7月	
土師 義雄	大分	一等機関兵	6年4月	24歳11月	
土持 五十志	宮崎	三等機関兵	1年1月	19歳2月	
土坪 義彦	鹿児島	一等機関兵	4年4月	22歳5月	
土肥 正義	愛媛	二等兵曹	8年	25歳1月	婚
島袋 順永	沖縄	三等水兵	4月	21歳2月	
島袋 林徳	沖縄	一等主計兵	3年	21歳2月	

氏名	出身	階級	期間	年齢	備考
嶋田　隆	熊本	一等機関兵	2年4月	23歳4月	
東　義人	福岡	一等整備兵曹	8年	25歳7月	
東　助市	鹿児島	三等水兵	4月	20歳7月	
桃坂年春	福岡	二等兵曹	7年	23歳6月	
湯浅徳平	徳島	一等水兵	4年4月	24歳11月	
湯浅邦一	徳島	一等整備兵	3年	21歳4月	
当　久夫	鹿児島	三等整備兵	11月	22歳2月	
筒井政利	香川	三等兵曹	5年	22歳11月	
筒井直誠	高知	一等水兵	3年4月	23歳6月	
藤　六平	福岡	三等主計兵	4月	21歳6月	
藤岡　佶	福岡	三等水兵	1年1月	17歳2月	
藤吉誠一	千葉	機関大尉	8年2月	26歳11月	海機46
藤原直偉	愛媛	三等整備兵曹	6年4月	26歳3月	
藤口和三	福岡	二等機関兵曹	7年	24歳8月	婚
藤瀬伊好	佐賀	二等整備兵曹	7年	24歳3月	
藤川　亘	香川	一等水兵	1年2月	21歳6月	師
藤田義幸	高知	三等機関兵	4月	20歳11月	
藤田光夫	山形	一等整備兵曹	6年11月	28歳3月	
藤田秀雄	香川	三等整備兵	4月	21歳	
藤田良治	鹿児島	一等整備兵曹	12年	28歳6月	婚
藤本健一郎	愛媛	一等機関兵	4年4月	25歳	

藤本　直　熊本　一等水兵　2年4月　23歳2月

藤本美明　愛媛　一等工作兵　3年4月　24歳

藤明　武　香川　二等工作兵　1年4月　22歳2月

藤野紀平太　福岡　一等整備兵　3年　20歳3月

藤野惣八　福岡　一等飛行兵曹　7年　21歳7月　飛

道倉幸夫　愛媛　二等水兵　2年4月　23歳5月

徳永義光　鹿児島　三等水兵　4月　21歳3月

徳永正治　鹿児島　三等整備兵曹　8年　25歳4月

徳永誠次　鹿児島　一等機関兵　4年4月　25歳5月

徳永辰己　福岡　機関特務少尉　19年　37歳11月　婚

徳田卯三郎　高知　三等整備兵曹　5年　23歳7月

内海八郎　兵庫　機関中佐　25年9月　44歳10月　海機28　婚

内川祐輔　宮崎　一等飛行兵曹　8年　23歳8月　飛

内村義行　宮崎　三等工作兵曹　4年11月　26歳2月

南　俊男　佐賀　三等兵曹　5年　24歳3月　婚

楠田信夫　熊本　三等機関兵　1年1月　19歳

楠美　正　東京　少佐　16年1月　33歳5月　飛　海兵57　婚

楠本義信　香川　二等整備兵　1年11月　22歳7月

楠目　勉　徳島　二等整備兵曹　6年　22歳7月

日高宗四郎　宮崎　三等水兵　1年1月　19歳7月

日高倉造　鹿児島　一等整備兵　3年11月　25歳1月

日高　茂	大分	三等機関兵	4月	21歳5月	
日置三千年	熊本	三等水兵	1年1月	18歳11月	
日野甲三	熊本	三等機関兵	9月	18歳1月	
日野　昇	愛媛	一等整備兵	3年	19歳10月	
馬越積雄	愛媛	三等整備兵	4月	21歳1月	
馬場　諭	長崎	一等整備兵	4年4月	24歳4月	
馬場唯雄	長崎	三等兵曹	11年	29歳11月	
馬庭三年	鹿児島	三等水兵	1年1月	19歳1月	
梅崎光男	福岡	三等整備兵曹	6年11月	27歳7月	
梅北豊明	鹿児島	二等整備兵	2年	20歳2月	
柏原平次	徳島	二等主計兵	1年11月	23歳3月	
白丸広一	熊本	一等整備兵曹	14年6月	35歳1月	婚
白石　武	福岡	一等整備兵	3年	21歳	
白石房雄	愛媛	一等整備兵	3年4月	24歳5月	
畑　龍一	徳島	三等兵曹	5年4月	26歳	
畑中春雄	福岡	一等機関兵曹	11年4月	31歳7月	婚
畠中佐一郎	鹿児島	二等水兵	2年4月	22歳10月	
八丁三千夫	大分	一等兵曹	10年	27歳5月	婚
八島元治	長崎	三等兵曹	8年4月	28歳9月	婚
板橋　冠	長崎	一等機関兵曹	12年	28歳8月	婚
板倉文基	福岡	二等兵曹	10年	29歳3月	

氏名	出身	階級	在籍	年齢	備考
飯干 弥市	宮崎	三等整備兵	11月	21歳10月	
飯田 伝蔵	高知	三等整備兵曹	6年	23歳9月	
比嘉 秀盛	長崎	一等機関兵	4年	23歳9月	
尾崎 寿見幸	長崎	一等整備兵	3年	20歳	
尾林 八郎	大分	一等機関兵曹	9年1月	26歳9月	
表 好文	大分	二等主計兵	1年4月	22歳4月	
浜元 敏美	愛媛	三等機関兵	11月	22歳3月	
浜村 林蔵	鹿児島	一等機関兵	3年4月	23歳9月	
浜田 健蔵	高知	三等兵曹	5年	22歳4月	
浜田 沢一	鹿児島	三等水兵	11月	22歳5月	
富永 秀雄	熊本	三等機関兵	4月	20歳3月	
富永 豊太	佐賀	三等水兵	4月	20歳11月	
富岡 益右衛門	高知	三等工作兵曹	5年	22歳2月	
富高 利之	大分	三等水兵	4月	20歳6月	
冨永 光志	愛媛	二等整備兵	1年4月	22歳	
武田 小次郎	宮崎	二等機関兵	2年4月	23歳2月	
武田 清勝	福岡	一等兵曹	7年	25歳1月	婚
武藤 文夫	福岡	一等整備兵	3年	20歳11月	
福永 松雄	熊本	一等整備兵曹	9年1月	25歳7月	
福家 義高	香川	二等兵曹		29歳3月	
福家 境	香川	整備特務少尉	19年	36歳3月	婚

福原清彦　鹿児島　三等機関兵　4月　19歳8月　婚
福重平治　鹿児島　三等整備兵曹　7年11月　29歳3月　婚
福倉邦雄　鹿児島　三等機関兵曹　4年4月　25歳2月
福田寿雄　佐賀　一等整備兵　6年4月　25歳8月
福田武　福岡　一等機関兵　3年　23歳7月
福田稔　広島　大尉　8年2月　25歳4月　飛　海兵65
福島秀雄　徳島　一等機関兵　5年4月　26歳5月
福島奈良安　宮崎　一等水兵　1年2月　22歳1月　師
福野茂　長崎　一等機関兵　5年　22歳7月
福留時尚　鹿児島　一等整備兵曹　9年1月　27歳10月
渕脇精造　鹿児島　一等整備兵　3年　23歳2月
渕脇明男　宮崎　二等水兵　2年　18歳6月
兵庫堅一　香川　一等兵曹　8年4月　28歳8月
平山巌　鹿児島　一等飛行兵曹　7年　25歳4月　飛　婚
平山正美　熊本　三等整備兵曹　4年　20歳7月
平鍋政一　徳島　一等整備兵　3年11月　24歳8月
平尾徳重　香川　三等水兵　11月　22歳
柄本盛慶　宮崎　一等主計兵　5年4月　25歳6月
米丸哲夫　鹿児島　一等兵曹　10年　27歳6月　婚
米田孝弘　長崎　二等整備兵　2年　18歳2月
別府好男　愛媛　二等整備兵　2年　22歳

片岡　要	宮崎	一等主計兵	3年4月	23歳7月	
片桐　喜次郎	熊本	一等兵曹	8年4月	29歳2月	婚
片山　武子男	岡山	一等整備兵曹	7年	24歳11月	
豊岡　渉	福岡	二等兵曹	8年4月	26歳9月	
豊田　茂	福岡	一等水兵	3年	19歳6月	
北岡　末美	熊本	一等機関兵曹	10年	28歳10月	婚
北村　森行	熊本	一等水兵	2年4月	23歳1月	
北村　静夫	長崎	一等機関兵	2年4月	22歳6月	
北藤　亀八	徳島	一等兵曹	9年4月	27歳6月	
北野　松義	鹿児島	一等兵曹	7年11月	29歳4月	婚
北野　浅雄	福岡	三等整備兵	4月	20歳8月	
堀江　俊雄	福岡	二等兵曹	7年	23歳8月	婚
堀切園　尚二	鹿児島	二等整備兵曹	6年	22歳7月	
堀川　熊男	長崎	三等機関兵曹	4年	23歳	
本田　佐三	福岡	機関特務大尉	33年	52歳7月	婚
牧　利明	宮崎	一等水兵	3年	21歳7月	
末永　芳夫	佐賀	三等整備兵	4月	21歳2月	
満永　市蔵	鹿児島	特務少尉	18年	35歳2月	婚
牟田　藤太	佐賀	一等主計兵	1年5月	32歳7月	婚
牟礼　唯一	香川	三等兵曹	9年1月	26歳8月	
椋林　一治	福岡	三等整備兵	4月	20歳8月	

氏名	出身	階級	勤続	年齢	備考
明石 清	高知	一等機関兵	3年4月	24歳3月	
明石 博	福岡	三等整備兵	4月	20歳8月	
綿貫恵曼	大分	二等兵曹	6年	24歳1月	
面高純雄	鹿児島	一等機関兵曹	9年4月	30歳2月	婚
茂崎美治	徳島	一等整備兵	3年	20歳3月	
木下時代	鹿児島	二等水兵	2年	21歳2月	
木下楠男	熊本	一等整備兵曹	16年	34歳4月	婚
木村義春	香川	三等整備兵曹	3年	20歳7月	
木村 昇	福岡	三等飛行兵曹	3年7月	19歳	飛
木村 進	福岡	三等機関兵曹	4年4月	22歳5月	
木村清一	香川	一等整備兵曹	8年	27歳4月	婚
木之瀬 静	鹿児島	二等整備兵曹	5年11月	27歳3月	
門田一治	広島	中佐	22年9月	42歳8月	海兵50 婚
野間正夫	愛媛	三等整備兵曹	4年	20歳9月	
野元正義	鹿児島	三等兵曹	6年	24歳3月	
野元誠三	鹿児島	一等水兵	3年4月	24歳4月	
野原親幸	鹿児島	三等機関兵	4月	21歳2月	
野口寅男	熊本	特務中尉	23年	40歳2月	婚
野崎 昇	宮崎	三等機関兵	4月	20歳2月	
野尻虎義	宮崎	三等機関兵曹	5年4月	25歳10月	
野村 剛	宮崎	一等整備兵	3年4月	24歳3月	

野村　等	熊本	二等水兵	1年4月	21歳8月	
野町朋之	高知	一等整備兵	2年4月	22歳9月	
野添正道	熊本	三等整備兵	4月	20歳10月	
野田大男	福岡	一等水兵	3年4月	23歳8月	
弥永一郎	福岡	一等水兵	2年4月	22歳7月	
矢元善五	鹿児島	三等機関兵	4月	19歳5月	
矢野　治	香川	三等機関兵曹	6年	22歳9月	
矢野淳市	愛媛	一等工作兵	3年4月	24歳4月	
矢野勝義	福岡	一等整備兵	2年4月	22歳6月	
矢野祐信	大分	二等整備兵	2年	19歳3月	
薬師神　直	愛媛	一等整備兵	3年4月	24歳1月	
柳川　明	長崎	二等工作兵	1年4月	21歳10月	
柳田権三郎	長崎	二等水兵	2年	17歳8月	
友知政喜	沖縄	一等機関兵	3年4月	24歳	
有薗光次	鹿児島	三等整備兵	4月	20歳6月	
有村　拡	鹿児島	二等整備兵曹	7年	25歳7月	
有沢文男	高知	三等整備兵	1年1月	17歳3月	
有田藤吉	鹿児島	主計特務中尉	23年6月	43歳11月	婚
有田芳武	福岡	一等機関兵	4年4月	24歳1月	
有馬　実	鹿児島	一等水兵	1年2月	23歳	師
与　忠光	鹿児島	三等整備兵	11月	22歳1月	

葉山要三	長崎	二等機関兵曹	8年11月	29歳7月	婚
蘭　均	佐賀	一等水兵	5年4月	24歳8月	
林　幸雄	熊本	三等兵曹	4年	21歳9月	
林　武	熊本	三等機関兵	4月	18歳3月	
鈴木宗平	宮崎	一等整備兵	5年11月	27歳1月	
和田年末	愛媛	三等工作兵	1年1月	21歳3月	

計　八一三名

空母飛龍

六月五日戦死

氏名	出身地	階級	在隊年数	死亡年齢	備考
阿部繁実	福岡	二等機関兵	2年	18歳	
安岡金一郎	高知	一等整備兵	3年4月	23歳9月	
安河内治人	福岡	三等機関兵曹	8年	25歳11月	婚
安行進	鹿児島	一等整備兵曹	7年11月	29歳3月	
安西清	神奈川	三等兵曹	6年4月	27歳3月	
安里成大	沖縄	三等兵曹	5年4月	26歳1月	
伊敷松一	沖縄	三等機関兵	4月	21歳2月	婚
井原峰次	長崎	二等機関兵曹	6年4月	26歳4月	婚
井口静夫	大分	二等整備兵曹	7年	24歳3月	

氏名	出身	階級	在籍	年齢	備考
井村邦夫	大分	三等整備兵		21歳3月	
井田安夫	長崎	二等機関兵	1年4月	18歳7月	
稲田政司	福岡	飛行兵曹長	11年	26歳1月	飛
芋ヶ迫隆実	鹿児島	一等兵曹	11年	28歳3月	婚
宇都鉄男	鹿児島	一等整備兵	5年4月	25歳	
鵜木県三	長崎	一等整備兵		23歳9月	
益本正行	熊本	一等主計兵	2年4月	23歳2月	
越智弘	愛媛	三等機関兵	4月	20歳3月	
榎木助蔵	宮崎	三等整備兵曹		22歳5月	
於久保己	大分	二等飛行兵曹	5年	24歳2月	飛
奥野義一	徳島	一等整備兵	2年4月	22歳6月	
横峯成明	鹿児島	一等水兵	1年2月	22歳4月	師
岡村栄光	鹿児島	一等飛行兵曹	4年1月	20歳3月	飛
岡田朝松	熊本	一等機関兵曹	14年	32歳6月	婚
岡田武夫	香川	二等水兵	1年4月	22歳5月	
岡部昇	香川	一等水兵	1年2月	22歳6月	師
岡野計男	宮崎	二等整備兵	1年4月	21歳8月	
荻田昇	香川	一等水兵	2年4月	22歳6月	
下城厳	熊本	一等機関兵		24歳3月	
加治屋吉次	鹿児島	一等水兵	2年4月	22歳7月	
加来止男	神奈川	大佐	30年9月	48歳6月	海兵42 婚

河村雄助	徳島	機関特務少尉	17年6月	38歳4月	婚
河中益治	香川	一等機関兵	4年4月	25歳2月	
河野健治	宮崎	三等機関兵	4月	21歳	
河野勝美	宮崎	一等機関兵	3年4月	21歳3月	
河野茂	鹿児島	三等整備兵曹	8年	25歳1月	
外村輝夫	宮崎	三等兵曹	5年	22歳2月	
角敏章	福岡	三等水兵	1年1月	18歳11月	
笠井清	徳島	二等飛行兵曹	5年	19歳8月	飛
梶原耕	高知	三等水兵	1年1月	20歳	
梶原明	香川	三等整備兵	1年1月	18歳11月	
梶川幸三郎	愛媛	一等機関兵	2年4月	23歳2月	
鎌田直之	徳島	一等水兵		25歳5月	
間保	高知	一等機関兵	3年4月	22歳2月	
関修一郎	青森	軍医中尉	1年	26歳	
関政男	長崎	一等飛行兵	3年	22歳5月	飛
関正季	福岡	一等機関兵	3年1月	19歳7月	
関正治	宮崎	一等機関兵	3年	19歳8月	
関家穣	愛媛	一等水兵	1年2月	22歳3月	師
舘林公夫	佐賀	一等水兵	1年2月	21歳6月	師
丸山勇	鹿児島	一等機関兵曹	11年	28歳3月	婚
丸塚豊	熊本	二等工作兵	1年4月	22歳4月	

氏名	出身	階級	年数	年齢	備考
岩永岩雄	佐賀	二等整備兵	1年4月	22歳4月	
岩見秋男	大分	一等整備兵	2年4月	22歳8月	
岩切京	宮崎	二等整備兵	1年4月	22歳2月	
岩切信夫	鹿児島	一等整備兵曹	10年	30歳2月	
岩村熊男	佐賀	一等整備兵	2年4月	23歳3月	
岩本哲	宮崎	一等機関兵	4年4月	24歳1月	
亀井利明	愛媛	一等機関兵	4年11月	25歳8月	
菊池六郎	大阪	大尉	9年2月	27歳	飛 海兵64 婚
吉永栄之助	鹿児島	一等機関兵	5年5月	25歳4月	19日
吉光福督	大分	二等整備兵	1年4月	21歳6月	
吉内茂	大分	三等整備兵曹	8年	26歳9月	
久永良則	鹿児島	三等機関兵曹	6年	22歳10月	
久武正夫	熊本	二等機関兵		23歳5月	
久保田儀市	佐賀	一等水兵	4年	22歳	
久木田哲雄	熊本	一等整備兵曹		30歳	
宮原英夫	福岡	一等主計兵	3年4月	24歳1月	婚
宮崎登	福岡	一等整備兵	2年4月	23歳3月	
宮川次宗	熊本	二等飛行兵曹	3年2月	21歳10月	飛
宮内政治	鹿児島	二等飛行兵曹	3年2月	21歳8月	飛
宮内和夫	愛媛	一等水兵	1年2月	21歳11月	師
宮本徳一	愛媛	三等整備兵曹	5年	21歳8月	

橋本雅夫　佐賀　三等整備兵　　21歳1月
玉守初吉　佐賀　一等機関兵　3年4月　23歳7月
近藤澄夫　熊本　三等飛行兵曹　4年　22歳6月　飛
近藤武憲　大分　大尉　7年2月　25歳3月　飛　海兵66
近藤豊　佐賀　一等整備兵　2年4月　22歳7月
金子精二　長崎　一等機関兵　2年4月　23歳9月
金子茂作　熊本　一等機関兵曹　8年　26歳11月　婚
窪田孝人　宮崎　三等兵曹　5年4月　24歳6月
郡山龍良　鹿児島　二等整備兵　1年4月　21歳6月
原亀三郎　香川　三等兵曹　5年　22歳8月
原田清治　福岡　一等整備兵　2年4月　22歳9月
原田唯一　愛媛　機関兵曹長　15年6月　36歳1月　婚
古賀金吾　佐賀　一等機関兵　4年4月　24歳8月
戸高昇　宮崎　二等飛行兵曹　5年　21歳11月　飛
工藤虎男　大分　一等機関兵　4年4月　23歳8月　16日
工藤悌二　大分　一等兵曹　9年1月　27歳6月　婚
工藤博三　大分　一等飛行兵曹　6年4月　21歳2月　飛
幸村実　福岡　二等整備兵　1年11月　22歳7月
幸田季則　鹿児島　一等機関兵　　25歳10月　婚
弘井光徳　高知　一等整備兵　2年4月　23歳2月
港実　徳島　一等整備兵　2年4月　22歳10月

氏名	出身	階級	在隊	年齢	備考
甲斐幸太郎	長崎	一等整備兵曹	8年	27歳11月	
肱黒定美	鹿児島	一等飛行兵曹	3年8月	19歳11月	飛
荒牧敏幸	福岡	三等整備兵	4月	21歳3月	
荒木義雄	宮崎	一等整備兵	3年	20歳11月	
荒木大二郎	長崎	二等機関兵曹	7年	23歳9月	
香月力	佐賀	二等機関兵	1年4月	22歳3月	
高橋利男	茨城	一等飛行兵曹	9年1月	25歳10月	飛
高橋良幸	宮崎	一等水兵	5年4月	25歳	
高原潔	徳島	一等整備兵	3年	23歳3月	
高山正治	鹿児島	一等整備兵	4年	21歳9月	
高瀬政男	愛媛	二等整備兵曹	6年	23歳3月	
高倉信守	福岡	二等整備兵曹	6年	23歳1月	
高木健	熊本	三等整備兵	1年1月	16歳6月	
高木重義	香川	一等工作兵	3年11月	25歳5月	
高木茂登	福岡	三等機関兵曹	4年4月	24歳2月	
高良昌盛	沖縄	三等機関兵	4月	20歳6月	
国松計	高知	一等整備兵	3年4月	24歳3月	
黒永久士	大分	一等機関兵曹	10年4月	29歳5月	婚
黒岩三好	鹿児島	機関少尉	3年7月	22歳1月	海機51
黒田音薫	愛媛	三等主計兵	11月	21歳11月	
黒木順一	宮崎	三等飛行兵曹	5年	23歳3月	飛

黒木政雄	宮崎	二等水兵	2年	19歳3月	
今泉保	大分	一等飛行兵曹	8年	25歳3月	飛 婚
佐藤金弘	大分	一等機関兵	4年4月	23歳7月	
佐藤春見	大分	二等機関兵	1年4月	20歳1月	
佐藤貞人	大分	一等機関兵	4年4月	25歳4月	
佐藤富芳	大分	一等整備兵	2年4月	23歳	
左山忠	大分	一等機関兵		24歳9月	
坂井秀男	佐賀	三等飛行兵曹	4年	20歳7月	飛
坂田芳法	熊本	三等水兵	4月	20歳8月	
坂本一男	佐賀	一等機関兵	3年4月	25歳1月	
坂本登	福岡	三等整備兵曹	4年	20歳9月	
坂門行雄	熊本	一等飛行兵曹	4年9月	24歳2月	飛
阪本憲司	宮崎	一等飛行兵曹	4年2月	21歳6月	飛
阪本静雄	熊本	一等整備兵	2年4月	23歳4月	婚
桜木克巳	徳島	二等整備兵	1年4月	21歳8月	
三浦茂	大分	三等整備兵	4月	20歳7月	婚
三好吉太郎	愛媛	二等整備兵	1年4月	21歳9月	
三好幸一	徳島	一等機関兵	5年4月	25歳7月	
三森儀三	熊本	三等整備兵	1年1月	20歳	
三村兼一	香川	三等整備兵曹		25歳4月	
三島宗吾	福岡	一等水兵	3年11月	25歳4月	

三木　進	熊本	一等機関兵	2年4月	24歳5月	
山下　途二	長崎	大尉	8年2月	26歳10月	飛　海兵65　婚
山口　健一	鹿児島	一等機関兵	5年4月	24歳2月	
山口　多聞	東京	少将	32年8月	49歳9月	海兵40　婚
山口　梅吉	福岡	三等整備兵曹		21歳7月	
山口　武市	鹿児島	三等飛行兵曹	3年7月	20歳4月	飛
山口　明男	鹿児島	二等機関兵	1年4月	21歳9月	
山中　万蔵	高知	三等水兵	1年1月	18歳10月	
山田　喜七郎	愛知	一等飛行兵曹	4年2月	21歳2月	飛
山田　幸二	徳島	三等整備兵	1年1月	17歳11月	
山田　貞次郎	佐賀	二等飛行兵曹	3年2月	21歳10月	飛
山田　民蔵	福岡	一等機関兵	3年11月	25歳2月	
山本　喜一郎	福岡	三等整備兵曹	6年	23歳8月	
山本　亨	熊本	二等飛行兵曹	6年	25歳1月	飛　婚
山本　才次	岡山	三等機関兵	4月	19歳5月	
山野　銀太郎	熊本	機関兵曹長	14年	33歳5月	婚
志津里　巳年	大分	三等整備兵曹	4年	20歳11月	
氏家　正雄	宮城	一等兵曹	9年4月	30歳1月	婚
氏橋　吉一	徳島	一等機関兵	2年4月	23歳3月	
紙漉　武彦	鹿児島	一等整備兵	5年11月	27歳2月	
児玉　義美	岡山	飛行兵曹長	11年	26歳2月	飛

氏名	出身	階級	年月	年齢	備考
時吉清二	鹿児島	三等整備兵曹	7月	29歳1月	婚
柴山義美	長崎	二等機関兵曹	7年	25歳	
柴尾勇	大分	二等機関兵曹	6年6月	27歳3月	
酒井一郎	岡山	二等飛行兵曹	5年	20歳9月	飛
酒井卓	福岡	二等水兵	1年11月	22歳9月	
酒井辰美	長崎	二等水兵	2年	20歳1月	
首藤猪武	大分	一等機関兵	4年4月	23歳8月	
洲上義忠	香川	三等水兵	11月	21歳11月	
住友竹次郎	徳島	二等機関兵	2年	19歳11月	
重松末治	大分	二等機関兵曹	5年4月	24歳9月	
春野八郎	熊本	一等主計兵	3年4月	24歳4月	
小山高雄	徳島	三等機関兵曹	5年	22歳2月	
小山史郎	香川	三等整備兵	1年1月	17歳9月	
小出浅吉	佐賀	一等整備兵	3年4月	23歳7月	
小泉直	香川	三等飛行兵曹	4年	21歳9月	飛
小島正志	熊本	三等整備兵曹	5年	25歳3月	
小島正春	鹿児島	二等整備兵曹	6年	24歳6月	
小樋利美	福岡	三等機関兵曹	5年	21歳10月	
小野義範	佐賀	飛行兵曹長	10年	25歳10月	飛
小林正松	新潟	一等飛行兵曹	8年	23歳4月	飛
小林道雄	福岡	大尉	10年2月	27歳7月	飛 海兵63

松井与十郎	福岡	一等機関兵		23歳	
松永達真	長崎	一等水兵	2年4月	21歳2月	
松岡静男	熊本	一等機関兵	5月	34歳5月	婚
松船未男	熊本	三等機関兵	4月	19歳3月	
松田久美	宮崎	一等整備兵	2年4月	22歳9月	
松本義男	愛媛	一等整備兵	2年4月	22歳11月	
松本次雄	鹿児島	一等整備兵	7年	23歳7月	
上荒磯武雄	鹿児島	二等整備兵曹	6年	24歳	
上村実俊	鹿児島	三等兵曹		26歳8月	
上村静雄	鹿児島	三等機関兵	4月	18歳8月	
上仏国男	鹿児島	一等水兵	4年4月	23歳8月	
城間恒政	沖縄	三等機関兵	1年1月	17歳8月	
新垣四郎	沖縄	一等水兵	3年4月	24歳4月	
新粥義明	大分	一等機関兵	5年	21歳7月	
新田春雄	愛媛	二等飛行兵曹	5年	23歳8月	飛
森茂	高知	大尉	9年2月	27歳	飛 海兵64
森若義孝	大分	三等機関兵曹	4年	22歳9月	
森川岩夫	福岡	三等工作兵	1年1月	18歳8月	
森田寛	兵庫	一等飛行兵曹	3年8月	19歳6月	飛
真田淳	熊本	一等機関兵曹	11年	28歳3月	
真方山正則	鹿児島	三等兵曹	5年	22歳3月	

真木　茂	愛媛	一等水兵	2年4月	21歳8月	
神田寅夫	大分	二等機関兵曹	6年	23歳7月	
神野　厚	愛媛	一等機関兵	4年11月	25歳10月	
進　　光	大分	三等機関兵曹	4年4月	25歳	
進藤時雄	福岡	二等機関兵曹	8年	26歳	婚
水口末雄	長崎	一等兵曹	8年	25歳6月	婚
水崎留次郎	福岡	二等整備兵曹	6年	25歳1月	
水谷久午	大分	一等水兵	3年4月	24歳3月	
水野泰彦	愛知	一等飛行兵	3年	21歳6月	飛
数馬理平	神奈川	一等飛行兵曹	6年	20歳9月	飛
杉本八郎	長崎	一等飛行兵曹	4年2月	20歳8月	飛
杉本明次	福島	大尉	7年10月	31歳4月	商 婚
清岡晴喜	高知	三等整備兵曹	5年	22歳7月	
清原政市	福岡	二等機関兵曹	9年1月	28歳9月	
清水　巧	高知	三等飛行兵曹	4年	19歳7月	飛
西　繁美	熊本	一等整備兵	3年	20歳5月	
西浦安徳	熊本	三等水兵	4月	20歳9月	
西原敏勝	鹿児島	飛行兵曹長	10年	26歳1月	飛 婚
西山義雄	香川	一等機関兵		22歳6月	
西川清二	鹿児島	一等機関兵	3年4月	23歳2月	
西村　武	福岡	二等飛行兵曹	3年2月	20歳3月	飛

西村万勝	山口	三等機関兵	9月	20歳2月	
西方誠蔵	鹿児島	三等機関兵曹	6年	24歳10月	
青木房市	香川	一等整備兵曹	10年11月	32歳1月	婚
斉藤清酉	熊本	一等飛行兵曹	3年8月	20歳10月	飛
石井善吉	群馬	一等飛行兵曹	7年4月	28歳3月	飛 婚
石岡春見	愛媛	二等水兵	1年4月	22歳1月	
石貫重行	熊本	一等機関兵	4年	20歳11月	
石川照雄	愛媛	一等機関兵	4年	20歳9月	
石川優	香川	三等水兵	11月	22歳3月	
石津新生	福岡	二等整備兵	1年11月	23歳4月	
赤松作	愛媛	飛行特務少尉	12年	28歳1月	飛 婚
千代島豊	福岡	三等飛行兵曹	4年	21歳2月	飛
千葉常栄	佐賀	三等機関兵	9月	19歳2月	
川崎毅	佐賀	一等整備兵曹	8年4月	27歳5月	
川瀬久夫	宮崎	一等整備兵	2年4月	23歳2月	
川畑中納	鹿児島	一等機関兵曹	11年	29歳5月	婚
川淵義秋	香川	三等飛行兵曹	3年7月	18歳9月	飛
川野一郎	福岡	一等機関兵	5月	33歳2月	婚
川野清	福岡	一等水兵	3年4月	23歳6月	
前田一	長崎	一等主計兵	5年4月	23歳	
前田孝	徳島	飛行兵曹長	8年	22歳6月	飛

氏名	出身	階級	在籍	年齢	備考
前田 三男	鹿児島	三等機関兵	1年1月	17歳9月	17日
前田 三郎	愛媛	三等整備兵曹	4年	22歳11月	
前田 二郎	福岡	二等整備兵曹	6年11月	27歳7月	
倉光 克己	福岡	三等主計兵	4月	20歳11月	
倉本 末雄	佐賀	二等整備兵曹	9年4月	30歳5月	
早田 五郎	大分	二等整備兵	2年	19歳2月	
早田 幸雄	長崎	一等水兵	1年2月	21歳9月	師
早野 隆春	熊本	一等水兵	1年2月	23歳2月	師
相野 章	大分	整備兵曹長	18年	35歳2月	婚
村井 忠義	香川	二等水兵	2年	18歳10月	
村井 定	大分	一等飛行兵曹	7年	22歳9月	飛
村上 進	愛媛	一等機関兵	5月	32歳8月	婚
村上 正臣	大分	三等整備兵	4月	21歳5月	
村田 治一	愛媛	一等機関兵	4年11月	26歳	婚
大海 弘三	大分	二等水兵	2年	20歳4月	
大山 喬敏	香川	一等水兵	3年4月	24歳2月	
大川内 一	佐賀	三等兵曹	5年4月	26歳2月	
大塚 由一	愛媛	三等機関兵	4月	20歳7月	
大庭 正幹	福岡	三等主計兵	4月	21歳	
大田 守慶	沖縄	三等水兵	4月	20歳9月	
大田 常雄	徳島	一等機関兵	4年	20歳11月	

大友龍二	宮城	一等飛行兵曹	4年9月	20歳7月	飛
大林行雄	香川	飛行兵曹長	8年	24歳	飛
鷹尾堅治	福岡	三等整備兵	9月	19歳10月	
瀧口厳	大分	二等機関兵曹	6年	23歳	
瀧口信次	千葉	三等主計兵曹	6年4月	28歳4月	
宅嶋和義	長崎	三等機関兵	4月	20歳8月	
谷口一也	福岡	三等飛行兵曹	4年	19歳2月	飛
谷山隆徳	徳島	二等機関兵	2年	18歳2月	
谷川正春	香川	三等機関兵曹	6年4月	27歳2月	
池田高三	広島	二等飛行兵曹	5年	22歳5月	飛
池田茂	大分	三等整備兵曹	5年	23歳5月	
池田利一	愛媛	一等整備兵	2年4月	22歳7月	
竹下義男	鹿児島	二等工作兵曹	7年4月	27歳10月	婚
竹下初男	福岡	一等機関兵	4年5月	24歳7月	
竹内義雅	香川	一等機関兵曹	13年	29歳9月	婚
中岡義治	愛媛	一等飛行兵		23歳3月	飛
中間重雄	鹿児島	二等整備兵	1年4月	22歳	婚
中山金治	愛媛	一等整備兵曹	8年	25歳	婚
中川未好	徳島	一等水兵	3年4月	24歳2月	
中村隆重	鹿児島	三等主計兵	11月	22歳5月	
中津勉	熊本	三等兵曹	6年	23歳2月	

氏名	出身	階級	在籍	年齢	備考
中島 金一	大分	一等整備兵	3年	21歳6月	
中嶋 弘	熊本	一等機関兵	3年11月	25歳1月	
中嶋 鷹樹	福岡	一等整備兵	3年	19歳8月	
中尾 信道	大分	二等飛行兵曹	5年	24歳4月	飛
中平 政則	高知	三等機関兵	4月	20歳8月	
中野 末男	長崎	三等水兵	1年1月	18歳3月	
仲田 角助	沖縄	一等機関兵	3年4月	23歳7月	婚
長井 信吉	愛媛	一等水兵		24歳2月	
長渡 三郎	宮崎	三等整備兵曹	4年4月	25歳1月	
長埜 宇一	宮崎	二等主計兵	1年4月	21歳3月	
鳥羽 重信	広島	一等飛行兵曹	8年	24歳	飛
鳥羽 重範	大分	一等機関兵	4年4月	21歳8月	
塚原 惣四郎	佐賀	一等整備兵	3年4月	23歳8月	
塚本 岩男	熊本	二等整備兵	1年4月	22歳5月	
辻川 隆二	長崎	二等工作兵曹	6年	26歳2月	
釣屋 初義	鹿児島	一等整備兵	3年	19歳10月	
貞末 嘉久	福岡	三等主計兵	4月	20歳8月	
堤 正一	熊本	二等整備兵	2年	18歳	
田崎 英彦	長崎	三等機関兵	4月	21歳2月	
田崎 勝美	長崎	一等水兵	1年2月	23歳6月	師
田村 満	宮崎	一等飛行兵曹	3年8月	21歳	飛

田代重雄	佐賀	二等整備兵	2年4月	22歳6月	
田中一三	大分	一等整備兵		20歳5月	
田中国男	鹿児島	一等飛行兵	3年	20歳7月	飛
田中政夫	長崎	一等整備兵	3年	20歳8月	
田中早苗	鹿児島	機関兵曹長	14年11月	31歳9月	婚
田中又男	佐賀	二等兵曹	7年4月	24歳6月	
渡海正行	長崎	一等兵曹	11年	28歳9月	婚
渡辺千章	熊本	一等整備兵	3年	19歳8月	
渡辺直	熊本	飛行兵曹長	11年	26歳7月	飛 婚
砥板岩蔵	福岡	一等機関兵	2年4月	19歳6月	
土居基展	愛媛	一等水兵	1年2月	21歳9月	師
土橋次男	佐賀	一等整備兵曹	10年	26歳10月	
島崎久	熊本	三等機関兵曹	4年4月	25歳5月	
島崎守	佐賀	一等機関兵		21歳7月	
島田直	熊本	三等飛行兵曹	4年	19歳10月	飛
嶋田慎吾	香川	三等整備兵曹	5年	21歳9月	
東勝	大分	一等機関兵	2年4月	22歳11月	
湯本智美	熊本	飛行兵曹長	11年	28歳8月	飛
藤田広市	香川	三等機関兵曹	5年	23歳6月	
藤本武利	徳島	二等整備兵	1年4月	22歳	
道田若市	熊本	兵曹長	16年	33歳6月	婚

徳田進	福岡	一等水兵	3年	20歳2月	
徳田道助	山口	一等飛行兵曹	8年	25歳5月	飛 婚
内野沢治	長崎	三等水兵	4月	21歳1月	
内野忠敏	福岡	一等水兵	3年4月	24歳2月	
鍋内沢吉	長崎	一等水兵	2年4月	22歳11月	
楢崎広典	佐賀	一等飛行兵曹	7年	23歳1月	飛
二宮一憲	福岡	二等飛行兵曹	5年	21歳	飛
日枝明治	長崎	一等機関兵	5月	32歳10月	婚
日野時夫	大分	一等機関兵	2年4月	21歳10月	
日野正人	福岡	一等飛行兵曹		29歳3月	飛 婚
馬場政治	長崎	二等整備兵	1年4月	18歳11月	
馬門安宏	鹿児島	一等水兵	1年2月	23歳3月	師
梅木吾市	大分	二等機関兵	2年	17歳10月	
萩原義昭	香川	二等飛行兵曹	2年8月	22歳	飛
伯本武光	宮崎	二等整備兵	1年4月	22歳3月	
白井重実	熊本	一等整備兵	3年	20歳4月	
白石宗孝	新潟	三等水兵	1年1月	16歳1月	
白石正巳	愛媛	二等整備兵	2年4月	22歳8月	
白石博章	大分	三等機関兵	9月	17歳9月	
白谷誠一郎	福岡	三等機関兵曹	4年4月	22歳4月	
畑田大正	熊本	二等機関兵曹	7年4月	26歳11月	20日

氏名	出身	階級	期間	年齢	備考
八田 健一	徳島	三等整備兵	4月	21歳5月	
飯山 甚則	宮崎	一等機関兵	3年	22歳5月	
飯田 清次	鹿児島	三等工作兵曹	4年4月	24歳4月	
尾崎 元忠	愛媛	三等機関兵曹	5年	25歳	
稗田 武司	千葉	機関少尉	4月	24歳6月	商
浜崎 一	熊本	三等水兵	1年1月	21歳3月	
浜崎 利夫	鹿児島	一等機関兵	4年4月	23歳3月	
浜田 正男	鹿児島	二等整備兵	1年4月	21歳7月	
浜田 満二	鹿児島	二等機関兵曹	8年	27歳4月	
冨谷 勇	鹿児島	三等整備兵	4月	20歳8月	
斧淵 惇直	鹿児島	三等整備兵曹	4年	21歳9月	
福永 義暉	山口	一等飛行兵曹	4年2月	23歳5月	飛
福元 松夫	鹿児島	三等整備兵	1年1月	17歳8月	
福島 益	愛媛	一等機関兵	2年4月	23歳9月	
淵上 一生	福岡	一等飛行兵	3年	20歳2月	飛
文宮 府知	長崎	三等飛行兵曹	4年	20歳6月	飛
平井 宗光	福岡	一等機関兵	2年4月	23歳2月	
米岡 宗義	熊本	三等機関兵	4月	20歳10月	
堀 忠郎	大分	二等主計兵	1年4月	21歳7月	
堀田 芳隈	熊本	二等整備兵	1年11月	22歳6月	
本田 覚	熊本	二等整備兵曹	8年	28歳2月	婚

本田幸雄	愛媛	三等機関兵	11月	21歳7月	
本田漸	熊本	一等機関兵	4年4月	24歳5月	
桝本正義	愛媛	一等主計兵	9月	32歳2月	
末広文吾	大分	三等機関兵	1年1月	16歳10月	
末次芳男	福岡	三等機関兵	1年1月	18歳7月	
木下金男	鹿児島	一等機関兵	4年4月	24歳9月	18日
木下貢	福岡	三等整備兵曹	4年	21歳4月	
木原森	鹿児島	一等水兵	1年2月	23歳8月	師
木村甚市	岐阜	一等飛行兵	2年4月	22歳8月	飛
野々宮謙一	高知	一等水兵	2年4月	23歳	
野間寛	愛媛	三等水兵	4月	19歳8月	
弥永繁人	福岡	三等機関兵曹	5年	22歳7月	
矢野力夫	愛媛	三等整備兵	1年1月	19歳2月	
友永丈市	大分	大尉	14年2月	31歳4月	飛 海兵59 婚
由本末吉	三重	一等飛行兵	3年	19歳7月	飛
養父冠三	福岡	三等整備兵	4月	21歳	
龍六郎	福岡	飛行兵曹長	13年	31歳9月	飛 婚
林一治	熊本	二等主計兵	2年	20歳4月	
鈴木武	埼玉	一等飛行兵	3年	21歳	飛
鈴木睦男	香川	二等飛行兵曹	3年2月	19歳8月	飛
和気実矩	大分	一等水兵	1年2月	22歳4月	師

和田治　大分　二等機関兵　2年4月　23歳

和田千一　香川　三等水兵　1年1月　17歳11月

計　三八九名

空母蒼龍

六月五日戦死

氏名	出身地	階級	在隊年数	死亡年齢	備考
儘田清一	群馬	二等機関兵	2年	21歳7月	
蘊野則義	北海道	三等機関兵	4月	20歳6月	
阿久津稔	茨城	三等水兵	9月	16歳7月	
阿部胖	宮城	二等整備兵	1年4月	22歳2月	
阿部徳治	北海道	三等機関兵	4月	20歳1月	
芦沢徳次郎	静岡	一等整備兵		24歳5月	
安井房太	長野	一等主計兵	4年11月	26歳6月	
安田信太郎	宮城	三等機関兵曹	6年4月	26歳7月	
安田富次郎	東京	一等機関兵	6年	23歳3月	

氏名	出身	階級	在籍	年齢	備考
安東孝一	千葉	三等水兵	4月	21歳6月	
伊藤嬰三	宮城	二等整備兵	2年	19歳4月	
伊藤鉄郎	長野	三等機関兵	4月	20歳8月	
伊藤藤雄	千葉	三等整備兵曹	5年	24歳6月	
伊藤豊	千葉	一等整備兵曹	7年4月	28歳3月	
伊藤末市郎	秋田	三等機関兵	4月	20歳7月	
伊藤茂	千葉	三等機関兵	1年	21歳1月	
依田正雄	山梨	三等整備兵	2年1月	18歳10月	
井口吉蔵	静岡	二等整備兵曹	5年4月	26歳	
井口茂市	東京	三等水兵	11月	22歳4月	
井出清良	山梨	一等整備兵	3年	20歳11月	
井上潔	愛知	整備兵曹長	13年	31歳2月	婚
磯時次	栃木	三等水兵	1年1月	18歳3月	
一ノ瀬正治	長野	一等機関兵		24歳1月	
稲垣武夫	東京	二等機関兵	2年4月	22歳9月	
稲川俊雄	茨城	三等整備兵	4月	20歳9月	
稲葉惣一郎	千葉	一等機関兵	4年	20歳10月	
宇井丈夫	千葉	一等主計兵曹	7年	24歳11月	
宇山明	福島	二等整備兵	1年4月	21歳8月	
宇野義一	埼玉	二等整備兵	1年4月	22歳	
臼井荘作	神奈川	一等整備兵	5年11月	26歳7月	

永井　正平　茨城　一等機関兵　4年11月　26歳3月
永岡　仁　茨城　二等整備兵曹　6年　24歳8月
永山　保　福島　三等工作兵　20歳9月
永沢　菊造　東京　一等整備兵　3年11月　24歳6月
永峰　三郎　神奈川　二等飛行兵　2年　19歳11月　飛
越川　恒　千葉　一等整備兵曹　12年　31歳1月　婚
遠山　好太郎　東京　一等主計兵　4年4月　24歳11月
遠藤　正幸　茨城　三等機関兵　1年1月　18歳1月
遠藤　定雄　静岡　三等飛行兵曹　4年　21歳10月　飛
塩川　二郎　長野　一等機関兵　6年4月　27歳
塩沢　文雄　山梨　一等機関兵　5年4月　26歳
塩浜　興三吉　北海道　一等兵曹　11年　28歳9月
奥山　勇　北海道　一等工作兵曹　7年　24歳8月
奥村　義美　栃木　機関特務少尉　19年　38歳5月　婚
押田　登喜司　埼玉　三等整備兵　1年1月　19歳7月
横山　寛男　長野　一等整備兵　3年　21歳2月
横山　実夫　宮城　二等主計兵曹　6年　22歳6月
横田　濤三　埼玉　一等整備兵　22歳1月
岡　譲　山梨　三等機関兵曹　27歳1月
岡崎　成幸　宮城　一等機関兵　2年4月　23歳1月
岡崎　豊平　東京　一等水兵　4年4月　24歳6月

氏名	出身	階級	在籍	年齢	婚
沖山達夫	東京	二等機関兵	6年4月	26歳	婚
沖田隆雄	北海道	三等機関兵曹	4年	23歳8月	
荻原義雄	岩手	二等整備兵	1年4月	22歳2月	
荻野金造	栃木	一等整備兵曹	7年	25歳	
荻野昭	兵庫	一等機関兵曹	15年	32歳4月	婚
荻野辰雄	東京	二等整備兵	1年4月	22歳5月	
下向重兵衛	北海道	三等整備兵	4月	19歳2月	
下川善三郎	東京	三等機関兵曹		27歳10月	
下村辰雄	北海道	一等機関兵	2年4月	22歳9月	
下田実	群馬	三等整備兵	4月	21歳1月	
下田繁	群馬	三等兵曹	5年	23歳7月	
下平陽吉	長野	一等整備兵	2年11月	23歳11月	
加瀬幹雄	千葉	一等主計兵	5年4月	27歳3月	
加藤磯蔵	神奈川	二等水兵	1年4月	21歳10月	
加藤正二	神奈川	整備特務少尉	18年	34歳9月	婚
加藤敏男	静岡	一等機関兵曹	10年	29歳7月	婚
加藤勇	北海道	二等整備兵曹	6年4月	26歳11月	婚
歌川正三	福島	二等整備兵	1年4月	23歳2月	
河原崎保吉	静岡	三等水兵	11月	22歳	
河村多三郎	秋田	三等機関兵曹	6年4月	27歳1月	婚
海野郡平	静岡	一等主計兵	3年4月	22歳1月	

氏名	出身	階級	勤続	年齢	
皆川　武之	茨城	一等機関兵	5年11月	27歳	
額賀　誠	茨城	三等機関兵	4月	21歳1月	
笠松清治	宮城	三等機関兵曹	5年	22歳4月	
梶　正芳	静岡	一等主計兵	5年4月	25歳6月	
梶間秀夫	茨城	三等整備兵曹		27歳9月	
葛巻　明	宮城	一等水兵	4年	22歳2月	
葛生能包	千葉	三等機関兵	4月	17歳9月	
兜森和英	青森	一等整備兵	3年	20歳1月	
鎌形秀治	千葉	三等整備兵	4月	20歳7月	
鎌田　勊	福島	三等機関兵曹		24歳11月	
茅原義博	北海道	三等飛行兵曹	4年	22歳10月	飛
茅根　茂	茨城	一等機関兵		22歳	
萱沼荘吉	山梨	三等整備兵	4月	20歳8月	
苅和清五郎	東京	三等主計兵	11月	22歳1月	
関　喜一	福島	二等整備兵曹	7年4月	27歳6月	
関　敏行	群馬	三等整備兵曹	7年4月	28歳6月	
関根信吉	長野	一等水兵	3年	21歳2月	
丸山国利	長野	三等整備兵曹	5年	22歳9月	
丸山　勉	長野	三等水兵	1年1月	15歳11月	
丸山芳男	長野	二等兵曹	6年4月	26歳5月	
岸本善三	秋田	三等整備兵曹	1月	21歳2月	

岩崎鳥雄	静岡	一等機関兵	4年	21歳1月	
岩崎武臣	埼玉	一等整備兵曹	10年4月	30歳2月	婚
岩崎巳之助	神奈川	一等機関兵	3年4月	24歳5月	
岩田義文	埼玉	三等機関兵		20歳7月	
岩田定雄	静岡	一等機関兵	9年1月	25歳7月	
岩淵孝男	岩手	一等整備兵曹	7年	24歳1月	
岩本邦武	静岡	三等整備兵曹	4年11月	26歳4月	
亀田与三郎	青森	一等機関兵	3年	20歳7月	
菊地周吉	宮城	一等主計兵曹	8年4月	28歳6月	
菊地淳	神奈川	二等整備兵	2年4月	23歳	
菊地清四郎	北海道	三等機関兵	11月	21歳8月	
菊地長四郎	栃木	三等機関兵曹	8年	26歳6月	
菊地勇	東京	一等機関兵	3年11月	24歳11月	
菊池一蔵	茨城	三等整備兵曹	7年4月	28歳4月	
菊池七平	栃木	一等主計兵	3年4月	24歳2月	
菊池林治	岩手	三等整備兵	11月	21歳11月	
吉永隆夫	山口	三等整備兵曹	1月	20歳	
吉岡恵雄	茨城	一等水兵	1年2月	22歳4月	師
吉川良次郎	栃木	一等整備兵曹	12年	30歳3月	婚
吉沢鉱蔵	東京	一等水兵	3年4月	23歳10月	
吉田秀躬	青森	三等整備兵曹	5年	25歳2月	

吉野秀夫	東京	一等水兵	4年4月	24歳7月	
橋内芳二	群馬	二等整備兵	1年4月	22歳3月	
久保久一	静岡	二等機関兵	1年4月	22歳3月	
久保田敬吾	長野	三等整備兵	1年1月	21歳3月	
久保田元次	長野	一等水兵	4年4月	24歳7月	
及川長治郎	宮城	三等整備兵曹	4年11月	25歳11月	
及川勇太	岩手	二等機関兵	1年4月	21歳11月	
宮井政三	東京	三等整備兵	4月	21歳2月	
宮下辰男	長野	二等整備兵曹	5年4月	26歳4月	
宮坂助次	長野	一等機関兵	6年4月	26歳9月	
宮坂清次	長野	三等兵曹	6年	27歳4月	
宮崎元五郎	愛媛	一等機関兵	5月	33歳4月	婚
宮川博孝	熊本	三等整備兵曹	1月	19歳7月	
宮沢秀男	東京	一等整備兵	5年11月	26歳10月	
宮内松三郎	埼玉	三等整備兵	4月	21歳3月	
宮本庫次	茨城	三等主計兵曹	6年4月	26歳7月	
牛口賢一	群馬	機関少尉	3年7月	21歳4月	海機51
魚路章	千葉	三等機関兵曹	6年4月	26歳10月	
橋村菊三	東京	一等水兵	5月	37歳5月	婚
玉虫保	長野	一等主計兵	3年4月	23歳6月	
金子卯三郎	東京	三等兵曹	6年4月	27歳4月	

氏名	出身	階級	期間	年齢	備考
金子幸雄	静岡	三等整備兵	4月	21歳4月	
金子保次郎	群馬	一等機関兵	2年4月	23歳3月	
金田実	静岡	一等整備兵	3年4月	23歳4月	
駒井七良	埼玉	三等機関兵曹	5年11月	27歳1月	
窪田栄治	千葉	一等機関兵曹	8年	25歳4月	婚
熊谷政喜	岩手	一等機関兵	3年4月	24歳5月	
栗原金市	埼玉	一等工作兵	3年	23歳	
栗原林六	埼玉	二等整備兵	2年	19歳3月	
栗山豊一	東京	三等整備兵曹	5年	21歳9月	
栗村保房	福島	三等整備兵	1年1月	17歳3月	
栗田政吉	静岡	一等主計兵	8年4月	28歳6月	婚
桑原弘平	新潟	三等整備兵曹	7月	21歳11月	
桑子有満	群馬	一等機関兵	3年4月	23歳8月	
君嶋善雄	栃木	主計特務中尉	23年	44歳11月	婚
原亨	千葉	二等機関兵	1年4月	21歳5月	
原厳	北海道	一等機関兵	3年	20歳5月	
原光義	山梨	三等兵曹	4年	21歳1月	
原木照夫	神奈川	一等機関兵	6年4月	24歳2月	
古橋久治郎	茨城	一等機関兵	4年4月	23歳11月	
古橋幸三	茨城	一等整備兵	7年	23歳10月	婚
古根邦次郎	長野	三等主計兵	11月	22歳3月	

氏名	出身	階級	在籍	年齢	備考
古川定吉	青森	一等機関兵	3年11月	24歳9月	
古川芳夫	栃木	二等機関兵	1年4月	21歳7月	
古川茂	福島	三等機関兵曹	8年	28歳1月	婚
古川和平	千葉	一等機関兵	3年11月	24歳9月	
古池福馬	長崎	一等機関兵	6年	23歳5月	
古内利明	栃木	三等兵曹	4年	22歳	
戸栗益雄	山梨	一等機関兵	4年4月	24歳6月	
戸山三郎	東京	一等水兵	2年11月	23歳10月	
袴田枝蔵	秋田	三等水兵	11月	21歳8月	
袴田忠	静岡	一等機関兵曹	14年	32歳7月	婚
菰田清寿	東京	三等工作兵曹	6年11月	27歳10月	
五十嵐知	福島	三等主計兵	11月	22歳3月	
五十嵐文美	福島	二等機関兵	1年4月	21歳6月	
五味健次	長野	二等機関兵	2年	21歳6月	
後藤金治	秋田	一等整備兵	3年	23歳3月	
後藤謙蔵	秋田	二等整備兵	1年4月	22歳5月	
後藤弘	宮城	二等機関兵	1年4月	22歳2月	
向山輝彦	山梨	三等機関兵	4月	21歳5月	
工藤晨賢	東京	三等主計兵	4月	21歳3月	
工藤義晴	大分	機関大尉	8年2月	27歳	海機46
工藤守男	宮城	二等兵曹	6年4月	25歳6月	

幸保幸一	茨城	二等機関兵	1年4月	21歳7月	
広瀬三郎	長野	三等機関兵曹	6年11月	27歳6月	
江川袈裟太	北海道	二等機関兵曹	9年1月	28歳5月	婚
江川孝	東京	一等水兵	4年11月	26歳2月	
江畑健之助	秋田	一等水兵	2年11月	23歳7月	
綱嶋茂	神奈川	二等主計兵	1年4月	21歳8月	
荒井伸次	静岡	一等整備兵	3年4月	23歳6月	
荒井辰男	茨城	二等飛行兵曹	4月11月	26歳3月	飛
荒井良平	北海道	二等機関兵	2年4月	22歳8月	
荒木源蔵	埼玉	三等整備兵	11月	21歳6月	
荒浪雄二	静岡	一等水兵	2年11月	23歳10月	
降旗守之	長野	整備特務少尉	16年	32歳10月	婚
香野勝司	神奈川	二等機関兵	1年4月	20歳9月	
高久善次	茨城	三等整備兵曹	5年11月	27歳3月	婚
高橋虔四郎	秋田	一等兵曹	8年4月	27歳5月	
高橋銈仲	栃木	一等整備兵曹	13年	30歳	婚
高橋勘蔵	秋田	一等整備兵	2年4月	23歳4月	
高橋喜一	東京	一等機関兵	3年11月	25歳4月	
高橋憲三	北海道	三等整備兵	4月	21歳2月	
高橋賢司	宮城	三等整備兵曹	5年	22歳7月	
高橋公	埼玉	三等整備兵	1年1月	18歳1月	

高橋三郎　秋田　一等水兵　4年4月　25歳4月
高橋司郎　静岡　一等水兵　1年2月　21歳7月　師
高橋浅太郎　千葉　二等整備兵　2年4月　23歳3月
高橋竹俊　岩手　三等水兵　1年1月　20歳2月
高橋忠司　埼玉　三等整備兵曹　6年11月　28歳2月
高橋徳行　埼玉　一等整備兵　4年4月　25歳5月
高橋豊　神奈川　一等機関兵　3年4月　23歳7月
高見菊一　埼玉　一等整備兵　2年4月　22歳9月
高松恒夫　栃木　三等整備兵　1年1月　18歳3月
高塚庄吉　静岡　三等機関兵曹　6年11月　27歳9月
高島武雄　北海道　二等飛行兵曹　22歳　飛
高野幸次郎　東京　二等水兵　1年4月　22歳2月
高野制治　栃木　三等機関兵　1年1月　21歳4月
高野正登　長野　一等整備兵　5年11月　27歳1月
高野豊　茨城　三等機関兵曹　7年　23歳10月
高野林三　宮城　二等整備兵　2年　21歳5月
高柳正松　埼玉　一等整備兵　6年4月　26歳6月
高梨稔　宮城　機関少尉　1年5月　25歳6月　商
黒岩千晴　長野　一等整備兵　5年11月　27歳3月
黒川源太郎　神奈川　一等機関兵曹　7年　25歳3月
黒沢本吉　長野　三等機関兵　4月　21歳3月

氏名	出身	階級	在籍	年齢	
黒田伊勢知	埼玉	三等主計兵	4月	21歳3月	
今村正男	静岡	一等整備兵	2年4月	22歳9月	
今尾繁雄	長野	二等機関兵曹	6年	22歳9月	
根本吉友	茨城	一等整備兵曹	9年1月	26歳2月	
根本七郎	茨城	二等兵曹	7年	25歳5月	
根本茂	茨城	三等整備兵	4月	21歳2月	
佐々木儀作	神奈川	機関特務中尉	25年	43歳6月	婚
佐々木金四郎	岩手	三等看護兵曹	7年4月	28歳3月	
佐々木昇	東京	一等整備兵	3年4月	24歳1月	
佐々木鉄郎	秋田	一等整備兵	3年4月	24歳2月	
佐々木由太郎	岩手	二等整備兵	2年4月	22歳10月	
佐々木良蔵	秋田	一等兵曹	8年4月	28歳9月	婚
佐久間好春	千葉	一等機関兵	4年4月	25歳4月	
佐久間政晴	福島	三等機関兵曹	4年	22歳6月	
佐久間正三	福島	一等機関兵曹	11年	27歳7月	婚
佐藤安次郎	新潟	軍属		48歳7月	婚
佐藤栄	静岡	一等水兵	3年4月	23歳10月	
佐藤完一	神奈川	機関特務大尉	28年	45歳4月	婚
佐藤光枝	福島	二等整備兵	1年4月	21歳10月	
佐藤幸一	北海道	三等機関兵	4月	17歳10月	
佐藤守	静岡	三等整備兵	4月	21歳5月	

佐藤常継	秋田	一等機関兵曹	10年	27歳4月	婚
佐藤澄夫	宮城	二等整備兵	2年	20歳5月	
佐藤正孝	東京	一等整備兵	2年4月	23歳5月	
佐藤正四郎	秋田	一等機関兵	4年	26歳7月	
佐藤清治	秋田	三等主計兵	4月	21歳	
佐藤清人	宮城	三等整備兵	4月	21歳2月	
佐藤忠一	神奈川	一等整備兵曹	7年11月	29歳3月	婚
佐藤定一	福島	二等水兵	1年4月	22歳	
佐藤文男	山梨	三等整備兵	4月	21歳3月	
佐藤養治	岩手	二等整備兵	1年4月	21歳6月	
佐藤利見	福島	一等整備兵曹	7年11月	29歳4月	婚
佐藤良尚	千葉	三等兵曹	4年	22歳5月	
佐藤和夫	宮城	一等整備兵	3年4月	23歳8月	
佐野吾助	青森	一等機関兵	3年	20歳1月	
細根敬治	千葉	三等整備兵曹	5年	21歳11月	
細川勇三	岩手	三等機関兵	4月	21歳2月	
坂口昶	長野	一等機関兵	4年4月	24歳10月	
坂本勝次	東京	三等整備兵	4月	20歳8月	
坂本年一郎	埼玉	主計兵曹長	17年	35歳8月	婚
阪脇実	北海道	一等機関兵	2年4月	23歳5月	
三井清作	北海道	二等機関兵	1年11月	23歳4月	

氏名	出身	階級	在籍	年齢	備考
三浦　清	東京	三等整備兵	4月	21歳2月	
三浦八郎	茨城	二等機関兵	2年4月	23歳3月	
三浦良二	福島	一等機関兵曹	15年	34歳	婚
三橋四郎	北海道	三等整備兵曹	4年	22歳6月	
三原光城	東京	一等機関兵	4年4月	23歳4月	
三枝治作	山梨	二等整備兵	1年11月	22歳8月	
三石　博	長野	二等整備兵	2年	19歳3月	
山下一郎	東京	二等整備兵	1年4月	21歳9月	
山下常吉	静岡	一等整備兵	5年11月	26歳7月	
山口喜与摩	福島	三等機関兵曹	4年	23歳2月	
山口　修	東京	二等整備兵曹	5年11月	26歳10月	26日
山口　達	神奈川	三等水兵	11月	22歳3月	
山口忠蔵	千葉	一等整備兵曹	10年	27歳6月	婚
山崎五郎	千葉	一等機関兵	4年1月	24歳6月	
山崎正治	東京	二等機関兵	1年4月	22歳2月	
山崎善吉	東京	一等水兵	6年4月	27歳5月	婚
山田英夫	千葉	二等主計兵	2年4月	22歳7月	
山田　実	北海道	二等整備兵	1年4月	22歳4月	
山田鶴松	北海道	二等機関兵	1年4月	22歳5月	
山田養蔵	宮城	一等主計兵	2年4月	23歳	
山本　健	福島	三等整備兵曹	4年	21歳8月	

山本　光義	東京	機関少尉	4月	24歳3月	商
山本　孝一	北海道	一等機関兵	2年11月	23歳11月	
山本　佐一	神奈川	三等整備兵曹	5年	22歳8月	
山本　清吾	静岡	一等整備兵曹	7年	25歳4月	
山本　誠治	静岡	一等整備兵曹	10年4月	31歳4月	婚
山本　泰司	千葉	一等機関兵	5年4月	25歳7月	
山本　保男	群馬	二等整備兵	2年4月	21歳5月	
市丸　良一	佐賀	三等整備兵曹	5年	22歳5月	
市川　喜一郎	埼玉	三等整備兵曹	5年	23歳10月	
志田　正司	神奈川	三等整備兵	4月	20歳9月	
志良以　忠男	静岡	一等水兵	3年4月	23歳4月	
糸井　嘉吉	群馬	三等主計兵	4月	20歳9月	
寺舘　重夫	宮城	一等機関兵	3年4月	23歳8月	
寺田　良平	茨城	三等水兵	4月	21歳3月	
寺島　義一	福島	二等兵曹	7年	24歳8月	
寺嶋　馨	千葉	三等整備兵曹	4年4月	25歳6月	
鹿野　敬三	宮城	三等整備兵	4月	20歳7月	
漆原　藤次郎	岩手	一等兵曹	9年1月	27歳11月	婚
篠原　正行	栃木	二等整備兵	2年	20歳	
篠崎　冨茂	千葉	二等整備兵曹	8年	24歳8月	
篠崎　平之進	栃木	一等整備兵		23歳8月	

氏名	出身	階級	勤務	年齢	備考
篠沢保治	埼玉	二等水兵	1年4月	22歳5月	
篠塚忠造	茨城	一等整備兵曹	10年	28歳	婚
芝垣玉造	山梨	二等整備兵		22歳1月	
芝崎英雄	茨城	一等機関兵	2年11月	23歳9月	
若色秋次	栃木	三等整備兵曹	5年	24歳5月	
守屋晴男	山梨	三等兵曹	4年4月	25歳3月	
手塚満茂	東京	一等機関兵	3年4月	23歳11月	
酒井嘉門	福島	二等整備兵	1年11月	23歳1月	
酒井良	大阪	一等兵曹	10年	27歳10月	婚
周東正雄	東京	二等工作兵曹		26歳10月	
秋山樹芳	千葉	二等整備兵	1年4月	22歳3月	
秋田喜作	千葉	一等機関兵	3年4月	23歳6月	
渋沢金次	群馬	二等水兵	2年	19歳3月	
渋谷仁造	秋田	一等整備兵	2年4月	20歳8月	
出口岩男	千葉	一等水兵	3年	21歳1月	
春日久	長野	三等整備兵	4月	20歳11月	
勝又肇	千葉	三等水兵	1年1月	15歳11月	
小管生力重	北海道	一等整備兵	2年4月	22歳9月	
小貫重利	栃木	一等機関兵	3年4月	24歳5月	
小宮晴八	神奈川	一等水兵	3年4月	23歳9月	
小宮福太郎	東京	三等水兵	4月	20歳6月	

氏名	出身	階級	在籍	年齢	備考
小金沢 朝雄	群馬	一等整備兵曹	8年4月	28歳11月	婚
小坂 喜七	長野	一等整備兵	3年4月	23歳11月	
小山 忠治	東京	整備兵曹長	17年	36歳3月	婚
小山 里枝	岩手	一等機関兵	3年4月	23歳9月	
小西 静雄	北海道	三等機関兵曹	5年	21歳7月	
小川 菊夫	千葉	二等機関兵	2年4月	22歳9月	
小川 政次	茨城	二等飛行兵曹	5年	21歳2月	飛
小泉 右門	長野	三等機関兵曹	5年	22歳1月	
小倉 正善	栃木	一等整備兵	3年	20歳1月	
小倉 勇記	茨城	兵曹長	16年	30歳9月	婚
小沢 音次郎	静岡	三等機関兵	4月	20歳9月	
小沢 照司	群馬	機関中尉	5年2月	22歳4月	海機49
小池 得資	群馬	三等水兵	4月	21歳5月	
小田川 清	東京	三等水兵	4月	21歳5月	
小島 光雄	群馬	一等整備兵	2年4月	22歳7月	
小俣 玉男	山梨	二等整備兵	1年4月	22歳5月	
小野 大蔵	栃木	一等水兵	3年	20歳6月	
小野 峯二	茨城	二等機関兵	1年4月	21歳9月	
小野口 光雄	栃木	三等機関兵曹	6年	23歳11月	
小野池 修治	秋田	一等整備兵曹	9年1月	26歳6月	
小林 鶴松	北海道	三等整備兵	4月	21歳5月	

松岡一郎	埼玉	一等機関兵曹	13年	30歳1月	婚
松原伴吉	静岡	一等整備兵	3年	20歳11月	
松崎正康	千葉	機関中佐	23年10月	42歳9月	海機30 婚
松山政知	福島	整備特務少尉	17年	33歳8月	婚
松沢吉雄	長野	二等整備兵	1年4月	22歳5月	
松田一郎兵衛	千葉	一等整備兵	3年	21歳	
松島賢次	埼玉	一等機関兵	2年4月	22歳8月	
松島博	静岡	工作特務中尉	25年	43歳7月	婚
松尾尚忠	長野	一等整備兵	3年4月	23歳10月	
松尾利雄	長野	三等主計兵	4月	21歳4月	
松並貞男	北海道	一等整備兵	3年4月	23歳9月	
沼田一義	北海道	一等機関兵	2年11月	23歳6月	
沼田義登	長野	一等整備兵	2年4月	23歳	
照井神造	青森	三等整備兵	4月	21歳5月	
照井伝治郎	秋田	一等整備兵	2年4月	22歳11月	
上田正志	福島	一等整備兵	5年11月	26歳7月	
上田長吉	北海道	一等整備兵	3年4月	24歳4月	
上野義光	栃木	二等整備兵		22歳2月	
上野誠一	東京	一等機関兵	3年11月	24歳6月	
乗上喜輔	青森	一等機関兵	3年11月	24歳7月	
乗田新一	樺太	三等整備兵	4月	21歳5月	

氏名	出身	階級	在籍	年齢	備考
常世田広二	千葉	三等整備兵	11月	21歳8月	
信定源蔵	北海道	工作兵曹長	15年	33歳5月	婚
新井嘉年男	埼玉	二等飛行兵曹	3年2月	20歳3月	飛
新妻隆文	茨城	三等整備兵	4月	20歳6月	
新倉寅次	神奈川	一等機関兵	6年4月	26歳7月	
新田鬼三	福島	二等整備兵	1年11月	23歳2月	
森一雄	北海道	三等機関兵	4月	21歳4月	
森春巳	宮城	一等整備兵	4年4月	25歳2月	
森好次郎	静岡	三等水兵	9月	17歳2月	
森上貢	北海道	一等整備兵	3年	22歳4月	
森田貞三	神奈川	二等整備兵	1年4月	22歳1月	
深沢敏三	栃木	二等整備兵	2年	19歳4月	
神沢秀夫	長野	三等機関兵	4月	21歳1月	
神谷豊吉	静岡	三等整備兵曹	4年	21歳5月	
神内幸男	樺太	三等水兵	1年1月	17歳3月	
仁村直造	神奈川	一等整備兵曹	9年1月	25歳7月	婚
須田政一	東京	二等整備兵曹	8年4月	28歳9月	
須藤三四次	福島	二等機関兵	1年11月	23歳5月	
厨川喜代己	北海道	一等工作兵	4年4月	25歳2月	
水野真一	静岡	機関特務中尉	26年	43歳1月	婚
杉浦義雄	東京	一等主計兵	2年4月	22歳6月	

杉谷	博	東京	三等工作兵曹	5年11月	27歳3月	
杉野	司	北海道	二等機関兵曹	9年1月	28歳8月	婚
菅原	恭	宮城	二等整備兵	2年	18歳8月	
菅原	光	宮城	二等兵曹	8年	26歳9月	
菅原	三郎	千葉	二等機関兵	1年4月	22歳5月	
菅野	隆助	福島	一等整備兵	3年	21歳10月	
成田	吉太郎	北海道	三等水兵	11月	21歳8月	
清水	次男	神奈川	三等機関兵曹	6年4月	27歳5月	
清水	秀一	群馬	整備兵曹長	14年6月	35歳	婚
清水	新造	埼玉	二等水兵	1年4月	22歳2月	
清水	竹次郎	埼玉	三等水兵	1年	16歳1月	
清水	博	東京	二等機関兵		22歳11月	
清水	文治	長野	三等機関兵	11月	22歳5月	
清野	守次	群馬	一等機関兵	6年4月	27歳2月	
西城	輝雄	宮城	二等整備兵	1年4月	21歳11月	
西村	袈則	山梨	三等水兵	1年1月	17歳3月	
西村	光正	北海道	三等整備兵	1年1月	19歳9月	
西村	太	長崎	整備特務少尉	19年	38歳1月	婚
西村	忠太郎	茨城	一等整備兵	3年4月	24歳	
西沢	甲三治	長野	二等機関兵	2年	17歳8月	
西田	弘	新潟	三等整備兵曹	3年	20歳2月	

西田正	栃木	三等機関兵	1年1月	19歳9月	
西木戍	熊本	一等整備兵	3年	19歳11月	
青木彦次	群馬	一等機関兵	3年	20歳7月	
青柳忠雄	埼玉	三等整備兵	4月	20歳10月	
斉藤喜八	神奈川	三等機関兵	4月	20歳6月	
斉藤金一郎	秋田	二等機関兵曹		26歳11月	婚
斉藤慶作	北海道	三等機関兵	4月	20歳11月	
斉藤幸二	福島	一等水兵	3年11月	24歳6月	
斉藤三男	長野	一等整備兵	3年	20歳4月	
斉藤市次	福島	一等機関兵曹	10年4月	30歳6月	婚
斉藤秋五郎	群馬	二等主計兵	1年4月	21歳8月	
斉藤多栄一	北海道	三等機関兵曹	4年	22歳2月	
斉藤貞一	栃木	一等水兵	4年4月	24歳2月	
斉藤貞三	秋田	三等機関兵	4月	20歳10月	
斉藤敏男	福島	二等機関兵	1年11月	23歳3月	
斉藤敏雄	東京	二等整備兵	1年4月	21歳11月	
斉藤富雄	岩手	三等水兵	4月	21歳	
斉藤勇	福島	一等整備兵曹	10年	27歳2月	婚
石井兼三	神奈川	機関中尉	6年2月	24歳11月	海機48
石戸谷信一	秋田	二等整備兵	1年4月	21歳9月	
石川角造	茨城	一等機関兵	3年11月	25歳2月	婚

石川 謙一	静岡	三等整備兵	4月	20歳8月	
石川 二平	宮城	一等整備兵	2年4月	23歳1月	
石川 弥	山梨	一等整備兵曹	7年	25歳1月	
石田 祐幸	北海道	一等整備兵	3年	21歳2月	
石渡 三郎	神奈川	二等工作兵曹	7年4月	27歳6月	婚
石渡 松茂	千葉	三等主計兵	11月	22歳5月	
石島 勤	茨城	一等機関兵	3年4月	23歳4月	
石毛 恒次	千葉	一等整備兵	4年	20歳10月	
石毛 舜次	千葉	二等機関兵曹	7年	24歳2月	
赤羽 芳雄	長野	三等整備兵	11月	22歳4月	
千葉 金男	宮城	二等機関兵曹	6年4月	26歳4月	
千葉 勝	北海道	一等水兵	4年4月	24歳9月	
千葉庄右衛門	宮城	整備特務少尉	21年	40歳3月	婚
千葉 正	宮城	二等主計兵	2年	19歳5月	
千葉 武	宮城	一等機関兵	6年4月	25歳10月	
千葉 文雄	宮城	三等機関兵	1年1月	20歳6月	
千葉 平八郎	岩手	一等工作兵	2年4月	23歳2月	
千葉 友一	北海道	三等整備兵	4月	20歳8月	
千葉 利夫	宮城	一等整備兵	2年4月	23歳4月	
川合 一夫	静岡	三等整備兵曹	5年	22歳8月	
川崎 勝弥	栃木	一等整備兵曹	7年	23歳10月	

氏名	出身	階級	在籍	年齢	備考
川上富士太郎	千葉	二等整備兵	1年4月	21歳9月	
川田五郎	神奈川	一等機関兵曹	10年	27歳	
川田茂	秋田	三等機関兵	11月	22歳	
川島俊郎	静岡	三等整備兵曹	4年	20歳11月	
川島隆芳	長野	一等機関兵	2年11月	23歳8月	
川俣輝男	茨城	三等飛行兵曹	4年	22歳1月	飛
川又三郎	茨城	二等水兵	1年4月	22歳3月	
川柳市兵衛	埼玉	三等整備兵	4月	21歳5月	
浅見浩三	東京	一等水兵	2年4月	23歳5月	
浅田忠一	青森	一等機関兵	3年4月	24歳1月	
前野武	北海道	三等水兵	4月	21歳4月	
曽根久男	宮城	一等機関兵曹	10年	29歳	婚
倉持正一	茨城	三等水兵	4月	21歳6月	
早川建	千葉	三等整備兵	1年1月	18歳8月	
相川小三郎	千葉	三等機関兵曹	5年4月	26歳4月	
相沢勝男	茨城	二等水兵	1年11月	22歳6月	
草野武夫	福島	一等整備兵曹	9年1月	26歳3月	
増田由蔵	群馬	二等機関兵曹		27歳4月	婚
速水操	東京	三等整備兵曹	6年4月	27歳	
村田文雄	東京	三等主計兵曹	8年4月	28歳5月	
村土義夫	栃木	一等機関兵	2年4月	22歳6月	

氏名	出身	階級	在隊	年齢	
太田伊吉	静岡	二等兵曹	6年4月	23歳5月	
太田新一	静岡	三等整備兵		21歳	
太屋共七	北海道	三等機関兵曹	6年	24歳1月	
大河茂	千葉	一等機関兵曹	12年	29歳10月	婚
大久保惣八	東京	一等機関兵	3年4月	23歳8月	
大久保利平	東京	一等整備兵	3年4月	24歳5月	
大橋角一郎	栃木	三等整備兵曹	4年11月	25歳11月	
大坂政三	岩手	一等整備兵曹	8年4月	27歳2月	
大山忠夫	茨城	三等機関兵	11月	22歳	
大場佑	北海道	一等機関兵	4年4月	24歳11月	
大石英	福島	三等兵曹	5年4月	24歳2月	
大石万一	静岡	二等整備兵	1年4月	21歳10月	
大石雄吉	静岡	三等整備兵曹	5年4月	25歳8月	
大川武敏	静岡	三等機関兵	4月	21歳3月	
大曽根稔	千葉	一等整備兵	2年3月	22歳8月	
大代清隆	長野	三等機関兵曹	8年11月	29歳8月	婚
大沢桂吉	埼玉	一等整備兵	2年4月	23歳3月	
大沢計雄	静岡	二等水兵	1年11月	22歳8月	
大谷銈二	埼玉	一等機関兵曹	12年	30歳2月	婚
大塚一郎	新潟	三等整備兵	1年1月	19歳6月	
大島一男	東京	三等整備兵	4月	21歳6月	

大島良三	栃木	三等整備兵	4月	21歳6月	
大内久一	山形	三等整備兵曹	7月	22歳1月	
大日向正	秋田	三等機関兵曹	1年1月	24歳	婚
大平政秋	北海道	一等機関兵	3年4月	24歳2月	
大木竹雄	千葉	三等水兵	9月	18歳7月	
大野武三郎	埼玉	三等工作兵曹	6年4月	27歳	
大野房三	埼玉	二等工作兵曹	11年4月	32歳5月	婚
滝田清吉	千葉	二等機関兵	2年4月	20歳10月	
沢田三男	宮城	二等機関兵曹	6年	22歳6月	
只野勉	宮城	一等機関兵	2年4月	22歳6月	
但野喜久雄	福島	一等兵曹	10年	26歳6月	婚
谷川竹治郎	千葉	一等機関兵	4年	22歳1月	
谷津紀正	静岡	二等整備兵曹	6年	24歳3月	
丹野弥	福島	三等整備兵	4月	20歳6月	
池沢重広	栃木	一等機関兵	3年4月	23歳7月	
池野清	北海道	三等機関兵曹	4年	20歳7月	
竹内利男	長野	三等機関兵曹	5年	23歳7月	
中山金平	静岡	二等整備兵曹	7年4月	27歳7月	婚
中山冊之	埼玉	一等整備兵	2年4月	23歳2月	
中山正作	埼玉	三等整備兵曹	5年	21歳9月	
中楯幸英	山梨	三等工作兵	1年1月	18歳4月	

中村謙司	東京	二等整備兵	1年4月	22歳2月	
中村正雄	東京	三等機関兵	11月	22歳2月	
中村清	埼玉	一等兵曹	10年4月	31歳4月	
中村清二	青森	二等整備兵	2年	17歳10月	
中村武夫	北海道	二等主計兵曹	10年	27歳	
中田行雄	東京	三等整備兵曹		28歳	
中田美三男	栃木	三等機関兵	11月	22歳2月	
中島修一	秋田	二等水兵	1年4月	22歳3月	婚
中島清	埼玉	二等整備兵曹	6年	22歳9月	
中嶋慶	茨城	一等整備兵	3年4月	23歳11月	
中嶋政視	群馬	一等機関兵	3年11月	25歳4月	
中里孝一	神奈川	三等工作兵曹	5年4月	26歳4月	
中里才吉	群馬	一等整備兵	6年4月	26歳9月	
仲沢文吉	秋田	二等工作兵	2年	21歳9月	
猪狩健	福島	一等整備兵	3年11月	23歳	
猪又幸男	宮城	三等機関兵曹	6年4月	24歳2月	
町重蔵	静岡	三等水兵	4月	21歳2月	
長沢吉治	岩手	二等整備兵	1年4月	22歳	
長沢源造	富山	三等飛行兵曹	4年	21歳8月	飛
長谷川栄市	東京	一等機関兵	5年11月	26歳6月	
長谷川菊一	青森	一等工作兵	2年4月	23歳	

長谷川 信三	神奈川	一等整備兵曹	11年	27歳7月	
長塚 正美	神奈川	一等整備兵	3年4月	24歳3月	
長田 金二郎	静岡	二等機関兵	1年4月	21歳8月	
長島 義一	茨城	三等兵曹	4年	21歳7月	
鳥海 市郎	神奈川	一等水兵	3年4月	24歳3月	
塚本 森行	茨城	三等機関兵曹	4年	23歳4月	
佃 豊三郎	神奈川	一等整備兵曹	9年1月	25歳11月	
坪井 一衛	愛知	整備兵曹長	20年6月	41歳	婚
鶴岡 啓太郎	宮城	三等主計兵	1年1月	21歳5月	
鶴岡 耕一	東京	三等水兵	11月	21歳6月	
鶴田 巳之松	秋田	一等整備兵	4年4月	25歳3月	
定金 清	北海道	三等整備兵	4月	20歳6月	
定石 次郎	静岡	一等機関兵曹	13年	30歳1月	婚
天田 広之	群馬	二等整備兵		21歳8月	
天野 多作	静岡	三等整備兵	11月	22歳3月	
天野 隆平	静岡	三等整備兵	4月	21歳2月	
田丸 稲助	北海道	二等水兵	1年4月	21歳11月	
田口 正吉	宮城	二等兵曹	6年	25歳7月	
田崎 修三郎	栃木	二等整備兵曹	7年	23歳7月	
田山 三男	茨城	三等機関兵	4月	21歳1月	
田所 康司	神奈川	三等水兵	1年1月	20歳1月	

田村　二三郎	埼玉	三等機関兵曹	5年4月	24歳8月	
田村　明	北海道	三等機関兵	4月	21歳3月	
田代　義雄	福島	三等水兵	11月	22歳5月	婚
田代　高	栃木	三等水兵	1年1月	19歳10月	
田端　寛	青森	三等工作兵曹	2年6月	32歳5月	婚
田中　一夫	群馬	機関大尉	13年2月	30歳9月	海機41　婚
田中　喜八	東京	二等機関兵	1年4月	21歳7月	
田中　敬介	福島	一等飛行兵曹	4年2月	21歳1月	飛
田中　孝平	神奈川	一等機関兵曹	7年4月	27歳9月	
田中　治平	埼玉	三等水兵	4月	21歳4月	婚
田中　真	新潟	機関少尉	3年7月	21歳1月	海機51
田中　真砂穂	長野	三等主計兵	11月	22歳5月	
田中　明	東京	三等機関兵	11月	21歳11月	
田中　利雄	東京	三等整備兵曹	4年4月	23歳9月	
田島　敬次	埼玉	三等整備兵曹	4年	23歳2月	
田辺　邦次	東京	一等主計兵	5年4月	26歳4月	
渡部　作蔵	福島	二等整備兵	2年	20歳5月	
渡辺　吉三	福島	一等兵曹	10年	28歳1月	
渡辺　敬	山梨	二等整備兵	2年	20歳2月	
渡辺　市蔵	千葉	二等機関兵曹		28歳4月	婚
渡辺　春吉	千葉	一等整備兵	5年4月	26歳3月	

氏名	出身	階級	年月	年齢	備考
渡辺正治	福島	一等整備兵	5年11月	26歳8月	
渡辺忠作	福島	一等整備兵	3年11月	24歳8月	
渡辺林八郎	宮城	一等整備兵曹	9年1月	27歳1月	婚
土屋達郎	千葉	一等整備兵	2年4月	23歳4月	
土田善四郎	秋田	三等整備兵	4月	21歳4月	
島崎林三	埼玉	一等機関兵	4年4月	24歳10月	
島田高吉	埼玉	二等機関兵	2年4月	23歳	
嶋本建吉	神奈川	二等機関兵曹	7年4月	27歳8月	婚
鳴野雅宣	埼玉	三等整備兵曹	6年	22歳10月	
東久	北海道	二等機関兵	2年	17歳10月	
東梅松	北海道	一等機関兵	5年11月	26歳8月	
東海林清一郎	秋田	二等水兵	1年4月	22歳3月	
湯浅岩城	東京	機関特務少尉	21年	41歳3月	婚
湯浅正	福島	三等水兵	1年1月	18歳1月	
湯田坂今朝弘	長野	三等水兵	9月	16歳11月	
筒井英冬	東京	機関少尉	4年2月	21歳5月	海機50
筒井吉三郎	静岡	一等整備兵	2年4月	23歳4月	
藤勝雄	東京	三等工作兵曹	4年11月	25歳7月	
藤ヶ崎明男	茨城	三等整備兵	4月	20歳11月	
藤井義彦	埼玉	一等整備兵	2年4月	22歳6月	
藤井晃	茨城	一等機関兵	4年4月	23歳8月	

氏名	出身	階級	年数	年齢	備考
藤原正晴	岩手	三等水兵	1年1月	19歳2月	
藤原貞夫	静岡	二等機関兵	2年	17歳7月	
藤生栄四郎	群馬	三等整備兵	1年1月	18歳3月	
藤川瞳	秋田	一等主計兵	4年4月	25歳3月	
藤沢盛二	長野	一等機関兵曹	11年	30歳10月	婚
藤田為吉	静岡	二等機関兵曹	6年4月	25歳6月	婚
藤田定明	北海道	一等整備兵曹	8年	24歳10月	
藤本正友	山梨	一等整備兵	3年5月	23歳6月	15日
藤野芳雄	東京	一等整備兵	6年4月	26歳6月	
内山八郎	神奈川	二等兵曹	6年	22歳10月	
内田一	東京	一等整備兵		23歳8月	
内田欽一	埼玉	二等機関兵		24歳2月	
内田茂治	埼玉	一等工作兵	3年	20歳10月	
二見義久	神奈川	一等整備兵曹	7年11月	28歳9月	
二見松造	神奈川	二等整備兵曹	7年4月	27歳6月	婚
二俣進一	富山	一等整備兵曹	7年11月	29歳5月	
入倉辰吉	福島	三等整備兵曹	5年4月	25歳7月	
能城孝敬	千葉	一等機関兵曹	13年	30歳5月	婚
能城裕	千葉	一等機関兵	6年4月	27歳3月	
梅原千市	岩手	二等工作兵曹	7年	26歳	
梅沢亮三	東京	主計少尉	3年3月	21歳4月	海経31

梅津兵右衛門	秋田	一等機関兵曹	10年	26歳6月	
梅北芳男	静岡	機関中尉	6年2月	24歳3月	海機48
白井正春	神奈川	三等水兵	4月	21歳	
白鳥正躬	千葉	一等整備兵	3年	20歳3月	
白土定次郎	福島	一等機関兵	6年	22歳9月	
白土武	茨城	一等水兵	1年2月	22歳4月	師
畑中伝	宮城	一等機関兵	4年	24歳4月	
畑野昌治	山梨	一等機関兵	4年	21歳10月	
畠山信	東京	一等工作兵		23歳8月	
畠山保次	福島	一等機関兵曹	8年	27歳6月	婚
八巻加計雄	福島	三等工作兵曹	6年4月	26歳10月	
八巻哲衛	福島	二等機関兵	1年11月	23歳4月	
八島泰	宮城	一等整備兵	3年	22歳3月	
八木源市	静岡	三等機関兵曹	6年	22歳10月	
八木藤松	静岡	一等機関兵曹	11年11月	33歳2月	婚
鳩山栄一	栃木	三等兵曹	4年	21歳1月	
板橋一男	茨城	一等機関兵	2年4月	22歳3月	
飯高達夫	東京	一等水兵	3年	21歳8月	
飯塚孝一	静岡	三等整備兵	4月	21歳	
飯塚清	栃木	機関特務中尉	24年	44歳1月	婚
飯塚清	茨城	一等兵曹	14年	32歳	婚

尾加名新吉	千葉	一等機関兵曹	15年11月	33歳3月	婚
尾崎実	静岡	一等整備兵		23歳	
百目鬼嘉重	茨城	一等機関兵曹	11年	28歳4月	婚
浜田勲	北海道	二等整備兵	1年4月	22歳	
冨田了之助	埼玉	三等工作兵曹	6年11月	28歳6月	
布施省三	千葉	三等整備兵	4月	21歳2月	
武定雄	神奈川	一等機関兵	4年4月	25歳2月	
武蔵利雄	宮城	三等整備兵曹	4年4月	24歳8月	
武藤孝治	秋田	三等整備兵	4月	21歳2月	
武内好夫	群馬	三等水兵	1年1月	16歳9月	
服部福男	静岡	三等機関兵曹	5年	22歳3月	
福田実	栃木	一等整備兵曹	8年11月	30歳5月	
福本正義	広島	一等整備兵曹	8年	24歳11月	
平子春雄	福島	一等機関兵	2年4月	21歳3月	
平沢恵司	長野	三等整備兵	4月	21歳4月	
平塚寛司郎	東京	三等整備兵	11月	22歳	
平塚清	埼玉	一等機関兵	2年4月	22歳7月	
平野正太郎	千葉	一等整備兵曹	11年4月	32歳1月	婚
平林暢男	千葉	二等整備兵		18歳1月	
平林幸一	長野	一等整備兵	3年	19歳9月	
米沢安衛	長野	一等機関兵曹	15年	31歳7月	婚

氏名	出身	階級	在籍	年齢	備考
甫立　健	鹿児島	少佐	9年9月	57歳3月	婚
峯村八郎	長野	三等整備兵	4月	21歳2月	
豊隅光男	東京	三等水兵	1年1月	17歳8月	
豊島　和	静岡	三等整備兵曹	6年4月	28歳1月	
望月　厚	静岡	三等整備兵	4月	21歳6月	
北原　操	長野	一等機関兵	3年4月	24歳1月	
北原　登	長野	二等主計兵	2年	19歳9月	
北山　正	神奈川	二等整備兵	1年11月	23歳4月	
北村利行	北海道	一等機関兵	2年4月	23歳3月	
北沢幸俊	長野	一等機関兵	3年11月	25歳5月	
堀川正吉	秋田	三等工作兵曹	6年4月	27歳3月	婚
堀川芳松	北海道	一等整備兵	3年4月	24歳5月	
堀内茂夫	長野	二等整備兵	1年4月	21歳11月	
本間信義	北海道	三等整備兵	4月	21歳3月	
本橋喜六	東京	二等兵曹	6年	22歳10月	
本多竹太郎	埼玉	三等機関兵曹	6年4月	27歳4月	
湊　清光	茨城	二等機関兵	1年11月	24歳3月	
名取修治	山梨	二等主計兵	2年	19歳10月	
木村仁平	宮城	一等整備兵曹	9年1月	27歳11月	
木村仲治	福島	三等機関兵	4月	19歳	
木津忠二	新潟	三等水兵	9月	18歳3月	

木内芳雄	群馬	一等機関兵	5年11月	27歳4月	婚
野宮正雄	青森	一等機関兵曹	11年	28歳9月	
野原留吉	茨城	三等整備兵	4月	20歳11月	
野呂敬	千葉	二等水兵	2年	18歳8月	
矢口信市	茨城	一等機関兵	2年4月	22歳7月	
矢野裕一	北海道	一等機関兵	2年4月	23歳3月	
柳沢元	長野	二等機関兵	4月	21歳5月	
柳本柳作	長崎	大佐	28年9月	48歳4月	海兵44 婚
有沢三郎	神奈川	一等整備兵	3年4月	23歳8月	
立岡勝雄	千葉	一等整備兵曹	8年11月	29歳10月	婚
立崎鉄也	青森	二等水兵	2年	19歳4月	
輪田為四郎	北海道	二等整備兵	1年4月	21歳9月	
鈴木一男	神奈川	二等整備兵	1年11月	22歳11月	
鈴木嘉七	茨城	三等整備兵曹	5年	21歳6月	
鈴木市郎	長野	三等機関兵曹	6年	22歳7月	
鈴木重高	福島	二等機関兵	1年11月	23歳1月	
鈴木庄太郎	静岡	一等水兵	2年4月	20歳3月	
鈴木松司	茨城	三等機関兵曹	6年4月	27歳1月	
鈴木信夫	東京	三等水兵	4月	21歳	
鈴木正治	長野	一等整備兵曹	9年4月	29歳7月	婚
鈴木正夫	埼玉	三等水兵	11月	21歳8月	

鈴木　操	千葉	二等機関兵	1年4月	21歳7月	
鈴木長二	静岡	三等機関兵	11月	22歳4月	
鈴木徳三郎	東京	一等機関兵	4年4月	24歳7月	
鈴木徳明	千葉	三等水兵	4月	21歳2月	
鈴木万平	静岡	一等水兵	3年	21歳7月	
鈴木良作	静岡	一等工作兵	3年	22歳10月	
露木亀吉	神奈川	整備兵曹長	14年6月	34歳8月	婚
老川文蔵	東京	一等工作兵	3年4月	23歳9月	
脇田正次	北海道	三等機関兵	4月	21歳4月	

計　七一一名

重巡三隈

六月七日戦死

氏名	出身地	階級	在隊年数	死亡年齢	備考
杣　忠二	兵庫	一等水兵	4年4月	25歳4月	
嵜山　茂	広島	三等機関兵曹	4年	21歳5月	
禰宜　誓	岐阜	三等兵曹	4年	20歳9月	
阿部裕一	岡山	二等水兵	1年4月	21歳10月	
粟村輝慎	広島	三等兵曹	5年	23歳9月	
安達亨爾	千葉	中尉	6年2月	22歳8月	海兵67
安田　信	鳥取	三等水兵	1年1月	17歳10月	
安藤照逸	岐阜	三等機関兵曹	6年4月	26歳11月	
伊賀伝蔵	岡山	三等水兵	1年1月	20歳6月	

氏名	出身	階級	在隊	年齢	婚
伊藤昇	福岡	軍医少佐	11年1月	35歳4月	婚
伊藤忠司	愛知	三等水兵	4月	19歳7月	
伊奈忠吉	大阪	三等機関兵曹	4年4月	25歳	
井ノ口吉夫	兵庫	三等水兵	9月	17歳3月	
井口晋	鳥取	二等水兵	1年4月	21歳5月	
井上克也	兵庫	一等機関兵	2年11月	24歳5月	
井上清	岡山	一等機関兵	2年4月	22歳11月	婚
井上長一	岐阜	三等兵曹	5年4月	26歳1月	
井上等	岡山	一等水兵	3年	20歳11月	
井上茂	鳥取	三等兵曹	4年	21歳	
井藤甲二	岐阜	三等水兵	9月	17歳7月	
井藤茂治	岐阜	一等兵曹	8年4月	29歳1月	婚
井畑金治	岐阜	一等水兵	2年4月	23歳2月	
磯部栄市	山口	一等兵曹	7年11月	29歳2月	
磯部忠右衛門	愛知	主計特務少尉	17年	34歳6月	婚
逸見満範	岡山	三等機関兵	4月	21歳2月	
稲岡清治	岡山	一等機関兵曹	14年	31歳3月	婚 8日
稲垣錠次郎	愛知	一等機関兵	2年4月	23歳4月	
稲熊清一	愛知	三等機関兵曹	4年	21歳2月	
稲村誠治	鳥取	二等機関兵曹	7年	25歳9月	
稲田実夫	三重	二等水兵	1年11月	22歳10月	

茨木　栄	広島	三等水兵	1年1月	17歳4月	
宇於崎清三	富山	主計中尉	9月	24歳8月	
宇谷定男	島根	一等水兵	2年4月	22歳7月	
宇都野茂	大阪	二等看護兵曹	7年	25歳11月	婚
烏田正美	島根	二等機関兵	2年	22歳2月	
羽原亥夫	岡山	三等機関兵曹	5年	21歳11月	
永井宇作	広島	一等機関兵曹	10年4月	28歳5月	婚
越前一夫	岡山	二等水兵	1年4月	21歳11月	
榎原　勝	三重	一等機関兵	4年	21歳5月	
遠藤惣市	鳥取	二等水兵	2年	18歳4月	
塩入秀義	鹿児島	三等兵曹	5年	22歳5月	
奥　嘉四郎	兵庫	一等兵曹	12年	28歳7月	婚
奥原敏二	兵庫	三等機関兵曹	6年	23歳3月	
奥山四郎	三重	二等主計兵	1年4月	21歳9月	
奥川尚治	三重	一等工作兵	6月	39歳2月	婚
奥村源市	岐阜	一等機関兵	2年4月	23歳3月	
奥谷　博	岐阜	三等機関兵	1年1月	19歳5月	
横山吉馬	広島	二等兵曹	7年	23歳9月	
横山国男	愛知	二等機関兵	2年4月	22歳6月	
横山照男	栃木	一等看護兵	4年4月	25歳5月	
横山忠良	三重	三等水兵	4月	21歳4月	

氏名	出身	階級	在籍	年齢	備考
横瀬治雄	山口	二等機関兵	2年	19歳5月	
岡　義夫	三重	二等機関兵	1年4月	22歳3月	婚
岡崎　久	広島	二等機関兵	1年4月	21歳10月	
岡崎久治	山口	三等兵曹	7年	24歳8月	
岡前一三	兵庫	二等水兵	1年11月	23歳1月	
岡村光好	山口	二等水兵	1年4月	21歳8月	
岡村　清	岐阜	三等機関兵	1年1月	17歳10月	
岡田一美	広島	三等兵曹	5年	21歳9月	
岡田栄一	愛知	二等機関兵曹	7年4月	28歳6月	婚
岡田義治	山口	三等兵曹	5年	22歳2月	
岡島　清	愛知	一等水兵	5年4月	26歳4月	
岡部　稔	岡山	一等水兵	3年	19歳8月	
岡本清人	広島	一等機関兵曹	11年	29歳1月	
岡本芳男	三重	三等機関兵	4月	20歳5月	
岡野藤吉	山口	機関兵曹長	15年	32歳8月	婚
下川　繁	岐阜	一等水兵	5年11月	26歳7月	
加藤四郎	岐阜	三等水兵	11月	22歳4月	
加藤重吉	愛知	二等水兵	2年	19歳6月	
加藤昇市	愛知	三等兵曹	3年11月	24歳8月	
加藤貞雄	愛知	一等看護兵	2年4月	22歳8月	
加藤伴造	愛知	二等水兵	2年4月	23歳3月	

加藤文明　愛知　一等兵曹　10年11月　31歳9月　婚
加藤利一　愛知　三等主計兵曹　6年11月　28歳4月
嘉藤保盛　島根　二等兵曹　6年　24歳2月
河合高　愛知　二等機関兵　1年4月　22歳5月
河合春由　愛知　三等水兵　4月　21歳2月
河合武　愛知　一等兵曹　12年　30歳9月
河城肇　広島　一等機関兵　3年　20歳11月
河添斉　山口　二等水兵　1年4月　21歳11月
河本平八郎　岡山　二等整備兵　2年4月　23歳3月
河野保　山口　三等機関兵曹　7年　24歳1月
河野宝一　広島　一等機関兵曹　8年　25歳2月
海部惣一郎　山口　二等水兵　2年　17歳7月
柿野正義　愛知　三等水兵　4月　20歳8月
角年一　大阪　二等機関兵　1年4月　21歳11月
角本光夫　広島　二等水兵　2年　20歳5月
笠飛勇　三重　三等機関兵　1年1月　19歳1月
巻幡武雄　広島　三等水兵　4月　21歳
丸山徳太郎　広島　三等兵曹　6年4月　27歳3月　婚
岩井清三　広島　三等機関兵曹　4年11月　26歳2月
岩広春三　広島　一等機関兵　3年　20歳2月
岩指竹久　鳥取　一等水兵　4年4月　25歳4月

氏名	出身	階級	在籍	年齢	備考
岩城善夫	兵庫	二等水兵	1年11月	22歳6月	
岩谷岩夫	和歌山	一等機関兵	2年4月	23歳5月	
岩田信一	愛知	二等機関兵曹	8年	26歳5月	
岩本続	奈良	一等水兵	4年4月	23歳2月	
岩名喜吉	三重	一等機関兵	3年4月	24歳1月	
鬼頭富士夫	愛知	一等兵曹	9年1月	28歳5月	婚
亀井栄一	岐阜	一等機関兵曹	13年	29歳8月	婚
亀井浩志	岡山	二等水兵	1年4月	22歳5月	
亀山寛	岐阜	三等兵曹	5年	22歳3月	
吉井貞秋	広島	三等水兵	4月	20歳8月	8日
吉井武治	大阪	一等水兵	3年	21歳2月	
吉山成健	大阪	三等機関兵曹	7年4月	28歳	
吉川豊	愛知	一等機関兵	2年4月	23歳5月	
吉村義雄	大阪	二等主計兵		21歳8月	
吉村博明	広島	軍属	25日	20歳11月	
吉村末行	大阪	二等水兵	1年4月	22歳3月	
吉田益二	島根	三等機関兵	11月	22歳4月	婚
吉田喜善	広島	一等水兵	1年2月	22歳	師
吉田幸男	鳥取	二等水兵	2年	18歳3月	
吉田重一	山口	機関特務少尉	19年	37歳2月	婚
吉田正夫	兵庫	一等機関兵	2年4月	23歳3月	

吉尾真一	島根	三等水兵	4月	20歳8月	
久保忠馬	山口	二等兵曹	8年	25歳2月	
久保利満	広島	一等機関兵	4年	20歳9月	
久野欽弥	愛知	一等水兵	4年	21歳	
宮永敏品	岡山	二等水兵	2年	17歳3月	
宮下富次	大阪	一等機関兵	5年11月	27歳5月	
宮崎正夫	三重	三等兵曹	4年	23歳5月	
宮崎弥三郎	三重	一等機関兵	2年4月	23歳1月	
宮地春美	大阪	三等機関兵	1年1月	19歳2月	
宮地仙三	愛知	一等機関兵	4年4月	23歳1月	
宮本政成	山口	一等水兵	4年	21歳	
宮脇保	愛知	三等水兵	1年1月	17歳11月	
宮脇勇雄	大阪	一等工作兵	3年4月	23歳6月	
橋本正雄	福井	一等兵曹	11年	30歳3月	婚
玉置国夫	岐阜	三等機関兵	4月	20歳8月	
玉浜柳市	山口	特務少尉	17年	35歳8月	婚
桐山敏	大阪	二等機関兵	2年	18歳10月	
錦新五郎	兵庫	三等兵曹	5年	26歳5月	
近藤甚市	三重	一等機関兵	2年4月	22歳11月	
近藤勇雄	愛知	二等水兵	1年4月	21歳9月	
金永鶴雄	山口	一等看護兵曹	8年	24歳7月	

金原　誠一　愛知　一等水兵　3年4月　21歳
金崎　愛之助　広島　二等機関兵　1年4月　21歳7月
金生　孝雄　兵庫　一等水兵　6年　24歳1月
金田　憲　鳥取　二等水兵　2年　18歳5月
串崎　誠　島根　三等水兵　4月　21歳3月
熊代　秀夫　和歌山　一等機関兵　5年4月　23歳9月
熊谷　久一　島根　一等機関兵　3年　20歳5月
栗本　末治　岡山　一等機関兵　2年4月　22歳7月
桑井　源次　兵庫　一等機関兵　3年4月　24歳2月　婚
桑原　利男　兵庫　二等機関兵　1年11月　22歳10月
桑山　鋤和　愛知　三等機関兵　4月　21歳5月
形川　一雄　三重　三等機関兵　4月　20歳8月
畦坪　勝義　岡山　三等機関兵曹　5年　21歳9月
見田　周一　山口　一等工作兵曹　10年　30歳3月　婚
鍵本　久好　奈良　一等機関兵　2年11月　23歳11月
原　二郎　岐阜　一等水兵　4年4月　24歳9月
原下　藤吉　兵庫　一等水兵　3年4月　23歳9月
原田　吉蔵　奈良　一等兵曹　9年4月　30歳1月　婚
原田　源夫　岡山　二等水兵　2年4月　23歳2月
原田　年　愛知　一等機関兵　3年4月　24歳3月
原田　繁　広島　二等兵曹　6年　21歳10月

古井戸 行輝	愛知	一等水兵	4年4月	25歳4月	
古川 誠策	新潟	二等飛行兵曹	4年	19歳	飛
古田 政市	岐阜	一等兵曹	11年11月	32歳7月	婚
古田 忠雄	広島	一等整備兵	2年4月	22歳6月	
古田 保	岐阜	一等水兵	4年4月	25歳4月	
戸山 充平	山口	一等水兵	3年	19歳9月	
菰池 義雄	大阪	一等機関兵	2年4月	23歳5月	
菰田 明	愛知	二等水兵	1年4月	22歳	
五十川 茂	愛知	三等水兵	4月	21歳2月	
五十嵐 政雄	兵庫	二等機関兵曹	6年4月	25歳3月	
後藤 一三	岐阜	一等機関兵	4年4月	24歳11月	
光岡 清	岡山	二等機関兵	2年	18歳8月	
光畠 忠夫	岡山	一等兵曹	8年	25歳11月	
向井 幸雄	島根	一等主計兵	3年	20歳11月	
広津 幸夫	山口	一等水兵	1年2月	21歳11月	師
広田 喜一郎	大阪	一等機関兵	2年11月	24歳1月	
広田 忠信	岡山	一等水兵	2年4月	23歳	
弘中 保次	山口	三等水兵	1年1月	17歳2月	
江木 健治	山口	一等兵曹	9年1月	26歳6月	婚
江里口 晃	兵庫	三等水兵	4月	21歳5月	
溝淵 重利	高知	一等機関兵	5年	21歳7月	

甲斐三郎	広島	一等兵曹	8年11月	30歳1月	婚
荒川富行	愛知	一等機関兵	2年11月	24歳4月	
荒木治六	広島	一等機関兵	3年11月	24歳6月	
荒木冨夫	岡山	二等水兵	2年	20歳2月	
高井清	三重	二等工作兵	1年4月	22歳1月	
高井良治	愛知	一等機関兵	3年4月	23歳8月	
高橋義美	広島	三等機関兵	9月	19歳11月	
高橋庄三	岐阜	兵曹長	17年	34歳11月	婚
高橋渉	島根	二等機関兵曹	6年4月	23歳7月	
高橋信市	福岡	三等機関兵曹	5年	21歳7月	
高橋平真	広島	三等主計兵	11月	21歳7月	
高橋芳雄	大阪	一等兵曹	11年	28歳3月	婚
高阪秋男	和歌山	二等水兵	1年4月	21歳6月	
高山直一	岡山	一等機関兵曹	10年	26歳7月	婚
高上清義	広島	一等水兵	1年2月	22歳3月	師
高谷鹿雄	兵庫	一等機関兵	2年11月	23歳6月	
高嶋秀夫	福井	中佐	25年9月	43歳8月	海兵47 婚
高浜庄平	三重	一等水兵	5年4月	26歳	
黒田利市	島根	一等機関兵	3年4月	23歳2月	
黒野定夫	愛知	二等主計兵	1年4月	22歳3月	
今井重信	岐阜	一等機関兵	3年	19歳8月	

氏名	出身	階級	年数	年齢	備考
今井林太郎	大分	大尉	12年2月	28歳5月	飛 海兵61 婚
今泉数義	愛知	二等水兵	2年	19歳2月	
今津卯三郎	大阪	二等水兵	1年4月	22歳4月	
今道初巳	長崎	一等水兵	3年	21歳10月	
佐々木雅雄	大阪	主計大尉	3年1月	25歳4月	
佐々木完作	広島	兵曹長	13年	29歳6月	婚
佐々木文市	島根	三等兵曹	6年	22歳10月	
佐藤勇	愛知	一等水兵	2年11月	24歳6月	
才野原正之	山口	飛行兵曹長	11年	27歳8月	飛 婚
坂行郎	三重	一等機関兵	4年4月	24歳10月	
坂本義栄	愛知	一等機関兵	4年11月	26歳2月	婚
坂本春二	岡山	一等整備兵	3年	20歳3月	
坂槙五郎	三重	特務少尉	15年	32歳5月	婚
阪本正雄	大阪	一等水兵	1年2月	22歳10月	師
堺豊	山口	二等水兵	1年4月	21歳6月	
榊原吉一	愛知	二等水兵	2年	20歳6月	
榊原実	愛知	二等水兵	1年5月	22歳3月	
榊原信	愛知	二等水兵	1年4月	22歳2月	
榊原真一	愛知	一等機関兵	3年4月	22歳9月	
崎山釈夫	鹿児島	大佐	30年9月	49歳9月	海兵42 婚 13日
桜井朝三	奈良	三等機関兵曹	7年	25歳	

氏名		出身	階級	在籍	年齢	
三吉	叡	広島	三等水兵	4月	21歳	
三原	幸一	兵庫	三等機関兵	9月	16歳8月	
三原	忠行	島根	三等主計兵	1年1月	18歳4月	
三戸	博夫	山口	三等水兵	11月	22歳5月	
三上	俊二	広島	三等水兵	4月	21歳4月	
三村	春雄	兵庫	二等機関兵	2年4月	21歳5月	
三宅	浅一	岡山	一等機関兵	5年4月	26歳5月	
三沢	金一	岡山	一等整備兵	3年4月	23歳10月	
三反畑	義夫	広島	二等兵曹	8年	25歳9月	
三裏	一夫	広島	一等水兵	3年4月	24歳2月	
山岡	政一	三重	一等機関兵	3年4月	23歳8月	
山岡	由行	広島	一等水兵	5年4月	26歳10月	
山下	進	三重	三等水兵	1年1月	18歳3月	
山下	善三	島根	三等主計兵	1年1月	19歳3月	
山下	民夫	岡山	三等水兵	4月	20歳6月	
山形	正夫	山口	一等水兵	3年	20歳4月	
山口	高市	和歌山	一等兵曹	8年4月	29歳1月	婚
山口	実	愛知	一等機関兵	3年4月	23歳7月	
山口	進	三重	二等水兵	1年11月	22歳7月	
山口	朝雄	広島	二等機関兵	2年	19歳9月	
山根	清	鳥取	二等機関兵曹	8年	25歳	

山崎磯広	島根	二等水兵	2年4月	23歳4月	
山崎菊雄	奈良	一等水兵	3年4月	23歳6月	
山崎京一	愛知	一等水兵	2年4月	23歳3月	
山崎清	愛知	二等水兵	2年	21歳	
山上彦七	奈良	一等水兵	5年4月	26歳3月	
山城留次郎	三重	三等兵曹	5年	22歳	
山中武一	大阪	一等看護兵	3年4月	24歳2月	
山田光正	愛知	一等水兵	5年4月	26歳10月	
山田重雄	愛知	三等水兵	11月	22歳1月	
山田俊男	兵庫	機関少尉	4年2月	21歳11月	海機50
山田正晴	岐阜	一等整備兵曹	8年4月	29歳2月	婚
山田万亀	岡山	三等水兵	4月	21歳4月	
山東正太郎	和歌山	二等整備兵	1年11月	23歳	
山之上博市	大阪	二等水兵	1年4月	21歳8月	
山本敬二	岡山	三等主計兵	11月	22歳	
山本司	広島	三等機関兵	4月	20歳8月	
山本実	鳥取	一等機関兵	4年11月	28歳4月	
山本守	愛知	一等水兵	3年	20歳2月	
山本進一	三重	一等機関兵	4月11日	26歳1月	
山本正夫	山口	三等機関兵	4月	21歳2月	
山本長雄	岐阜	二等兵曹	7年	24歳3月	

氏名	出身	階級	在籍	年齢	備考
山本貞男	岡山	二等水兵	1年4月	21歳8月	
山本半三	愛知	一等兵曹	8年11月	29歳9月	婚
山本茂夫	岡山	三等兵曹	5年11月	24歳1月	
山本誉	愛知	一等水兵		20歳5月	
山本隆介	兵庫	二等水兵	1年11月	22歳7月	
市川亮之助	三重	一等主計兵曹	8年4月	26歳8月	婚
枝並保	岡山	三等水兵	4月	21歳5月	
寺井秀吉	島根	一等水兵	2年4月	22歳6月	
寺田忠夫	兵庫	一等水兵	3年4月	24歳1月	
寺嶋里夫	愛知	二等機関兵曹	7年	25歳9月	
寺本久	広島	一等機関兵	4年	21歳10月	
柴谷光門	大阪	一等主計兵	2年4月	23歳3月	
柴田史老	岐阜	一等機関兵	3年4月	23歳9月	
芝本初治	兵庫	三等水兵	4月	22歳5月	
射場泰三	兵庫	三等看護兵	1年1月	18歳11月	
住田寛市	広島	機関特務中尉	23年	41歳1月	婚
重政正二	広島	二等兵曹	8年4月	29歳2月	婚
所芳哉	岐阜	一等水兵	1年2月	22歳6月	師
升田平蔵	山口	二等機関兵	1年4月	22歳	
小塩藤司	兵庫	二等水兵	1年4月	22歳2月	
小久保純一	愛知	一等水兵	3年4月	24歳1月	

小橋幸吉	島根	三等水兵	1年1月	19歳2月	
小国繁雄	広島	三等機関兵	4月	20歳8月	
小坂仁三	山口	三等水兵	1年	19歳1月	
小山正夫	鹿児島	大尉	11年2月	28歳11月	海兵62 婚
小松静男	広島	二等機関兵	2年	20歳11月	
小西恒男	岡山	三等水兵	1年1月	21歳	
小川光雄	山口	三等兵曹	5年	22歳2月	
小川代吉	岐阜	三等機関兵	11月	21歳7月	
小川武治郎	和歌山	二等水兵	1年5月	21歳9月	18日
小泉恒良	奈良	三等機関兵曹	4年	21歳	
小田厳	兵庫	一等水兵	4年	23歳	
小田八郎平	奈良	二等機関兵	1年4月	22歳	
小島七夫	岐阜	三等水兵	4月	20歳6月	
小嶋小次郎	長野	三等水兵	1月1日	18歳6月	
小幡定義	島根	特務大尉	25年	44歳5月	婚
小椋鶴義	鳥取	一等水兵	10年4月	30歳9月	婚
小野田信孝	大阪	一等機関兵曹	13年	30歳5月	婚
小林松次	大阪	一等機関兵	3年4月	23歳11月	
小林要	岡山	三等水兵	1年1月	17歳3月	
松井功	広島	三等水兵	1年1月	20歳4月	
松浦泰次郎	熊本	機関少尉	3年7月	21歳11月	海機51

松岡　春明	広島	三等機関兵曹	5年	22歳4月	
松岡　正一	大阪	三等水兵	4月	21歳4月	
松岡　善雄	三重	一等水兵	4年	22歳3月	
松江　孝一	大阪	一等水兵	2年4月	23歳3月	
松根　太八	広島	特務少尉	23年	41歳9月	婚
松島　清	島根	三等整備兵曹	4年	21歳8月	
松本　一	和歌山	一等水兵	2年4月	21歳3月	
松本　喜一	山口	一等機関兵	4年4月	25歳3月	
松本　純輔	奈良	一等水兵	2年4月	23歳3月	
松本　政七	奈良	二等機関兵	1年4月	22歳4月	
松葉　薫	三重	三等機関兵	11月	22歳	
上垣　重夫	兵庫	二等水兵	1年4月	21歳9月	
上官　一郎	広島	一等機関兵	3年4月	23歳11月	
上山　音一	岡山	一等機関兵	4年4月	24歳10月	
上田　栄市	広島	三等兵曹	5年	24歳2月	婚
上田　房三	和歌山	三等水兵	4月	21歳3月	
上田　要	岐阜	三等水兵	4月	21歳1月	
上畑　定治	和歌山	二等水兵	2年4月	22歳10月	
上野　秋貞	山口	一等機関兵	3年4月	23歳7月	
乗山　鈴政	愛知	一等兵曹	7年4月	27歳8月	婚
植村　重雄	奈良	二等水兵	1年4月	22歳3月	

新子谷義明	奈良	一等水兵	5年4月	25歳11月	
新実義雄	愛知	一等水兵	3年4月	23歳7月	8日
新実茂	愛知	三等水兵	1年1月	17歳3月	
新谷光雄	奈良	一等水兵	4年4月	25歳1月	
森芳男	愛知	一等機関兵	3年11月	24歳10月	
森井義男	岡山	一等整備兵曹	7年4月	28歳4月	
森下晃	愛知	二等水兵	1年4月	22歳3月	
森山与三太郎	岐阜	一等水兵	3年4月	24歳5月	
森山亮	島根	二等兵曹	7年	24歳	
森西政一	岐阜	一等整備兵	2年4月	20歳4月	
森嶋伊一	奈良	三等主計兵	4月	20歳10月	
森本光輝	鳥取	三等水兵	1年1月	17歳6月	
森本実	高知	三等水兵	4月	19歳5月	
森脇順太郎	大阪	兵曹長	13年	31歳1月	婚
真砂三永	和歌山	一等機関兵曹	14年	32歳4月	
真清美佐雄	岐阜	一等機関兵	4年4月	24歳8月	
真殿信光	兵庫	三等機関兵	4月	21歳2月	
神垣桂	広島	一等機関兵	6年4月	27歳2月	
神内兼尾	香川	二等兵曹	6年	22歳9月	
人走四郎	広島	一等機関兵曹	14年	33歳4月	婚
諏訪下清	宮崎	二等水兵	1年4月	21歳5月	

氏名	出身	階級	在籍	年齢	備考
須江龍司	岡山	一等機関兵	4年4月	25歳4月	
水谷金作	岐阜	一等機関兵	4年4月	24歳8月	
水谷豊	三重	一等主計兵曹	8年	25歳2月	
水方重治	大阪	一等機関兵曹	11年	30歳4月	婚
杉浦正明	愛知	三等機関兵	4月	21歳5月	
杉浦与一	愛知	三等水兵	4月	20歳9月	
杉田幸治郎	大阪	二等機関兵	2年4月	22歳7月	
菅村元一	大阪	三等水兵	1年1月	18歳5月	
成末泰男	岡山	三等兵曹	4年	22歳5月	
星田進	広島	一等水兵	3年4月	23歳11月	
正留信太郎	広島	二等水兵	1年4月	21歳7月	
清水基司	兵庫	二等水兵	2年	22歳1月	
清水徳夫	広島	二等水兵	2年	17歳7月	
清水芳清	岡山	三等兵曹	5年	22歳6月	
清水庸助	岡山	二等水兵	1年4月	22歳2月	
清中繁	山口	一等機関兵	4年	21歳11月	
生川金次郎	三重	三等水兵	1年1月	19歳7月	
生川定一	三重	三等看護兵曹	5月	31歳7月	婚
西井正一	三重	一等兵曹	9年1月	26歳9月	婚
西丸行生	広島	軍属	27日	22歳2月	
西口俊夫	兵庫	一等機関兵	3年11月	24歳7月	

西崎実	愛知	一等機関兵	9年4月	30歳2月	婚
西山義一	大阪	一等機関兵	3年4月	23歳10月	
西川信夫	兵庫	二等水兵	1年4月	21歳9月	
西川善逸	愛知	一等主計兵	4年4月	25歳1月	
西村正吉	三重	二等水兵	1年4月	19歳9月	
西村正雄	三重	一等水兵	5年11月	26歳10月	
西村米一	兵庫	一等水兵	2年4月	23歳7月	
西田好生	山口	一等水兵	3年	20歳4月	
西田次郎	大阪	一等機関兵	2年11月	24歳	
西田春信	大阪	三等工作兵曹	4年4月	24歳8月	
西嶋与一	山口	二等水兵	2年	19歳8月	
西尾馨	鳥取	一等工作兵	3年4月	23歳9月	
西尾茂	大阪	一等機関兵	4年11月	26歳4月	婚
西本鉄夫	岡山	二等水兵	1年4月	21歳10月	
西本年	岐阜	三等水兵	4月	21歳4月	
西本隆亮	山口	二等水兵	1年4月	22歳3月	
西銘安徳	沖縄	三等水兵	1年1月	18歳10月	
青木隆之	兵庫	二等水兵	1年11月	23歳5月	
青葉米四郎	島根	一等兵曹	9年1月	26歳5月	
静間経信	島根	二等水兵	1年4月	22歳3月	
石橋千代太郎	島根	二等水兵	1年4月	22歳4月	

石見 寿秀	大阪	一等主計兵	5年	22歳1月	
石原 清	愛知	二等水兵	1年4月	21歳7月	
石川 延男	山口	一等水兵	3年	19歳10月	
石谷 悦次	鳥取	機関大尉	7年2月	25歳5月	海機47 婚
石谷 徹	大阪	二等水兵	2年4月	22歳8月	
石谷 武夫	鳥取	一等水兵	2年4月	23歳5月	
石田 義太郎	広島	三等機関兵曹	4年	20歳7月	
石田 明秀	広島	一等機関兵	4年	22歳2月	
赤迫 栄	岡山	一等兵曹	9年1月	25歳	
折橋 馨	山口	一等機関兵	3年4月	23歳10月	
千葉 稔	東京	少尉	3年6月	20歳6月	海兵70
占部 厳	広島	一等機関兵	3年4月	23歳10月	
川浦 幸雄	兵庫	二等水兵	1年4月	22歳4月	
川原 繁行	兵庫	三等水兵	4月	21歳2月	
川原 茂	島根	一等主計兵	3年	23歳4月	
川合 徳夫	大阪	三等水兵	5月	21歳1月	12日
川上 吉雄	岡山	整備兵曹長	13年6月	34歳2月	婚
川上 重雄	島根	二等機関兵	1年4月	21歳9月	
川上 定一	岐阜	三等水兵	4月	20歳10月	婚
川上 豊	岡山	一等水兵	4年4月	25歳2月	
川植 吉三	岐阜	一等水兵	2年4月	23歳4月	

川村　　歩	三重	三等兵曹	4年	20歳7月	
川添郷司	岐阜	一等水兵	4年4月	25歳5月	
川田寿雄	島根	少尉	6月	25歳1月	商　婚
川内得一	兵庫	三等機関兵	11月	22歳5月	
川野音次郎	大阪	二等水兵	1年4月	22歳5月	
扇芝正太郎	大阪	一等水兵	3年11月	25歳5月	
浅川　　明	大阪	二等機関兵	1年4月	22歳4月	
潜道五二	三重	二等水兵	2年	19歳8月	
船越忠志	岡山	一等水兵	2年4月	23歳4月	
船橋　　明	愛知	三等兵曹	5年	22歳7月	
船渡　　勇	岐阜	一等水兵	2年4月	22歳6月	
前原正七	兵庫	一等機関兵	3年4月	24歳3月	
前川正夫	兵庫	一等機関兵	4年4月	24歳8月	
曽良守男	愛知	三等機関兵	4月	21歳4月	婚
祖父江二郎	愛知	二等工作兵	2年	20歳4月	
倉本哲治	岡山	一等水兵	5年4月	26歳2月	
早川啓介	兵庫	二等機関兵	1年11月	22歳11月	
早川正巳	愛知	二等機関兵	2年4月	22歳6月	
増山計司	奈良	一等機関兵	2年4月	22歳10月	
増田貞雄	兵庫	一等機関兵	4年4月	25歳3月	
袖田軍三	広島	一等機関兵		25歳6月9日	

村岡	庄治	鳥取	機関兵曹長	18年	36歳3月	婚
村岡	昇	山口	三等兵曹	6年	23歳1月	婚
村岡	満須夫	山口	一等兵曹	9年1月	27歳9月	
村松	幸一	愛知	一等機関兵	4年4月	24歳9月	
村上	春一	愛知	三等兵曹	6年4月	26歳7月	
村上	保	広島	一等機関兵	3年4月	23歳10月	
村上	末人	熊本	軍属		23歳11月	
村瀬	惟一	愛知	二等機関兵	2年	21歳9月	
村本	浩一	山口	三等機関兵	4月	20歳11月	
多田	稔	岡山	二等兵曹	8年	27歳2月	
太田	菊治郎	岡山	一等整備兵	3年4月	23歳9月	
大下	春夫	兵庫	三等水兵		22歳5月	
大丸	静磨	広島	三等兵曹	4年	22歳10月	
大岩	照夫	愛知	三等兵曹	4年4月	23歳5月	
大形	清次	兵庫	三等水兵	11月	21歳6月	
大原	太郎	兵庫	二等水兵	1年11月	23歳2月	
大鹿	正時	愛知	一等機関兵	5年11月	27歳8月	
大上	貢	兵庫	一等整備兵	2年4月	22歳8月	
大西	義夫	兵庫	二等機関兵	1年11月	23歳6月	
大西	甚太郎	三重	二等機関兵	1年4月	21歳8月	
大西	正男	和歌山	一等水兵	4年4月	24歳8月	

大西清二	鳥取	一等水兵	3年4月	23歳9月	
大川雅也	三重	三等水兵	1年1月	18歳9月	
大川淳雄	大分	機関中尉	6年2月	24歳	海機48
大前九一	岡山	一等機関兵	3年4月	23歳8月	
大倉岩夫	岡山	二等水兵	1年4月	22歳1月	
大倉好博	愛知	三等水兵	4月	21歳2月	
大村一二	愛知	三等機関兵	4月	20歳4月	
大仲憲成	奈良	二等水兵	1年4月	21歳6月	
大塚嘉輝	鳥取	一等機関兵	3年4月	24歳1月	
大田雄祥	鳥取	一等水兵	1年2月	22歳5月	師
大堀吉成	三重	一等主計兵	4年4月	24歳6月	
大野喜三	岐阜	三等機関兵	4月	20歳6月	
大野玉司	岐阜	三等機関兵	11月	21歳9月	
瀧川昌夫	岡山	三等水兵	4月	21歳2月	
沢井忠吉	三重	二等兵曹	8年	25歳10月	
沢田与吉	岐阜	一等水兵	5年4月	26歳2月	
辰己保雄	奈良	二等水兵	1年4月	22歳	
棚尾良雄	三重	二等水兵	1年4月	22歳5月	
谷康一	広島	三等水兵	11月	22歳4月	
谷口利喜夫	岡山	一等兵曹	10年	29歳3月	婚
谷村俊男	岡山	三等水兵	4月	20歳10月	

氏名	出身	階級	在籍	年齢	備考
谷村正雄	兵庫	三等水兵	4月	20歳8月	
丹羽正蔵	愛知	一等機関兵	3年11月	24歳7月	
丹下政二	広島	一等看護兵	3年	20歳3月	
段原光明	広島	二等工作兵	1年11月	22歳6月	婚
池上義男	岡山	二等水兵	1年4月	22歳3月	
池田季利	岡山	一等水兵	1年2月	22歳5月	師
竹山武夫	広島	三等主計兵	1年1月	18歳8月	
竹山米吉	愛知	一等機関兵	3年4月	23歳6月	
竹中照男	兵庫	三等水兵	4月	21歳5月	
竹田民彦	和歌山	一等水兵	3年	19歳5月	
竹内正夫	広島	一等機関兵曹	10年	26歳7月	婚
竹本春次郎	愛知	兵曹長	15年	32歳11月	婚
中　良蔵	奈良	一等機関兵曹	11年	28歳10月	
中井　龍	鳥取	一等水兵	5年4月	26歳1月	
中岡仁太郎	広島	二等主計兵	2年	21歳3月	
中丸好文	和歌山	三等機関兵	4月	20歳8月	
中原汎造	山口	三等機関兵	1年1月	17歳1月	
中原保夫	兵庫	一等機関兵	3年4月	23歳9月	
中上勝義	山口	二等水兵	2年	19歳2月	
中須賀　勲	兵庫	一等機関兵	4年	21歳3月	
中西一夫	兵庫	一等機関兵	9年4月	29歳9月	婚

中川 渉	大阪	三等工作兵		21歳4月	
中川利治	広島	三等水兵	4月	21歳2月	
中組逸喜	広島	一等機関兵	3年	22歳4月	
中村 勲	兵庫	特務少尉	15年	32歳5月	婚
中村憲三	広島	三等機関兵曹	7年4月	28歳1月	
中村 弘	愛知	一等水兵	3年	21歳4月	
中村次郎七	三重	一等兵曹	9年1月	26歳10月	婚
中村正義	山口	一等機関兵	2年4月	23歳3月	
中村忠一	山口	三等機関兵	4月	20歳10月	
中田定一	広島	一等水兵	4年	23歳3月	
中島 宏	岐阜	一等水兵	3年4月	24歳1月	
中島 修	奈良	三等主計兵	4月	21歳2月	
中島重一	兵庫	一等兵曹	13年6月	33歳8月	婚
中島 通	兵庫	一等機関兵	2年4月	23歳4月	
中馬悦蔵	兵庫	三等水兵	4月	21歳7月	
猪飼敏一	愛知	一等水兵	1年2月	22歳1月	師
潮見友一	山口	機関特務中尉	26年	44歳	婚
長谷栄一	兵庫	二等水兵	1年4月	22歳5月	
長谷不二夫	愛知	二等水兵	2年	22歳1月	
長谷川一	山口	三等水兵	11月	23歳3月	
長谷川久男	兵庫	三等機関兵	4月	20歳10月	

長谷川 寅三郎	大阪	一等整備兵	2年4月	22歳6月	婚
長田 厳	兵庫	二等水兵	1年4月	22歳5月	
長尾 行	愛知	二等水兵	1年4月	21歳7月	
長尾 辰治	大阪	三等兵曹	5年4月	25歳10月	
直 俊	鹿児島	二等工作兵曹	7年	24歳	
椎木 信作	山口	二等水兵	1年4月	22歳2月	
塚本 芳雄	岡山	二等機関兵	1年4月	22歳6月	
塚本 力	大阪	三等水兵	11月	22歳6月	
辻 史介	和歌山	一等機関兵	5年4月	25歳11月	
辻井 舜吉	大阪	三等水兵	1年1月	19歳10月	
辻本 康美	和歌山	三等水兵	4月	21歳3月	
辻野 春夫	広島	三等兵曹	4年	22歳3月	
鶴重 藤明	山口	二等水兵	2年	20歳4月	
貞国 達	広島	機関兵曹長	15年	34歳1月	婚
泥 正文	兵庫	一等水兵	5年4月	25歳10月	
田家 四郎	広島	機関兵曹長	15年	33歳1月	婚
田坂 照雄	山口	三等兵曹	5年	22歳1月	
田村 万寿明	鳥取	一等水兵	4年	20歳6月	
田村 弥三郎	島根	三等兵曹	6年	23歳8月	
田多 稔	鳥取	一等水兵	1年2月	22歳2月	師
田代 昇	熊本	大尉	13年2月	31歳1月	海兵60 婚

氏名	出身	階級	在籍	年齢	備考
田中鉞雄	愛知	二等工作兵		22歳7月	
田中秀次郎	愛知	三等機関兵曹	5年	23歳10月	
田中秋光	広島	一等機関兵	3年	19歳8月	
田中照美	岡山	一等水兵	2年4月	23歳1月	
田中誠治	大阪	三等兵曹	6年	22歳	
田中大輔	三重	二等整備兵曹	7年	24歳11月	婚
田中哲夫	山口	一等水兵	2年4月	23歳4月	
田中徳市	山口	三等整備兵曹	4年	21歳3月	
田中徳夫	山口	三等水兵	1年1月	19歳2月	
田中寅徳	大阪	二等水兵	2年	21歳8月	
田中武	鳥取	二等機関兵	2年4月	21歳4月	
田中米実	広島	二等水兵	1年11月	22歳11月	
田中良輔	山口	二等水兵	1年11月	22歳9月	
渡部繁義	島根	三等水兵	4月	21歳6月	婚
渡辺四良	福島	軍医中尉	4月	24歳2月	
渡辺清春	愛知	二等水兵	1年4月	22歳6月	
渡辺猪之亮	山口	一等機関兵曹	12年	31歳3月	婚
渡辺定次	岐阜	一等水兵	5年11月	26歳11月	
渡辺優	三重	一等水兵	3年	19歳7月	
渡辺令二	愛知	三等兵曹	5年	23歳4月	
土居康了	岡山	一等水兵	3年4月	24歳1月	

氏名	出身	階級	在隊	年齢	備考
島川一信	兵庫	二等水兵	1年4月	22歳2月	
島野宗吉	岐阜	二等水兵	1年4月	22歳1月	
嶋崎忠雄	愛知	二等水兵	1年4月	22歳5月	
嶋田久吉	山口	二等整備兵	1年4月	22歳2月	
東　好夫	和歌山	一等水兵	4年4月	24歳9月	
湯原康明	岡山	三等機関兵曹	4年	21歳3月	
等農　正	島根	一等機関兵	5年4月	25歳11月	婚
筒井政雄	大阪	一等機関兵	4年4月	24歳7月	
藤井一雄	兵庫	機関兵曹長	15年	32歳3月	婚
藤井克巳	岐阜	一等機関兵	4年4月	24歳6月	
藤井正太郎	山口	三等兵曹	4年	20歳9月	
藤井二郎	岡山	二等機関兵曹	6年	25歳3月	婚
藤原義喜	山口	一等水兵	3年	20歳1月	
藤原　進	広島	一等機関兵	3年11月	24歳8月	
藤原泰造	広島	二等主計兵	1年4月	22歳	
藤原二郎	岡山	三等水兵	4月	21歳5月	
藤沢照雄	岐阜	三等水兵	4月	20歳11月	
藤沢武雄	岡山	二等機関兵	1年4月	22歳1月	
藤田安広	島根	一等兵曹	14年	32歳10月	婚
藤田義一	島根	二等機関兵曹	6年	24歳	
藤田　太	山口	一等水兵	3年4月	24歳	

氏名	出身	階級	期間	年齢	備考
藤田敏行	山口	一等水兵	1年2月	22歳10月	師
藤尾脩	広島	三等機関兵		20歳	
藤本功男	山口	一等機関兵	3年	21歳8月	
藤本勝美	山口	二等水兵	2年	19歳8月	
藤本二郎	兵庫	三等水兵	11月	22歳1月	
藤本繁雄	大阪	二等水兵	1年4月	22歳4月	婚
道端長助	三重	一等機関兵	3年4月	23歳11月	
徳永正泰	広島	三等機関兵	9月	18歳9月	
奈良重義	香川	一等水兵	3年	20歳6月	
内山松一	愛知	一等主計兵	4年11月	26歳1月	
内野福一	和歌山	三等機関兵	4月	20歳11月	
南庄治郎	大阪	一等水兵	4年	21歳2月	
南木朝四郎	三重	二等兵曹	8年	25歳6月	
日置万三	岐阜	三等水兵	4月	21歳2月	
日比野力	愛知	三等水兵	1年1月	20歳4月	
熱田勇	島根	二等水兵	1年4月	22歳4月	
納見金男	愛知	二等水兵	1年4月	19歳5月	
能勢鉄一	兵庫	一等機関兵	3年4月	23歳6月	
波木春男	山口	一等工作兵	2年4月	23歳2月	
萩原不可止	鹿児島	機関少尉	4月	26歳	商
柏村納康	山口	三等水兵	9月	17歳5月	

氏名	出身	階級	年月	年齢	
白井　徹	広島	二等機関兵	2年	18歳3月	
白塚敏博	三重	一等水兵	3年4月	21歳5月	
粕谷富一	三重	三等兵曹	4年4月	24歳11月	
漠駒義男	兵庫	二等機関兵	2年4月	23歳3月	
箱田　一	広島	三等主計兵	11月	21歳6月	
畑山秀雄	大阪	三等水兵	4月	21歳4月	
八木良男	岡山	一等水兵	4年4月	25歳4月	
判野三郎	岡山	二等水兵	1年4月	21歳10月	
半田季徳	広島	三等主計兵	4月	21歳3月	
板野四郎	広島	三等兵曹	4年	21歳5月	
畔柳国治	愛知	二等水兵	1年4月	21歳8月	
尾崎熊男	和歌山	二等機関兵曹	8年4月	28歳1月	婚
尾崎恵一	兵庫	二等機関兵	2年	21歳	
尾藤勘一	岐阜	三等機関兵	4月	21歳1月	
表　正人	鳥取	二等水兵	2年	18歳5月	
浜垣治夫	鳥取	一等機関兵	5年4月	26歳4月	
浜崎　馨	山口	一等水兵	3年	21歳4月	
浜田　光	鳥取	二等機関兵	2年4月	21歳11月	
浜本七蔵	山口	一等機関兵	3年4月	22歳10月	
不破秀文	大阪	二等機関兵曹	7年	24歳4月	
富永末広	兵庫	二等工作兵	1年4月	22歳	

氏名	出身	階級	在籍	年齢	備考
布谷利弘	大阪	三等水兵	4月	21歳5月	
服部茂夫	兵庫	一等機関兵	4年4月	25歳5月	
福井厳	鳥取	三等機関兵曹	4年	23歳	
福山武	三重	兵曹長	14年	34歳5月	婚
福田捨雄	大阪	一等水兵	5年4月	25歳9月	
福田善八	三重	一等水兵	3年4月	23歳9月	
福島栄一	和歌山	二等水兵	2年	21歳	
福富徹	広島	一等看護兵	4年4月	25歳2月	
福本重賢	広島	三等兵曹	5年4月	25歳10月	
福本春夫	大阪	二等機関兵	2年	20歳2月	
平井敬一	愛知	二等工作兵	1年4月	22歳2月	
平井増一	岡山	一等工作兵曹	13年6月	34歳3月	婚
平岡益太郎	岐阜	一等水兵	5年11月	26歳8月	
平元実	広島	二等工作兵	1年4月	21歳10月	
平山政二	兵庫	三等兵曹	4年11月	25歳8月	
平松貢	愛知	三等水兵	4月	20歳6月	
平松政之助	大阪	一等兵曹	7年11月	28歳6月	婚
平田敬三	大阪	一等水兵	5年4月	25歳9月	
平田弥惣次	岐阜	二等機関兵	1年4月	21歳11月	
平田良雄	島根	三等水兵	1年1月	15歳9月	
平野春治	兵庫	二等機関兵	1年4月	21歳7月	

氏名	出身	階級	在籍	年齢	備考
米田幸正	鳥取	三等兵曹	7年	23歳8月	
片岡長兵衛	兵庫	機関特務少尉	23年	40歳5月	婚
片岡徳二	大阪	二等水兵	1年4月	21歳7月	
片桐辰次郎	和歌山	一等水兵	2年4月	23歳2月	
片山敬明	岡山	二等水兵	1年4月	21歳10月	
保田有	山口	三等機関兵曹	5年	21歳2月	
北角清次	愛知	二等水兵	1年4月	22歳3月	
北田秀雄	大阪	三等水兵	4月	20歳11月	
北平進	兵庫	二等機関兵	1年4月	21歳9月	
堀井卓夫	兵庫	一等機関兵	3年11月	24歳11月	
堀川盛正	高知	三等機関兵曹	5年	23歳11月	
堀田正則	大阪	一等水兵	2年4月	22歳6月	
堀内勇	広島	一等機関兵	2年4月	22歳5月	
堀部賢一	岐阜	三等水兵	1年1月	16歳9月	
本橋精一	東京	機関中佐	22年10月	41歳6月	海機31 婚
本崎幸穂	広島	一等兵曹	10年	27歳	婚
本城敏夫	岡山	三等主計兵曹	5年4月	26歳5月	
本田林治	愛知	三等兵曹	5年	21歳7月	
妹尾槌重	岡山	三等機関兵曹	6年4月	27歳3月	
槙田末光	三重	一等主計兵	3年11月	25歳	
槙本稔	岡山	一等水兵	3年	19歳10月	

末永勇	山口	二等水兵	2年	20歳5月	
万野義一	大阪	二等水兵	1年4月	21歳8月	
椋本己義	大阪	一等機関兵	3年11月	24歳7月	
面手到	広島	三等水兵	4月	21歳2月	
面野薫	島根	機関少尉	3月	27歳	商
木志田丈一	広島	一等機関兵	4年	21歳11月	
木村恵	山口	三等水兵	1年1月	20歳6月	
木村光男	愛知	二等機関兵曹	6年	23歳11月	
木村星	広島	三等機関兵曹	5年11月	27歳1月	
木南巽	兵庫	三等機関兵	9月	19歳4月	
門口幸重	兵庫	三等水兵	4月	20歳11月	
野口健三	大阪	二等水兵	1年4月	21歳7月	
野口善祐	奈良	一等機関兵	2年4月	23歳4月	
野村義男	三重	二等整備兵	1年4月	19歳7月	
野村義夫	広島	一等水兵	1年2月	23歳11月	師
野村真衛	三重	三等主計兵	4月	19歳9月	
矢吹武一	広島	三等機関兵曹	4年	21歳2月	
矢富龍馬	山口	一等兵曹	14年	31歳3月	婚
薬師正男	広島	一等水兵	2年11月	24歳2月	
柳井義一	山口	三等兵曹	4年	22歳6月	
柳田寛	広島	三等機関兵曹	4年	21歳8月	

氏名	出身	階級	年月	年齢	備考
藪根　儀夫	兵庫	三等水兵	1年1月	18歳8月	
藪川　虎次	兵庫	三等兵曹	6年4月	26歳3月	
藪本　三郎	三重	一等水兵	5年4月	26歳5月	
有岡　一良		三等機関兵曹	7年4月	26歳7月	
有間　勇	広島	三等兵曹	7年	26歳3月	
有田　三省	島根	主計中尉	5月	25歳11月	
来海　秋政	島根	一等整備兵	4年4月	24歳7月	
落合　義光	愛知	一等機関兵	2年4月	23歳3月	
嵐　千代三	三重	二等水兵	1年4月	22歳2月	
立木　匡徳	岐阜	三等水兵	4月	21歳5月	
流田　和夫	岡山	三等兵曹	4年	20歳6月	
林谷　悟	広島	三等兵曹	4年	19歳4月	
鈴木　義雄	三重	一等機関兵	3年4月	24歳5月	
鈴木　信	愛知	三等水兵	4月	21歳4月	
鈴木　正乃	愛知	三等水兵	4月	21歳5月	
鈴木　保夫	愛知	三等機関兵	4月	20歳6月	
鈴木　末男	岡山	二等飛行兵曹	3年2月	20歳10月	飛
六浦　清一	愛知	二等機関兵	1年4月	21歳6月	
脇　松男	岡山	一等機関兵	2年4月	22歳8月	

計　七〇〇名

重巡最上

六月七日戦死

氏名	出身地	階級	在隊年数	死亡年齢	備考
安藤忠夫	奈良	一等水兵	3年4月	24歳	
伊藤正次	三重	一等水兵	3年	19歳6月	
伊藤二郎	広島	一等水兵	3年	21歳11月	
衣笠香澄	兵庫	一等飛行兵曹	6年	21歳2月	飛
井上勇	奈良	二等水兵	1年4月	21歳10月	
井沢清	鳥取	三等水兵	4月	21歳	
井田米亮	和歌山	二等整備兵	1年4月	22歳2月	
一柳宗右衛門	岐阜	一等兵曹	8年	27歳1月	婚
榎本政司	愛知	二等水兵	2年	18歳2月	
奥村寿	三重	一等水兵	4年	20歳8月	

氏名	出身	階級	在籍	年齢	備考
奥田 幸一	奈良	一等水兵	4年4月	24歳7月	
岡山 進	岐阜	一等水兵	1年2月	23歳1月	師
河村 今朝男	岐阜	一等水兵	2年4月	22歳9月	
丸山 幸男	兵庫	一等機関兵	2年4月	23歳4月	
丸毛 林一	大阪	一等機関兵	3年11月	25歳2月	
岸本 三郎	大阪	主計大尉	3年1月	26歳6月	
岩本 実	山口	三等水兵	4月	21歳	
岩本 松吉	和歌山	一等水兵	2年4月	22歳9月	
吉本 捨男	山口	飛行兵曹長	12年	29歳5月	飛 婚
久津名 泰三	愛知	三等水兵	4月	20歳9月	
近田 文男	愛知	三等水兵	9月	17歳3月	
金盛 良治	東京	機関中尉	6年2月	23歳3月	海機48
金村 栄一	島根	二等機関兵	1年4月	20歳6月	
串本 義輝	広島	一等水兵	4年	20歳6月	
熊本 繁樹	和歌山	一等兵曹	12年	29歳9月	婚
景山 明	鳥取	二等機関兵曹	8年	26歳6月	
研岡 満人	広島	一等機関兵	3年	19歳11月	
原田 健三	山口	三等水兵	1年1月	18歳2月	
五反田 薫	広島	三等水兵	11月	22歳4月	
後岡 寿得雄	鳥取	一等水兵	2年4月	22歳9月	
後藤 四郎	愛知	一等水兵	4年11月	25歳9月	

荒井　稔	鳥取	二等水兵	2年	17歳6月
高垣茂雄	鳥取	一等機関兵	2年4月	22歳11月
高見沢正哉	愛知	三等水兵	5月	21歳1月9日
黒瀬昌輝	広島	三等兵曹	6年	22歳6月
佐藤元春	三重	一等水兵	4年	23歳5月
山根淳美	鳥取	一等水兵	2年4月	23歳4月
山崎雅由	高知	二等水兵	2年	22歳5月8日
山田　弘	岐阜	一等兵曹	8年	26歳7月
指尾桂三	和歌山	一等水兵	2年4月	23歳4月9日
寺田　愿	兵庫	一等機関兵	2年11月	24歳
酒井　仁	静岡	一等兵曹	7年	27歳3月
松原春男	岐阜	一等水兵	3年4月	24歳1月
松尾六一	山口	二等機関兵	1年4月	20歳5月
松本隆茂	兵庫	二等水兵	1年4月	22歳4月
上田嘉一	奈良	一等機関兵	4年4月	24歳11月
新元　但	岡山	一等機関兵	4年4月	24歳7月
森高一二三	広島	一等水兵		25歳3月
森数　保	岡山	一等水兵	3年4月	24歳
真沢　隆	広島	三等整備兵曹	4年4月	24歳11月
杉原照美	山口	二等機関兵	2年	19歳3月
西岡信二	三重	二等兵曹	7年	24歳3月

氏名	出身	階級	年月	年齢	備考
西村 福義	島根	一等水兵	3年	20歳1月	
青木 熊一	島根	機関特務少尉	21年	38歳2月	婚
税所 重治	鹿児島	軍医中尉	1年1月	24歳11月	
石原 利逸	島根	兵曹長	14年	31歳5月	婚
石田 巧	兵庫	一等機関兵	5年11月	27歳1月	
川口 正信	兵庫	三等機関兵	11月	22歳	
川尾 正路	兵庫	三等兵曹	6年	24歳	
早川 賢二	三重	二等水兵	1年4月	21歳11月	
則武 幸太	岡山	一等兵曹	11年	29歳4月	婚
村山 武則	熊本	機関少尉	3年7月	22歳	海機51
村本 武夫	広島	一等機関兵曹	12年	28歳11月	婚
太田 才吉	長崎	兵曹長	14年	32歳5月	婚
大沢 岩	和歌山	三等兵曹	4年	21歳3月	
大島 秀男	愛知	一等機関兵	3年11月	25歳9月	
大道 吉兵衛	兵庫	二等水兵	1年4月	22歳3月	
大野 日出雄	大阪	一等水兵	4年11月	26歳	
沢田 敏雄	愛知	三等水兵	4月	20歳10月	
中村 安	大阪	二等水兵	1年11月	22歳9月	
中野 明	愛知	一等水兵	3年4月	24歳5月	
辻 孝	大阪	三等水兵	1年1月	19歳8月	
天川 登	岡山	二等機関兵曹	5年4月	26歳1月	

田中吉之	広島	三等兵曹	4年	21歳2月	
田中久治	山口	一等水兵	3年4月	23歳8月	
田中信義	大阪	一等水兵	5年4月	26歳1月	
東明	広島	二等機関兵	2年	19歳4月	
日下部多市郎	兵庫	三等水兵	4月	21歳2月	
美谷貢次	山口	一等水兵	3年	22歳4月	
浜田芳男	愛知	三等兵曹	4年11月	26歳	
福井孝志	兵庫	三等機関兵曹	4年	21歳2月	
平久純	和歌山	一等水兵	3年	20歳3月	
米渓武司	岐阜	三等水兵	1年1月	17歳11月	
北本千之	奈良	三等水兵	4月	21歳4月	
北野新三郎	大阪	三等機関兵		21歳4月	
堀口政夫	大阪	二等機関兵	2年4月	22歳11月	
本田正美	愛知	二等水兵	2年	17歳8月	
槙原順三	広島	一等機関兵	2年4月	20歳4月	
末武正	山口	二等機関兵曹	8年4月	27歳3月	婚
野々部重一	愛知	二等機関兵	2年4月	22歳7月	
野呂嘉彦	三重	一等機関兵	3年	22歳9月	
立石広恵	島根	一等水兵		23歳6月	7月10日

計　九二名

重巡筑摩　六月五日戦死

氏名	出身地	階級	在隊年数	死亡年齢	備考
嶽崎正孝	鹿児島	一等飛行兵曹	8年	25歳4月	飛婚
原寿	千葉	三等飛行兵曹	3年7月	19歳10月	飛
田口大八	北海道	一等飛行兵	3年	19歳5月	飛

計三名

重巡利根　六月五日戦死

氏名	出身地	階級	在隊年数	死亡年齢	備考
大嶽明	静岡	一等飛行兵曹	7年	22歳5月	飛婚
長谷川忠敬	茨城	中尉	2年1月	26歳5月	飛

計二名

駆逐艦谷風

六月六日戦死

伊藤忠士	三重	三等水兵	1年1月	17歳2月8日	
稲葉勇	愛知	三等水兵	1年1月	19歳1月	
亀崎正一	広島	三等水兵	11月	22歳4月9日	婚
宮地吉一	愛知	二等水兵	1年11月	22歳11月9日	
古谷康久	鳥取	二等水兵	1年4月	22歳2月	
広浜竹一	山口	一等水兵	3年	21歳1月8日	
松原久雄	兵庫	二等水兵	2年	22歳2月	
谷村作兵衛	兵庫	三等兵曹	7年	24歳2月7日	
長屋錠吉	岐阜	三等水兵	5月	21歳6月26日	
田中森美	兵庫	一等水兵	2年11月	23歳10月	
有本哲	岡山	二等水兵	1年4月	22歳5月7日	

計　一一名

駆逐艦朝潮

六月七日戦死

氏名	出身	階級	在籍	年齢	備考
伊丹次郎	岡山	三等水兵	1年1月	18歳9月	
下山銀次郎	青森	一等兵曹	10年4月	31歳4月	婚
加藤三郎	静岡	三等兵曹	5年4月	25歳9月	
古川伝作	青森	三等水兵	11月	21歳8月	
荒井安造	埼玉	一等水兵	2年11月	23歳11月	
佐藤信次郎	福島	二等水兵	2年	18歳1月	
佐野幸次	青森	二等水兵	1年4月	22歳1月	
嵯峨三郎	秋田	三等兵曹	5年	21歳10月	
松下民男	鹿児島	少尉	3年6月	20歳11月	海兵70
深谷清	栃木	二等水兵	1年4月	22歳2月	
増田祐三郎	北海道	一等水兵	4年4月	24歳6月	
大石周一	静岡	三等兵曹	4年	23歳10月	
大野茂	静岡	一等兵曹	9年1月	27歳3月	婚
大里尚三	茨城	二等水兵	1年4月	22歳2月	
長堀柏次郎	埼玉	一等水兵	2年4月	23歳1月	
平井俊夫	栃木	二等水兵		23歳4月	

氏名	出身	階級	在籍	年齢	備考
幕田　進	福島	三等水兵	11月	21歳10月9日	
湊　門吉	岩手	一等水兵	3年4月	24歳5月	
茂木政雄	群馬	三等水兵	4月	20歳11月	
矢島信義	東京	一等主計兵	2年4月	23歳4月	
鈴木金蔵	千葉	一等水兵	2年4月	23歳6月	

計二一名

駆逐艦荒潮

六月七日戦死

氏名	出身	階級	在籍	年齢	備考
安館定雄	青森	一等水兵	2年4月	22歳11月	
加藤喜一郎	群馬	一等主計兵曹	14年	32歳2月	婚
鎌田重勇	長野	三等機関兵	4月	21歳4月	
鎌田良忠	東京	三等水兵	11月	21歳9月	
菊地浜治	宮城	一等水兵	3年	20歳10月	
久松三郎	茨城	一等水兵	2年4月	22歳10月	
古村善次郎	北海道	二等主計兵	1年4月	22歳4月	
江沢長之	千葉	三等兵曹	8年11月	30歳4月	婚
江波戸俊弥	東京	三等水兵	4月	20歳11月	

高橋保治　岩手　三等水兵　21歳2月
黒崎謙二郎　茨城　一等機関兵　4年4月　25歳3月
佐々木喜久造　青森　三等水兵　1年1月　21歳
坂本長四郎　青森　三等機関兵曹　6年　24歳1月
笹原好実　福島　二等水兵　1年5月　21歳6月　9日
山岸国二　東京　一等水兵　1年2月　22歳5月　師
山崎正一　静岡　一等兵曹　9年4月　29歳7月　婚
糸賀武男　茨城　三等水兵　1年1月　18歳11月
児玉勇　北海道　二等水兵　1年11月　22歳6月
渋谷由助　青森　三等水兵　5月　20歳7月　9日
小松崎豪市郎　茨城　三等水兵　4月　21歳3月
新井喜三郎　群馬　二等水兵　1年4月　22歳5月
森菊蔵　埼玉　一等主計兵　3年4月　23歳10月
杉本豊治　長野　三等水兵　4月　20歳7月
菅原直四郎　秋田　三等兵曹　5年　23歳3月
青山庄兵衛　岩手　二等水兵　1年4月　20歳4月　婚
青木正雄　福島　一等機関兵　3年　20歳8月
大山武　青森　三等水兵　4月　21歳4月
中里松次郎　青森　三等兵曹　3年11月　24歳10月　婚
渡辺義　茨城　二等兵曹　7年　25歳11月
渡辺克美　山梨　三等水兵　1年1月　17歳2月

島田米吉	東京	三等水兵	11月	21歳9月	
南雲幸男	群馬	三等機関兵	11月	21歳6月	
平林俊秋	長野	一等水兵	4年	20歳6月	
鳴島与平	東京	一等機関兵	2年4月	21歳11月	
鈴木隆雄	静岡	二等水兵	1年4月	21歳11月	

計　三五名

駆逐艦嵐　六月五日戦死

石橋繁次	東京	三等兵曹	6年4月	27歳4月	婚

計　一名

駆逐艦風雲　六月五日戦死

黒田国次	栃木	一等工作兵	3年	21歳5月

計　一名

給油艦あけぼの丸

六月四日戦死

氏名	出身	階級	年月	年齢	婚
奥田義春	山口	一等水兵	5年	23歳5月	
岡田四郎	愛知	三等水兵	4月	21歳2月	
光部正	愛知	一等水兵	6月	31歳1月	婚
砂川長太郎	兵庫	一等水兵	6月	39歳8月	婚
松村竹春	奈良	二等水兵	2年4月	23歳5月	
中西次郎	三重	二等水兵	1年11月	22歳11月	
長屋敏裕	岐阜	三等水兵	4月	21歳3月	
藤川清	山口	一等水兵	6月	38歳7月	婚
末広英雄	大阪	三等兵曹	6月	35歳8月	婚
木村岩雄	山口	一等水兵	2年1月	34歳3月	婚

計　一〇名

註・×印は非搭乗員。「備考」の「戦死」は遺体の確認された戦死者。「戦死認定」は行方不明ののちに戦死と認定された。「捕虜」は捕えられてのち死亡。「予」は予備学生出身。「婚」は既婚者を意味する。戦死日がずれている戦死者のみ「＊日」と記載。行方不明者は海軍・海兵隊では一年一日後、陸軍では一年後に戦死と認定された。

海軍 NAVY 二七六名
空母ヨークタウン Yorktown

米国の現地時間一九四二年六月四日戦死

氏名	階級		飛行機種	在隊年数	死亡年齢	備考
Beshore, Edward A.	AM2	二等飛行兵曹	×	4年4月	32歳4月	戦死 婚
Braun, Charles R.	F1	一等機関兵	×	1年10月	25歳3月	戦死認定
Campbell, James M.	SEA2	二等水兵	×	8月	18歳11月	戦死認定
Chapman, John F. Jr	TM3	三等兵曹	×	1年10月	20歳7月	戦死認定
Croft, Franklin H.	SEA2	二等水兵	×	7月	19歳1月	戦死
Cromwell, Anderson B.	CMM	上等機関兵曹	×	2年6月	51歳2月	戦死認定
Cross, Clark B.	WT1	一等機関兵曹	×	3年9月	49歳3月	戦死認定
Culbreath, Andrew L.	MM2	二等機関兵曹	×	2年6月	30歳2月	戦死認定
Davis, William P.	WT2	二等機関兵曹	×	3年10月	22歳6月	戦傷死 15日

Erwin, William S.	F1 一等機関兵	×	1年10月	19歳10月	戦死認定	
Everett, Hilton H.	F1 一等機関兵	×	1年11月	21歳6月	戦死認定	
Freeman, Lewis E. Jr	SEA2 二等水兵	×	7月	22歳3月	戦死認定	
Gibson, Rupert G.	SEA1 一等水兵	×	2年6月	21歳8月	戦死認定	
Hill, Clarence E.	SEA2 二等水兵	×	7月	17歳8月	戦死認定	
Johnson, Henry C. Jr	BM2 二等兵曹	×	5月	23歳3月	戦死	
Jones, Willie E.	SEA2 二等水兵	×	8月	23歳2月	戦死認定	
Kleinsmith, Charles	CWTA 上等機関兵曹	×	2年5月	37歳8月	戦死認定	婚
Klueh, Jerome J.	WT2 二等機関兵曹	×		22歳2月	戦死認定	
Kwapinski, Stanley E. Jr	PHM3 三等看護兵曹	×	1年7月	19歳8月	戦死	
Lorenz, Allen J.	MM1 一等機関兵曹	×	6年2月	25歳8月	戦死認定	婚
Lott, Garland	SEA2 二等水兵	×	8月	20歳11月	戦死認定	
Lyons, Randolph J. Jr	STM2 二等傭兵	×	1年	18歳9月	戦死認定	
Magan, Jack F.	GM3 三等兵曹	×	2年7月	21歳9月	戦死認定	
Maurice, Walter H.	GM3 三等兵曹	×	1年10月	20歳11月	戦死認定	
Mestichelli, Philip J.	SEA1 一等水兵	×	1年9月	19歳7月	戦死	
Mixon, Thomas C.	SEA2 二等水兵	×	7月	17歳8月	戦死認定	
Moore, Robert L.	CYP 上等主計兵曹	×	6年11月	31歳2月	戦死	婚
Morgan, Harold L. Jr	GM2 二等兵曹	×	3年2月	22歳2月	戦死	
Newberry, John A.	EM2 二等機関兵曹	×	3年7月	26歳4月	戦死認定	
Nutt, Harold L.	SEA2 二等水兵	×	9月	18歳2月	戦死	

Ogden, William S.	MM2	二等機関兵曹	×	3年10月	22歳10月	戦死認定	婚
Phillips, Jack H.	SEA2	二等水兵	×		22歳5月	戦死認定	
Pichette, Norman M.	SEA2	二等水兵	×	8月	18歳5月	戦傷死	7日
Plybon, Robert T.	BM2	二等兵曹	×	4年	22歳4月	戦死	
Plymale, Dorsel E.	SEA2	二等水兵	×	9月	18歳9月	戦死	
Prince, Pearl G.	SEA2	二等水兵	×	7月	24歳2月	戦死認定	
Randolph, Robert L.	SEA1	一等水兵	×	1年9月	20歳	戦死認定	
Rankin, Galen B.	SEA2	二等水兵	×	9月	19歳6月	戦死認定	
Reeves, James O.	SEA2	二等水兵	×	7月	24歳2月	戦死認定	
Rickel, James W. Jr	EM3	三等機関兵曹	×	1年7月	22歳11月	戦死認定	
Roop, Gordon L.	MUS1	一等軍楽兵曹	×	5年3月	30歳3月	戦死認定	
Sears, Horace T.	CEMP	上等機関兵曹	×	6月	40歳11月	戦死認定	婚
Sestack, Albert J.	SEA1	一等水兵	×	1年10月	21歳6月	戦死	
Seymour, John G.	MUS1	一等軍楽兵曹	×	4年8月	23歳	戦死認定	
Stephens, Benjamin R.	WT1	一等機関兵曹	×	2年11月	35歳5月	戦死認定	婚
Stewart, Ralph W. Jr	PHM2	二等看護兵曹	×	1年8月	30歳2月	戦死認定	婚
Thomason, Matthew L.	GM3	三等兵曹	×	3年6月	21歳	戦死	婚
Varjabedian, Benjamin	EM2	二等機関兵曹	×	3年5月	25歳6月	戦死認定	
Weber, John A.W.	MM2	二等機関兵曹	×	15年4月	33歳8月	戦死認定	婚
Wert, Charles R.	SEA2	二等水兵	×	7月	30歳8月	戦死認定	
Williamson, Melvin D.	SEA1	一等水兵	×	1年8月	23歳9月	戦死認定	

Winn, Easton C.	MM1	一等機関兵曹	×	2年3月	30歳11月	戦死認定	婚
Worster, Richard N.	SEA2	二等水兵	×	9月	17歳9月	戦死	
Zimmerle, Edward W.	GM3	三等兵曹	×	1年11月	23歳11月	戦死	
Bassett, Edger R.	ENS	少尉	艦戦	2年3月	28歳	戦死認定	予
Hopper, George A. Jr	ENS	少尉	艦戦	1年2月	23歳4月	戦死認定	予 婚
Adams, Samuel	LT	大尉	艦爆	11年	30歳1月	戦死認定	海兵35
						婚 5日	
Berg, David D.	ARM3	三等飛行兵曹	艦爆		19歳2月	戦死認定	
Butler, John C.	ENS	少尉	艦爆	1年3月	21歳4月	戦死認定	予
Dawn, Grant U.	ARM3	三等飛行兵曹	艦爆	2年5月	24歳10月	戦死認定	
Karrol, Joseph J.	RM2	二等機関兵曹	艦爆	5年10月	27歳1月	戦死認定	婚 5
						日	
Wiseman, Osborn B.	LTJG	中尉	艦爆	7年11月	27歳3月	戦死認定	海兵38
						婚	
Austin, Fred A.	AMM2	二等飛行兵曹	艦攻	2年7月	20歳7月	戦死	
Baird, Earl T.	SEA1	一等水兵	艦攻	1年4月	19歳11月	戦死	
Barkley, Troy C.	ARM2	二等飛行兵曹	艦攻	2年6月	22歳1月	戦死認定	
Brazier, Robert B.	ARM2	二等飛行兵曹	艦攻	2年7月	25歳11月	戦死 婚	
Cole, Johnnie R.	ARM1	一等飛行兵曹	艦攻	5年8月	24歳1月	戦死認定	婚
Darce, Raymond J.	ARM3	三等飛行兵曹	艦攻	11月	19歳7月	戦死認定	
Dodson, Benjamin R. Jr	ARM3	三等飛行兵曹	艦攻	11月	18歳5月	戦死認定	

Haas, John W.	CWO 准尉	艦攻	11月	34歳11月	戦死認定	婚
Hansen, Richard M.	ARM3 三等飛行兵曹	艦攻	11月	27歳2月	戦死認定	
Hart, Patrick H.	LT 大尉	艦攻	8年11月	27歳	戦死認定	海兵37
Howard, Curtis W.	LTJG 中尉	艦攻	7年11月	24歳9月	戦死認定	海兵38
Lundy, Harold C.	ARM1 一等飛行兵曹	艦攻	3年10月	21歳8月	戦死認定	婚
Mandeville, Joseph E.	SEA2 二等水兵	艦攻	1年3月	18歳4月	戦死認定	
Massey, Lance E.	LCDR 少佐	艦攻	15年11月	32歳8月	戦死認定	海兵30 婚
Moore, Charles L.	ARM3 三等飛行兵曹	艦攻	1年7月	22歳4月	戦死認定	
Osberg, Carl A.	ENS 少尉	艦攻	1年5月	22歳1月	戦死認定	予
Osmus, Wesley F.	ENS 少尉	艦攻	2年2月	23歳9月	捕虜 予	5日
Perry, Leo E.	ACRMA 上等飛行兵曹	艦攻	6年5月	37歳10月	戦死認定	婚
Phillips, William A. Jr	ARM3 三等飛行兵曹	艦攻	11月	23歳1月	戦死認定	
Powers, Oswald A.	ENS 少尉	艦攻	2年	26歳6月	戦死認定	予
Roche, David J.	ENS 少尉	艦攻	2年6月	23歳6月	戦死認定	予
Selle, Harry G.	SEA2 二等水兵	艦攻	8月	18歳8月	戦死認定	
Smith, Leonard L.	ENS 少尉	艦攻	1年5月	25歳1月	戦死認定	予
Suesens, Richard W.	LTJG 中尉	艦攻	4年	27歳1月	戦死認定	予 婚

計　八六名

空母ホーネット Hornet　六月四日戦死

氏名	階級	飛行機種	在隊年数	死亡年齢	備考
Ingersoll, Royal R.	LT 大尉	×	11年11月	28歳5月	戦死 海兵34 婚
Groves, Stephen W.	ENS 少尉	艦戦	1年8月	25歳4月	戦死認定 予
Hill, George R. Jr	ENS 少尉	艦戦	2年	23歳10月	戦死認定 予
Kelly, Charles M.	ENS 少尉	艦戦	1年7月	25歳8月	戦死認定 予
Bunch, Kenneth C.	ARM1 一等飛行兵曹	艦爆	5年2月	23歳4月	戦死 婚 6日
Griswold, Don T. Jr.	ENS 少尉	艦爆	1年3月	24歳10月	戦死 予 6日
Meyer, Elmer A.	SEA2 二等水兵	艦爆	1年4月	18歳11月	戦死
Milliman, Richard D.	ENS 少尉	艦爆	1年6月	25歳7月	戦死認定 予 婚 5月29日

Pleto, Tony. R.	ARM3	三等飛行兵曹	艦爆		20歳11月	戦死認定	5月29日
Abercrombie, William W.	ENS	少尉	艦攻	1年8月	27歳10月	戦死認定	予
Bibb, Ross E. Jr	ARM3	三等飛行兵曹	艦攻	1年5月	21歳8月	戦死認定	
Calkins, Max A.	ARM3	三等飛行兵曹	艦攻	1年11月	25歳3月	戦死認定	
Campbell, George M.	LTJG	中尉	艦攻	2月	35歳4月	戦死認定	婚
Clark, Darwin L.	ARM2	二等飛行兵曹	艦攻	2年	20歳6月	戦死認定	
Creamer, William W.	ENS	少尉	艦攻	2年5月	25歳6月	戦死認定	予
Creasy, Otway D. Jr	ARM3	三等飛行兵曹	艦攻	1年8月	25歳6月	戦死認定	婚
Dobbs, Horace F.	CRMP	上等機関兵曹	艦攻	3年7月	37歳1月	戦死認定	婚
Ellison, Harold J.	ENS	少尉	艦攻	1年3月	25歳4月	戦死認定	予 婚
Evans, William R. Jr	ENS	少尉	艦攻	2年	23歳9月	戦死認定	予
Field, George A.	ARM3	三等飛行兵曹	艦攻	1年7月	21歳9月	戦死認定	
Fisher, Ronald J.	ARM2	二等飛行兵曹	艦攻	2年2月	20歳7月	戦死認定	
Gray, John P.	LTJG	中尉	艦攻	2年7月	27歳5月	戦死認定	予
Huntington, Robert K.	ARM3	三等飛行兵曹	艦攻	1年1月	21歳2月	戦死認定	
Kenyon, Henry R. Jr	ENS	少尉	艦攻	1年6月	26歳3月	戦死認定	予 婚
Maffei, Amelio	ARM1	一等飛行兵曹	艦攻	1年4月	24歳4月	戦死認定	
Martin, Hollis	ARM2	二等飛行兵曹	艦攻	2年3月	20歳9月	戦死認定	
Miles, Robert B.	AP1	一等飛行兵曹	艦攻	6年1月	29歳9月	戦死認定	婚
Moore, Raymond, A.	LT	大尉	艦攻	8年10月	27歳7月	戦死認定	海兵37

氏名	階級		機種	期間	年齢	状況	備考
						婚	
Moore, Ulvert M.	ENS	少尉	艦攻	1年7月	24歳9月	戦死認定	予
Owens, James C. Jr	LT	大尉	艦攻	6年10月	31歳6月	戦死認定	予 婚
Pettry, Tom H.	ARM2	二等飛行兵曹	艦攻	5年	24歳4月	戦死認定	婚
Phelps, Bernerd P.	ARM2	二等飛行兵曹	艦攻	2年3月	21歳3月	戦死認定	
Picou, Ashwell L.	SEA2	二等水兵	艦攻	10月	26歳9月	戦死認定	
Polston, Francis S.	SEA2	二等水兵	艦攻	1年	22歳3月	戦死認定	
Sawhill, William F.	ARM3	三等飛行兵曹	艦攻	1年7月	22歳10月	戦死認定	
Teats, Grant W.	ENS	少尉	艦攻	1年8月	24歳10月	戦死認定	予
Waldron, John C.	LCDR	少佐	艦攻	21年11月	41歳9月	戦死認定	海兵24
						婚	
Woodson, Jeff D.	LTJG	中尉	艦攻	15年11月	33歳11月	戦死認定	婚
Brannon, Charles E.	ENS	少尉	艦攻	1年1月	22歳10月	戦死認定	ミ島
						予 婚	
Carr, Nelson L.	AM3	三等飛行兵曹	艦攻	3月	26歳1月	戦死認定	ミ島
Fair, Charles E.	AOM3	三等飛行兵曹	艦攻	2年7月	23歳	戦死認定	ミ島
Fieberling, Langdon K.	LT	大尉	艦攻	6年7月	32歳5月	戦死認定	ミ島
						予	
Gaynier, Oswald J.	ENS	少尉	艦攻	1年5月	27歳3月	戦死認定	ミ島
						予 婚	
Hissem, Joseph M.	ENS	少尉	艦攻	1年4月	24歳5月	戦死認定	ミ島

予

Lawe, William C.　AM3　三等飛行兵曹　艦攻　3年　32歳4月　戦死認定　ミ島

婚

Lewis, Victor A.　ENS　少尉　艦攻　1年　22歳10月　戦死認定　ミ島

予

Manning, James D.　AMM3　三等飛行兵曹　艦攻　2年3月　20歳5月　戦死　ミ島

Mehltretter, John W.　EM3　三等機関兵曹　艦攻　1年6月　22歳8月　戦死認定　ミ島

Meuers, Arnold T.　PTR2　二等工作兵曹　艦攻　4年7月　22歳10月　戦死認定　ミ島

Osborn, Arthur R.　RM2　二等機関兵曹　艦攻　4月　24歳10月　戦死認定　ミ島

Pitt, Howard W. Jr　SEA1　一等水兵　艦攻　2年3月　23歳10月　戦死認定　ミ島

Wilke, Jack W.　ENS　少尉　艦攻　1年4月　22歳11月　戦死認定　ミ島

予

Woodside, Darrel D.　AMM1　一等飛行兵曹　艦攻　1年2月　23歳2月　戦死認定　ミ島

計　五三名

註・ホーネット所属の艦攻で「備考」にミ島とあるのは、TBF雷撃機でミッドウェー基地より発進の戦死者。Hissem少尉、Wilke少尉は第44哨戒索敵機中隊所属だった。ミッドウェー基地の戦死者中のOrgeron三等飛行兵曹も同中隊所属、このグループの戦死者であるが、米海軍公式資料はOrgeronをここにふくめていない。

空母エンタプライズ Enterprise　六月四日戦死

氏名	階級		飛行機種	在隊年数	死亡年齢	備考
Clark, Milton W.	AMM2	二等飛行兵曹	艦爆	2年6月	21歳10月	戦死認定　6日
Craig, David B.	RM3	三等機関兵曹	艦爆	1年6月	25歳5月	戦死認定
Gaido, Bruno P.	AMM1	一等飛行兵曹	艦爆	1年8月	26歳2月	捕虜　15日
Green, Eugene A.	ENS	少尉	艦爆	1年4月	20歳6月	戦死認定　予　婚
Halsey, Delbert W.	ENS	少尉	艦爆	1年5月	22歳5月	戦死認定　予
Hansen, Louis D.	RM3	三等機関兵曹	艦爆	1年11月	20歳5月	戦死認定
Hilbert, Ernest L.	AOM3	三等飛行兵曹	艦爆	2年1月	21歳11月	戦死
Jeck, Frederick C.	RM3	三等機関兵曹	艦爆	1年2月	19歳10月	戦死認定
Jenkins, Jay W.	RM3	三等機関兵曹	艦爆	1年9月	22歳1月	戦死認定

Keaney, Lee E. J.	SEA1	一等水兵	艦爆	4年5月	26歳1月	戦死認定	
Lough, John C.	ENS	少尉	艦爆	1年6月	26歳6月	捕虜 予	
Muntean, Samuel A.	RM3	三等機関兵曹	艦爆	2年	21歳5月	戦死認定	
Nelson, Harry W. Jr	ARM1	一等飛行兵曹	艦爆	4年9月	23歳2月	戦死認定	婚
O'Flaherty, Frank W.	ENS	少尉	艦爆	1年8月	24歳3月	捕虜 予	15日
Peiffer, Carl D.	ENS	少尉	艦爆	1年5月	26歳8月	戦死認定	予
Roberts, John Q.	ENS	少尉	艦爆	1年7月	27歳9月	戦死認定	予
Shelton, James A.	ENS	少尉	艦爆	1年4月	25歳8月	戦死認定	予
Stambaugh, William H.	ARM1	一等飛行兵曹	艦爆	8月	21歳10月	戦死認定	婚
Swindell, Thurman R.	AOM1	一等飛行兵曹	艦爆	4年1月	23歳2月	戦死認定	
Vammen, Clarence E.	ENS	少尉	艦爆	1年3月	22歳7月	戦死認定	予 6日
Van Buren, John J.	LTJG	中尉	艦爆	4年	26歳10月	戦死認定	予 婚
Vandivier, Norman F.	ENS	少尉	艦爆	2年10月	26歳2月	戦死認定	予
Varian, Bertrum S. Jr.	ENS	少尉	艦爆	1年6月	21歳6月	戦死認定	予
Ware, Charles R.	LT	大尉	艦爆	12年11月	31歳2月	戦死認定	海兵34
Weber, Frederick T.	ENS	少尉	艦爆	3年9月	26歳3月	戦死 予	
Young, Charles R.	ARM3	三等飛行兵曹	艦爆	1年2月	21歳2月	戦死認定	
Bates, John H.	RM3	三等機関兵曹	艦攻	2年1月	23歳4月	戦死認定	
Blundell, John M.	ARM3	三等飛行兵曹	艦攻	1年8月	21歳4月	戦死認定	
Brock, John W.	ENS	少尉	艦攻	6年	27歳9月	戦死認定	婚

Durawa, Gregory J.	ARM3	三等飛行兵曹	艦攻	1年4月	18歳11月	戦死認定	
Ely, Arthur V.	LT	大尉	艦攻	10年10月	30歳2月	戦死認定	海兵35
						婚	
Eversole, John T.	LTJG	中尉	艦攻	7年11月	27歳1月	戦死認定	海兵38
Glenn, Wilburn F.	ARM2	二等飛行兵曹	艦攻	1年10月	21歳	戦死認定	
Grenat, Charles T.	ARM1	一等飛行兵曹	艦攻	3年6月	26歳4月	戦死認定	婚
Hodges, Flourenoy G.	ENS	少尉	艦攻	2年	25歳4月	戦死認定	予
Holder, Randolph M.	LTJG	中尉	艦攻	2年11月	23歳8月	戦死認定	予
Lane, John U.	RM2	二等機関兵曹	艦攻	3年10月	24歳4月	戦死認定	
Lindgren, Arthur R.	RM3	三等機関兵曹	艦攻	4年5月	23歳2月	戦死認定	
Lindsey, Eugene E.	LCDR	少佐	艦攻	18年8月	36歳11月	戦死認定	海兵27
						婚	
Littlefield, Harold F.	ARM2	二等飛行兵曹	艦攻	5月	21歳8月	戦死認定	婚
Mushinski, Edwin J.	RM2	二等機関兵曹	艦攻	4月	24歳7月	戦死認定	
Riley, Paul J.	LT	大尉	艦攻	10年5月	29歳1月	戦死認定	海兵37
Rombach, Severin L.	LTJG	中尉	艦攻	3年1月	27歳6月	戦死認定	予 婚
Thomas, Lloyd	LTJG	中尉	艦攻	4年	30歳2月	戦死認定	予 婚

計　四四名

駆逐艦ハマン Hammann

六月六日戦死

氏名	階級		飛行機種	在隊年数	死亡年齢	備考
Albrecht, Charlie M.	MM1	一等機関兵曹	×	3年	35歳8月	戦死
Anderson, Venoy M.	F3	三等機関兵	×	5月	23歳11月	戦死認定
Ballard, Robert J.	SEA1	一等水兵	×	1年9月	19歳9月	戦死
Beasley, Douglas L.	RM3	三等機関兵曹	×	1年7月	20歳10月	戦死認定
Beitz, Carl O.	SEA2	二等水兵	×	1年2月	20歳7月	戦死
Belcher, Kermit R.	BM1	一等兵曹	×	3年	28歳1月	水葬　婚
Bieri, Harry V.	AFCMA	上等飛行兵曹	×	3年1月	28歳11月	水葬
Bolton, Jack B.	F1	一等機関兵	×	1年9月	20歳11月	戦死認定
Bouck, Warren C.	MM1	一等機関兵曹	×	3年	30歳2月	戦死認定　婚

Bramstedt, Henry J.	SEA1	一等水兵	×	1年9月	20歳8月	戦死認定	
Busso, Frank	WT2	二等機関兵曹	×	3年3月	21歳3月	戦死認定	
Carlson, Daniel W.	CMMP	上等機関兵曹	×	3年4月	43歳1月	水葬	婚
Chapman, Charles E.	ENS	少尉	×	1年8月	23歳9月	戦死認定	予
Clark, Harold	SM2	二等兵曹	×	3年4月	24歳7月	戦死認定	婚
Cracraft, Arthur L.	FC3	三等兵曹	×	1年7月	25歳4月	戦死認定	
Dailey, Jim	CK1	一等傭兵兵曹	×	23年	41歳2月	戦死認定	婚
Davis, Marvin B.	WO	准尉	×	4月	32歳2月	戦死認定	婚
Dibacco, Vincent J.	SEA2	二等水兵	×	1年7月	20歳8月	水葬	
Dobbins, Albert J.	SEA1	一等水兵	×	2年5月	22歳3月	水葬	
Dozier, Paul P. Jr	SEA2	二等水兵	×	11月	21歳11月	水葬	
Elden, Ralph W.	LT	大尉	×	14年11月	34歳10月	戦死	海兵31 婚
Elmes, Clyde C.	ENS	少尉	×	4年11月	24歳2月	戦死認定	海兵41
Enright, Robert P. F.	ENS	少尉	×	1年10月	25歳8月	戦死	予
Fenton, Willard C.	TM2	二等兵曹	×	3年6月	26歳11月	戦死認定	
Gesell, Walter A.	SEA1	一等水兵	×	3年5月	22歳1月	水葬	
Harvey, Harold M.	SEA1	一等水兵	×	1年7月	23歳2月	水葬	7日
Hawkins, Sidney P.	F2	二等機関兵	×	1年7月	27歳1月	戦死認定	
Hendricks, Jesse I.	SEA2	二等水兵	×	5月	34歳1月	水葬	7日
Hendrix, Walter P.	SEA2	二等水兵	×	5月	20歳5月	戦死認定	
Herrmann, Clarence A.	SEA2	二等水兵	×	1年4月	18歳7月	水葬	

Hirzy, Joseph F.	F3	三等機関兵	×	1年2月	20歳11月	戦死認定
Holton, Ralph L.	ENS	少尉	×	3年11月	23歳8月	戦死認定 海兵42
Hunstein, Carl J.	F1	一等機関兵	×	2年6月	21歳2月	水葬
Jason, Albert S.	BM2	二等兵曹	×	3年4月	21歳5月	戦死認定
Jayson, Jashnoff D.	RM2	二等機関兵曹	×	2年5月	22歳7月	水葬 8日
Johnson, Ernest R.	WT1	一等機関兵曹	×	2年8月	34歳6月	戦死認定
Jones, Marshall W.	B2	二等機関兵曹	×	2年9月	22歳2月	戦死認定
Kaatz, Albert H.	SEA2	二等水兵	×	5月	36歳	戦死認定
Kapp, George W. Jr	COX	三等兵曹	×	3年3月	22歳6月	戦死
Kimbrel, Berlyn M.	TM1	一等兵曹	×	3年1月	27歳10月	戦死認定
Knuth, Donald	SEA2	二等水兵	×	1年4月	19歳3月	戦死認定
Korman, Frank	FC3	三等兵曹	×	2年4月	21歳8月	水葬
Land, Harold C.	SEA2	二等水兵	×	2年5月	21歳1月	戦死認定
Legrant, Charles C.	SEA2	二等水兵	×	5月	18歳11月	水葬
Lovering, Willian B.	ENS	少尉	×	1年10月	28歳10月	水葬 予
Lyon, Thomas F.	F3	三等機関兵	×	5月	22歳8月	水葬 婚 8日
McMahon, Kenneth E.	SEA2	二等水兵	×	7月	17歳7月	戦傷死 16日
Mitchell, Harold	F2	二等機関兵	×	1年3月	18歳9月	戦死認定
Morgan, Henry M.	SEA2	二等水兵	×	1年3月	19歳1月	戦死認定
Morton, Seldon E.	SEA2	二等水兵	×	5月	19歳2月	水葬
Mulhair, James J.	F3	三等機関兵	×	6月	18歳6月	戦死認定

Natzke, Leonard F.	SEA2	二等水兵	×	6月	17歳7月	戦死認定	
O'Brien, Thomas F.	FC2	二等兵曹	×	3年3月	23歳5月	戦死認定	
O'Connell, William D. Jr	CSKA	上等主計兵曹	×	2年10月	25歳7月	戦死認定	
Oehler, Victor H. W.	SEA2	二等水兵	×	5月	23歳3月	戦死認定	
Opdencamp, William	FC2	二等兵曹	×	3年4月	21歳2月	戦死認定	
Owens, Glenn F.	SEA2	二等水兵	×	6月	19歳10月	水葬	
Parramore, Robert T.	F3	三等機関兵	×	7月	22歳4月	戦死認定	
Ploof, John F.	SEA1	一等水兵	×	2年3月	21歳3月	水葬	
Purvis, Roy W.	ENS	少尉	×	1年3月	21歳10月	水葬	予
Raby, Edward W.	STM1	一等傭兵	×	2年7月	22歳3月	水葬	
Ray, Martin H. Jr	LT	大尉	×	11年11月	28歳9月	戦死認定	海兵34
						婚	
Reccius, Kenneth M.	SEA2	二等水兵	×	7月	22歳4月	戦傷死	17日
Rench, Bernice N.	SEA2	二等水兵	×	6月	19歳7月	水葬	
Richardson, Robert C.	SEA2	二等水兵	×	6月	17歳6月	水葬	
Richardson, Warren J.	SEA2	二等水兵	×	6月	17歳10月	戦死認定	
Ritchie, Julius	SEA2	二等水兵	×	6月	21歳4月	戦死認定	
Rollins, Edward E.	F2	二等機関兵	×	1年3月	19歳5月	戦傷死	10日
Rose, Paul R.	MM1	一等機関兵曹	×	3年1月	27歳5月	戦死認定	
Scanlon, Francis	SEA2	二等水兵	×	7月	19歳3月	戦死認定	
Self, George L.	SEA2	二等水兵	×	6月	24歳11月	戦死認定	

Sikes, William L. Jr	F1	一等機関兵	×	1年8月	20歳4月	戦死認定	
Smith, Jack	F3	三等機関兵	×	6月	20歳2月	水葬	
Stagg, Royle Joseph	SC3	三等主計兵曹	×	1年9月	33歳5月	戦死認定	
Storm, John V.	SEA2	二等水兵	×	5月	21歳1月	戦死認定	
Stukey, Bertie M.	SEA2	二等水兵	×	6月	17歳7月	戦死認定	
Swan, George W.	F3	三等機関兵	×	6月	27歳3月	戦死認定	
Tilghman, Henry E.	F1	一等機関兵	×	1年8月	22歳	水葬 7日	
Trotter, Neal Jr.	WT2	二等機関兵曹	×	3年3月	24歳4月	戦死認定	婚
Vollum, Ole C.	CBMP	上等兵曹	×	3年4月	45歳7月	戦死認定	
West, George W.	SEA1	一等水兵	×	1年9月	21歳5月	戦死認定	
Willett, Edward G.	GM2	二等兵曹	×	5年10月	30歳4月	戦死認定	婚
Woodruff, James G.	ENS	少尉	×	1年11月	24歳2月	戦死認定	予
Wright, Malcom C.	CMMP	上等機関兵曹	×	3年1月	33歳5月	水葬	婚

計 八四名

駆逐艦ベナム Benham

六月四日戦死

氏名	階級	飛行機種	在隊年数	死亡年齢	備考
Pierce, Walter E.	ENS 少尉	×	1年10月	23歳6月	戦傷死 予

計一名

ミッドウェー基地 Midway

六月四日戦死

氏　名	階　級		飛行機種	在隊年数	死亡年齢	備　考
Roper, Carson L.	MM2	二等機関兵曹	×	6月	27歳4月	戦傷死　7日
Orgeron, Lyonel J.	AOM3	三等飛行兵曹	艦攻	1年1月	19歳10月	戦死認定　ミ島
Adams, James W.	ACRMA	上等飛行兵曹	飛行艇	10年1月	30歳10月	戦死　婚
Camp, Jack H.	ENS	少尉	飛行艇	1年4月	25歳9月	戦傷死　予　7日
Mosley, Walter H.	ENS	少尉	飛行艇	2年3月	26歳4月	戦死　予
Norby, Clarence J.	AMM3	三等飛行兵曹	飛行艇	1年7月	20歳7月	戦死
Ofarrell, William H.	RM3	三等機関兵曹	飛行艇	2年3月	20歳5月	戦死
Whitman, Robert S. Jr.	LTJG	中尉	飛行艇	6年9月	26歳5月	戦死　海兵39　婚

計　八名

海兵隊 MARINE CORPS　四九名

ミッドウェー基地 Midway　六月四日戦死

氏名	階級	飛行機種	在隊年数	死亡年齢	備考
Belanger, Maurice A.	PFC 上等兵	×	11月	19歳3月	戦死
Benson, William W.	MJR 少佐	×	21年	40歳10月	戦死 婚
Burke, William A.	PVT 三等兵	×	4月	18歳11月	戦死
Currie, Osa	CPL 伍長	×	2年8月	24歳11月	戦傷死 7日
Dupes, Frank L.	CPL 伍長	×	2年8月	22歳6月	戦死 婚
Holsbo, Robert L.	PFC 上等兵	×	1年6月	25歳8月	戦死
Lowe, Chauncey C.	PFC 上等兵	×	1年11月	19歳11月	戦傷死 5日
Mowrey, Robert E.	PFC 上等兵	×	1年	19歳10月	戦死
Reed, George E.	PFC 上等兵	×	11月	27歳7月	戦死 婚
Zuckerman, Abraham	PFC 上等兵	×	1年9月	25歳7月	戦死 婚

Alvord, John R.	CPT	大尉	艦戦	4年8月	26歳11月	戦死認定	予	婚
Benson, Thomas W.	2LT	少尉	艦戦	1年	21歳9月	戦死認定	予	
Butler, John M.	2LT	少尉	艦戦	2年	22歳10月	戦死認定	予	
Curtin, Robert E.	CPT	大尉	艦戦	4年	26歳11月	戦死認定	予	婚
Hennessy, Daniel J.	CPT	大尉	艦戦	5年11月	28歳	戦死認定	予	婚
Lindsay, Ellwood Q.	2LT	少尉	艦戦	1年8月	23歳7月	戦死認定	予	
Lucas, John D.	2LT	少尉	艦戦	1年1月	24歳5月	戦死	予	
Madole, Eugene P.	2LT	少尉	艦戦	1年8月	21歳10月	戦死認定	予	
Mahannah, Martin E.	2LT	少尉	艦戦	2年3月	22歳8月	戦死	予	
McCarthy, Francis P.	CPT	大尉	艦戦	1年11月	25歳7月	戦死認定	予	
Parks, Floyd B.	MJR	少佐	艦戦	14年	31歳4月	戦死認定	海兵34	
婚								
Pinkerton, David W. Jr	2LT	少尉	艦戦	8月	24歳	戦死認定	予	
Sandoval, William B.	2LT	少尉	艦戦	1年2月	21歳8月	戦死認定	予	
Swanberger, Walter W.	2LT	少尉	艦戦	7月	22歳1月	戦死認定	予	
Brown, Raymond R.	PFC	上等兵	艦爆	1年9月	30歳4月	戦死認定		
Campion, Kenneth O.	2LT	少尉	艦爆	1年	24歳8月	戦死認定	予	婚
Colvin, Edby M.	PFC	上等兵	艦爆	1年	23歳2月	戦死認定		
Ek. Bruce H.	2LT	少尉	艦爆	2年	24歳1月	戦死認定	予	
Fleming, Richard E.	CPT	大尉	艦爆	2年5月	24歳7月	戦死認定	予	5
日								

Gratzek, Thomas J.	2LT 少尉	艦爆	1年6月	24歳	戦死認定	予
Hagedorn, Bruno P.	2LT 少尉	艦爆	6年1月	24歳7月	戦死認定	予 婚
Henderson, Lofton R.	MJR 少佐	艦爆	19年10月	39歳	戦死認定	海兵26 婚
Maday, Anthony J.	PVT 三等兵	艦爆	4月	19歳5月	戦死認定	
Marmande, James H.	2LT 少尉	艦爆	2月	24歳9月	戦死認定	予
Norris, Benjamin W.	MJR 少佐	艦爆	14年	35歳	戦死認定	予 婚
Piraneo, Joseph T.	PFC 上等兵	艦爆	1年	22歳6月	戦死認定	
Radford, Harry M.	PFC 上等兵	艦爆	1年8月	22歳4月	戦死認定	
Raymond, Elza L.	SGT 軍曹	艦爆	2年6月	20歳6月	戦死認定	
Recke, Charles W.	SGT 軍曹	艦爆	2年8月	22歳8月	戦死認定	
Reininger, Lee W.	PFC 上等兵	艦爆	2年6月	21歳4月	戦死認定	
Smith, Edward O.	PFC 上等兵	艦爆	1年8月	26歳9月	戦死認定	
Starks, Henry I.	PVT 三等兵	艦爆	8月	18歳8月	戦死認定	
Toms, George A.	PFC 上等兵	艦爆	11月	19歳5月	戦死認定	5日
Tweedy, Albert W. Jr	2LT 少尉	艦爆	1年11月	22歳2月	戦死認定	予
Ward, Maurice A.	2LT 少尉	艦爆	1年1月	22歳6月	戦死認定	予
Whittington, Arthur B.	PFC 上等兵	艦爆	1年3月	21歳6月	戦死認定	

計　四六名

空母ホーネット配属 Hornet　六月四日戦死

氏名	階級	飛行機種	在隊年数	死亡年齢	備考
Cummings, Fred W. Jr.	PFC 上等兵	×	11月	22歳	戦死
Humfleet, Lowell E.	PVT 三等兵	×	11月	17歳11月	戦死
Ignatious, William B.	PSGT 曹長	×	10月	24歳9月	戦死

計　三名

註・着艦した味方機の機銃弾による死亡。

陸軍航空隊 ARMY Air Service　37名
ミッドウェー基地 Midway　6月4日戦死

氏名	階級		飛行機種	在隊年数	死亡年齢	備考	
Balnicle, Gerald J.	2LT	少尉	陸爆	5月	27歳9月	戦死認定	
Barton, Philip D.	CPL	伍長	陸爆	1年7月	25歳7月	戦死認定	5日
Battaglia, Salvatore	TSGT	技術曹長	陸爆	2年8月	22歳	戦死認定	
Brown, Robert	2LT	少尉	陸爆	1年7月	27歳5月	戦死認定	5日
Decker, Richard C.	SGT	軍曹	陸爆	1年3月	20歳2月	戦死認定	
Durrett, Freeborn E.	SGT	軍曹	陸爆	12年5月	34歳8月	戦死認定	5日
Hargis, William D. Jr	2LT	少尉	陸爆	1年7月	22歳	戦死認定	
Heath, Clifton C.	CPL	伍長	陸爆	1年10月	25歳4月	戦死認定	5日
Huffstickler, Benjamin F.	SGT	軍曹	陸爆	1年7月	23歳3月	戦死認定	
Kacmarcik, Chester J.	2LT	少尉	陸爆	2年9月	26歳2月	戦死認定	予5

日

Mayes, Herbert C.	2LT	中尉	陸爆	1年10月	27歳5月	戦死認定	婚
McCallister, Garrett H.	2LT	少尉	陸爆		23歳7月	戦死認定	
McCormick, Floyd J.	CPL	伍長	陸爆	1年6月	22歳7月	戦死認定	5日
Nave, Joseph D.	2LT	少尉	陸爆	1年2月	24歳2月	戦死	
Owen, Albert E.	CPL	伍長	陸爆	1年5月	24歳6月	戦死認定	
Peoples, Fred	MSGT	特務曹長	陸爆		38歳7月	戦死	婚
Pledger, Robert E.	SGT	軍曹	陸爆	3年4月	20歳10月	戦死認定	5日
Porter, Robert S.	1LT	中尉	陸爆	2年7月	26歳3月	戦死認定	婚 5日
Schuman, John P.	2LT	少尉	陸爆	6月	24歳3月	戦死認定	予
Seitz, Bernard C.	CPL	伍長	陸爆	10月	23歳8月	戦死認定	
Staerk, Melvin Charles	SSGT	曹長	陸爆	4年8月	25歳3月	戦死認定	婚 5日
Via, James E.	SGT	軍曹	陸爆	2年6月	21歳9月	戦死	予
Walters, Roy W.	SGT	軍曹	陸爆	10月	22歳2月	戦死認定	
Watson, William S.	2LT	少尉	陸爆	1年5月	25歳1月	戦死認定	
Whittington, Leonard H.	2LT	少尉	陸爆	1年3月	24歳	戦死認定	
Wood, James E.	CPL	伍長	陸爆	2年6月	22歳6月	戦死認定	5日

計　二六名

ハワイ基地　Hawaii　　六月七日戦死　ティンカー機

氏名	階級	飛行機種	在隊年数	死亡年齢	備考
Gurley, Walter E.	2LT 少尉	陸爆	1年9月	22歳	戦死認定
Hinton, Coleman	CPT 大尉	陸爆	4年8月	27歳8月	戦死認定 予
Holton, Gilmer W.	1LT 中尉	陸爆		27歳	戦死認定
Moeller, Franz	MSGT 特務曹長	陸爆	16年	37歳	戦死認定
Ross, Thomas E.	SGT 軍曹	陸爆	2年5月	23歳7月	戦死認定
Salzarulo, Raymond P.	CPT 大尉	陸爆	3年8月	28歳7月	戦死認定 予婚
Schied, George D.	MSGT 特務曹長	陸爆	3年5月	24歳9月	戦死認定
Shank, Aaron D.	SGT 軍曹	陸爆	2年4月	23歳6月	戦死認定 婚
Tinker, Clarence L.	MJRGEN 少将	陸爆	38年	54歳6月	戦死認定 陸士8

婚

Turk, James M. Jr.　TSGT　技術曹長　陸爆　2月　26歳　戦死認定　婚

Wagner, William J.　CPL　伍長　陸爆　28歳　戦死認定

計　一一名

第五部　死者の数値が示すミッドウェー海戦

二〇二三年四月二十八日

全戦死者および搭乗員

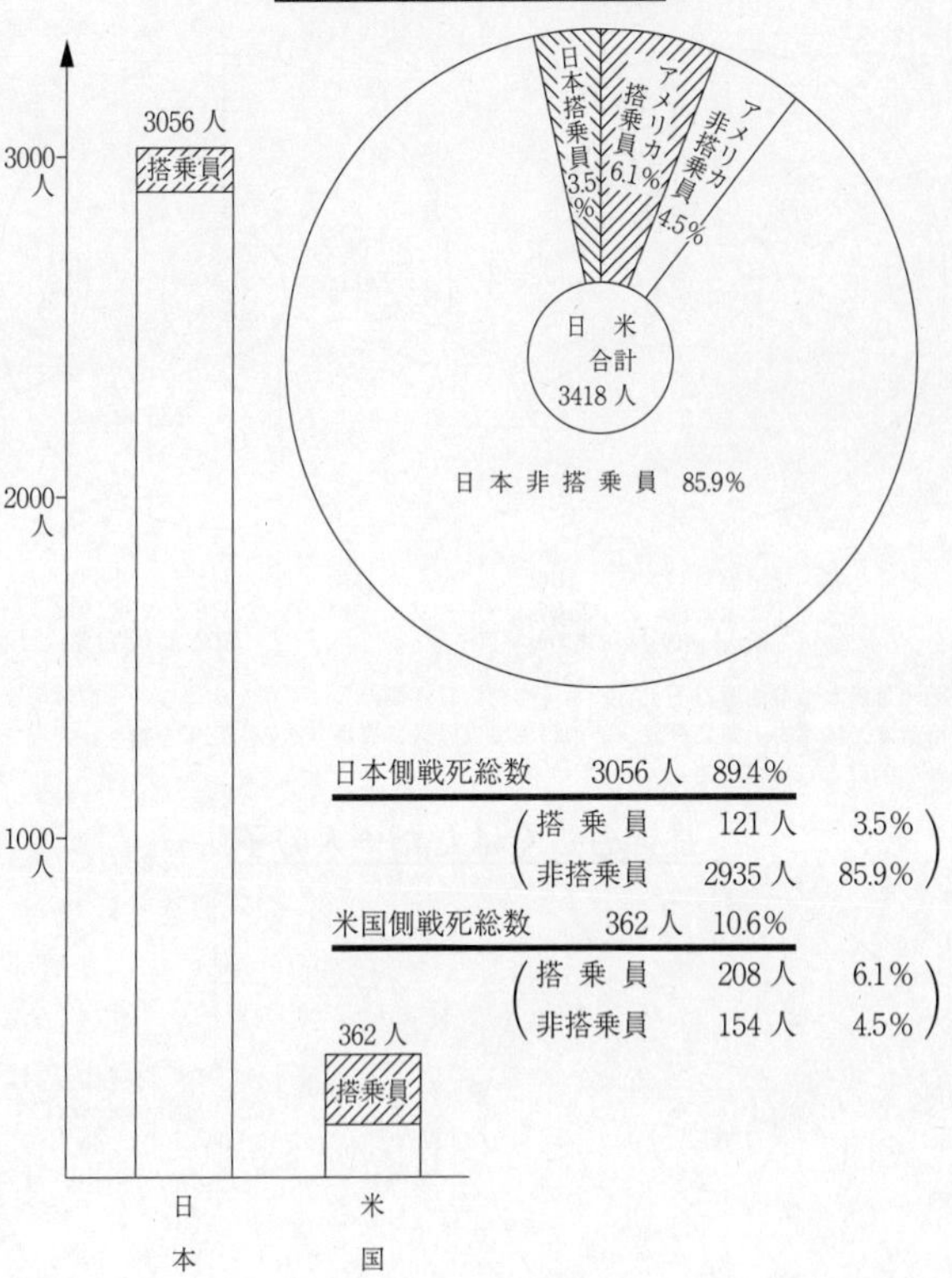

3056人
搭乗員
3000人
2000人
1000人
362人
搭乗員
日本
米国
日本搭乗員3.5%
アメリカ搭乗員6.1%
アメリカ非搭乗員4.5%
日米合計3418人
日本非搭乗員 85.9%
日本側戦死総数 3056人 89.4%
搭乗員 121人 3.5%
非搭乗員 2935人 85.9%
米国側戦死総数 362人 10.6%
搭乗員 208人 6.1%
非搭乗員 154人 4.5%

士官・下士官・兵の戦死

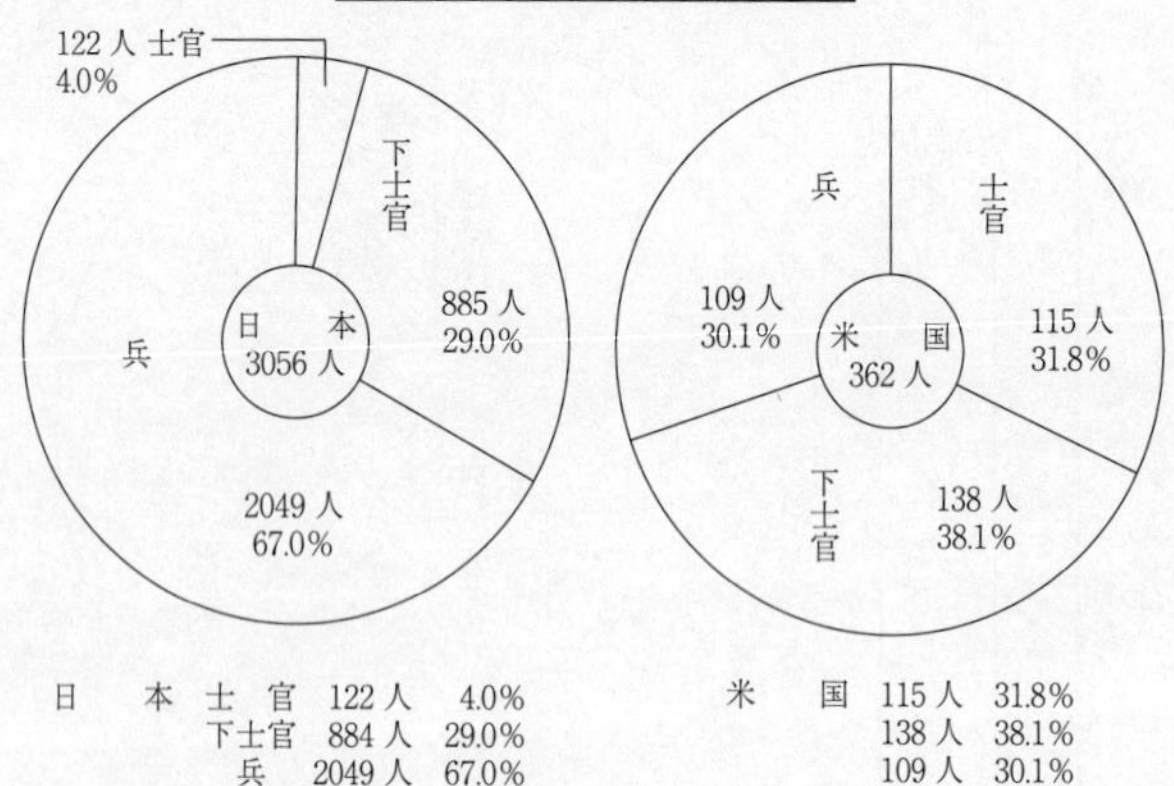

日　本	士　官	122人	4.0%
	下士官	884人	29.0%
	兵	2049人	67.0%
米　国		115人	31.8%
		138人	38.1%
		109人	30.1%

註・日米とも准士官は下士官にふくめた。日本側の兵は軍属をふくむ。米側は海軍、海兵隊、陸軍の三軍に分れ、その科および階級は複雑である。三軍を給与によって統一的にとらえてある。

長男もしくはただ一人の子

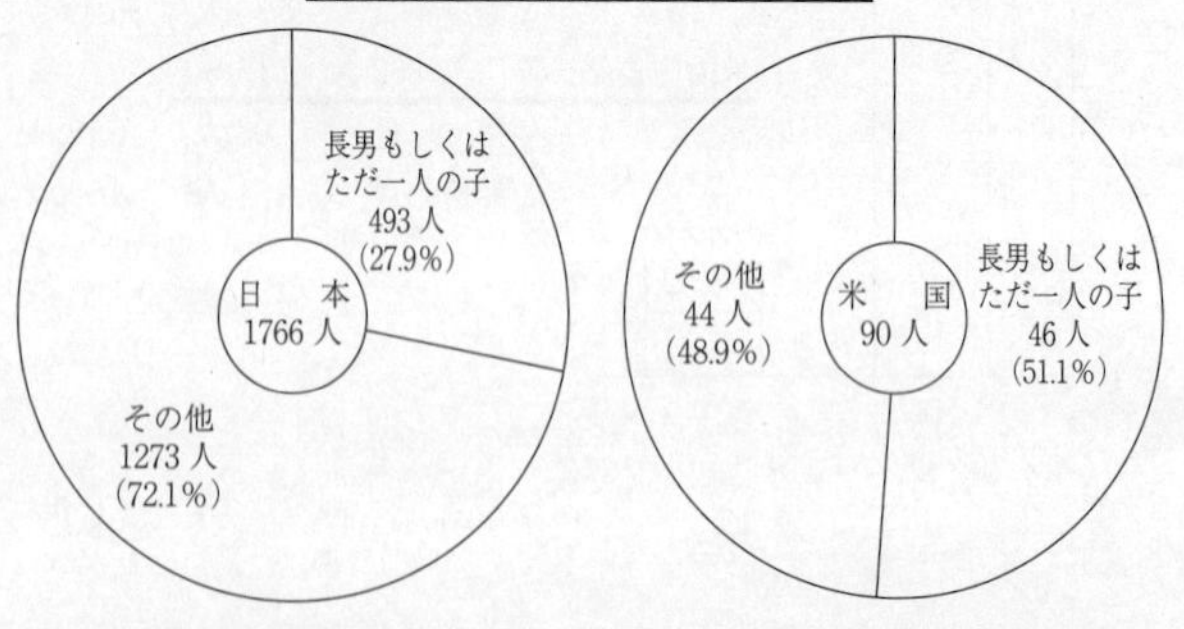

註・いずれも調査結果の得られた範囲内の分析。「その他」は次男、三男などを意味する。日本側の「長男もしくはただ一人の子」の方が米国側よりすくない傾向を示している。ちなみに「家をつぐ男子」は、義務兵役制定時からの重要事項であった。

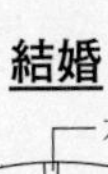

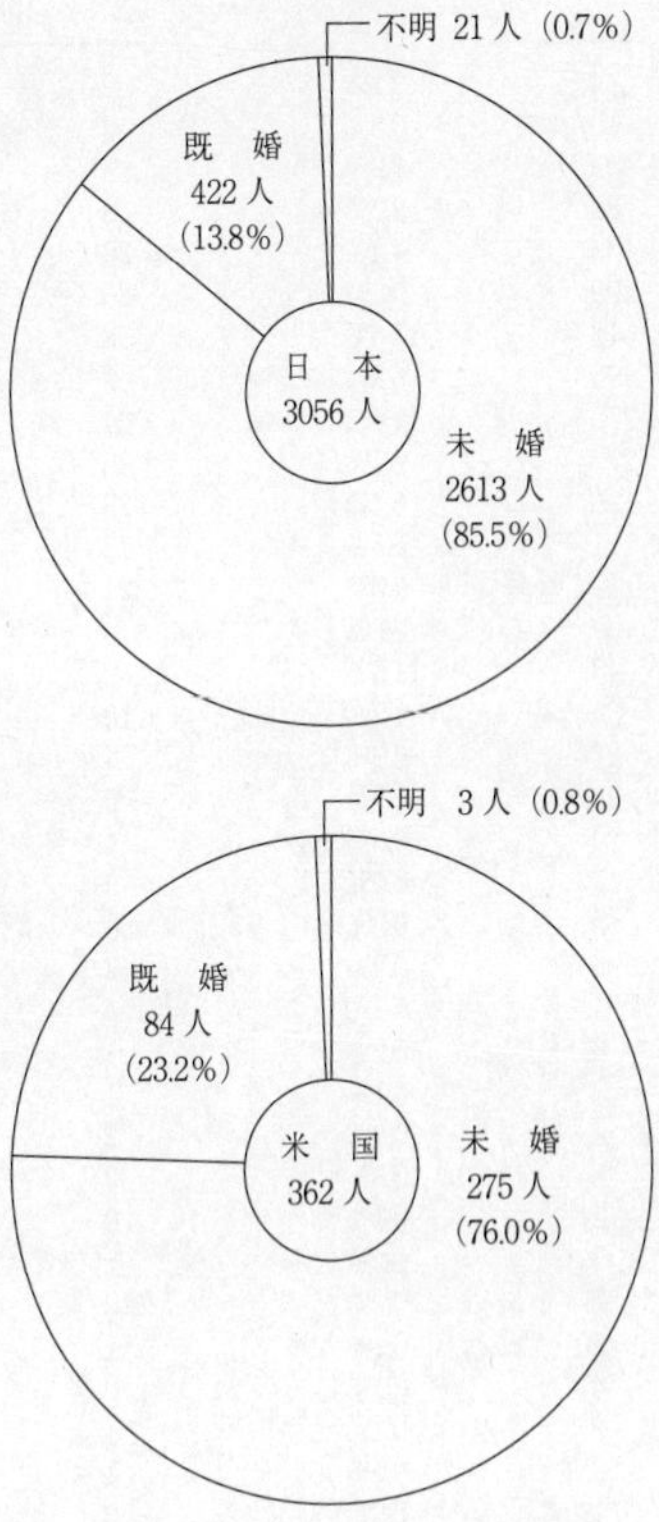

註・日米ともに妻たちは「主婦」がほとんどであり、未亡人となったのちに就職している。

戦死者の年齢

	日本		米国	
15 歳	4	0.1%	0	0.0%
16 歳	10	0.3%	0	0.0%
17 歳	59	1.9%	9	2.5%
18 歳	82	2.7%	16	4.4%
19 歳	135	4.4%	23	6.4%
20 歳	299	9.8%	26	7.2%
21 歳	519	17.0%	38	10.5%
22 歳	496	16.2%	47	13.0%
23 歳	378	12.4%	34	9.4%
24 歳	277	9.1%	35	9.7%
25 歳	196	6.4%	26	7.2%
26 歳	171	5.6%	22	6.1%
27 歳	118	3.9%	24	6.6%
28 歳	69	2.3%	9	2.5%
29 歳	48	1.6%	2	0.6%
30 歳	39	1.3%	12	3.3%
31 歳	27	0.9%	4	1.1%
32 歳	28	0.9%	5	1.4%
33 歳	19	0.6%	4	1.1%
34 歳	17	0.6%	5	1.4%
35 歳	8	0.3%	4	1.1%
36 歳	6	0.2%	2	0.6%
37 歳	4	0.1%	4	1.1%
38 歳	6	0.2%	1	0.3%
39 歳	3	0.1%	1	0.3%
40 歳	5	0.2%	2	0.6%
41 歳	8	0.3%	2	0.6%
42 歳	3	0.1%	0	0.0%
43 歳	5	0.2%	1	0.3%
44 歳	7	0.2%	0	0.0%
45 歳	2	0.1%	1	0.3%
48 歳	4	0.1%	0	0.0%
49 歳	2	0.1%	1	0.3%
51 歳	0	0.0%	1	0.3%
52 歳	1	0.0%	0	0.0%
54 歳	0	0.0%	1	0.3%
57 歳	1	0.0%	0	0.0%
不明	0	0.0%	0	0.0%
計	3056 人	100.0%	362 人	100.0%

註・45 歳～57 歳までの年齢がとぶ箇所は、日米ともに該当死者なし。

戦死者の年齢

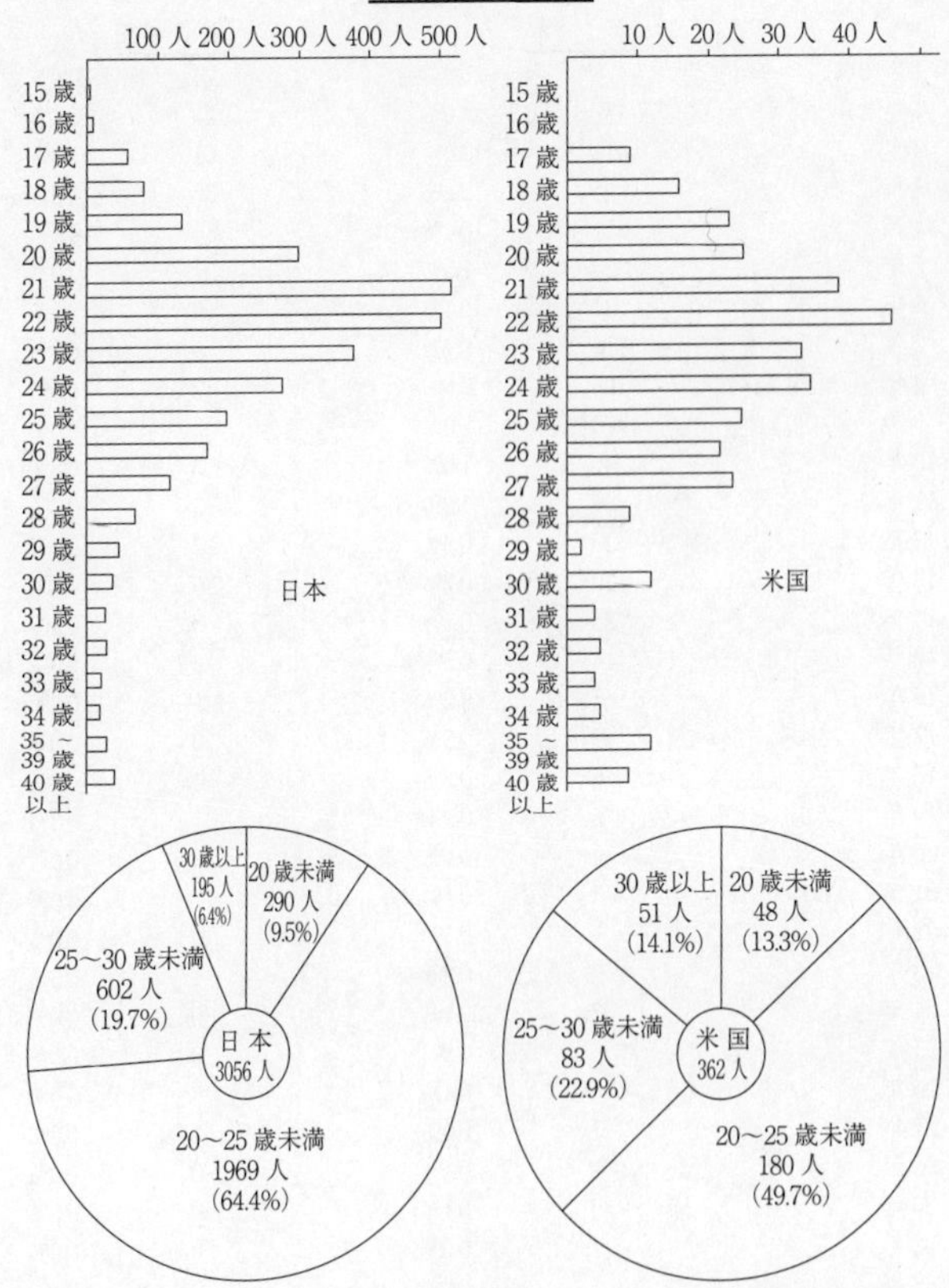

註・あわせると15歳から57歳（蒼龍の甫立健少佐）までの戦死者。いずれも21歳と22歳がピークを示している。

在隊年数

	日本		米国	
1年未満	478	16.0%	74	20.9%
1年	477	16.0%	125	35.3%
2年	411	13.8%	61	17.2%
3年	395	13.2%	36	10.2%
4年	311	10.4%	16	4.5%
5年	223	7.5%	7	2.0%
6年	181	6.1%	9	2.5%
7年	110	3.7%	3	0.8%
8年	105	3.5%	2	0.6%
9年	60	2.0%	0	0.0%
10年	47	1.6%	3	0.8%
11年	36	1.2%	3	0.8%
12年	25	0.8%	2	0.6%
13年	20	0.7%	0	0.0%
14年	25	0.8%	3	0.8%
15年	14	0.5%	3	0.8%
16年	5	0.2%	1	0.3%
17年	8	0.3%	0	0.0%
18年	6	0.2%	1	0.3%
19年	5	0.2%	1	0.3%
20年	4	0.1%	0	0.0%
21年	4	0.1%	2	0.6%
22年	4	0.1%	0	0.0%
23年	7	0.2%	1	0.3%
24年	2	0.1%	0	0.0%
25年	6	0.2%	0	0.0%
26年	4	0.1%	0	0.0%
27年	1	0.0%	0	0.0%
28年	2	0.1%	0	0.0%
30年	3	0.1%	0	0.0%
32年	1	0.0%	0	0.0%
33年	1	0.0%	0	0.0%
38年	0	0.0%	1	0.3%
計	2981人	100.0%	354人	100.0%

在隊年数

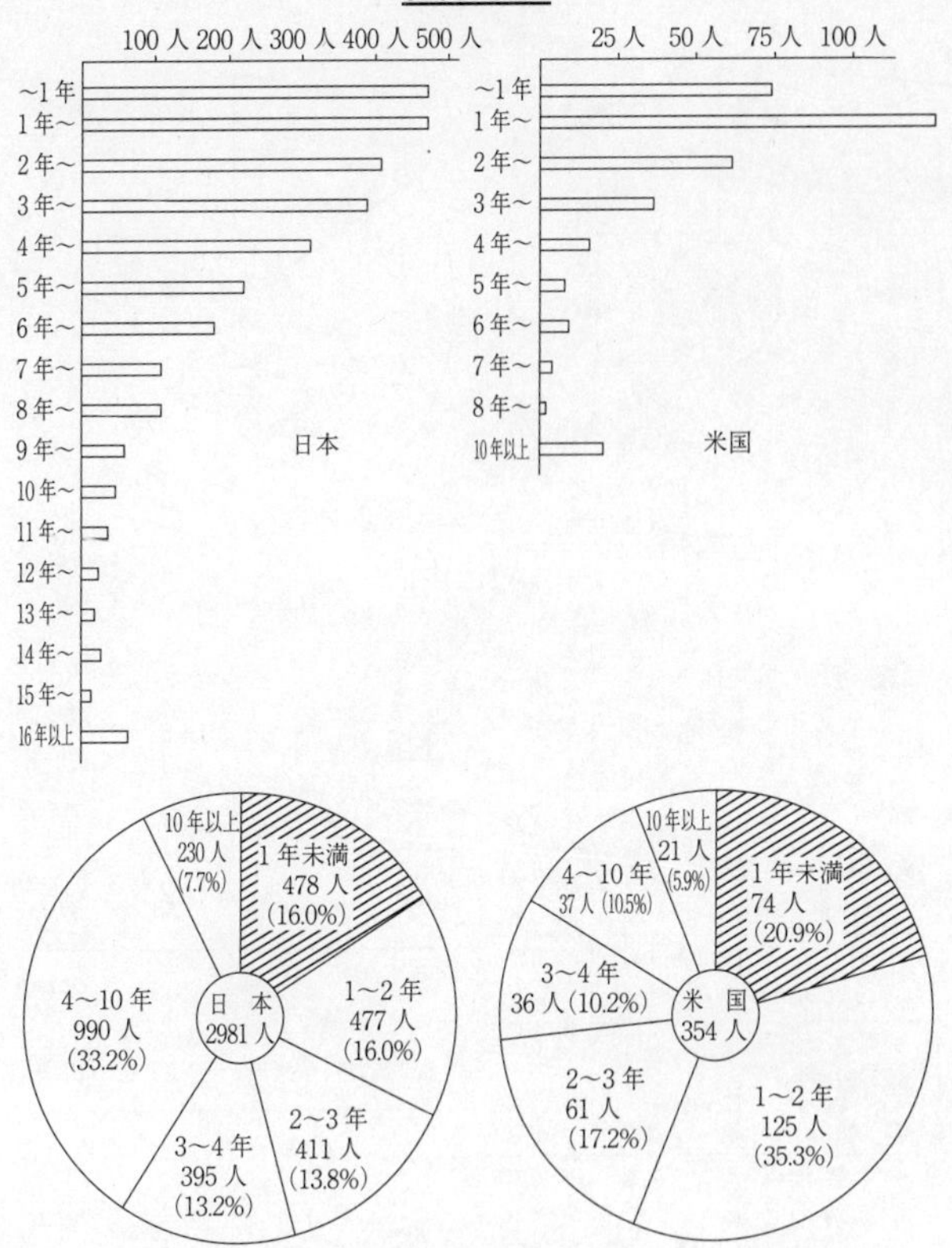

例・グラフの「1~2年」は1年0月から1年11月。

戦死者の学歴

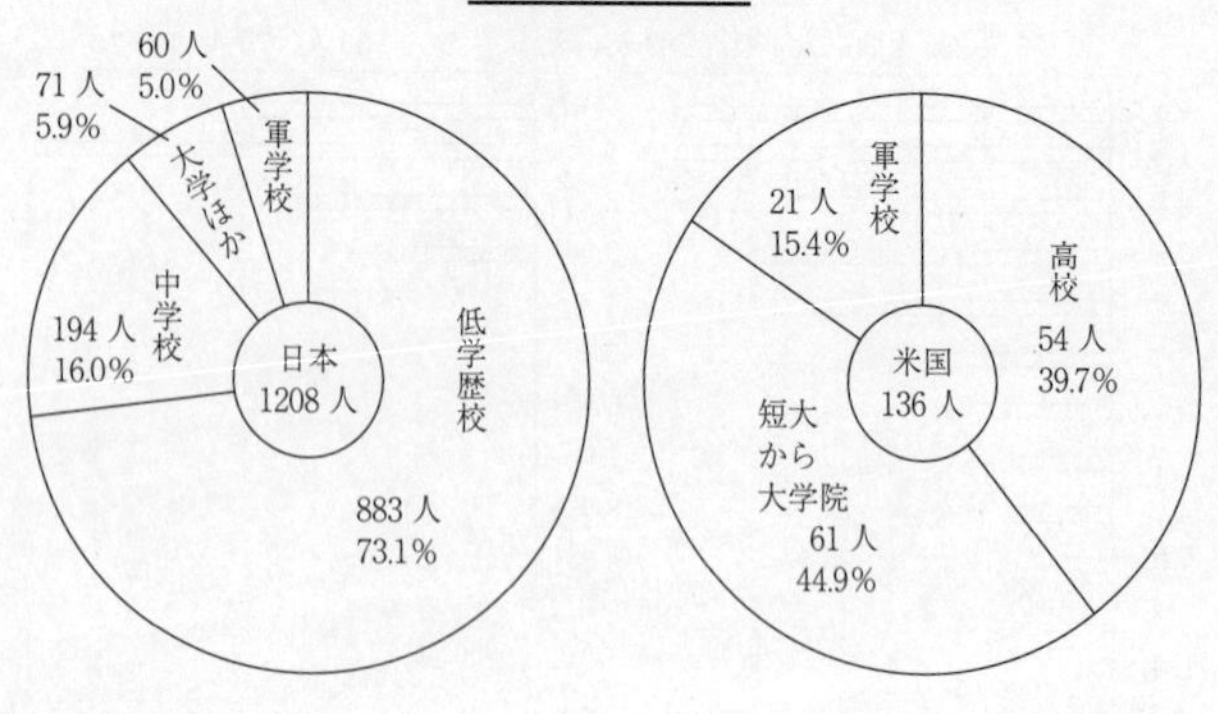

最終学歴・学校種

日本

学校種	人数	割合
小学校	54	4.5%
高等小学校	800	66.3%
その他低学歴校	29	2.4%
旧制中学校	104	8.6%
その他の中学歴校	90	7.4%
大学・大学院	11	0.9%
師範学校	51	4.2%
商船学校	9	0.7%
海軍経理学校	4	0.3%
海軍機関学校	25	2.1%
海軍兵学校	31	2.6%
計	1208人	100.0%

米国

学校種	人数	割合
中学校	1	0.7%
高校	53	39.0%
短大	9	6.6%
4年制大学・大学院	52	38.2%
海軍兵学校	20	14.7%
陸軍士官学校	1	0.7%
計	136人	100.0%

註・資料を得られた戦死者についての分析で、グラフはまとめて傾向を示した。日本の学歴の低さに対し、米国の高学歴は、予備学生出身の搭乗員戦死者の多いことによる。

兄弟姉妹の数（戦死者をふくむ）

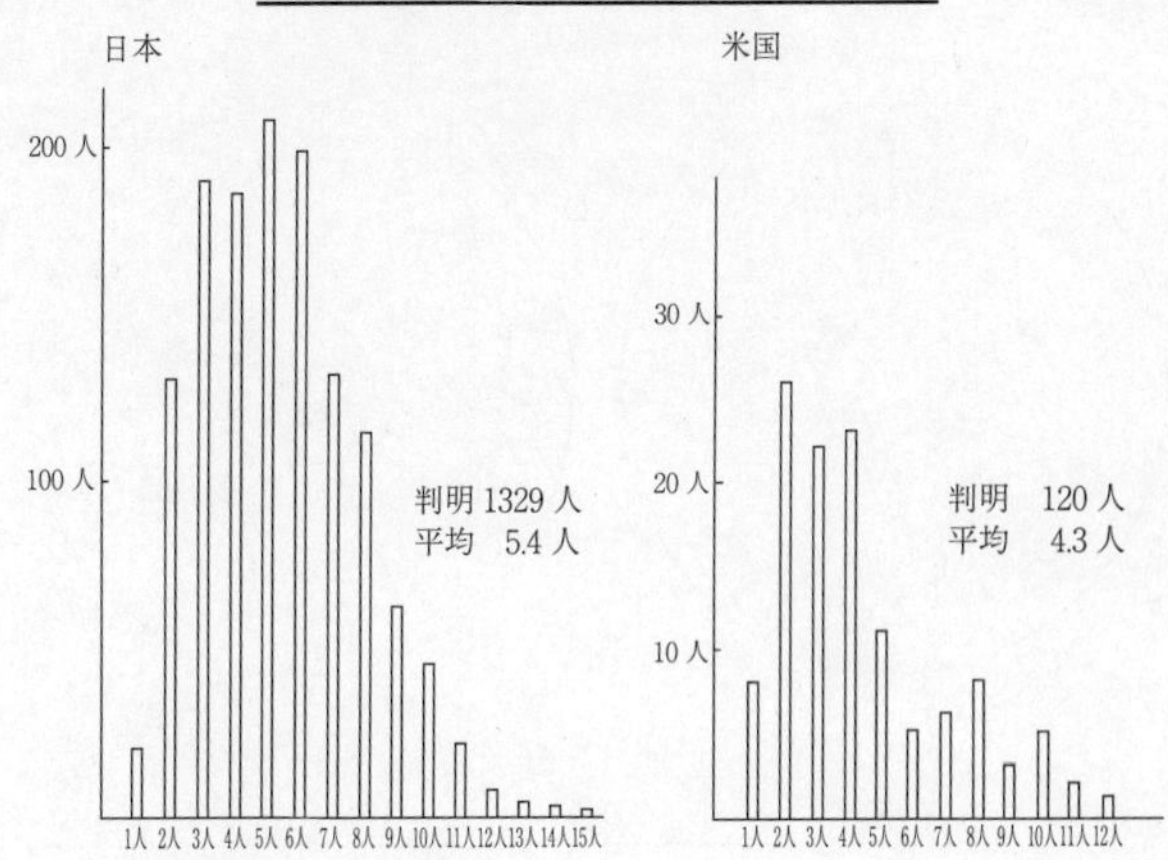

兄弟姉妹の数（戦死者をふくむ）

	日本		米国	
1人	20	1.5%	8	6.7%
2人	131	9.9%	26	21.7%
3人	188	14.1%	22	18.3%
4人	187	14.1%	23	19.2%
5人	208	15.7%	11	9.2%
6人	199	15.0%	5	4.2%
7人	132	9.9%	6	5.0%
8人	115	8.7%	8	6.7%
9人	62	4.7%	3	2.5%
10人	46	3.5%	5	4.2%
11人	23	1.7%	2	1.7%
12人	9	0.7%	1	0.8%
13人	4	0.3%	0	0.0%
14人	3	0.2%	0	0.0%
15人	2	0.2%	0	0.0%
判明数	1329人	100.0%	120人	100.0%

戦死者中の搭乗員

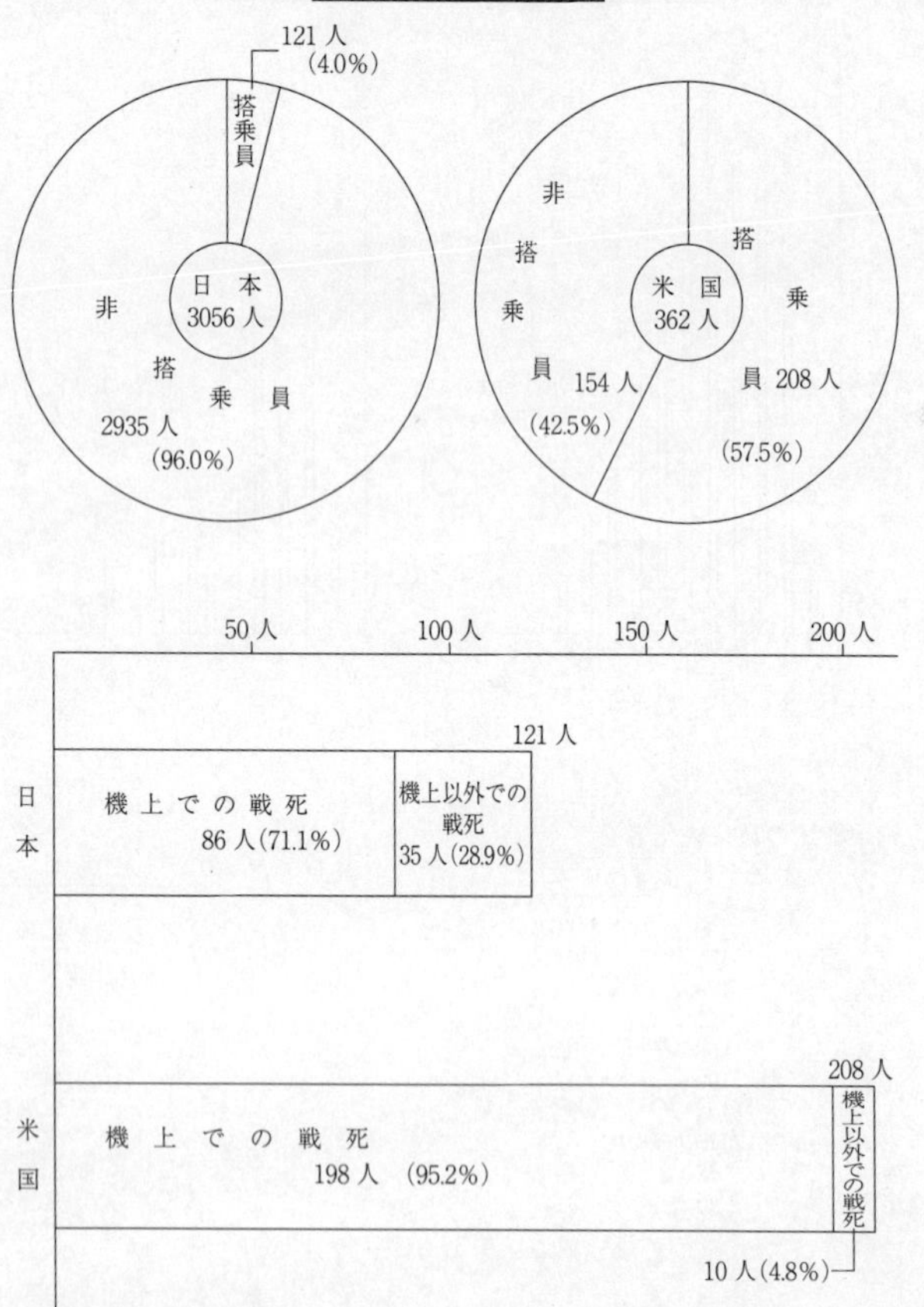

121人
(4.0%)
搭乗員
日本
3056人
非搭乗員
2935人
(96.0%)
米国
362人
非搭乗員
154人
(42.5%)
搭乗員
208人
(57.5%)
50人
100人
150人
200人
121人
日本
機上での戦死
86人(71.1%)
機上以外での戦死
35人(28.9%)
208人
米国
機上での戦死
198人 (95.2%)
機上以外での戦死
10人(4.8%)

搭乗員の在隊年数

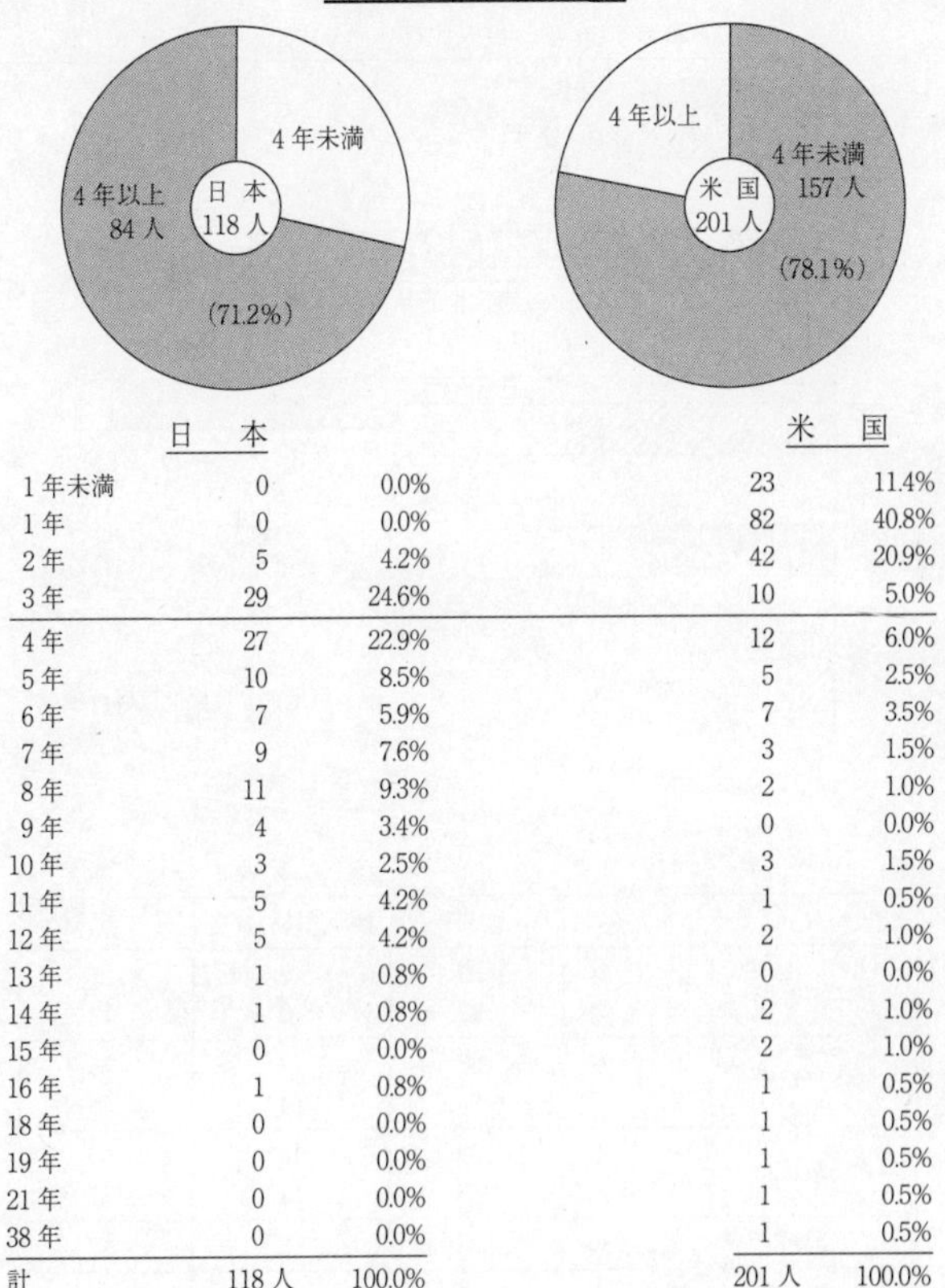

	日本		米国	
1年未満	0	0.0%	23	11.4%
1年	0	0.0%	82	40.8%
2年	5	4.2%	42	20.9%
3年	29	24.6%	10	5.0%
4年	27	22.9%	12	6.0%
5年	10	8.5%	5	2.5%
6年	7	5.9%	7	3.5%
7年	9	7.6%	3	1.5%
8年	11	9.3%	2	1.0%
9年	4	3.4%	0	0.0%
10年	3	2.5%	3	1.5%
11年	5	4.2%	1	0.5%
12年	5	4.2%	2	1.0%
13年	1	0.8%	0	0.0%
14年	1	0.8%	2	1.0%
15年	0	0.0%	2	1.0%
16年	1	0.8%	1	0.5%
18年	0	0.0%	1	0.5%
19年	0	0.0%	1	0.5%
21年	0	0.0%	1	0.5%
38年	0	0.0%	1	0.5%
計	118人	100.0%	201人	100.0%

註・在隊年数判明者のみの分析である（不明日本3、米国7）。2年未満が日本はゼロであるのに対し、米国は105名で52.2%を占める。日米の「4年以上」と「4年未満」の割合はほぼひとしい。日本側搭乗員の多くがきわめて練度の高かったことを示している。

搭乗員の戦死と機種

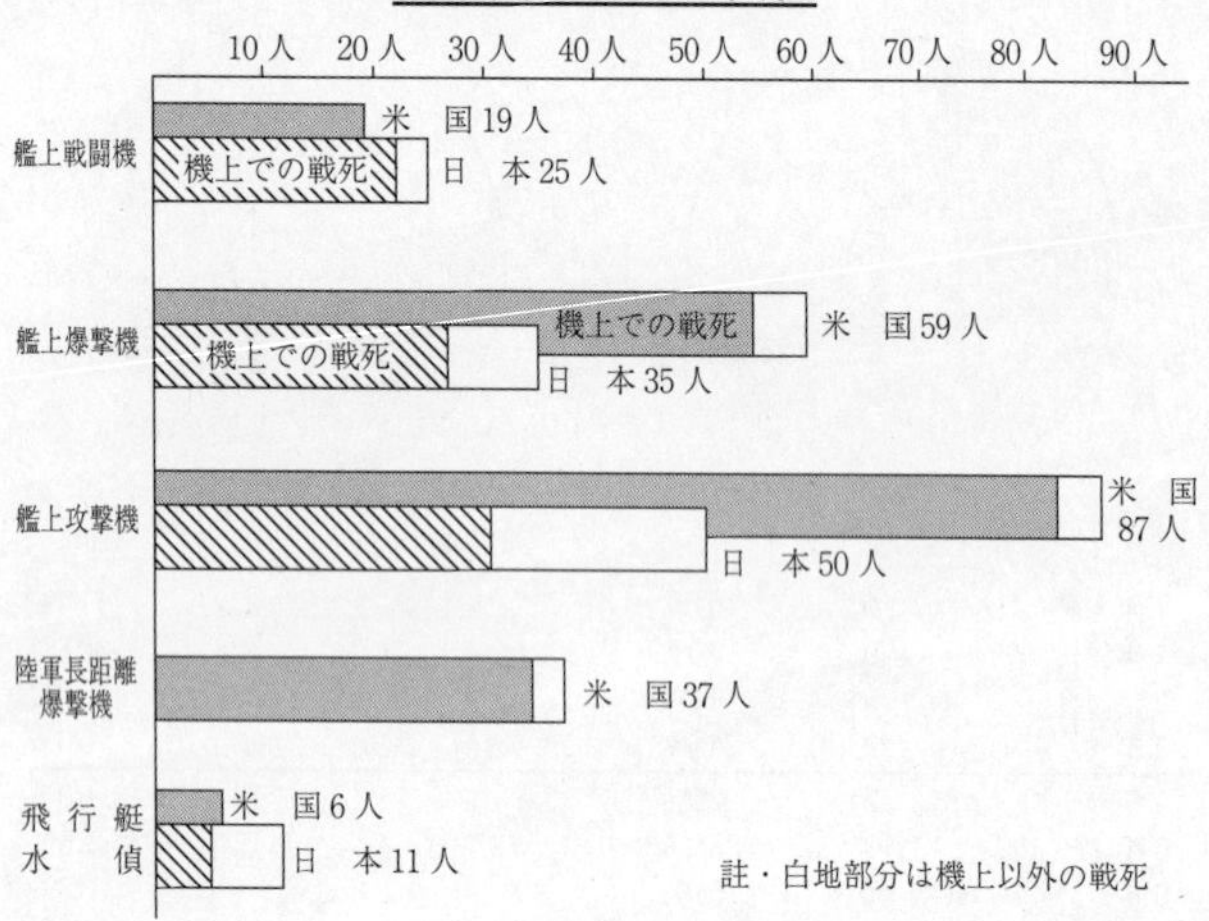

（単位・人）

		機上での戦死	機上以外の戦死	計
艦上戦闘機	日　本	23	2	25
	米　国	19	0	19
艦上爆撃機	日　本	27	8	35
	米　国	55	4	59
艦上攻撃機	日　本	31	19	50
	米　国	83	4	87
陸軍長距離爆撃機	米　国	35	2	37
水　偵	日　本	5	6	11
飛行艇	米　国	6	0	6
計	日　本	86	35	121
	米　国	198	10	208

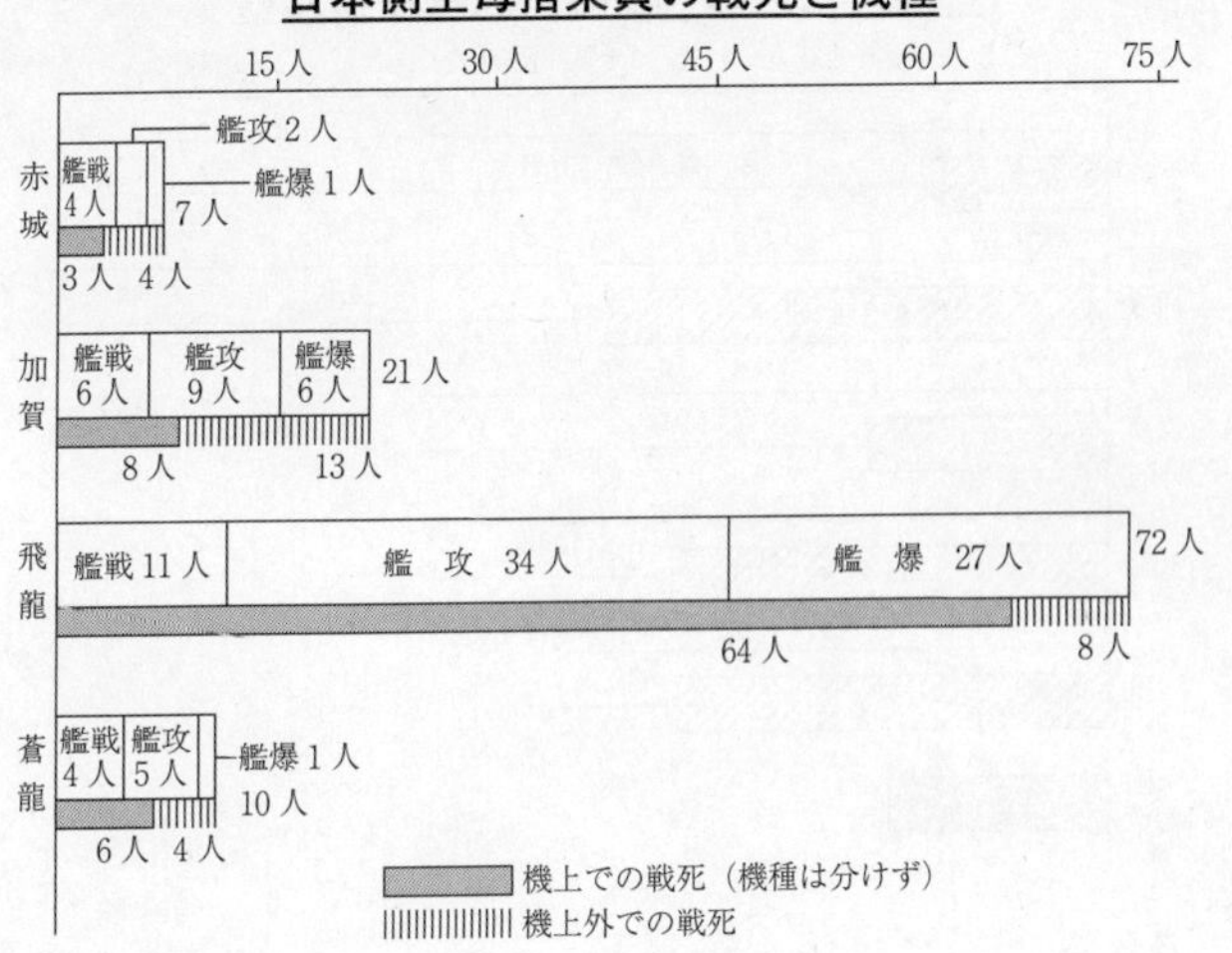

（単位・人）

	赤 城	加 賀	飛 龍	蒼 龍	計	
艦上戦闘機	4	6	11	4	25	22.7%
艦上爆撃機	1	6	27	1	35	31.8%
艦上攻撃機	2	9	34	5	50	45.5%
計	7 6.4%	21 19.1%	72 65.5%	10 9.1%	110 100.0%	100.0%

註・他に巡洋艦等の搭乗員11人（水偵）がいる。

日本側喪失艦の平時定員数と戦死数

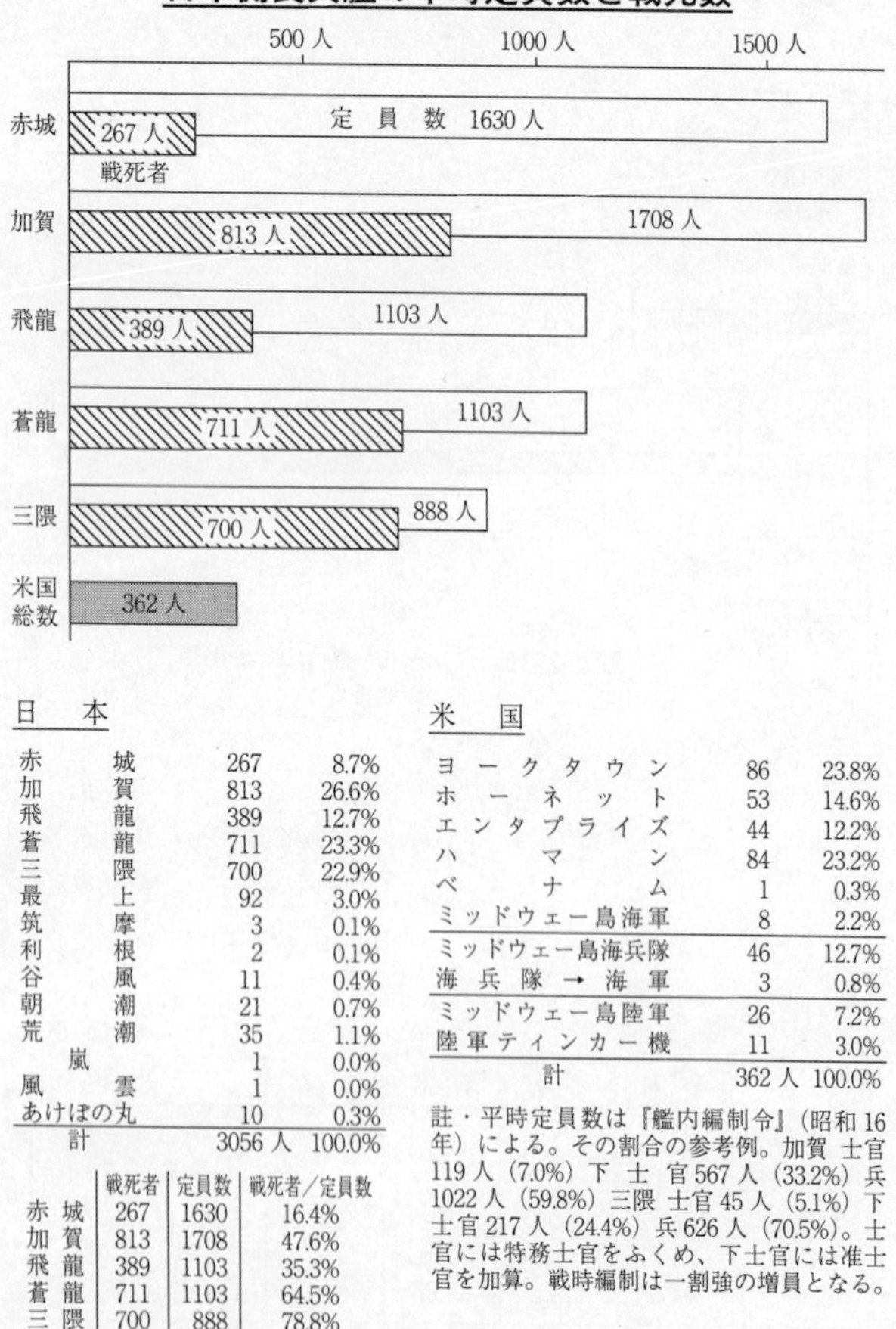

日本

艦名	戦死者	割合
赤城	267	8.7%
加賀	813	26.6%
飛龍	389	12.7%
蒼龍	711	23.3%
三隈	700	22.9%
最上	92	3.0%
筑摩	3	0.1%
利根	2	0.1%
谷風	11	0.4%
朝潮	21	0.7%
荒潮	35	1.1%
嵐	1	0.0%
風雲	1	0.0%
あけぼの丸	10	0.3%
計	3056人	100.0%

	戦死者	定員数	戦死者/定員数
赤城	267	1630	16.4%
加賀	813	1708	47.6%
飛龍	389	1103	35.3%
蒼龍	711	1103	64.5%
三隈	700	888	78.8%

米国

	戦死者	割合
ヨークタウン	86	23.8%
ホーネット	53	14.6%
エンタプライズ	44	12.2%
ハマン	84	23.2%
ベナム	1	0.3%
ミッドウェー島海軍	8	2.2%
ミッドウェー島海兵隊	46	12.7%
海兵隊→海軍	3	0.8%
ミッドウェー島陸軍	26	7.2%
陸軍ティンカー機	11	3.0%
計	362人	100.0%

註・平時定員数は『艦内編制令』(昭和16年)による。その割合の参考例。加賀 士官119人(7.0%)下士官567人(33.2%)兵1022人(59.8%)三隈 士官45人(5.1%)下士官217人(24.4%)兵626人(70.5%)。士官には特務士官をふくめ、下士官には准士官を加算。戦時編制は一割強の増員となる。

都道府県別戦死者数

北海道	82	2.7%
青　森	34	1.1%
岩　手	35	1.1%
宮　城	61	2.0%
秋　田	45	1.5%
山　形	2	0.1%
福　島	77	2.5%
茨　城	78	2.6%
栃　木	48	1.6%
群　馬	44	1.4%
埼　玉	74	2.4%
千　葉	87	2.8%
東　京	115	3.8%
神奈川	62	2.0%
新　潟	10	0.3%
富　山	3	0.1%
石　川	3	0.1%
福　井	2	0.1%
山　梨	24	0.8%
長　野	75	2.5%
岐　阜	60	2.0%
静　岡	96	3.1%
愛　知	118	3.9%
三　重	63	2.1%
滋　賀	1	0.0%
京　都	0	0.0%
大　阪	73	2.4%
兵　庫	92	3.0%
奈　良	26	0.9%
和歌山	27	0.9%
鳥　取	36	1.2%
島　根	40	1.3%
岡　山	79	2.6%
広　島	114	3.7%
山　口	84	2.7%
徳　島	60	2.0%
香　川	73	2.4%
愛　媛	103	3.4%
高　知	60	2.0%
福　岡	185	6.1%
佐　賀	74	2.4%
長　崎	99	3.2%
熊　本	141	4.6%
大　分	104	3.4%
宮　崎	75	2.5%
鹿児島	186	6.1%
沖　縄	20	0.7%
樺　太	5	0.2%
韓　国	1	0.0%
合　計	3056 人	100.0%

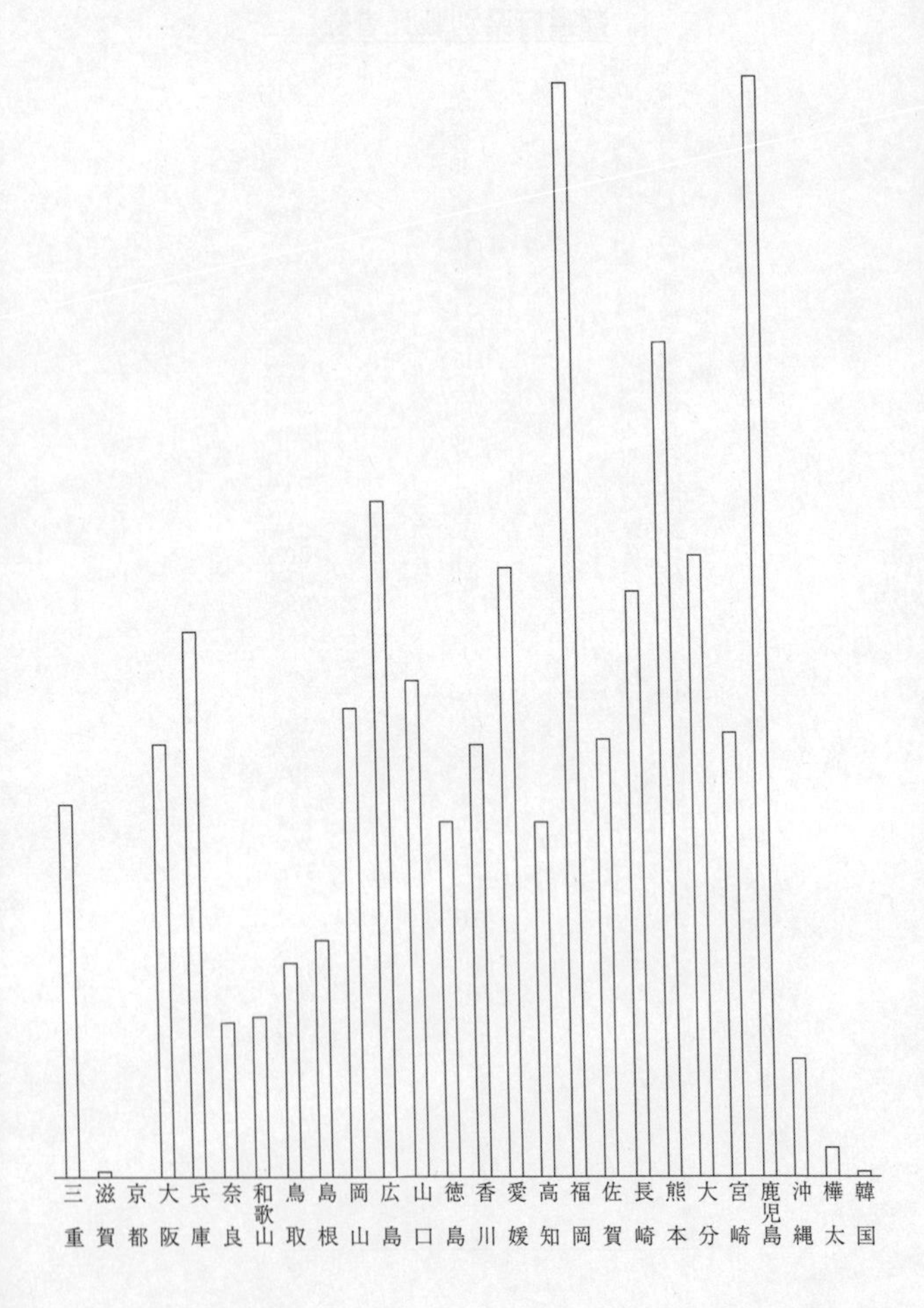
三重
滋賀
京都
大阪
兵庫
奈良
和歌山
鳥取
島根
岡山
広島
山口
徳島
香川
愛媛
高知
福岡
佐賀
長崎
熊本
大分
宮崎
鹿児島
沖縄
樺太
韓国

日本側戦死者の出身地

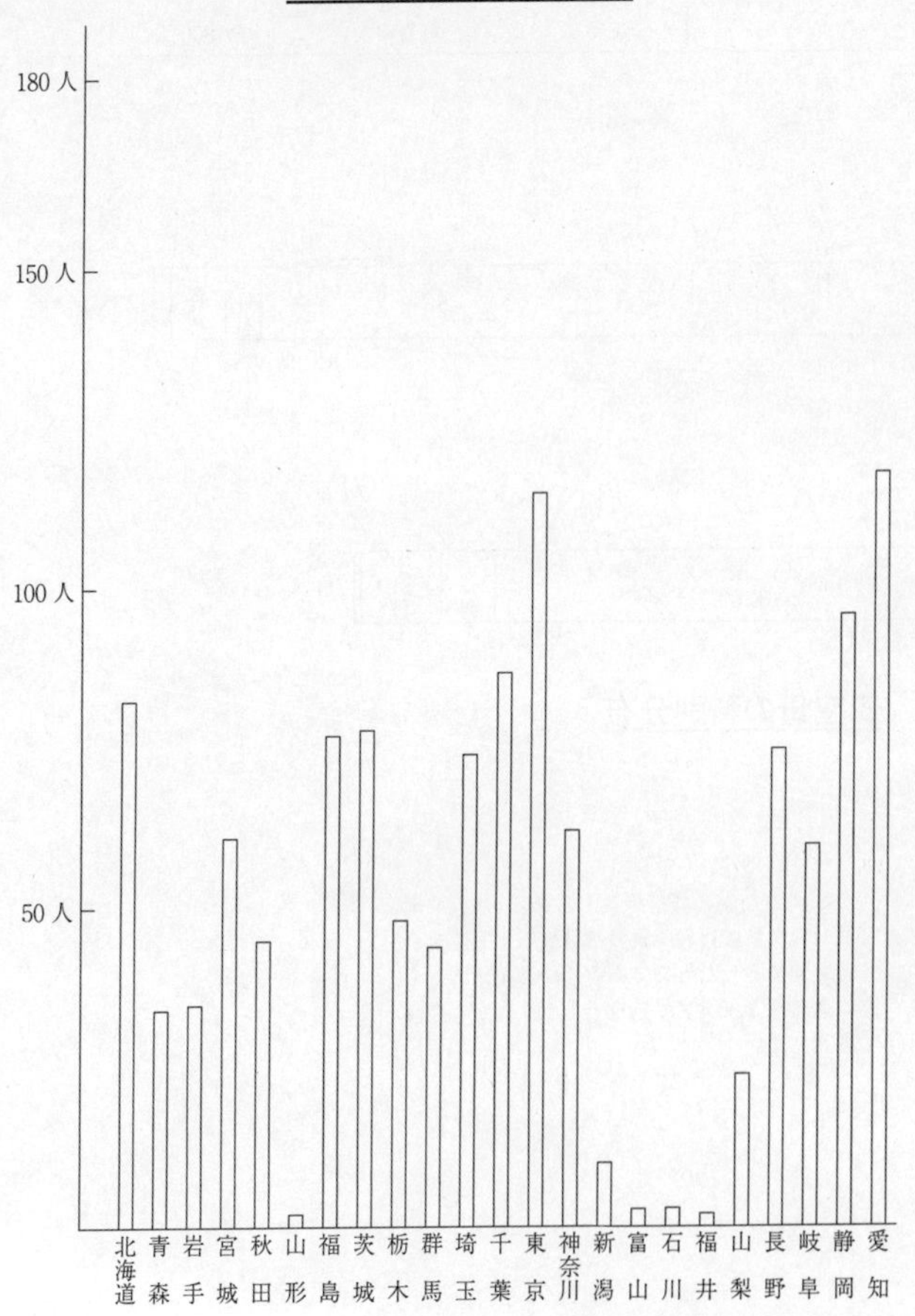

180人
150人
100人
50人
北海道
青森
岩手
宮城
秋田
山形
福島
茨城
栃木
群馬
埼玉
千葉
東京
神奈川
新潟
富山
石川
福井
山梨
長野
岐阜
静岡
愛知

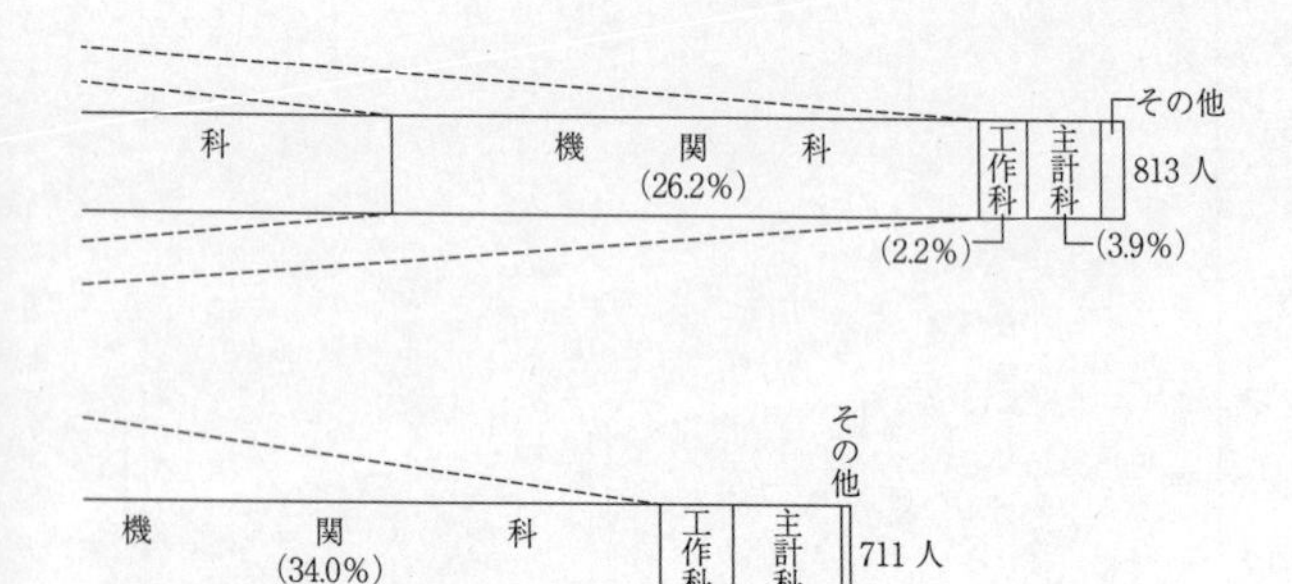

四空母の科別分布

註・科別のなかに「搭乗員」とあるのは、「飛行科」の兵員に兵科所属の搭乗員（士官）を合算して別枠としたものである。総数121人から巡洋艦他所属の11人をのぞく110人が4空母で戦死した。

科別に見た喪失日本空母の戦死者

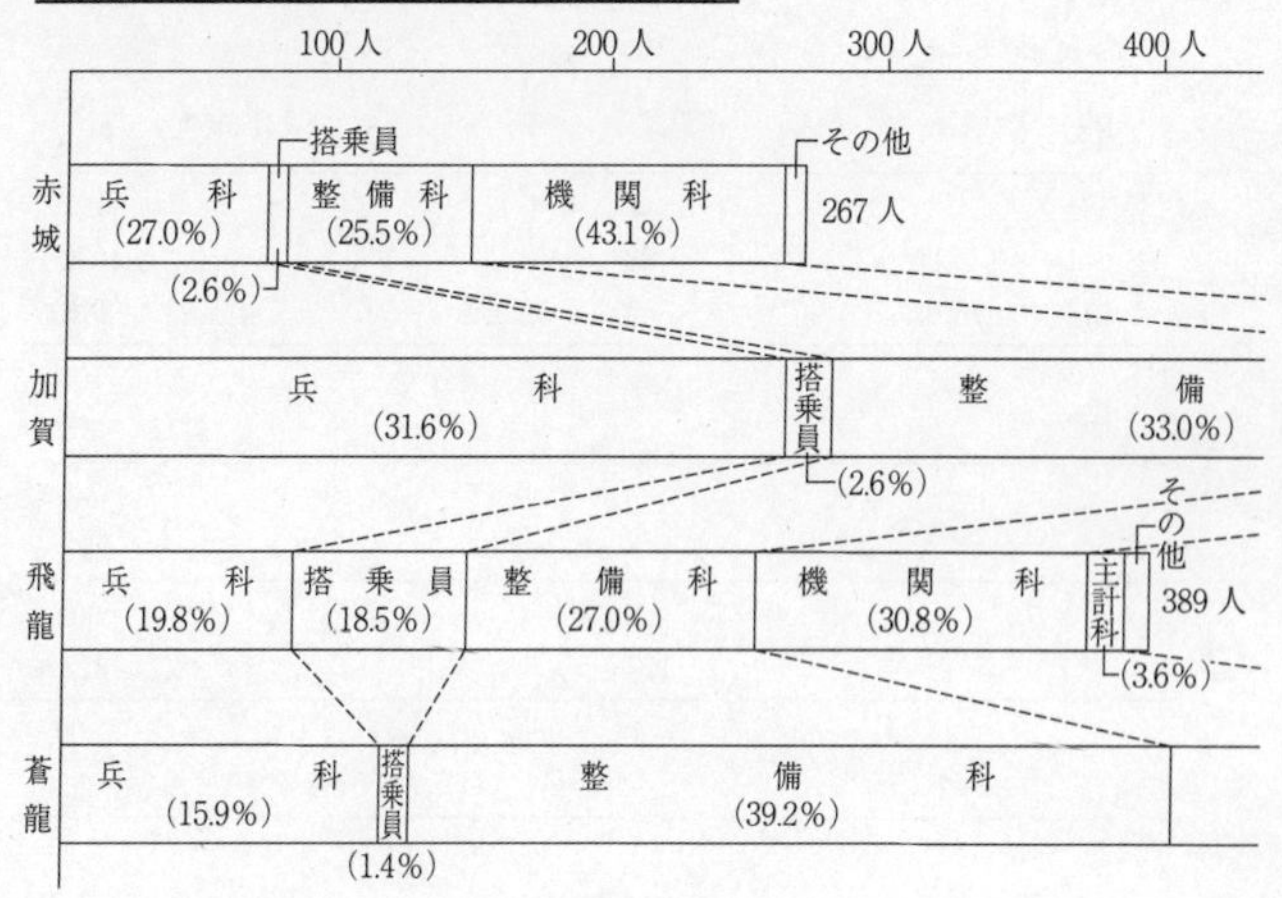

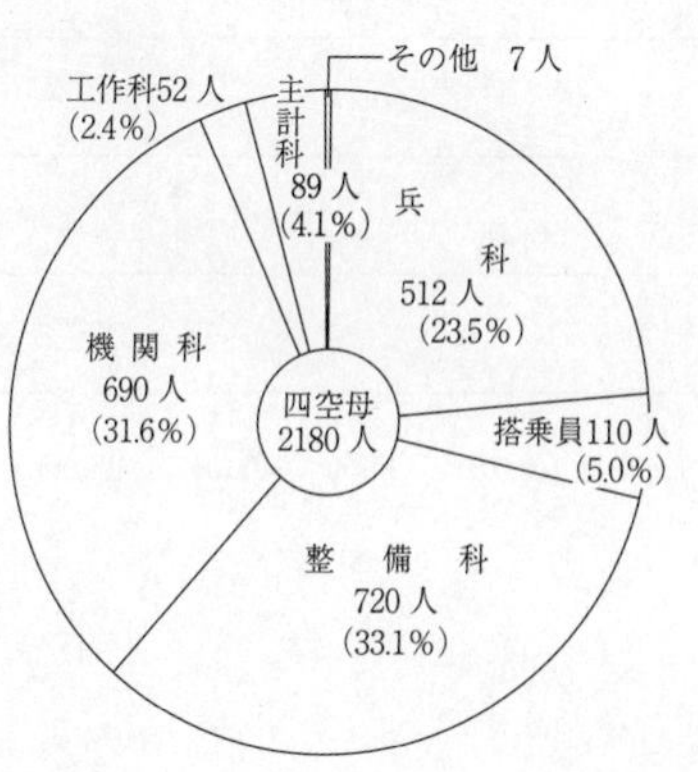

（単位・人）

利根	谷風	朝潮	荒潮	嵐	風雲	あけぼの丸	計
(1) 1 50.0%	11 100.0%	20 95.2%	26 74.3%	1 100.0%		10 100.0%	(14) 1032 33.8%
1 50.0%							107 3.5%
							740 24.2%
			6 17.1%				961 31.4%
					1 100.0%		69 2.3%
							5 0.2%
							13 0.4%
		1 4.8%	3 8.6%				125 4.1%
							4 0.1%
2 100.0%	11 100.0%	21 100.0%	35 100.0%	1 100.0%	1 100.0%	10 100.0%	3056 100.0%

各艦船・科別戦死数・日本

科＼艦名	赤城	加賀	飛龍	蒼龍	三隈	最上	筑摩
兵　科	(1) 72 27.0%	(5) 262 32.2%	(6) 77 19.9%	113 15.9%	(1) 380 54.3%	59 64.1%	
飛行科	6 2.2%	16 2.0%	66 16.8%	10 1.4%	3 0.4%	2 2.2%	3 100.0%
整備科	68 25.5%	268 33.0%	105 27.0%	279 39.2%	18 2.6%	2 2.2%	
機関科	115 43.1%	213 26.1%	120 30.9%	242 34.0%	238 34.0%	27 29.3%	
工作科	1 0.4%	18 2.2%	6 1.5%	27 3.8%	16 2.3%		
軍医科		1 0.1%	1 0.3%		2 0.3%	1 1.1%	
看護科		3 0.4%		1 0.1%	9 1.3%		
主計科	5 1.9%	32 3.9%	14 3.6%	38 5.3%	31 4.4%	1 1.1%	
軍　属				1 0.1%	3 0.4%		
計	267 100.0%	813 100.0%	389 100.0%	711 100.0%	700 100.0%	92 100.0%	3 100.0%

註・兵科の人数のうち（　）で示したのは搭乗員。いずれも士官で 14 人いる。
搭乗員数は飛行科の 107 人にこの 14 人を足した 121 人。

入隊以前の職業と家業（農業）・日本

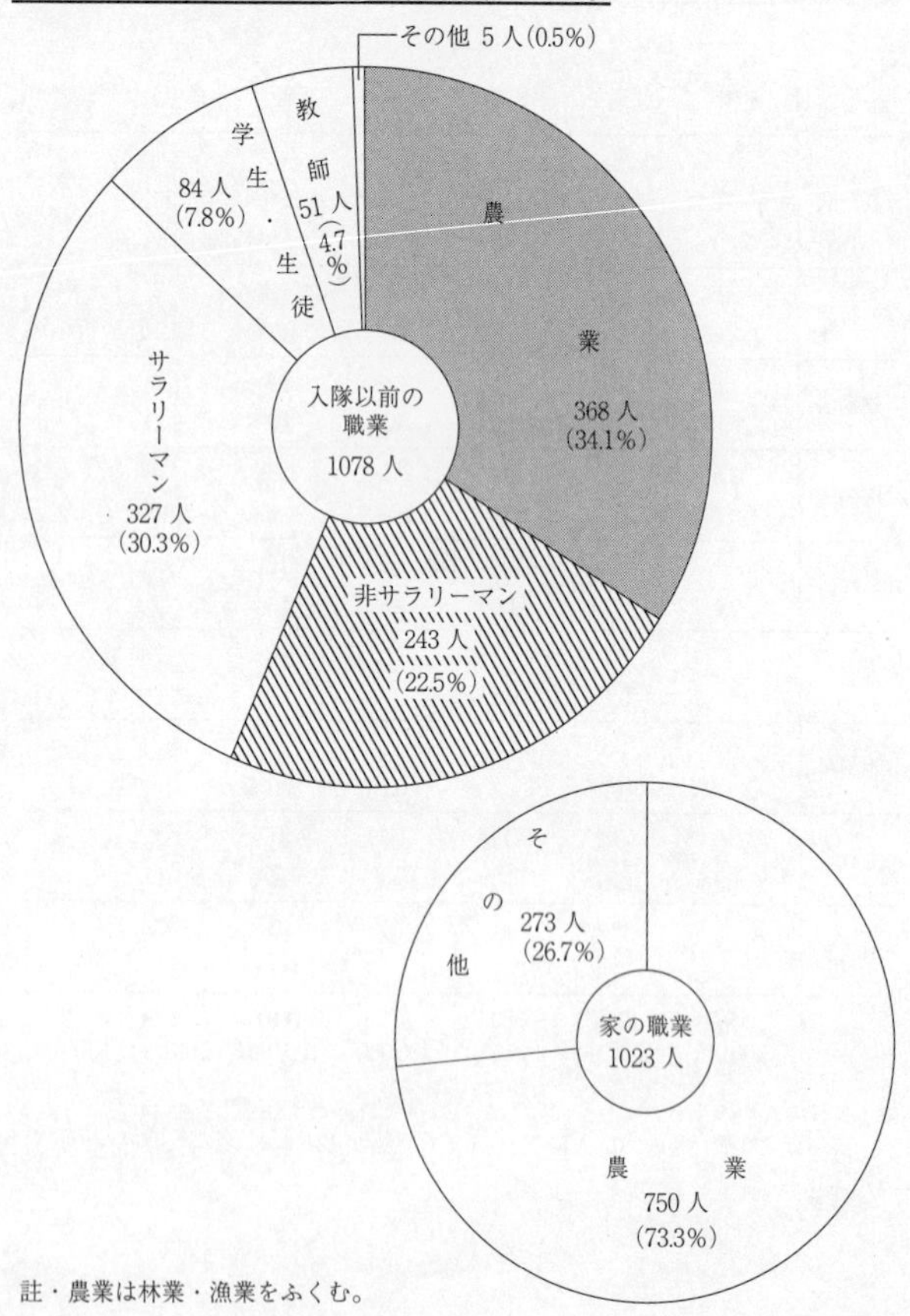

註・農業は林業・漁業をふくむ。

戦死した日

（単位・人）

	6月5日以前	5日	6日	7日	7日以後	計
赤城		266			1	267
加賀		813				813
飛龍		384			5	389
蒼龍		709			2	711
三隈				693	7	700
最上				88	4	92
筑摩		3				3
利根		2				2
谷風			4	2	5	11
朝潮				20	1	21
荒潮				33	2	35
嵐		1				1
風雲		1				1
あけぼの丸	10					10
米海軍	2	177	3	80	14	276
米海兵隊		45	3		1	49
米陸軍		16	10		11	37
日本	10	2179	4	836	27	3056
米国	2	238	16	80	26	362
計	12 0.4%	2417 70.7%	20 0.6%	916 26.8%	53 1.6%	3418 100.0%

註・米側戦死は日本時間に統一した。いずれも公報による戦死日である。飛龍の「7日以後」の5人は自沈後脱出、漂流時の死。その1人は17歳9ヵ月。

付録

24歳	25歳	26歳	27歳	28歳	29歳	30歳	31歳	32歳	33歳	34歳	35～39歳	40歳以上	計
277	196	171	118	69	48	39	27	28	19	17	27	38	3056
23	20	19	12	4	5	1	4	2	·	1	2	2	267
81	52	46	26	15	13	12	4	4	8	5	7	13	813
33	33	17	13	10	6	4	4	5	3	1	3	2	389
63	36	44	49	24	9	12	5	7	5	3	6	13	711
60	47	37	12	15	11	9	7	8	3	6	5	8	700
12	4	7	4	1	3	·	1	1	·	·	1	·	92
·	1	·	·	·	·	·	·	·	·	·	·	·	3
·	·	1	·	·	·	·	·	·	·	·	·	·	2
1	·	·	·	·	·	·	·	·	·	·	·	·	11
2	1	·	1	·	·	·	1	·	·	·	·	·	21
2	2	·	·	·	1	1	·	1	·	·	·	·	35
·	·	·	1	·	·	·	·	·	·	·	·	·	1
·	·	·	·	·	·	·	·	·	·	·	·	·	1
·	·	·	·	·	·	·	1	·	·	1	3	·	10
5	1	6	2	·	1	1	2	·	·	·	·	·	54
68	52	43	26	22	11	7	8	7	9	4	7	5	800
2	·	·	·	1	·	·	·	1	·	1	·	·	29
8	5	4	6	2	1	3	1	1	·	1	·	·	104
4	8	7	8	1	3	3	1	1	·	·	2	·	90
3	2	4	·	·	·	·	·	·	·	·	1	·	11
1	·	·	·	·	·	·	·	·	·	·	·	·	51
3	3	1	1	·	·	·	1	·	·	·	·	·	9
·	·	·	·	·	·	·	·	·	·	·	·	1	4
4	1	1	2	·	·	1	·	·	·	·	·	4	25
1	2	2	3	2	·	1	2	·	1	·	2	9	31
178	122	103	70	41	32	23	12	18	9	11	15	19	1848
36	25	23	14	9	4	5	5	4	5	3	3	4	368
18	19	15	10	6	6	3	4	·	1	2	1	·	243
23	13	12	10	6	2	·	1	3	1	3	4	1	327
5	2	5	4	2	1	1	1	1	1	·	1	7	84
1	·	·	·	·	·	·	·	·	·	·	·	·	51
·	1	1	·	·	·	1	·	·	·	·	1	·	5
194	136	115	80	46	35	29	16	20	11	9	17	26	1978
·	·	·	·	·	·	1	·	·	·	·	·	·	11
·	2	3	1	·	·	·	·	·	·	·	·	·	50
10	8	10	5	6	3	1	2	1	2	1	·	1	259
31	30	15	14	11	6	5	6	6	3	2	4	10	447
29	22	17	17	6	5	5	3	9	2	1	8	10	338
28	18	12	12	8	7	5	5	·	5	3	4	9	239
130	74	70	38	22	15	12	6	4	2	7	4	5	1206
29	31	32	25	12	8	6	1	3	2	1	·	1	370
3	1	2	·	·	·	·	·	·	·	·	·	·	15
6	·	1	·	1	·	·	1	·	·	·	·	·	9
1	3	2	·	·	·	·	·	·	·	·	1	·	7
·	1	2	·	·	·	1	·	·	·	·	·	·	4
·	·	1	1	·	·	·	·	·	·	·	·	·	2
·	·	·	·	·	·	·	·	·	·	·	·	·	0
·	·	·	·	·	2	1	·	·	·	·	·	·	3
·	·	·	·	·	·	1	·	1	1	·	·	·	3
·	·	·	·	·	·	·	2	·	·	·	·	·	2
·	·	·	·	·	·	·	1	4	2	2	6	1	16
10	6	4	5	3	2	1	·	·	·	·	·	1	75

死亡年齢別にみた分布（日本）

付録 1-1

2023.4.28　現在

		15歳	16歳	17歳	18歳	19歳	20歳	21歳	22歳	23歳
該当数		4	10	59	82	135	299	519	496	378
艦船名	赤　城	1	·	3	8	10	29	45	41	35
	加　賀	·	1	16	24	38	88	128	136	96
	飛　龍	·	3	8	14	23	43	56	56	52
	蒼　龍	2	4	11	14	21	57	128	109	89
	三　隈	1	2	15	17	35	64	130	121	87
	最　上	·	·	4	2	5	9	13	17	8
	筑　摩	·	·	·	·	2	·	·	·	·
	利　根	·	·	·	·	·	·	·	1	·
	谷　風	·	·	1	·	1	·	2	5	1
	朝　潮	·	·	·	2	·	2	3	3	6
	荒　潮	·	·	1	1	·	7	11	6	2
	嵐	·	·	·	·	·	·	·	·	·
	風　雲	·	·	·	·	·	·	1	·	·
	あけぼの丸	·	·	·	·	·	·	2	1	2
最終学歴	小学校	·	·	·	2	1	9	12	10	2
	高等小学校	3	3	20	30	39	77	140	120	99
	ほか低学歴校	·	·	1	2	1	5	5	4	6
	中学校	·	·	1	4	8	15	21	14	9
	ほか中学歴校	·	·	1	3	5	4	18	10	11
	大　学	·	·	·	·	·	·	1	·	·
	師範学校	·	·	·	·	·	·	11	28	11
	商船学校	·	·	·	·	·	·	·	·	·
	海軍経理学校	·	·	·	·	1	·	2	·	·
	海軍機関学校	·	·	·	·	·	·	5	5	2
	海軍兵学校	·	·	·	·	·	3	1	1	1
	不　明	1	7	36	41	80	186	303	304	237
入隊前の職業	農林漁業	·	3	5	9	16	36	66	48	45
	非サラリーマン	·	·	4	4	10	19	47	37	37
	サラリーマン	·	·	8	20	18	39	57	67	39
	学生・生徒	2	·	1	3	8	14	12	6	7
	教　師	·	·	·	·	·	·	11	28	11
	専門職その他	·	·	·	·	1	·	·	·	·
	不　明	2	7	41	46	82	191	326	310	239
直近の入隊年齢	14歳	4	·	1	·	1	1	2	1	·
	15歳	·	9	16	2	7	2	3	3	2
	16歳	·	1	36	31	35	32	29	29	16
	17歳	·	·	6	41	38	75	64	43	37
	18歳	·	·	·	6	42	34	54	38	30
	19歳	·	·	·	·	12	23	32	24	32
	20歳	·	·	·	·	·	126	267	236	188
	21歳	·	·	·	·	·	·	57	107	55
	22歳	·	·	·	·	·	·	·	2	7
	23歳	·	·	·	·	·	·	·	·	·
	24歳	·	·	·	·	·	·	·	·	·
	25歳	·	·	·	·	·	·	·	·	·
	26歳	·	·	·	·	·	·	·	·	·
	27歳	·	·	·	·	·	·	·	·	·
	28歳	·	·	·	·	·	·	·	·	·
	29歳	·	·	·	·	·	·	·	·	·
	30歳	·	·	·	·	·	·	·	·	·
	31歳以上	·	·	·	·	·	·	·	·	·
	不　明	·	·	·	2	·	6	11	13	11

24歳	25歳	26歳	27歳	28歳	29歳	30歳	31歳	32歳	33歳	34歳	35～39歳	40歳以上	計
277	196	171	118	69	48	39	27	28	19	17	27	38	3056
5	3	2	1	·	2	1	3	3	2	1	5	·	478
4	1	2	·	·	·	1	·	1	·	·	·	·	477
12	·	1	·	·	·	·	·	1	·	1	1	·	411
96	20	1	·	·	·	·	·	·	1	·	·	·	395
65	56	22	·	1	·	1	·	·	·	·	·	·	311
20	35	53	20	·	·	·	·	·	·	·	·	·	223
29	15	34	28	10	·	·	·	·	·	·	·	·	181
27	20	7	16	12	7	·	1	·	·	·	·	·	110
9	31	18	14	14	11	5	·	·	·	·	·	·	105
·	8	16	16	7	5	6	1	·	·	·	·	1	60
·	1	8	12	5	7	8	5	1	·	·	·	·	47
·	·	3	5	11	5	4	1	4	2	·	1	·	36
·	·	·	1	6	6	5	5	2	·	·	·	·	25
·	·	·	·	·	3	6	4	·	2	5	·	·	20
·	·	·	·	·	·	·	6	9	5	3	2	·	25
·	·	·	·	·	·	·	1	6	3	3	1	·	14
·	·	·	·	·	·	1	·	1	4	4	17	36	63
10	6	4	5	3	2	1	·	·	·	·	·	1	75
107	92	63	53	34	21	21	17	18	14	10	19	36	1426
160	99	103	59	32	23	17	9	10	5	6	8	1	1551
10	5	5	6	3	4	1	1	·	·	1	·	1	79
8	9	9	5	4	2	1	2	·	1	·	·	·	121
269	187	162	113	65	46	38	25	28	18	17	27	38	2935
83	56	56	28	14	18	12	11	8	5	5	9	16	1032
7	7	6	2	3	2	·	1	·	·	·	·	·	107
50	43	33	34	23	14	10	3	3	1	4	6	3	740
117	73	57	44	22	14	13	9	11	11	5	9	14	961
6	3	8	7	1	·	2	1	2	2	2	1	1	69
2	·	2	·	·	·	·	·	·	·	·	1	·	5
3	3	1	·	1	·	·	1	·	·	·	·	·	13
9	11	8	3	5	·	2	1	4	·	1	1	3	125
·	·	·	·	·	·	·	·	·	·	·	·	1	4
·	·	·	·	·	·	·	·	·	·	·	·	1	1
·	·	·	·	·	·	·	·	·	·	·	·	5	5
·	·	·	·	·	·	·	·	·	·	·	·	6	6
·	·	·	·	·	·	·	·	·	1	·	3	3	7
·	4	4	5	2	·	2	3	·	·	·	·	·	21
8	1	3	·	·	·	·	·	·	·	·	·	·	17
3	3	1	1	·	·	·	·	·	·	·	·	·	23
·	·	·	·	·	·	·	·	·	·	·	·	4	4
·	·	·	·	·	·	·	·	·	1	·	·	12	13
·	·	·	1	1	·	·	·	4	1	2	11	5	25
1	1	4	1	1	4	1	5	5	6	6	6	1	43
11	30	30	38	33	32	27	15	13	6	5	2	·	270
37	28	25	19	10	5	3	·	1	1	1	·	·	186
42	41	38	33	19	6	2	2	1	1	·	1	·	386
172	87	64	20	3	1	4	2	4	2	3	4	·	970
3	1	2	·	·	·	·	·	·	·	·	·	·	495
·	·	·	·	·	·	·	·	·	·	·	·	·	580
·	·	·	·	·	·	·	·	·	·	·	·	1	4
66	54	39	30	16	10	8	10	5	7	5	4	8	750
15	17	18	8	7	7	6	·	3	·	·	2	6	273
196	125	114	80	46	31	25	17	20	12	12	21	24	2033
27	30	27	22	13	9	9	5	4	5	1	5	8	493
124	85	73	58	35	32	17	19	17	9	10	15	23	1273
126	81	71	38	21	7	13	3	7	5	6	7	7	1290
259	168	129	67	29	7	8	3	2	·	·	·	·	2587
4	1	2	3	2	1	·	·	·	·	·	·	·	26
13	27	39	47	38	40	31	24	26	19	17	27	38	422
1	·	1	1	·	·	·	·	·	·	·	·	·	21

付録 1-2

		15歳	16歳	17歳	18歳	19歳	20歳	21歳	22歳	23歳
該当数		4	10	59	82	135	299	519	496	378
在隊年数	1年未満	·	3	12	11	23	135	211	54	1
	1年	4	7	31	36	32	19	120	182	37
	2年	·	·	15	32	37	34	31	114	132
	3年	·	·	1	1	37	71	55	25	87
	4年	·	·	·	·	5	32	60	35	34
	5年	·	·	·	·	1	1	27	42	24
	6年	·	·	·	·	·	1	3	27	34
	7年	·	·	·	·	·	·	1	3	16
	8年	·	·	·	·	·	·	·	1	2
	9年	·	·	·	·	·	·	·	·	·
	10年	·	·	·	·	·	·	·	·	·
	11年	·	·	·	·	·	·	·	·	·
	12年	·	·	·	·	·	·	·	·	·
	13年	·	·	·	·	·	·	·	·	·
	14年	·	·	·	·	·	·	·	·	·
	15年	·	·	·	·	·	·	·	·	·
	16年以上	·	·	·	·	·	·	·	·	·
	不　明	·	·	·	2	·	6	11	13	11
入隊の形態	志　願	4	10	59	82	135	168	192	146	125
	徴　兵	·	·	·	·	·	123	315	338	243
	不　明	·	·	·	·	·	8	12	12	10
搭乗員区分	搭乗員	·	·	·	1	14	18	24	14	9
	非搭乗員	4	10	59	81	121	281	495	482	369
科	兵　科	4	7	35	35	43	98	195	188	106
	飛行科	·	·	·	1	14	18	24	14	8
	整備科	·	1	8	19	38	83	134	123	107
	機関科	·	2	15	22	34	84	133	139	133
	工作科	·	·	·	2	·	4	7	11	9
	軍医科	·	·	·	·	·	·	·	·	·
	看護科	·	·	·	1	·	1	·	1	1
	主計科	·	·	1	2	6	10	26	19	13
	軍　属	·	·	·	·	·	1	·	1	1
階　級	少　将	·	·	·	·	·	·	·	·	·
	大　佐	·	·	·	·	·	·	·	·	·
	中　佐	·	·	·	·	·	·	·	·	·
	少　佐	·	·	·	·	·	·	·	·	·
	大　尉	·	·	·	·	·	·	·	·	1
	中　尉	·	·	·	·	·	·	·	3	2
	少　尉	·	·	·	·	1	3	8	3	·
	特務大尉	·	·	·	·	·	·	·	·	·
	特務中尉	·	·	·	·	·	·	·	·	·
	特務少尉	·	·	·	·	·	·	·	·	·
	兵曹長	·	·	·	·	·	·	·	1	·
	一等兵曹	·	·	·	·	2	6	10	4	6
	二等兵曹	·	·	·	·	4	5	7	17	23
	三等兵曹	·	·	·	1	7	20	54	70	48
	一等兵	·	·	1	·	32	82	92	150	247
	二等兵	·	·	15	34	40	34	124	193	49
	三等兵	4	10	43	47	49	148	224	54	1
	軍　属	·	·	·	·	·	1	·	1	1
家の職業	農　業	4	3	11	30	28	76	130	118	88
	その他	·	·	9	6	21	23	47	42	36
	不　明	·	7	39	46	86	200	342	336	254
兄　弟	長男もしくはただ一人の子	1	1	11	16	26	51	101	69	52
	その他	3	2	22	28	53	108	185	193	162
	不　明	·	7	26	38	56	140	233	234	164
結　婚	未　婚	4	10	59	80	133	289	507	473	360
	婚　約	·	·	·	1	·	1	3	4	4
	既　婚	·	·	·	·	1	5	4	13	13
	不　明	·	·	·	1	1	4	5	6	1

24歳	25歳	26歳	27歳	28歳	29歳	30歳	31歳	32歳	33歳	34歳	35～39歳	40歳以上	計
3	16	8	14	10	8	5	5	2	1	·	·	·	87
5	7	16	17	8	10	8	2	1	1	3	·	1	91
1	1	5	5	10	7	4	3	·	2	·	1	1	42
1	1	2	4	2	8	5	4	1	1	1	1	·	33
1	·	3	1	1	1	·	1	11	3	1	·	1	27
·	·	1	·	·	2	5	2	3	·	3	2	1	20
·	·	·	1	·	·	1	5	4	4	1	1	·	17
·	·	1	1	1	1	2	·	2	3	2	2	2	17
·	·	·	·	·	·	·	2	2	1	1	2	1	9
·	·	·	·	1	·	·	·	·	1	1	2	·	5
·	·	1	·	·	·	·	·	·	1	3	4	1	10
·	·	·	·	·	·	·	·	·	1	1	5	1	8
·	·	·	·	·	·	·	·	·	·	·	2	3	5
·	·	·	·	·	·	·	·	·	·	·	3	4	7
·	·	·	·	·	·	·	·	·	·	·	1	1	2
·	·	·	·	·	·	·	·	·	·	·	·	18	18
2	2	2	4	5	3	1	·	·	·	·	1	3	24
5	10	24	20	18	25	20	21	20	15	14	25	34	269
7	15	13	24	16	13	11	3	6	4	3	2	4	138
1	2	2	3	4	2	·	·	·	·	·	·	·	15
·	·	·	·	·	·	·	·	·	·	·	·	·	1
·	1	1	·	1	·	·	·	·	·	·	·	·	3
1	1	·	·	·	·	·	·	·	·	·	·	·	4
3	3	1	5	·	2	1	1	·	·	·	·	·	18
2	3	4	5	3	3	3	1	·	·	·	·	·	32
2	2	9	4	5	3	3	·	·	1	·	·	·	33
1	6	4	9	4	3	1	1	1	2	2	·	·	39
·	4	6	8	3	7	3	·	·	·	1	·	·	39
·	2	3	5	6	4	4	5	·	2	·	1	·	34
1	·	1	1	2	6	3	4	1	·	·	·	·	21
1	1	3	1	4	4	2	1	8	1	3	2	·	34
·	·	2	3	4	2	4	1	8	1	2	1	1	29
·	1	·	2	·	1	2	1	1	4	2	5	·	19
·	·	1	·	1	1	·	5	3	·	2	2	·	15
·	·	2	·	·	1	3	2	1	2	1	4	2	18
·	·	·	1	·	·	1	2	3	6	4	12	35	64
2	3	2	3	5	3	1	·	·	·	·	·	·	19
3	10	12	17	8	8	8	4	4	1	3	2	2	88
2	4	6	10	9	10	11	11	10	9	7	12	19	127
8	13	21	20	21	22	12	9	12	9	7	13	17	207

付録1-3

		15歳	16歳	17歳	18歳	19歳	20歳	21歳	22歳	23歳
既婚者の結婚年数	1年未満	·	·	·	·	·	4	3	4	4
	1年	·	·	·	·	1	·	1	6	4
	2年	·	·	·	·	·	·	·	1	1
	3年	·	·	·	·	·	·	·	·	2
	4年	·	·	·	·	·	1	·	1	1
	5年	·	·	·	·	·	·	·	1	·
	6年	·	·	·	·	·	·	·	·	·
	7年	·	·	·	·	·	·	·	·	·
	8年	·	·	·	·	·	·	·	·	·
	9年	·	·	·	·	·	·	·	·	·
	10年	·	·	·	·	·	·	·	·	·
	11年	·	·	·	·	·	·	·	·	·
	12年	·	·	·	·	·	·	·	·	·
	13年	·	·	·	·	·	·	·	·	·
	14年	·	·	·	·	·	·	·	·	·
	15年以上	·	·	·	·	·	·	·	·	·
	不　明	·	·	·	·	·	·	·	·	1
子　供	有	·	·	·	·	1	3	2	7	5
	無	·	·	·	·	·	2	2	6	7
	不　明	·	·	·	·	·	·	·	·	1
戦死時の妻の年齢	16歳	·	·	·	·	·	·	1	·	·
	17歳	·	·	·	·	·	·	·	·	·
	18歳	·	·	·	·	·	1	·	1	·
	19歳	·	·	·	·	1	1	·	·	·
	20歳	·	·	·	·	·	1	1	3	3
	21歳	·	·	·	·	·	·	1	2	1
	22歳	·	·	·	·	·	1	1	3	·
	23歳	·	·	·	·	·	·	·	3	4
	24歳	·	·	·	·	·	·	·	1	1
	25歳	·	·	·	·	·	·	·	·	2
	26歳	·	·	·	·	·	1	·	·	2
	27歳	·	·	·	·	·	·	·	·	·
	28歳	·	·	·	·	·	·	·	·	·
	29歳	·	·	·	·	·	·	·	·	·
	30歳	·	·	·	·	·	·	·	·	·
	31歳以上	·	·	·	·	·	·	·	·	·
	不　明	·	·	·	·	·	·	·	·	·
妻の再婚	再　婚	·	·	·	·	·	2	1	3	·
	のち独身	·	·	·	·	·	1	1	1	4
	不　明	·	·	·	·	1	2	2	9	9

註・「在隊年数」「直近の入隊年齢」は、再度入隊の戦死者があるので、戦死に近い時点をとった。

「入隊の形態」が不明の79名中4名は軍属。

「階級」中、17歳の「一等兵」は鈴木留雄一等機関兵（加賀・14歳5ヵ月で入隊）、18歳の「三等兵曹」1人、19歳の「一等兵曹」2人、「二等兵曹」4人はいずれも飛行科所属。19歳の「少尉」は加賀の久松忠国主計少尉。

25歳	26歳	27歳	28歳	29歳	30歳	31歳	32歳	33歳	34歳	35～39歳	40歳以上	不明	計
26	22	24	9	2	12	4	5	4	5	12	9	0	362
19	16	18	6	2	11	3	5	4	4	8	7	·	276
3	3	1	1	·	1	1	·	·	·	2	1	·	49
4	3	5	2	·	·	·	·	·	1	2	1	·	37
5	2	5	1	·	6	1	2	1	1	3	3	·	86
7	3	4	1	1	·	1	2	1	·	2	1	·	53
3	8	4	·	1	2	1	·	·	·	1	·	·	44
3	1	4	4	·	2	·	1	2	3	2	3	·	84
·	·	·	·	·	·	·	·	·	·	·	·	·	1
1	2	1	·	·	1	·	·	·	·	·	·	·	8
3	3	1	1	·	1	1	·	·	·	2	1	·	46
·	·	·	·	·	·	·	·	·	·	·	·	·	3
4	2	3	·	·	·	·	·	·	1	1	·	·	26
·	1	2	2	·	·	·	·	·	·	1	1	·	11
6	2	2	2	·	1	·	·	1	·	1	2	·	54
2	1	·	·	·	·	·	·	·	·	·	·	·	9
7	8	7	3	·	1	1	·	·	·	2	·	·	52
·	1	4	2	1	2	2	1	·	1	2	1	·	20
·	·	·	·	·	·	·	·	·	·	·	1	·	1
11	10	11	2	1	8	1	4	3	4	7	5	·	226
·	·	·	2	·	·	·	1	·	·	·	·	·	4
·	·	·	·	·	·	1	·	·	·	·	1	·	30
·	·	2	·	1	·	1	·	2	·	1	1	·	59
1	1	2	·	·	2	·	·	·	1	1	1	·	48
1	·	·	·	·	1	·	·	·	·	·	1	·	30
·	1	2	·	·	·	·	·	·	·	2	·	·	40
2	6	·	1	·	·	·	·	·	1	·	·	·	34
15	4	2	·	1	·	·	·	·	·	·	·	·	35
7	4	4	1	·	2	2	·	·	·	·	·	·	25
·	5	4	3	·	·	·	1	·	·	·	·	·	13
·	·	6	1	·	1	·	·	·	·	·	·	·	8
·	·	1	·	·	2	·	1	·	·	·	·	·	4
·	·	·	·	·	3	·	·	·	·	·	·	·	3
·	·	·	·	·	·	·	1	·	·	·	·	·	1
·	·	·	·	·	1	·	·	1	·	·	·	·	2
·	·	·	·	·	·	·	1	1	2	7	5	·	16
·	1	1	1	·	·	·	·	·	1	1	·	·	10
·	2	5	1	·	1	·	1	·	1	2	1	·	74
19	5	6	1	·	2	·	·	1	·	·	·	·	125
4	5	1	1	·	2	·	·	·	1	2	1	·	61
1	4	3	3	·	1	·	1	1	·	2	3	·	36
1	4	2	·	·	1	·	1	·	·	·	·	·	16
·	·	1	1	·	2	·	·	·	·	·	·	·	7
1	1	1	·	1	·	2	1	·	·	1	·	·	9
·	·	2	·	·	·	·	·	·	·	·	·	·	3
·	·	2	·	·	·	·	·	·	·	·	·	·	2
·	·	·	2	1	3	2	1	2	2	4	4	·	21
·	1	1	·	·	·	·	·	·	1	1	·	·	8

死亡年齢別にみた分布（米国）

付録 2-1

2023.4.28 現在		17歳	18歳	19歳	20歳	21歳	22歳	23歳	24歳
該当数		9	16	23	26	38	47	34	35
軍 籍	海 軍	8	14	18	23	32	31	27	20
	海兵隊	1	2	5	1	5	10	2	10
	陸 軍	·	·	·	2	1	6	5	5
艦船名	ヨークタウン	3	8	8	5	7	11	9	5
	ホーネット	·	1	·	5	4	7	6	7
	エンタプライズ	·	1	1	2	9	3	5	3
	ハマン	5	4	8	9	12	10	6	5
	ベナム	·	·	·	·	·	·	1	·
	ミ島海軍	·	·	1	2	·	·	·	·
	ミ島海兵隊	·	2	5	1	5	9	2	9
	海兵隊→海軍	1	·	·	·	·	1	·	1
	ミ島陸軍	·	·	·	2	1	5	3	4
	陸軍ティンカー機	·	·	·	·	·	1	2	1
最終学歴	高校	1	4	1	7	6	10	2	6
	短大	·	·	·	1	2	1	1	1
	大学・大学院	·	·	·	·	2	8	5	8
	海軍兵学校	·	·	·	·	·	·	1	2
	海軍士官学校	·	·	·	·	·	·	·	·
	不 明	8	12	22	18	28	28	25	18
直近の入隊年齢	16歳	·	·	·	·	·	·	·	1
	17歳	9	12	3	1	3	·	·	·
	18歳	·	4	16	14	6	5	4	2
	19歳	·	·	3	8	14	10	2	2
	20歳	·	·	·	2	11	9	4	1
	21歳	·	·	·	·	4	19	9	3
	22歳	·	·	·	·	·	2	13	9
	23歳	·	·	·	·	·	·	1	12
	24歳	·	·	·	·	·	·	·	5
	25歳	·	·	·	·	·	·	·	·
	26歳	·	·	·	·	·	·	·	·
	27歳	·	·	·	·	·	·	·	·
	28歳	·	·	·	·	·	·	·	·
	29歳	·	·	·	·	·	·	·	·
	30歳	·	·	·	·	·	·	·	·
	31歳以上	·	·	·	·	·	·	·	·
	不 明	·	·	1	1	·	2	1	·
在隊年数	1年未満	9	10	10	3	5	8	6	9
	1年	·	6	12	14	16	20	10	13
	2年	·	·	·	7	12	11	10	4
	3年	·	·	·	1	5	5	2	4
	4年	·	·	·	·	·	2	4	1
	5年	·	·	·	·	·	·	1	2
	6年	·	·	·	·	·	·	·	1
	7年	·	·	·	·	·	·	·	1
	8年	·	·	·	·	·	·	·	·
	10年以上	·	·	·	·	·	·	·	·
	不 明	·	·	1	1	·	1	1	·

25歳	26歳	27歳	28歳	29歳	30歳	31歳	32歳	33歳	34歳	35〜39歳	40歳以上	不明	計
26	22	24	9	2	12	4	5	4	5	12	9	0	362
11	11	7	4	·	1	1	1	·	·	1	·	·	80
15	11	17	5	2	11	3	4	4	5	11	9	·	282
12	13	16	6	1	3	3	2	1	1	4	3	·	115
9	6	5	2	1	7	1	3	3	3	7	5	·	138
5	3	3	1	·	2	·	·	·	1	1	1	·	109
18	20	18	4	2	5	3	3	1	2	8	2	·	208
8	2	6	5	·	7	1	2	3	3	4	7	·	154
3	4	2	·	·	1	·	·	·	1	1	·	·	46
6	2	1	4	·	1	·	·	1	·	1	2	·	44
17	16	21	5	2	10	4	5	3	4	10	7	·	272
17	13	14	4	1	4	1	1	1	3	3	3	·	267
1	1	1	·	·	·	·	·	·	·	·	·	·	8
7	8	9	5	1	8	3	4	3	2	9	6	·	84
1	·	·	·	·	·	·	·	·	·	·	·	·	3
9	8	4	2	1	3	·	·	·	1	4	1	·	116
6	5	9	3	1	2	2	3	1	2	3	1	·	58
·	2	1	·	·	·	·	·	·	·	·	·	·	4
2	·	·	·	·	·	·	·	·	·	·	1	·	4
1	3	·	·	·	·	·	·	·	·	·	·	·	5
·	·	1	1	·	·	1	·	·	·	2	·	·	7
1	·	·	·	·	·	·	·	·	·	·	·	·	1
·	·	·	·	·	·	·	·	·	·	·	1	·	1
7	4	9	3	·	7	1	2	3	2	3	5	·	166

付録 2-2

		17歳	18歳	19歳	20歳	21歳	22歳	23歳	24歳
該当数		9	16	23	26	38	47	34	35
予備学生	予備学生出身	·	·	·	1	7	11	9	15
	その他	9	16	23	25	31	36	25	20
階級	士　官	·	·	·	1	6	13	11	19
	下士官	·	2	5	15	20	18	15	11
	兵	9	14	18	10	12	16	8	5
搭乗員区分	搭乗員	·	6	7	13	21	27	22	26
	非搭乗員	9	10	16	13	17	20	12	9
兄　弟	長男もしくはただ一人の子	·	3	1	5	7	7	2	9
	その他	2	3	·	2	3	10	2	4
	不　明	7	10	22	19	28	30	30	22
結　婚	未　婚	9	16	23	22	33	42	30	27
	婚　約	·	·	·	2	·	1	·	2
	既　婚	·	·	·	1	4	4	4	6
	不　明	·	·	·	1	1	·	·	·
特別栄誉	勲　章	·	5	4	9	16	19	12	18
	勲＋艦	·	·	·	1	4	5	4	6
	勲＋進	·	·	·	·	·	·	·	1
	勲＋他	·	·	·	·	·	1	·	·
	勲＋艦＋進	·	·	·	·	·	1	·	·
	勲＋艦＋他	·	·	·	·	·	·	1	1
	勲＋進＋他	·	·	·	·	·	·	·	·
	勲＋艦＋進＋他	·	·	·	·	·	·	·	·
	不　明	9	11	19	16	18	21	17	9

註・「特別栄誉」は、日本の進級、金鵄勲章その他の「栄誉」よりも多様である。新造の軍艦に名前が残った戦死者のほとんどは士官（予備学生出身者の過半が該当）である。「勲章」にランクがあるのは日米共通でほぼ階級を反映している。ガダルカナルのヘンダーソン基地のように、さまざまな形で戦死者の名前が残されている例を「他」とした。

25歳	26歳	27歳	28歳	29歳	30歳	31歳	32歳	33歳	34歳	35〜39歳	40歳以上	不明	計
3	1	1	1	·	·	·	·	·	·	·	1	·	10
1	1	1	·	·	1	·	·	·	·	·	·	·	4
·	·	2	1	·	·	1	·	·	·	·	·	·	5
·	1	·	3	·	·	·	·	·	·	·	·	·	4
·	·	·	·	·	1	1	·	·	·	·	·	·	2
·	·	·	·	·	·	·	·	·	1	1	·	·	2
·	·	·	·	·	·	·	1	·	·	·	·	·	1
·	·	·	·	·	·	·	·	·	·	1	·	·	1
·	·	·	·	·	·	·	·	1	·	·	·	·	1
·	·	·	·	·	·	·	·	·	·	1	1	·	2
3	5	5	·	1	6	1	3	2	1	6	4	·	52
·	2	2	3	·	2	·	1	·	1	3	1	·	16
3	·	·	2	·	·	1	·	·	·	·	1	·	10
4	6	7	·	1	6	2	3	3	1	6	4	·	58
·	·	·	1	·	·	·	·	·	·	·	·	·	2
·	·	1	·	·	·	·	·	·	·	·	·	·	1
·	·	1	·	·	·	·	·	·	·	·	·	·	1
·	1	·	·	·	·	·	·	·	·	·	·	·	3
·	1	·	1	·	·	·	·	·	·	1	·	·	3
1	·	·	·	·	·	·	·	·	·	·	·	·	1
1	·	·	·	·	·	·	·	·	·	·	·	·	1
·	·	·	·	·	1	·	·	·	·	·	·	·	1
·	·	·	1	·	·	·	1	·	1	1	1	·	5
5	6	7	2	1	7	3	3	3	1	7	5	·	66
1	3	4	2	·	·	·	1	·	·	2	·	·	15
1	·	·	1	·	1	·	·	·	1	·	1	·	6
5	5	5	2	1	7	3	3	3	1	7	5	·	63

付録 2-3

		17歳	18歳	19歳	20歳	21歳	22歳	23歳	24歳
既婚者の結婚年数	1年未満	·	·	·	·	1	2	·	·
	1年	·	·	·	·	·	·	·	·
	2年	·	·	·	·	·	·	·	1
	3年	·	·	·	·	·	·	·	·
	4年	·	·	·	·	·	·	·	·
	5年	·	·	·	·	·	·	·	·
	6年	·	·	·	·	·	·	·	·
	7年	·	·	·	·	·	·	·	·
	9年	·	·	·	·	·	·	·	·
	10年以上	·	·	·	·	·	·	·	·
	不　明	·	·	·	1	3	2	4	5
子　供	有	·	·	·	·	·	·	·	1
	無	·	·	·	·	1	1	·	1
	不　明	·	·	·	1	3	3	4	4
戦死時の妻の年齢	20歳	·	·	·	·	1	·	·	·
	23歳	·	·	·	·	·	·	·	·
	24歳	·	·	·	·	·	·	·	·
	25歳	·	·	·	·	·	1	·	1
	26歳	·	·	·	·	·	·	·	·
	28歳	·	·	·	·	·	·	·	·
	29歳	·	·	·	·	·	·	·	·
	30歳	·	·	·	·	·	·	·	·
	31歳以上	·	·	·	·	·	·	·	·
	不　明	·	·	·	1	3	3	4	5
妻の再婚	再婚した	·	·	·	·	1	1	·	·
	のち独身	·	·	·	·	·	·	·	1
	不　明	·	·	·	1	3	3	4	5

註・年齢、年数の項目で該当者ゼロの場合は省略した。「在隊年数」「直近の入隊年齢」は、再度入隊の戦死者があるので、戦死に近い時点をとった。「子供」のいる16人の戦死者中、3人は戦死後に子供が生れた（双生児がいるので子供は4人）。子供の1人はベトナム戦争において戦死（父も子も搭乗員）。

特務中尉	特務少尉	兵曹長	一等兵曹	二等兵曹	三等兵曹	一等兵	二等兵	三等兵	軍属	計
13	25	43	270	186	386	970	495	580	4	3056
2	7	10	70	45	119	299	190	252	·	1032
·	2	11	37	24	19	13	1	·	·	107
1	6	8	74	45	109	221	139	137	·	740
7	9	11	76	58	113	367	133	154	·	961
1	·	1	4	11	16	19	12	5	·	69
·	·	·	·	·	·	·	·	·	·	5
·	·	·	1	1	3	7	·	1	·	13
2	1	2	8	2	7	44	20	31	·	125
·	·	·	·	·	·	·	·	·	4	4
·	2	11	37	24	19	13	1	·	·	121
13	23	32	233	162	367	957	494	580	4	2935
13	25	38	214	147	253	312	160	180	·	1426
·	·	5	52	32	119	631	326	386	·	1551
·	·	·	4	7	14	27	9	14	4	79
·	·	·	·	·	10	13	1	441	2	478
·	·	·	·	·	1	53	293	127	·	477
·	·	·	1	2	1	219	186	1	·	411
·	·	·	6	8	11	355	1	·	·	395
·	·	·	11	2	117	178	·	·	·	311
·	·	·	·	19	115	86	1	·	·	223
·	·	·	5	62	78	27	1	·	·	181
·	·	·	33	45	23	4	1	·	·	110
·	·	2	56	27	14	1	·	·	·	105
·	·	·	45	7	1	3	·	·	·	60
·	·	2	39	3	1	1	·	·	·	47
·	·	5	25	3	1	·	·	·	·	36
·	2	4	17	·	·	·	·	·	·	25
·	·	5	11	1	·	1	·	·	·	20
·	1	10	13	·	·	·	·	·	·	25
·	2	7	5	·	·	·	·	·	·	14
13	20	8	1	·	·	·	·	·	·	63
·	·	·	2	7	13	29	11	11	2	75
1	3	1	23	17	28	87	50	54	·	267
5	5	5	73	54	108	263	116	157	·	813
·	2	14	42	38	54	130	41	56	·	389
5	7	8	72	43	102	205	108	145	1	711
2	7	12	47	29	76	225	147	131	3	700
·	1	3	7	4	7	36	16	14	·	92
·	·	·	1	·	1	1	·	·	·	3
·	·	·	1	·	·	·	·	·	·	2
·	·	·	·	·	1	2	4	4	·	11
·	·	·	2	·	3	6	5	4	·	21
·	·	·	2	1	4	9	6	13	·	35
·	·	·	·	·	1	·	·	·	·	1
·	·	·	·	·	·	1	·	·	·	1
·	·	·	·	·	1	5	2	2	·	10

日本・階級別の戦死者分布 1

付録 3-1

2023.4.28 現在			少将	大佐	中佐	少佐	大尉	中尉	少尉	特務大尉
該当数			1	5	6	7	21	17	23	4
科		兵　科	1	5	2	5	14	3	6	2
	註 1	飛行科	·	·	·	·	·	·	·	·
		整備科	·	·	·	·	·	·	·	·
		機関科	·	·	4	·	5	8	14	2
		工作科	·	·	·	·	·	·	·	·
		軍医科	·	·	·	1	·	4	·	·
		看護科	·	·	·	·	·	·	·	·
		主計科	·	·	·	1	2	2	3	·
		軍　属	·	·	·	·	·	·	·	·
搭乗員区分		搭乗員	·	·	·	1	11	2	·	·
	註 2	非搭乗員	1	5	6	6	10	15	23	4
入　隊		志　願	1	5	6	7	21	17	23	4
	註 3	徴　兵	·	·	·	·	·	·	·	·
		不　明	·	·	·	·	·	·	·	·
在隊年数		1 年未満	·	·	·	·	·	4	7	·
	註 4	1 年	·	·	·	·	·	2	1	·
		2 年	·	·	·	·	·	1	·	·
		3 年	·	·	·	·	2	·	12	·
		4 年	·	·	·	·	·	·	3	·
		5 年	·	·	·	·	·	2	·	·
		6 年	·	·	·	·	·	8	·	·
		7 年	·	·	·	·	4	·	·	·
		8 年	·	·	·	·	5	·	·	·
		9 年	·	·	·	1	3	·	·	·
		10 年	·	·	·	·	1	·	·	·
		11 年	·	·	·	1	1	·	·	·
		12 年	·	·	·	·	2	·	·	·
		13 年	·	·	·	·	2	·	·	·
		14 年	·	·	·	·	1	·	·	·
		15 年	·	·	·	·	·	·	·	·
		16 年以上	1	5	6	5	·	·	·	4
		不　明	·	·	·	·	·	·	·	·
艦船名		赤　城	·	·	·	·	1	2	·	·
		加　賀	·	2	3	5	5	3	7	2
		飛　龍	1	1	·	·	7	1	2	·
		蒼　龍	·	1	1	1	2	3	6	1
		三　隈	·	1	2	1	5	5	6	1
		最　上	·	·	·	·	1	2	1	·
		筑　摩	·	·	·	·	·	·	·	·
		利　根	·	·	·	·	·	1	·	·
		谷　風	·	·	·	·	·	·	·	·
		朝　潮	·	·	·	·	·	·	1	·
		荒　潮	·	·	·	·	·	·	·	·
		嵐	·	·	·	·	·	·	·	·
		風　雲	·	·	·	·	·	·	·	·
		あけぼの丸	·	·	·	·	·	·	·	·

特務中尉	特務少尉	兵曹長	一等兵曹	二等兵曹	三等兵曹	一等兵	二等兵	三等兵	軍属	計
13	25	43	270	186	386	970	495	580	4	3056
·	·	·	5	1	6	16	11	14	1	54
2	8	9	70	52	93	256	141	166	1	800
·	·	1	2	1	1	9	5	10	·	29
·	3	1	26	16	17	22	11	8	·	104
·	1	2	16	7	17	22	12	13	·	90
·	·	·	·	·	·	·	·	1	·	11
·	·	·	·	·	·	51	·	·	·	51
·	·	·	·	·	·	·	·	·	·	9
·	·	·	·	·	·	·	·	·	·	4
·	·	·	·	·	·	·	·	·	·	25
·	·	·	·	·	·	·	·	·	·	31
11	13	30	151	109	252	594	315	368	2	1848
1	4	5	41	18	49	118	66	64	·	368
·	·	2	18	17	23	86	39	56	2	243
·	3	2	16	13	37	99	71	80	·	327
·	3	1	18	7	10	9	3	5	·	84
·	·	·	·	·	·	51	·	·	·	51
·	·	·	·	·	·	·	·	·	·	2
·	·	·	1	2	·	·	·	·	·	3
12	15	33	176	129	267	607	316	375	2	1978
·	·	2	3	1	·	1	·	4	·	11
·	1	4	9	3	6	1	16	10	·	50
2	4	5	37	33	53	52	30	38	·	259
4	7	11	75	45	90	105	38	46	·	447
3	7	8	50	32	56	75	36	46	·	338
1	4	5	33	29	35	61	32	32	·	239
2	2	8	45	28	88	478	266	287	1	1206
1	·	·	15	8	36	142	64	104	·	370
·	·	·	·	·	2	8	1	2	1	15
·	·	·	·	·	·	2	·	·	·	9
·	·	·	·	·	·	·	·	·	·	7
·	·	·	·	·	1	·	1	·	·	4
·	·	·	·	·	·	·	·	·	·	2
·	·	·	·	·	·	·	·	·	·	0
·	·	·	·	·	2	1	·	·	·	3
·	·	·	·	·	2	1	·	·	·	3
·	·	·	·	·	·	2	·	·	·	2
·	·	·	1	·	2	12	·	·	·	16
·	·	·	2	7	13	29	11	11	2	75
4	7	6	74	49	89	246	126	135	1	750
1	·	2	28	10	35	75	40	57	·	273
8	18	35	168	127	262	649	329	388	3	2033
1	5	6	52	27	45	133	93	104	1	493
11	10	20	150	88	182	407	172	190	2	1273
1	10	17	68	71	159	430	230	286	1	1290
·	·	6	103	144	342	905	478	562	3	2587
·	·	·	·	3	6	10	·	4	·	26
13	25	37	167	39	35	46	11	13	1	422
·	·	·	·	·	3	9	6	1	·	21

付録 3-2

		少将	大佐	中佐	少佐	大尉	中尉	少尉	特務大尉
該当数		1	5	6	7	21	17	23	4
最終学歴	小学校	·	·	·	·	·	·	·	·
註4	高等小学校	·	·	·	1	·	·	·	1
	ほか低学歴校	·	·	·	·	·	·	·	·
	旧制中学校	·	·	·	·	·	·	·	·
	ほか中学歴校	·	·	·	·	·	·	·	·
	大　学	·	·	·	1	2	7	·	·
	師範学校	·	·	·	·	·	·	·	·
	商船学校	·	·	·	·	1	·	8	·
	海軍経理学校	·	·	·	1	·	·	3	·
	海軍機関学校	·	·	4	·	5	8	8	·
	海軍兵学校	1	5	2	4	13	2	4	·
	不　明	·	·	·	·	·	·	·	3
入隊前の職業	農　業	·	·	·	1	·	·	·	1
註5	非サラリーマン	·	·	·	·	·	·	·	·
	サラリーマン	·	1	·	·	1	2	2	·
	学生・生徒	1	2	2	3	7	8	5	·
	教　師	·	·	·	·	·	·	·	·
	専門職	·	·	·	1	·	1	·	·
	その他	·	·	·	·	·	·	·	·
	不　明	·	2	4	2	13	6	16	3
入隊年齢	14 歳	·	·	·	·	·	·	·	·
	15 歳	·	·	·	·	·	·	·	·
	16 歳	·	·	·	·	2	2	1	·
	17 歳	1	1	1	1	8	4	8	2
	18 歳	·	2	3	2	8	4	6	·
	19 歳	·	2	2	1	·	·	·	2
	20 歳	·	·	·	1	·	·	·	·
	21 歳	·	·	·	·	·	·	·	·
	22 歳	·	·	·	·	1	·	·	·
	23 歳	·	·	·	·	2	3	2	·
	24 歳	·	·	·	1	·	2	4	·
	25 歳	·	·	·	·	·	1	1	·
	26 歳	·	·	·	·	·	1	1	·
	27 歳	·	·	·	·	·	·	·	·
	28 歳	·	·	·	·	·	·	·	·
	29 歳	·	·	·	·	·	·	·	·
	30 歳	·	·	·	·	·	·	·	·
	31 歳以上	·	·	·	1	·	·	·	·
	不　明	·	·	·	·	·	·	·	·
家の職業	農　業	·	2	·	·	6	2	2	1
	その他	1	1	3	·	6	8	6	·
	不　明	·	2	3	7	9	7	15	3
兄　弟	長男もしくはただ一人の子	·	1	3	2	10	5	4	1
	その他	1	4	3	3	8	9	10	3
	不　明	·	·	·	2	3	3	9	·
結　婚	未　婚	·	·	·	·	8	16	20	·
註6	婚　約	·	·	·	·	2	1	·	·
	既　婚	1	5	6	7	11	·	1	4
	不　明	·	·	·	·	·	·	2	·

特務中尉	特務少尉	兵曹長	一等兵曹	二等兵曹	三等兵曹	一等兵	二等兵	三等兵	軍属	計
·	·	1	31	20	11	10	1	8	·	87
·	1	2	41	13	13	8	7	4	·	91
1	2	4	22	4	2	5	·	1	·	42
·	·	3	24	1	1	3	·	·	·	33
1	1	4	13	·	2	5	1	·	·	27
1	3	2	9	1	·	1	1	·	·	20
·	2	5	7	·	·	2	·	·	·	17
·	·	8	4	·	1	3	·	·	·	17
·	1	3	2	·	1	1	·	·	·	9
·	·	2	2	·	·	·	·	·	·	5
1	3	2	1	·	·	1	1	·	·	10
1	4	·	1	·	·	1	·	·	·	8
1	4	·	·	·	·	·	·	·	·	5
1	3	·	·	·	·	1	·	·	·	7
·	·	·	·	·	·	1	·	·	·	2
6	·	·	·	·	·	·	·	·	·	18
·	1	1	10	·	4	4	·	·	1	24
12	25	33	97	16	18	27	5	9	·	269
1	·	3	66	21	14	15	6	4	1	138
·	·	1	4	2	3	4	·	·	·	15
·	·	·	·	·	·	·	·	1	·	1
·	·	1	1	1	·	·	·	·	·	3
·	·	·	·	2	·	·	·	2	·	4
·	·	·	11	4	·	1	·	2	·	18
·	·	·	10	4	5	6	5	1	·	32
·	·	1	17	6	3	2	1	1	·	33
·	·	4	16	6	4	3	1	3	·	39
·	1	·	19	5	6	4	2	2	·	39
·	·	3	19	2	3	3	1	·	·	34
·	·	2	12	3	1	2	·	·	·	21
·	2	4	20	1	2	4	·	1	·	34
1	3	5	11	2	3	3	1	·	·	29
·	3	4	6	2	1	2	·	·	·	19
·	2	3	7	·	·	2	·	·	·	15
2	2	3	2	·	2	4	·	·	1	18
10	12	7	6	·	1	7	·	·	·	64
·	·	·	10	1	4	3	·	·	·	19
1	2	2	45	14	6	7	4	2	·	88
3	10	18	44	6	6	13	·	3	1	127
9	13	17	78	19	23	26	7	8	·	207

付録 3-3

		少将	大佐	中佐	少佐	大尉	中尉	少尉	特務大尉
結婚年数	1年未満	·	·	·	·	4	·	1	·
	1年	·	·	·	·	2	·	·	·
	2年	·	·	·	·	1	·	·	·
	3年	·	·	·	·	1	·	·	·
	4年	·	·	·	·	·	·	·	·
	5年	·	·	·	·	2	·	·	·
	6年	·	·	·	1	·	·	·	·
	7年	·	·	·	1	·	·	·	·
	8年	1	·	·	·	·	·	·	·
	9年	·	·	·	1	·	·	·	·
	10年	·	·	·	1	·	·	·	·
	11年	·	·	·	1	·	·	·	·
	12年	·	·	·	·	·	·	·	·
	13年	·	·	1	1	·	·	·	·
	14年	·	·	1	·	·	·	·	·
	15年以上	·	4	3	1	·	·	·	4
	不明	·	1	1	·	1	·	·	·
子供	有	1	5	4	6	6	·	1	4
註7	無	·	·	2	1	4	·	·	·
	不明	·	·	·	·	1	·	·	·
戦死時の妻の年齢	16歳	·	·	·	·	·	·	·	·
	17歳	·	·	·	·	·	·	·	·
	18歳	·	·	·	·	·	·	·	·
	19歳	·	·	·	·	·	·	·	·
	20歳	·	·	·	·	·	·	1	·
	21歳	·	·	·	·	2	·	·	·
	22歳	·	·	·	·	2	·	·	·
	23歳	·	·	·	·	·	·	·	·
	24歳	·	·	·	·	3	·	·	·
	25歳	·	·	·	·	1	·	·	·
	26歳	·	·	·	·	·	·	·	·
	27歳	·	·	·	·	·	·	·	·
	28歳	·	·	·	1	·	·	·	·
	29歳	·	·	·	1	·	·	·	·
	30歳	·	·	·	1	1	·	·	·
	31歳以上	1	5	6	4	1	·	·	4
	不明	·	·	·	·	1	·	·	·
妻の再婚	再婚	·	·	·	1	4	·	·	·
註8	のち独身	1	4	6	6	5	·	·	1
	不明	·	1	·	·	2	·	1	3

註・註記は付録4の下部にある。

名・科)

特務中尉	特務少尉	兵曹長	一等兵曹	二等兵曹	三等兵曹	一等兵	二等兵	三等兵	軍属	計
13	25	43	270	186	386	970	495	580	4	3056
1	1	・	5	5	5	17	15	22	・	72
・	・	・	1	2	1	2	・	・	・	6
・	・	・	5	3	10	22	13	15	・	68
・	2	1	12	7	12	43	21	15	・	115
・	・	・	・	・	・	1	・	・	・	1
・	・	・	・	・	・	2	1	2	・	5
1	3	1	23	17	28	87	50	54	・	267
1	2	1	16	16	37	79	35	60	・	262
・	1	・	10	1	2	2	・	・	・	16
1	1	1	25	19	37	85	51	48	・	268
2	1	2	18	14	24	76	23	45	・	213
・	・	・	1	4	5	4	3	1	・	18
・	・	・	・	・	・	・	・	・	・	1
・	・	・	・	・	1	2	・	・	・	3
1	・	1	3	・	2	15	4	3	・	32
5	5	5	73	54	108	263	116	157	・	813
・	・	1	5	1	9	31	7	14	・	77
・	1	9	22	15	11	8	・	・	・	66
・	・	1	8	9	18	33	20	16	・	105
・	1	3	7	11	14	52	10	20	・	120
・	・	・	・	2	1	1	1	1	・	6
・	・	・	・	・	・	・	・	・	・	1
・	・	・	・	・	1	5	3	5	・	14
・	2	14	42	38	54	130	41	56	・	389
・	・	1	9	9	10	29	14	39	・	113
・	・	・	1	4	4	・	1	・	・	10
・	5	5	34	13	41	73	50	58	・	279
3	2	・	25	11	35	83	36	35	・	242
1	・	1	1	4	9	8	1	2	・	27
・	・	・	・	・	1	・	・	・	・	1
1	・	1	2	2	2	12	6	11	・	38
・	・	・	・	・	・	・	・	・	1	1
5	7	8	72	43	102	205	108	145	1	711
・	4	5	27	12	44	101	94	84	・	380
・	・	1	・	2	・	・	・	・	・	3
・	・	1	2	1	2	8	4	・	・	18
2	2	5	13	12	26	99	37	35	・	238
・	・	・	2	1	1	4	7	1	・	16
・	・	・	・	・	・	・	・	・	・	2
・	・	・	1	1	1	5	・	1	・	9
・	1	・	2	・	2	8	5	10	・	31
・	・	・	・	・	・	・	・	・	3	3
2	7	12	47	29	76	225	147	131	3	700

日本・階級別の戦死者分布２（所属艦船

付録 4-1

2023.4.28　現在		少将	大佐	中佐	少佐	大尉	中尉	少尉	特務大尉
該当数		1	5	6	7	21	17	23	4
赤　城	兵　科	·	·	·	·	·	1	·	·
	飛行科	·	·	·	·	·	·	·	·
	整備科	·	·	·	·	·	·	·	·
	機関科	·	·	·	·	1	1	·	·
	工作科	·	·	·	·	·	·	·	·
	主計科	·	·	·	·	·	·	·	·
小　計		·	·	·	·	1	2	·	·
加　賀	兵　科	·	2	1	4	4	·	3	1
	飛行科	·	·	·	·	·	·	·	·
	整備科	·	·	·	·	·	·	·	·
	機関科	·	·	2	·	1	2	2	1
	工作科	·	·	·	·	·	·	·	·
	軍医科	·	·	·	·	·	1	·	·
	看護科	·	·	·	·	·	·	·	·
	主計科	·	·	·	1	·	·	2	·
小　計		·	2	3	5	5	3	7	2
飛　龍	兵　科	1	1	·	·	7	·	·	·
	飛行科	·	·	·	·	·	·	·	·
	整備科	·	·	·	·	·	·	·	·
	機関科	·	·	·	·	·	·	2	·
	工作科	·	·	·	·	·	·	·	·
	軍医科	·	·	·	·	·	1	·	·
	主計科	·	·	·	·	·	·	·	·
小　計		1	1	·	·	7	1	2	·
蒼　龍	兵　科	·	1	·	1	·	·	·	·
	飛行科	·	·	·	·	·	·	·	·
	整備科	·	·	·	·	·	·	·	·
	機関科	·	·	1	·	2	3	5	1
	工作科	·	·	·	·	·	·	·	·
	看護科	·	·	·	·	·	·	·	·
	主計科	·	·	·	·	·	·	1	·
	軍　属	·	·	·	·	·	·	·	·
小　計		·	1	1	1	2	3	6	1
三　隈	兵　科	·	1	1	·	3	1	2	1
	飛行科	·	·	·	·	·	·	·	·
	整備科	·	·	·	·	·	·	·	·
	機関科	·	·	1	·	1	1	4	·
	工作科	·	·	·	·	·	·	·	·
	軍医科	·	·	·	1	·	1	·	·
	看護科	·	·	·	·	·	·	·	·
	主計科	·	·	·	·	1	2	·	·
	軍　属	·	·	·	·	·	·	·	·
小　計		·	1	2	1	5	5	6	1

特務中尉	特務少尉	兵曹長	一等兵曹	二等兵曹	三等兵曹	一等兵	二等兵	三等兵	軍属	計
13	25	43	270	186	386	970	495	580	4	3056
·	·	2	5	1	5	25	9	12	·	59
·	·	1	1	·	·	·	·	·	·	2
·	·	·	·	·	1	·	1	·	·	2
·	1	·	1	3	1	11	6	2	·	27
·	·	·	·	·	·	·	·	·	·	1
·	·	·	·	·	·	·	·	·	·	1
·	1	3	7	4	7	36	16	14	·	92
·	·	·	1	·	1	1	·	·	·	3
·	·	·	1	·	1	1	·	·	·	3
·	·	·	·	·	·	·	·	·	·	1
·	·	·	1	·	·	·	·	·	·	1
·	·	·	1	·	·	·	·	·	·	2
·	·	·	·	·	1	2	4	4	·	11
·	·	·	·	·	1	2	4	4	·	11
·	·	·	2	·	3	5	5	4	·	20
·	·	·	·	·	·	1	·	·	·	1
·	·	·	2	·	3	6	5	4	·	21
·	·	·	1	1	3	5	5	11	·	26
·	·	·	·	·	1	3	·	2	·	6
·	·	·	1	·	·	1	1	·	·	3
·	·	·	2	1	4	9	6	13	·	35
·	·	·	·	·	1	·	·	·	·	1
·	·	·	·	·	1	·	·	·	·	1
·	·	·	·	·	·	1	·	·	·	1
·	·	·	·	·	·	1	·	·	·	1
·	·	·	·	·	1	5	2	2	·	10
·	·	·	·	·	1	5	2	2	·	10

註4.「ほか低学歴校」とは農業学校などをさす。「ほか中学歴校」は四年制の技術養成学校などをさす。海軍兵学校などの専修科卒業者は、入隊時の学歴から高等小学校卒業にふくめた。

註5.「入隊前の職業」の「非サラリーマン」は、月給生活者ではなくて農業従事者以外を意味する。

註6.「結婚」のうち「婚約」は未婚者である。「既婚」には内縁をふくむ。

註7.「子供有」269人のうち、50人は戦死後に生れた子供がいる。さらに同月同日の出産が7例（14人の未亡人）。

註8.「妻の再婚」の「再婚」中、16人は戦死者の兄弟と再婚した。

付録 4-2

		少将	大佐	中佐	少佐	大尉	中尉	少尉	特務大尉
該当数		1	5	6	7	21	17	23	4
最　上	兵　科	·	·	·	·	·	·	·	·
	飛行科	·	·	·	·	·	·	·	·
	整備科	·	·	·	·	·	·	·	·
	機関科	·	·	·	·	·	1	1	·
	軍医科	·	·	·	·	·	1	·	·
	主計科	·	·	·	·	1	·	·	·
小　計		·	·	·	·	1	2	1	·
筑　摩	飛行科	·	·	·	·	·	·	·	·
小　計		·	·	·	·	·	·	·	·
利　根	兵　科	·	·	·	·	·	1	·	·
	飛行科	·	·	·	·	·	·	·	·
小　計		·	·	·	·	·	1	·	·
谷　風	兵　科	·	·	·	·	·	·	·	·
小　計		·	·	·	·	·	·	·	·
朝　潮	兵　科	·	·	·	·	·	·	1	·
	主計科	·	·	·	·	·	·	·	·
小　計		·	·	·	·	·	·	1	·
荒　潮	兵　科	·	·	·	·	·	·	·	·
	機関科	·	·	·	·	·	·	·	·
	主計科	·	·	·	·	·	·	·	·
小　計		·	·	·	·	·	·	·	·
嵐	兵　科	·	·	·	·	·	·	·	·
小　計		·	·	·	·	·	·	·	·
風　雲	工作科	·	·	·	·	·	·	·	·
小　計		·	·	·	·	·	·	·	·
あけぼの丸	兵　科	·	·	·	·	·	·	·	·
小　計		·	·	·	·	·	·	·	·

	艦戦	艦爆	艦攻	水偵	計
赤城	1				1
加賀		1	4		5
飛龍	1	3	2		6
三隈				1	1
利根				1	1

註・「階級」のうちたとえば「一等兵」には一等水兵（兵科）から一等主計兵（主計科）までをまとめてある。

註 1. 兵科に属する 1032 人中、右記の 14 人は搭乗員（士官）である。

註 2. 搭乗員は飛行科所属の 107 人と、兵科の搭乗員 14 人である。

註 3.「入隊」の「志願」「徴兵」は、徴兵で入隊しても満期後に志願して海軍に残れば志願に変るが、ここでは最初の入隊の形態である。兵役法によって、満 20 歳以上の男子には兵役が義務づけられていた。（士官はすべて志願である。アメリカはこの時点で徴兵による入隊はない）。軍属は任意の応募であり、本来の軍人ではない。軍属 4 人は不明の 79 人中にふくめてある。

あとがき

『滄海よ眠れ』を書き終えて一年半が過ぎた。きびしかった今年の冬がようやく去った部屋に、今日は山桜が満開の花を見せている。あの海へ流してほしいと託された雛人形を飾り、遺族や生還者の思いが書きこまれた軍艦旗その他ゆかりの品々とともに、わたしは死者たちとささやかな花の祭をいとなんでいる。

「あなたは、こういう男たちの一人として人生を終ったのよ」という戦死者たちへの答がようやくまとまり、わたしの心は慰霊の船旅への思いで波立ちはじめた。

三千四百十八人（そしてさらに何人か）の眠るミッドウェー海域へ向け、六月二日午後四時、にっぽん丸は晴海埠頭を出港する。日本の花、日本のうまい湧水、お餅やサイダーも持ってゆきたいと思う。

重度のヤケドをおって命たえる間際に、口にふくまされたサイダーをのどを鳴らしてのみながら、もっとのみたいという願いは死を早めるとしてかなえられなかった戦死者。遺された者はその末期の様子を知らされて墓石にサイダーをそそぐことを回向としている。サイダーを一瓶あの海へ注ぐのは、わたしの感傷あるいは自己満足だろうか。

ホーネット発進の雷撃機に乗っていたウィリアム・エバンズ少尉は二十三歳。サン・テグジュペリに心酔していたという。敵味方としていのちを奪いあい、ひとつ海へ沈んだ男たちは、語りあうべき多くの人生をもちながら、たがいに知ることなく、故郷へ還る日のない永遠の眠りをともに眠る。

この仕事はわたしにはあまりにも荷が重すぎ、よろけるほどであった。しかもこれで完結というわけにはゆかず、生涯の課題としてより正確な資料をのこす努力をつづけなければならない。また見落しは避けがたくあると思うので、御教示を得て直してゆきたいと考えている。

人のいのちの重さについて、そのいのちがいかに軽く扱われるかということについてのわたしの思いは、敗戦後の満洲生活からはじまったのかも知れない。いつとはなくものかきの道を歩くことになったわたしのテーマが、歴史によって恣意的に選ばれ、歴史に翻弄され、死んで忘れられた人たちへと向いがちであったのは、わたしが生きてきた時間の帰結だったと思う。

かつての日本の社会は、個人のいのちの重さなど問題にしなかった。兵役法という強権で軍隊に召集はしても、どこでどのように死んだのかを確認する仕事は、国家の義務ではないようであった。天皇のために生命を捧げ得た名誉、靖国神社に神として祀られるほまれ。それが死者のいのちの重さの代償だったような気がする。いのちは軽かった。

戦後四十年たっても、本質はどれだけ変ったのだろうかと思う。それなら敵として戦かったアメリカ人はどうなのだろうか。そのいのちはどれくらい重いのだろうか。同じ海戦の死者を比べたらなにか答が得られるに違いない——。

思わぬことからテーマは広く深くなっていったが、わたしが突きとめたかった本来の問は、いのちの重さであった。そしてどうにか答に到達した。敵味方ともにまとめ得た資料は無残な痛ましさにみちていて、軽々に比較などはできない気持である。

日米ともに、戦争について、国とのかかわり、家族関係、世界大恐慌の打撃について、重ねあわせて考えるためのある証言は得られた。そのために、わたしがいかに無謀な、残酷ともいえる問いかけを繰返してきたか、お読みいただいた通りである。傷つけられ、遠い日の悲しみをえぐり出されて涙しながら、遺族の方たちはよくわたしを許容して下さったと思う。

それはすべて、死者たちへの思いの痛切さであり、その死を改めて思い起すことで、二度と「戦死」という異形の死が繰返されることのないようにという秘めやかな祈りの反映であった。

『滄海よ眠れ』と本書によって、わたしはミッドウェー海戦の戦死者とその家族の祈りを読者の手に託す。この仕事が、「戦死ゼロ」の四十年余を過した日本の礎石となることを願う。「戦争は知らない」と言う若い世代、二十一世紀を生きるべく生れてきた人々へ、昭和ヒトケタ世代のわたしが贈るメッセージであり、祈りでもある。

東京本社の出版局長在職中、このテーマをえらぶことで大仕事のきっかけをわたしに与え、その後いつも力を貸して下さった毎日新聞西部本社代表の牧内節男氏。兵装転換問題の疑問を誰にも受けとめられず、疑念の晴れぬまま、自分の思考力に自信を喪失しかけていたとき、「あなたの直感は正しいと思う」と最初に理解を示された文藝春秋の半藤一利氏。

牧内さんは陸軍士官学校出身、半藤さんはわたしと同年だが有数の海軍通である。この二人のジャーナリストに支えられていることで、どれだけわたしの荷は軽減されたことだろうか。米側戦闘詳報を原稿にまとめる気力を失い、「もう刀折れ矢尽きです。お願いします」と言える信頼関係があったことは幸福であった。その結果、半藤さんによる「米国側戦闘経過」がここに加わることになった。

淵田善弥氏はニューヨークで建築事務所をひらいておられる。御諒解をいただいたとき、わたしははじめてこの仕事を完了できることを実感できた。御好意に心から感謝する。

この調査のアメリカでの協力者はバーバラ・ジョー、メアリー・トビン、メアリー・サリバン、バーバラ・ウォルシュ、キャシー・キム。日本側は石村博子、岩佐祥子、田中恵子、藤田美代子、水間（旧姓田島）弘美の皆さん。現在も継続しているコンピューターによるシステム化のスタッフは、田平和彦氏（とくに第五部）と清水はる代さんである。海軍文庫の戸高一成氏は、この仕事の出発点から現在まで、変ることなくわたしの相談に答えてくださった。国立国会図書館の千代正明氏は、捕虜となってのちに死亡の米側戦死者について、米国立公文書館の未発表資料を探し出すべく力を貸して下さった。一九八二年の春、ワシントンの国立公文書館で、英語のできないわたしが、一人きりでカードを繰る姿を見かけて声をかけて下さったのが御縁である。

この「記録」を編むにあたり、『サンデー毎日』編集部の鳥越俊太郎氏、『毎日新聞』外信部の佐藤由紀氏に助けられた。わたしたちはアメリカ取材旅行の苦楽をともにした仲である。文藝春秋出版部の茂木一男氏、フリーの井上喜久子さん、旧友の平岩つるよさん、ドウス昌代さんと夫君のピーター・ドウス教授にもお礼を申しあげる。

靖国神社、防衛庁戦史部資料室の御協力に謝意を表したい。

書ききれないほど多くの人々の温い介護によって、海へたずさえてゆく最後の一冊がいままとまる。死者たちに支えられてきたわたしの感謝の思いは、すべての縁ある人々にささげられる。

本書にはきわめて個人的な機微にふれる内容がふくまれている。また「数値」は単なる数ではないし、今後さらに変更の余地ある報告である。公刊すれば資料は万人のものではあるが、使われるときは出典を示していただきたい。「戦闘詳報経過概要」のほかは、諒解なく引用もしくは小説やドラマなどへ転用されることはおことわりする。これはあくまでもわたし個人による「私史ミッドウェー海戦」であるという立場をつらぬかせていただきたい。

船旅の平安を祈りつつ――。

一九八六年・国連国際平和年の四月　　澤地久枝

ちくま学芸文庫版あとがき

「戦死」について、しっかりとらえてみたい。ひとりの人間にとって、どんな意味をもつのか。死に奪われた命につながる人びとにとってはどうなのか。

戦争で死ぬのは、圧倒的に兵隊である。

徴兵制度があった時代、そして祖国が戦争当事者となったとき、命をさしだす運命から逃れられない若者は、どんな人生を送ることになったのか。

日本だけではなく、敵味方としてたたかった相手社会、人びとにとっての「戦死」はどういうものだったのか。

仕事をする心の奥底にこんな疑問をいだいて私は生きてきたと思う。

「サンデー毎日」で連載することになったとき、テーマの候補をいくつかあげた。その一つがミッドウェー海戦であり、『滄海(うみ)よ眠れ――ミッドウェー海戦の生と死』(毎日新聞社刊のち文春文庫)にきまって、一年余の準備期間ののちにまずアメリカへ行っている。一九八一年秋にはじまった旅は、一九九二年のイタリア・ビサッチア訪問で終る。日本国内もよく歩いた。

最後の本『家族の樹――ミッドウェー海戦終章』には、ミッドウェー海戦後、空母「飛龍」ほかを脱出、米側の俘虜になった男たちを書いた「生還」と、米側の戦死者の一家を追った「家族の樹」をおさめた。米陸軍で行方不明となりのち戦死と認定されたレイモンド＝サルザルロの一家の物語である。

ワシントンのアーリントン墓地に、「遺体のかえらなかった死者たち」の区域がある。そこにレイモンドの墓碑にならんで、彼の息子の墓がある。息子のレイモンド・ジュニアは、父の死のあとに生れ、一九六六年九月四日、ベトナムで戦死した。二十四歳であり、妻があり、子があった。親子ともに搭乗員だった。

第二次世界大戦のあと、日本では一人の戦死者も出ていない。ミッドウェー海戦の戦死者の子がベトナム戦争で死ぬ。「父のごとく 子のごとく」と新聞は報じたが、私はサルザルロ一家の物語を書くべく、一家の移民前のイタリアの出身地までいっている。第二次世界大戦後の戦死に日本とは異なる世界を感じ、さらにベトナム戦争への私自身の関心からであった。

この本は一九九二年六月に文藝春秋から出版され、これで私のミッドウェー海戦遍路は終った。

十年がかりの仕事のまとめ、質問表のデータが示す日米両国の戦死者の記録をまとめたのが『記録 ミッドウェー海戦』である。

この本を「ちくま学芸文庫」におさめたいという手紙を手にしたのは二〇二二年二月であった。三十六年前に初版が出版され、一九八六年六月、ミッドウェーへの慰霊の旅の船上から、『滄海よ眠れ』六冊とともに現場の海へ投じた本である。愛着はあったが、三十年余の時間、眠っていた本の復刊である。私は実現しないと思っていた。

いま著者校正を終え、日米合計三千四百十八人の記録を読み直す。戦死者の名前を見ているとその人生、のこされた家族の人生がよみがえってくる人がある。いつか身内のようになっていた人びと。その記録である。この本は、日米を問わず「戦争と戦死と人生」を証言する資料であるのかも知れない。

「第二部 戦死者と家族の声」は、当事者の体験を語っていて、読むたびに私は心が乱れる。感動する売文ではなく、一生ではじめて書くかも知れない文章は、人びとの哀惜、涙、そして愛を伝えてくれる。

データをコンピューターで数値化した作業は、人間の物語の微動だにしないつよさの裏づけを示しているのかも知れない。

一路平安を祈ろう。

二〇二三年四月

澤地久枝

註・単行本の再版までの戦死者名簿に、一人のダブりがあった。「加賀」の戦死者小野力夫である。個人ファイルは別人として二つつくられていた。

単行本の三版で、この人は名簿からけずられているが、調査はまだ継続中で、最終的な数字には変更があると考えていたので、グラフの数字は初版のままであった。この文庫版で、気づいた箇所はグラフを含めてすべて改め、日本側の戦死者は三千五十六名になった。日米あわせて三千四百十八名の戦死者である。

解説　『記録　ミッドウェー海戦』を想う

戸高一成

　今年は、太平洋戦争が日本の壊滅的な敗北に終わってから七十八年を数える。つまり、大多数の日本人は太平洋戦争の記憶を持たず、平和な日本で生まれ育ち、平和な日本で年老いている、ということである。今多くの人は、この平和な生活を当然のことのように暮らしていることに疑問を持たない。しかし、八十年近く続く平和な暮らしを得るために、日本人がどのような時代を通過してきたかを学んだとき、初めて平和で何事もない普通の暮らしが、どれほど幸福なものであるかを知ることが出来るのではないだろうか。

　私が澤地久枝さんとお目に掛かったのは一九八〇年か八一年ころだったと思う。海軍に関わる資料調査などで関係のあった中央公論社の編集者であった横山恵一氏から紹介されたと記憶している。

私は当時目黒の財団法人史料調査会の司書として勤務していた。史料調査会は旧海軍省が戦後処理のために組織を改めた第二復員省の歴史調査部門である史実調査部を母体とし、後に文部省の管轄の財団法人として、戦後の世界軍事情勢と旧海軍の歴史調査を行っていた団体で、設立者は海軍最後の軍令部一部長、つまり海軍の作戦部長であった富岡定俊元少将だった。富岡氏は、終戦直後に米内光政海軍大臣に呼ばれ、「今次の戦争で日本は敗北し、無数の失敗を重ねた海軍も消滅することになるだろう。しかし、海軍には残すべき多くの歴史もある、君は海軍の成果と過ちをともに後世に残し伝える仕事をしてほしい」と言われ、戦後第二復員省の史実調査部の部長を務め、後に史料調査会を設立したのである。私が澤地さんと会った当時は、会長の関野英夫氏は終戦時連合艦隊参謀、私の上司にあたる土肥一夫氏も連合艦隊で山本五十六長官の下で参謀を務め、終戦時は軍令部参謀という、真に世間離れした組織だった。

私の仕事は図書資料の管理と、時折海軍史などの勉強に訪れる来客の調査の手伝いであった。

澤地さんは、ミッドウェー海戦の経緯とその戦死者について調べるために、海軍関係の調査の手伝いをお願いしたいと、率直明快な口ぶりで切り出した。それは私自身にとっても興味深い問題であったので、お手伝いを引き受けた。それから間もなく一九八三年五月一日号のサンデー毎日に「滄海(うみ)よ眠れ」として連載が始まった。以後一九八五年に連載が終わり、次いで「滄海よ眠れ」の資料編とも言うべき本書『記録 ミッドウェー海戦』が一九八六年に刊行されるまで五年を超える長い断片的なお手伝いが始まった。

連載は静かに始まったが、間もなく一九八二年九月からの空母蒼龍を巡る連載中に大きな波乱が起きた。海戦の経緯に関する澤地さんの筆致は、戦死者を巡る多くの関係者の人生を辿(たど)る時とは異なり、海軍の極秘戦闘詳報を坦々と読み込んでゆくもので、事実の再現再確認である。この連載中に澤地さんは、戦後広まっていたミッドウェー海戦の認識と全く異なる事実を次々に指摘することになる。

澤地さんがもっとも焦点を当てたのは、ミッドウェー海戦敗北の原因についてのある定説である。日本側の偵察などの不手際のために米空母を攻撃する攻撃隊の準備が遅れ、不運にも日本側攻撃隊の発進直前に米軍機の爆撃を受けてしまった、とする定説だ。戦後長い間、「あと五分攻撃隊の発進が早ければ、こんなことにはならなかった」というストーリーが語られていたのである。ところが、澤地さんの調査から、戦闘詳報と当事者の回想によれば、被爆当時、攻撃隊の準備は遅れるどころか全く整っていなかった、という事実が明らかになったのである。

この記事は、旧海軍関係者に大きな衝撃を与えることになった。中でも海軍出身の作家豊田譲氏などは、夕刊紙に全面とも思えるほどの大きな記事で、澤地さんの作品を、帝国海軍を侮辱するものと言わんばかりの激越な反論を述べた。その感情的な論調に、かなり多くの海軍士官を知っていた私でも、まともな海軍士官の言葉ではないなあ、と思った記憶がある。

この後も、なかなか論争が収まらないのを見た、先の横山氏が、自身が編集長であった中央公論社の雑誌『歴史と人物』の増刊号で「ミッドウェー海戦再検討」という企画を立て、戦史研究の第一人者である秦郁彦氏を司会者とし、澤地さんと海軍関係者を迎えて「運命の五分間はなかった」という、はなはだ挑戦的なタイトルの座談会を行った。もっとも出席者は司会の秦氏と澤地さんを除けば、全員元海軍士官であったが、常に冷静で理論的な海軍批判を行ってきた大井篤氏などが参加したことにより、人選は妥当と思えた。

座談会は一九八四年五月二十日に東京大学近くで行われた。ここでは座談会の内容の紹介は省くが、ミッドウェー海戦の無残な敗北はアメリカ軍を侮った杜撰な作戦指導に基づくものであり、この失敗を隠すために公文書である戦闘詳報にさえ改竄を加えたとする澤地さんと、ミッドウェー海戦の敗北は僅か五分間という、避けがたかった不運に基づく止むを得ないものであり、作戦指導部には大きな落ち度はなく、戦闘詳報も正しいとし、戦後のミッドウェー海戦敗北のストーリーも、海軍関係者の意図的な改竄ではないとする立場の奥宮正武氏との対決のようになった。

私は、この座談会に参加者ではないが同席させてもらったので、話の流れをよく聞いたが、澤地さんの克明な調査による戦闘詳報の読み込みと、戦死者の詳細な統計などの数字の前には、だれもはっきりと澤地さんの見解を否定することは出来なかった。

この時紹介された統計数字が、「滄海よ眠れ」を大きく支えていたと言える。この一つのノンフィクション作品を描き上げるために澤地さんが払った努力は尋常なものではなかった。

私がお手伝いをするようになって、澤地さんの作業を何度か目にすることがあった。まず驚いたのは、当時まだ一般には十分に普及しているとは言えないコンピュータを戦死者の統計処理に使用していたことだった。澤地さんは当時としては事業用の八インチフロッピーディスクを使用するコンピュータを導入し、専従のオペレーターに作業を依頼していた。当時大型に属する八インチフロッピーディスクの容量はなんと百キロバイト程度にすぎず、一テラバイト以上のハードディスクが簡単に入手できる現在から見れば、その能力は一千万分の一に過ぎない。それでもコンピュータを導入したのは、日米で三千名を超える戦死者の個人データを間違いなく整理するのは手作業では不可能と判断したからだ。この精密な作業があって初めて誰も反論のできない、完全に客観的な結果を得ることが出来たのである。

同時に、澤地さんは可能な限りのミッドウェー海戦参加者、戦死者遺族にインタビューを試み、この対象はアメリカ側の関係者にも及んでいた。実のところ澤地さんにとって戦死者の統計を纏(まと)めること自体は作業の目的ではなく、本当の目的は戦死者、戦死者遺族のそれぞれがどのような人生を送り、亡くなったかを辿ることなのであり、このためには執念という以外の言葉が思いつかないほどの時間と労力を投じていた。小さな自費出版の体験記などに、少しでもミッドウェー海戦に関わる記述があれば、躊躇(ちゆうちよ)なく著者に会いに行くという姿を度々目にして、一つの作品を描くために、ここまでするのか……と驚きを超え畏敬の念を覚えたものである。このことは私にとって澤地さんから頂いた最も大きな教えであった。私自身、ものを書くときに、澤地さんの執筆の厳密さを思い、曖昧な表現で済ますことが出来なくなり、手が止まることもある。

無論、澤地さんの執筆の背景には膨大な昭和史の知識の蓄積があってのことであり、史実の調査は徹底していた。時折ご自宅に伺うこともあったが、主要な全国紙の縮刷版が山のように押入れを占拠しているのを見て、思わず「図書館で見ればいいじゃないですか」と言うと、「気になった時、すぐに見たいのよ」と、事もなげに言われたのを記憶している。

ミッドウェー海戦の戦死者の調査では、いくつもの壁があったが、澤地さんを一番悩ませたのは、戦死者の情報を、基本的に全て把握している厚生省の援護課が、資料を出さないことだった。古くは、関係者が行けば、名簿は案外に自由に閲覧できた時代もあったが、澤地さんの取材当時は全く閲覧不可とされていた。取材に関してはかなり頑張った澤地さんも、とうとう諦めて別の方法を考えたわけだが、この件に関しては私もずいぶん愚痴を聞かされた。制度上一民間施設に過ぎない靖国神社にはすべての戦死者名簿が提供されているのに、おかしなこととは思うものの、これればかりは手の打ちようがなかった。

私にとって、この戦死者統計資料こそ「滄海よ眠れ」の根幹をなすものと思っていたので、連載当時から、この資料集が出版されることを期待していたが、連載終了後暫く(しばらく)して、一九八六年に『記録　ミッドウェー海戦』として文藝春秋から出版された。私は、『滄海よ眠れ』『記録　ミッドウェー海戦』が揃ったことによって澤地さんの手になるミッドウエー海戦戦死者への墓碑が完成したのだと思った。

結局澤地さんは、この二作品で、全ての戦死者一人一人に向かい合って、その人生を残そうとしたのである。全ての個人に向かうためにこそ、全ての名簿の作成が必要だったのである。戦死者は数ではない、全てがそれぞれの人生をもった、そして更に長い人生を送り得たであろう個人なのである、ということを本書は語っているのだと思う。

最後になったが、澤地さんの仕事を見ていて、五十数年昔のことを改めて思い出した。当時大学生だった私は、戦争体験記をよく読んでいた。そしてお茶の水にある、小さな戦記出版社を訪ねて本を買うことがあり、初老の社長とよく話をすることがあった。ある日、ポツポツと戦時中の出版事情などを聴いていた時、突然、「戦争で苦しかった、辛かったという人は多いですが、現実はもっと悲惨なのですよ」と。私が不思議に思うと、「本当に苦しく悲惨な運命にあった人は、そこで死んでいるのですよ、苦しかったと言う人は生きてるじゃありませんか。苦しかったと言えるのは、奇跡的な幸運をつかんだ人だけなのですよ。本当に苦しかった人は、もう何も言えないのですよ」と。そして、「死んだ人は何も言えない、だから生き残った人が、せめて死んで何も言えない人の事を語り、書き残さなければならないと思って、戦記を出しているのですよ。だから私は死んだ友人の事も書いてもらうのですよ」と。この言葉は、私がその後長く戦争の歴史を学ぶ時に繰り返し心の中でつぶやいているものだ。

私は澤地さんの仕事に同じような気持ちを感じ、共感できたから、長くお手伝いできたのだと思っている。

本書は、元来健康とは言い難い澤地さんが、文字通り命を削って纏めた記録なのである。

（とだか・かずしげ　呉市海事歴史科学館（大和ミュージアム）館長）

本書は、一九八六年六月、文藝春秋より刊行された。

荘園の人々　工藤敬一

人々のドラマを通して荘園の実態を解き明かした画期的な入門書。日本の社会構造の根幹を形作った制度を、すっきり理解する。（高橋典幸）

東京裁判 幻の弁護側資料　小堀桂一郎編

我々は東京裁判の真実を知っているのか？　準備されたものの未提出に終わった膨大な裁判資料から18篇を精選。緻密な解説とともに裁判の虚構に迫る。

一揆の原理　呉座勇一

虐げられた民衆たちの決死の抵抗として語られてきた一揆。だがそれは戦後歴史学が生んだ幻想にすぎない。これまでの通俗的理解を覆す痛快な一揆論！

甲陽軍鑑　佐藤正英校訂・訳

武田信玄と甲州武士団の思想と行動の集大成。大部から、山本勘助の物語や川中島の合戦など、その白眉を収録。新校訂の原文に現代語訳を付す。

機関銃下の首相官邸　迫水久常

二・二六事件では叛乱軍を欺いて岡田首相を救出し、終戦時には鈴木首相を支えた著者が明かす、天皇・軍部・内閣をめぐる迫真の秘話記録。（井上寿一）

増補 八月十五日の神話　佐藤卓己

ポツダム宣言を受諾した「八月十四日」や降伏文書に調印した「九月二日」でなく、「終戦」はなぜ「八月十五日」なのか。「戦後」の起点の謎を解く。

日本商人の源流　佐々木銀弥

第一人者による日本商業史入門。律令制に端を発する供御人や駕輿丁から戦国時代の豪商までを一望し、日本経済の形成を時系列でたどる。（中島圭一）

考古学と古代史のあいだ　白石太一郎

巨大古墳、倭国、卑弥呼。多くの謎につつまれた日本の古代。考古学と古代史学の交差する視点からその謎を解明するスリリングな論考。（森下章司）

江戸はこうして造られた　鈴木理生

家康江戸入り後の百年間は謎に包まれている。海岸部へ進出し、河川や自然地形をたくみに生かした都市の草創期を復原する。（野口武彦）

ちくま学芸文庫

記録(きろく) ミッドウェー海戦(かいせん)

二〇二三年六月 十 日 第一刷発行
二〇二三年六月三十日 第二刷発行

著 者 澤地久枝（さわち・ひさえ）

発行者 喜入冬子

発行所 株式会社 筑摩書房
東京都台東区蔵前二―五―三 〒一一一―八七五五
電話番号 〇三―五六八七―二六〇一（代表）

装幀者 安野光雅
印刷所 株式会社精興社
製本所 加藤製本株式会社

ISBN978-4-480-51187-4 C0121